## 01 本书精彩案例赏析

### 1 AI 绘画与图像处理案例欣赏

12.1.1 Firefly 生成 3D 鹦鹉

12.2.2 使用 Firefly 参考图像匹配样式

12.2.3 Firefly 自定义照片设置

12.3.1 实战：使用 Firefly 动作样式生成酷帅少年

12.3.2 实战：使用主题样式生成森林中的精灵

12.3.3 实战：使用技术样式生成宇宙飞船绘画

12.3.5 实战：使用材质样式生成绵羊的皮毛

12.3.6 实战：使用概念样式生成怀旧彩色玻璃叶子

12.3.8 实战：使用光照样式生成超现实光线图像

12.3.9 实战：使用合成样式生成香蕉喝果汁图像

### 13.1.1
实战：更换灯塔的背景

### 13.1.2
实战：删除图像中的多余内容

### 13.1.3
实战：在草原生成一座房子

### 13.1.4
实战：给人物添加帽子

### 13.1.5
实战：更换人物服装

## 2　AI 特效文字制作案例欣赏

13.2.1　实战：制作虎皮文字

13.2.1　实战：制作孔雀羽毛文字

13.2.1　实战：制作毛茸茸毛皮文字

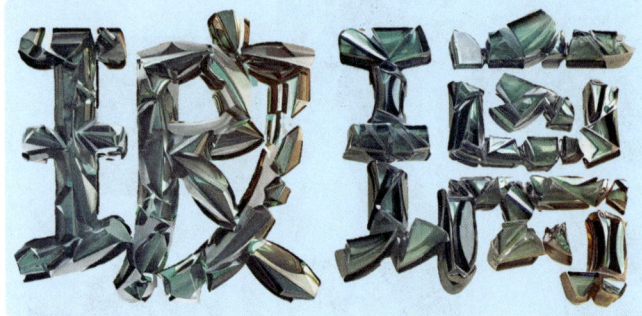
13.2.2　实战：制作玻璃文字

13.2.2　实战：制作丛林藤蔓文字

13.2.1　实战：制作霓虹文字

13.2.1　实战：制作浮木文字

13.2.2　实战：制作姜饼文字

13.2.3　实战：制作海水纹文字

13.2.3　实战：制作极光文字

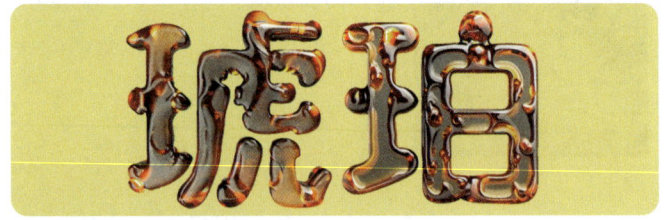
13.2.3　实战：制作琥珀文字

## 3 综合案例欣赏

**14.1** 制作双重曝光效果

**14.2** 将照片转换为漫画效果

14.3 合成奇幻星际场景

14.4 飞翔的小神童

15.1.1 去除照片中的杂物突出主题

15.1.2 修复妆容

15.2.1 处理数码照片的曝光问题

15.2.2 重组数码照片的光影效果

**15.3.1**
美化人物皮肤

**15.3.2**
打造 S 形身材

**15.4.1**
调整风光照片的颜色

**15.4.2**
为水面合成倒影

16.1　糖果包装设计

17.1　宣传单设计

16.2　月饼包装设计

# Photoshop 2024 超强学习套餐

17.2 海报设计

18.2 主图和推广图设计

18.1 店铺客服区设计

18.3 双十一网店活动海报设计

18.4 游戏主界面设计

## 4 部分章节知识讲解案例欣赏

3.3.3
实战：使用磁性套索工具选择果肉

3.6.4
实战：使用羽化命令创建朦胧效果

4.4.3
实战：使用颜色替换工具更改鞋子颜色

4.5.3
实战：使用修补工具去除多余人物

Photoshop 2024 超强学习套餐

4.5.9
实战：使用图案图章工具填充图案

5.4.3
实战：使用混合模式打造天鹅湖场景

4.2.1
实战：使用油漆桶工具填充背景色

4.5.4
实战：使用内容感知移动工具智能移动和复制图像

4.5.5
实战：使用红眼工具消除人物红眼

11

中文版 Photoshop 2024 完全自学教程

6.2.7
实战：创建路径文字

8.7.1
实战：使用应用图像命令制作霞光中的地球效果

9.3.4
实战：使用曝光度命令调整照片曝光度

6.2.1
实战：为图像添加说明文字

9.1.3
实战：将冰块图像转换为双色调模式

9.4.9 实战：使用色调均化命令制作花仙子场景

10.3.5 实战：使用消失点滤镜透视复制图像

11.5.2 实战：制作跷跷板小动画

11.9.2 实战：使用 Photomerge 命令创建全景图

## 02 本书超强学习套餐大赠送

**1　90个炫酷渐变**

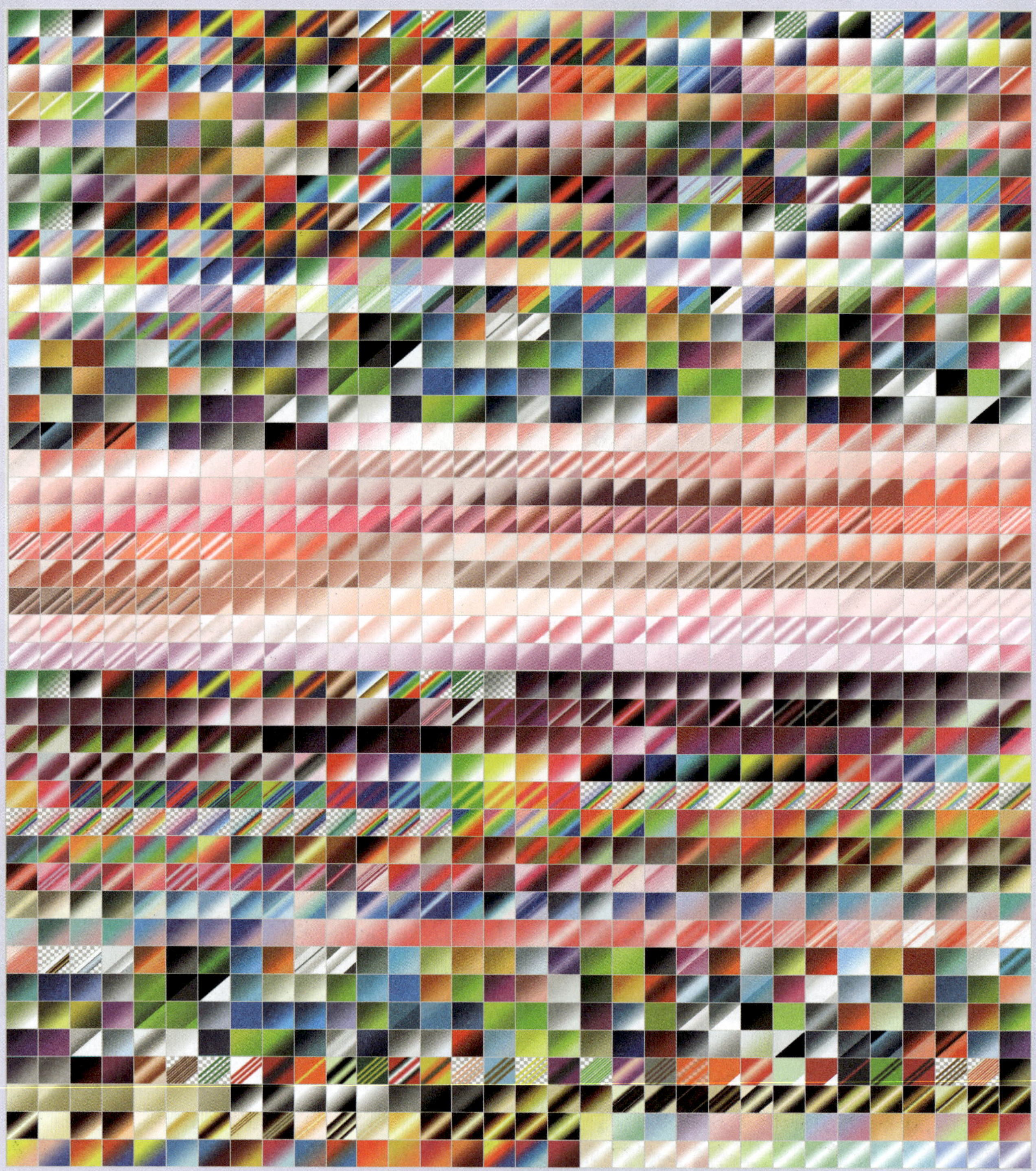

## 2 187个实用形状

### 3　249 个真实质感的纹理

### 4　175 个外挂特效滤镜

## 5 408 个常用笔刷

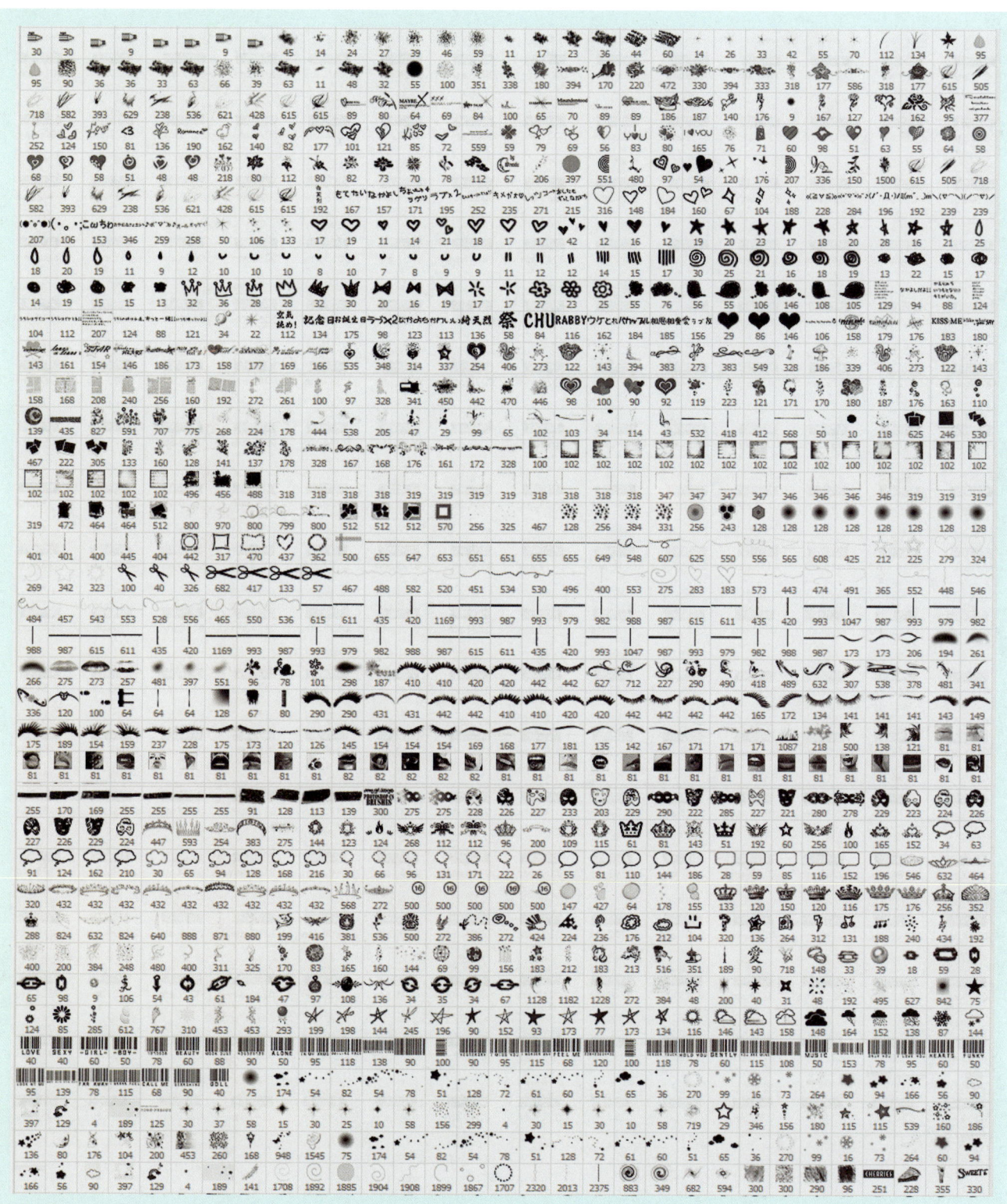

# 6  1560个后期效果动作库

## 7 颜色设计速查色谱表

### CMYK 印刷专用精选色谱表

|  |  |
|---|---|
| 象牙白 | C2 M3 Y6 K0 |
| 雪白色 | C7 M2 Y4 K0 |
| 月白色 | C18 M4 Y9 K0 |
| 绢色 | C5 M5 Y10 K0 |
| 缥色 | C10 M5 Y10 K0 |
| 茶白 | C5 M0 Y5 K0 |
| 霜色 | C10 M5 Y5 K0 |
| 鱼肚白 | C0 M5 Y5 K0 |
| 牙色 | C0 M20 Y65 K0 |
| 铅白色 | C5 M5 Y0 K0 |
| 灰色 | C45 M40 Y40 K0 |
| 玄色 | C50 M90 Y90 K10 |
| 玄青色 | C80 M75 Y50 K10 |
| 乌色 | C55 M60 Y20 K0 |
| 乌黑色 | C80 M80 Y60 K20 |
| 漆黑色 | C90 M85 Y60 K45 |
| 墨色 | C70 M50 Y40 K0 |
| 墨灰色 | C50 M30 Y25 K0 |
| 帛黑色 | C65 M85 Y75 K20 |
| 煤黑色 | C70 M80 Y80 K40 |
| 黛色 | C30 M75 Y90 K0 |
| 紫色 | C50 M55 Y80 K5 |
| 黔色 | C60 M50 Y30 K10 |
| 黪黑色 | C60 M60 Y60 K5 |
| 黵色 | C80 M55 Y55 K5 |
| 赤金色 | C0 M25 Y85 K0 |
| 乌金色 | C30 M40 Y85 K0 |
| 天蓝色 | C40 M0 Y0 K0 |
| 靛青色 | C80 M30 Y10 K0 |
| 靛蓝色 | C90 M60 Y30 K0 |
| 碧蓝色 | C65 M0 Y65 K0 |
| 蔚蓝色 | C50 M0 Y10 K0 |
| 蓝灰色 | C30 M20 Y0 K0 |
| 藏青色 | C100 M85 Y45 K15 |
| 黛绿色 | C75 M75 Y30 K0 |
| 黛蓝色 | C75 M45 Y55 K0 |
| 黛色 | C80 M60 Y40 K0 |
| 紫色 | C55 M85 Y0 K0 |
| 香槟色 | C45 M70 Y50 K0 |
| 紫檀色 | C60 M95 Y95 K20 |
| 绀青色 | C100 M80 Y15 K0 |
| 紫紫色 | C70 M100 Y20 K0 |
| 青莲色 | C70 M90 Y0 K0 |
| 群青色 | C70 M20 Y15 K0 |
| 雪青色 | C40 M33 Y0 K0 |
| 丁香色 | C27 M42 Y0 K0 |
| 藕色 | C7 M16 Y7 K0 |
| 湖蓝色 | C60 M0 Y20 K0 |
| 苍黄色 | C30 M30 Y45 K0 |
| 嫩绿色 | C20 M0 Y95 K0 |
| 柳黄色 | C15 M0 Y90 K0 |
| 竹青色 | C50 M25 Y70 K0 |
| 葱绿色 | C70 M0 Y100 K0 |
| 绿沉色 | C85 M10 Y100 K0 |
| 碧色 | C55 M0 Y50 K0 |
| 翡翠色 | C20 M0 Y20 K0 |
| 草色 | C65 M0 Y95 K0 |
| 鸭卵青 | C10 M0 Y10 K0 |
| 蟹壳青 | C20 M10 Y10 K0 |
| 鸦青 | C80 M50 Y50 K10 |
| 绿色 | C80 M0 Y100 K0 |
| 豆绿 | C30 M0 Y90 K0 |
| 豆青色 | C20 M0 Y70 K0 |
| 松柏绿 | C70 M0 Y70 K0 |
| 松花绿 | C85 M30 Y90 K0 |
| 松粉绿 | C15 M0 Y70 K0 |
| 粉红色 | C0 M30 Y30 K0 |
| 妃色 | C0 M80 Y90 K0 |
| 品红 | C0 M100 Y70 K0 |
| 桃红色 | C0 M60 Y40 K0 |
| 海棠红 | C0 M85 Y45 K0 |
| 石榴红 | C0 M95 Y95 K0 |
| 樱桃色 | C0 M90 Y60 K0 |
| 银红色 | C0 M80 Y70 K0 |
| 大红色 | C0 M100 Y100 K0 |
| 丝紫色 | C40 M80 Y55 K0 |
| 绛红色 | C10 M90 Y90 K0 |
| 胭脂色 | C30 M95 Y95 K0 |
| 朱红色 | C0 M75 Y90 K0 |
| 赤色 | C10 M90 Y60 K0 |
| 赫赤色 | C5 M100 Y90 K0 |
| 洋红色 | C0 M100 Y50 K0 |
| 绮色 | C25 M50 Y50 K0 |
| 檀色 | C20 M65 Y55 K0 |
| 鹅黄色 | C5 M5 Y90 K0 |
| 鸭黄色 | C5 M0 Y70 K0 |
| 樱草色 | C10 M0 Y80 K0 |
| 杏黄色 | C0 M30 Y100 K0 |
| 杏红色 | C0 M60 Y90 K0 |
| 橘黄色 | C0 M50 Y85 K0 |
| 橘红色 | C0 M50 Y100 K0 |
| 橘红色 | C0 M70 Y90 K0 |
| 姜黄色 | C0 M20 Y65 K0 |
| 缃色 | C0 M20 Y90 K0 |
| 橙色 | C0 M55 Y90 K0 |
| 茶色 | C20 M75 Y80 K0 |
| 驼色 | C25 M45 Y70 K0 |
| 昏黄色 | C13 M35 Y86 K0 |
| 黑色 | C55 M95 Y95 K10 |
| 棕色 | C20 M70 Y95 K0 |
| 棕绿色 | C45 M50 Y100 K0 |
| 棕黑色 | C50 M80 Y100 K5 |
| 棕红色 | C25 M85 Y100 K0 |
| 棕黄色 | C20 M60 Y100 K0 |
| 赭色 | C30 M75 Y90 K0 |
| 琥珀色 | C10 M65 Y95 K0 |
| 褐色 | C50 M65 Y100 K10 |
| 枯黄色 | C10 M25 Y55 K0 |
| 黄栌色 | C5 M40 Y85 K0 |
| 秋色 | C40 M55 Y90 K0 |
| 秋香色 | C10 M20 Y95 K0 |

### 常用颜色参数速查表

| 90%黑 | 80%黑 | 70%黑 | 60%黑 | 50%黑 | 40%黑 | 30%黑 | 20%黑 | 10%黑 | 金 |
|---|---|---|---|---|---|---|---|---|---|
| C:0 M:0 Y:0 K:90 | C:0 M:0 Y:0 K:80 | C:0 M:0 Y:0 K:70 | C:0 M:0 Y:0 K:60 | C:0 M:0 Y:0 K:50 | C:0 M:0 Y:0 K:40 | C:0 M:0 Y:0 K:30 | C:0 M:0 Y:0 K:20 | C:0 M:0 Y:0 K:10 | C:0 M:20 Y:60 K:20 |

| 黑 | 白 | 红 | 黄 | 深蓝 | 浅蓝 | 电信蓝 | 天蓝 | 冰蓝 | 海水蓝 |
|---|---|---|---|---|---|---|---|---|---|
| C:0 M:0 Y:0 K:100 | C:000 M:000 Y:000 K:000 | C:000 M:100 Y:100 K:000 | C:000 M:000 Y:100 K:000 | C:100 M:100 Y:000 K:000 | C:100 M:000 Y:020 K:000 | C:100 M:100 Y:020 K:000 | C:100 M:000 Y:000 K:000 | C:040 M:000 Y:000 K:025 | C:060 M:000 Y:000 K:000 |

| 深绿 | 草绿 | 浅绿 | 酒绿 | 春绿 | 薄荷绿 | 橙红 | 橙 | 洋红 | 秋橘红 |
|---|---|---|---|---|---|---|---|---|---|
| C:100 M:000 Y:100 K:000 | C:080 M:000 Y:100 K:000 | C:060 M:000 Y:100 K:000 | C:040 M:000 Y:100 K:000 | C:060 M:000 Y:040 K:000 | C:040 M:000 Y:040 K:000 | C:000 M:060 Y:100 K:000 | C:000 M:080 Y:100 K:000 | C:000 M:005 Y:040 K:000 | C:000 M:060 Y:080 K:020 |

| 浅橘红 | 蓝紫 | 深紫 | 浅紫 | 深红 | 粉红 | 浅黄 | 白黄 | 淡黄 | 深黄 |
|---|---|---|---|---|---|---|---|---|---|
| C:000 M:040 Y:040 K:000 | C:050 M:100 Y:000 K:000 | C:080 M:100 Y:000 K:000 | C:020 M:060 Y:000 K:000 | C:020 M:100 Y:040 K:000 | C:000 M:040 Y:005 K:000 | C:000 M:000 Y:060 K:000 | C:000 M:000 Y:040 K:000 | C:000 M:000 Y:020 K:000 | C:000 M:020 Y:100 K:000 |

| 桃黄 | 柠檬黄 | 银色 | 金色 | 深褐色 | 浅褐色 | 褐色 | 红褐色 | 咖啡色 | 深咖啡 |
|---|---|---|---|---|---|---|---|---|---|
| C:000 M:000 Y:060 K:000 | C:000 M:005 Y:100 K:000 | C:020 M:015 Y:014 K:000 | C:020 M:000 Y:065 K:000 | C:045 M:065 Y:100 K:040 | C:020 M:030 Y:060 K:030 | C:030 M:045 Y:080 K:030 | C:030 M:045 Y:100 K:030 | C:040 M:100 Y:100 K:060 | C:040 M:100 Y:100 K:060 |

| 紫虹粉 | 紫罗兰紫 | 砖红 | 宝石红 | 紫 | 深玫瑰 | 靛蓝 | 海绿 | 月光绿 | 马丁绿 |
|---|---|---|---|---|---|---|---|---|---|
| C:020 M:100 Y:060 K:000 | C:080 M:100 Y:040 K:020 | C:060 M:080 Y:060 K:020 | C:060 M:080 Y:040 K:020 | C:060 M:080 Y:020 K:020 | C:000 M:060 Y:020 K:020 | C:060 M:020 Y:020 K:020 | C:060 M:000 Y:060 K:000 | C:020 M:000 Y:060 K:020 | C:020 M:000 Y:060 K:020 |

**8  4部实用教学视频**

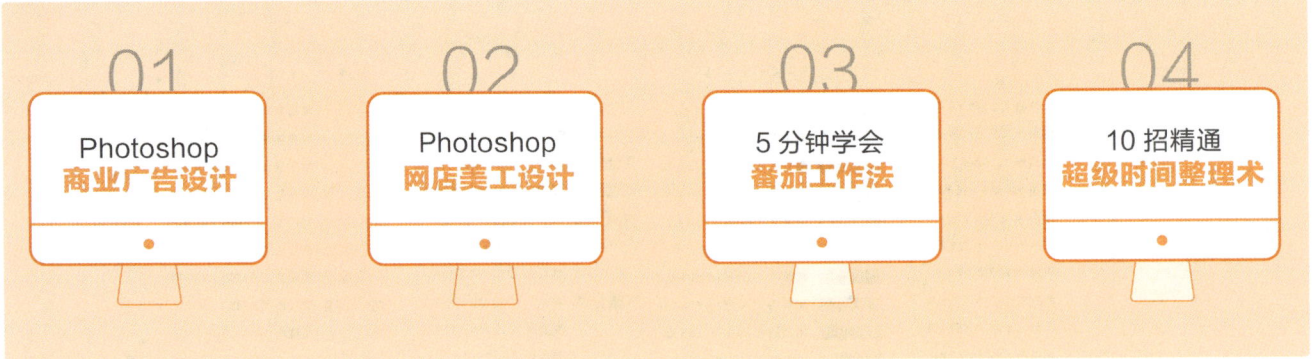

**9  14本超实用的电子书**

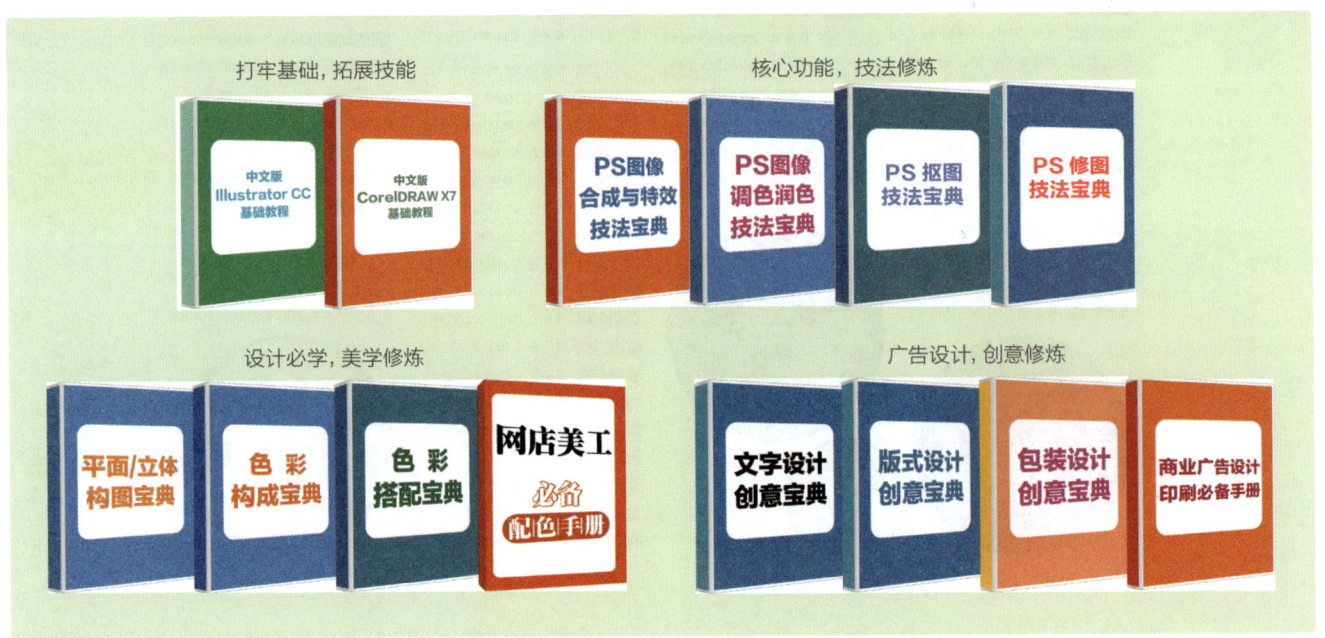

**10  37个图案、40个样式、185个相框**

# 中文版
# Photoshop 2024
# 完全自学教程

陈梦园◎编著 ▶▶▶

## 内 容 提 要

本书是一本系统讲解利用Photoshop 2024进行智能化图像处理与设计的自学宝典。本书以"完全精通Photoshop 2024"为出发点,以"用好Photoshop 2024"为目标来安排内容。全书共5篇,分为18章,以循序渐进的方式详细讲解了Photoshop 2024软件的基础操作、核心功能、拓展功能,以及图像特效与图像合成艺术、数码照片后期处理、包装设计、平面广告设计、网店页面与游戏界面设计等常见领域的实战应用,同时通过实例详细讲解了Firefly强大的AI图像处理功能。

第1篇:基础功能篇(第1~4章):本篇主要针对初学者,从零开始,系统全面地讲解了Photoshop 2024软件的基础操作,包括Photoshop 2024快速入门、Photoshop 2024的基础操作、创建与编辑图像选区、绘制与修饰修复图像等内容。第2篇:核心功能篇(第5~10章):本篇是学习Photoshop 2024的重点,包括图层的基本功能应用、文字的创建与编辑、路径与矢量图形、蒙版与通道应用、调整图像颜色与色调、滤镜特效等内容。第3篇:拓展功能篇(第11章):本篇是Photoshop 2024图像处理的技能拓展,包括视频、动画、动作、批处理等内容,通过对本篇内容的学习,读者不仅可以在Photoshop 2024中处理静态图像,还可以处理动态图像。第4篇:AI绘画与设计篇(第12~13章):本篇主要讲解了Firefly工具的智能化图像处理的应用技能,包括Firefly以文生图功能详解、Firefly生成式填充与文字效果应用等内容,Firefly具有强大的文字自动生成图像及特效文字设计功能,通过Firefly的AI功能,可以大大提高图像处理与绘画的效率。第5篇:实战应用篇(第14~18章):本篇主要结合Photoshop的常见应用领域,列举相关典型案例,给读者讲解Photoshop 2024中图像处理与设计的实战技能,包括图像特效与图像合成艺术、数码照片后期处理、包装设计、平面广告设计、网店页面与游戏界面设计,通过对本篇内容的学习,读者可以提升实战技能和对Photoshop 2024的综合应用水平。

本书内容安排系统全面,写作语言通俗易懂,实例题材丰富多样,操作步骤清晰准确,非常适合从事平面设计、影像创意、电商设计、数码图像处理等相关行业人员学习使用,也可以作为相关职业院校、电脑培训班的教材。

图书在版编目(CIP)数据

中文版Photoshop 2024完全自学教程 / 陈梦园编著.
北京:北京大学出版社,2025.8. -- ISBN 978-7-301-36504-5

Ⅰ. TP391.413
中国国家版本馆CIP数据核字第202540QQ28号

| | |
|---|---|
| 书  名 | 中文版Photoshop 2024完全自学教程 |
| | ZHONGWEN BAN Photoshop 2024 WANQUAN ZIXUE JIAOCHENG |
| 著作责任者 | 陈梦园  编著 |
| 责 任 编 辑 | 刘  云  刘羽昭 |
| 标 准 书 号 | ISBN 978-7-301-36504-5 |
| 出 版 发 行 | 北京大学出版社 |
| 地     址 | 北京市海淀区成府路205号  100871 |
| 网     址 | http://www.pup.cn   新浪微博:@北京大学出版社 |
| 电 子 信 箱 | pup7@pup.cn |
| 电     话 | 邮购部 010-62752015  发行部 010-62750672  编辑部 010-62570390 |
| 印 刷 者 | 北京宏伟双华印刷有限公司 |
| 经 销 者 | 新华书店 |
| | 880毫米×1092毫米  16开本  21.25印张  663千字 |
| | 2025年8月第1版  2025年8月第1次印刷 |
| 印   数 | 1-3000册 |
| 定   价 | 129.00元 |

未经许可,不得以任何方式复制或抄袭本书之部分或全部内容。
**版权所有,侵权必究**
举报电话:010-62752024  电子信箱:fd@pup.pku.edu.cn
图书如有印装质量问题,请与出版部联系。电话:010-62756370

# 前　言

## 学好 Photoshop，职场精英就是你

### 写给读者的话

现代企业，尤其是节奏极快的互联网企业，一才多用已经成为趋势。一个优秀的 T 型人才，除了精通工作技能，还要兼顾多种"斜杠技能"。

Photoshop（PS）是目前很多人首选的"斜杠技能"，下面来看看掌握 PS 图像处理技能对职场人士到底有多重要：

- 客户需要设计图，别人和设计师沟通大半天，你直接打开 Photoshop 快速搞定，不仅节省了时间，还做得有模有样；
- 公司年会、广告招商、营销宣传的照片没拍好，别人只会用美图秀秀，而你打开 Photoshop 快速精修，效果媲美影楼专业作品；
- 商业海报、活动邀请卡、礼品包装……这类看似很难制作的作品，你都能使用 Photoshop 轻松搞定。

Photoshop 虽然不是职场必备，但却能为职场中的你锦上添花。

### 学好 Photoshop 的优势

Photoshop 之所以受到广大职场人士的青睐，是因为它拥有众多其他职业技能无法比拟的闪光点，可以带给职场人士以下优势。

（1）就业前景好。市场对优秀设计者的需求与日俱增，小到设计工作室，大到 4A 广告公司、新媒体、电子商务公司等，都需要 Photoshop 人才。

（2）应用范围广。随着信息时代的到来，计算机技术广泛普及，人们对视觉效果的要求和品位日益提升，Photoshop 的应用领域更是不断拓展，广告、杂志、影视制作、动画漫画、印刷、美术、摄影、建筑装潢、服装设计、网络设计等新兴和热门领域都离不开 Photoshop 技术。

（3）职场可塑性强。学习 Photoshop，不仅可以拥有一项"斜杠技能"，同时也可以拥有一把不断学习成长的钥匙；掌握 Photoshop 技能，可以继续向网页设计、后期制作、动画制作、漫画制作、游戏制作等行业发展。如果没有 Photoshop 基础，那么向这些行业发展将举步维艰。

（4）丰富业余生活。Photoshop 不仅是一项工作技能，同时也是一项艺术特长。无论是摄影迷、美术迷、

动画迷还是漫画迷，学会 Photoshop，在家就可以设计制作自己的海报、日历、壁纸、封面、艺术照等，打造充满艺术色彩的业余生活。

Photoshop 是由 Adobe 公司推出的图像处理软件，被广泛应用于平面设计、数码艺术、特效合成、图像后期处理、网页制作、界面设计等众多领域，并且在每个领域中都发挥着不可替代的作用。经过 20 多年的发展，其功能越来越强大。本书以目前最新的 Photoshop 2024 版本为蓝本进行讲解。

## 本书特色与特点

（1）内容极为全面，注重学习规律。本书几乎涵盖了 Photoshop 2024 中的所有工具、命令等常用功能，内容全面。书中标出了 Photoshop 2024 的新功能及重点知识。全书共 5 篇，分为 18 章，前 3 篇采用循序渐进的方式，由浅入深地详细讲解 Photoshop 2024 常用工具、命令的使用方法，使读者熟悉并掌握 Photoshop 2024 的功能；第 4 篇介绍了 Firefly Image 2 的强大 AI 功能；第 5 篇通过具体的案例讲解 Photoshop 2024 的实战应用，旨在提高读者对 Photoshop 2024 的综合应用能力。

（2）案例丰富，操作性强。全书安排了 108 个知识型实战，27 个妙招技法，20 个综合设计案例。读者在学习过程中可以结合书中案例同步练习，既能学会软件中工具和命令的应用，还能掌握 Photoshop 实战技能。

（3）任务驱动＋图解操作，一看即懂，一学就会。为了让读者更易学习和理解，本书采用"任务驱动＋图解操作"的写作方式，将知识点融入相关案例中进行讲解；在步骤讲述中以"❶、❷、❸……"分解出操作小步骤，并在图上进行对应标识，非常方便读者学习掌握。读者只要按照书中讲述的步骤操作练习，就可以做出与书中案例一样的效果。此外，为了解决读者在自学过程中可能遇到的问题，书中设置了"技术看板"板块，解释在操作过程中可能会遇到的一些疑难问题；设置了"技能拓展"板块，其目的是教会读者通过其他方法来解决同样的问题，从而达到举一反三的效果。

（4）配套讲解视频，学习轻松且高效。本书配有同步讲解视频，几乎涵盖全书所有案例，如同老师在身边手把手教学，学习更轻松、更高效。

（5）理论结合实战，强化动手能力。本书采用了"知识点讲解＋实战应用"的方式，易于读者理解理论知识，同时也便于读者动手操作，在模仿中学习，增加学习的趣味性。

## 除了本书，您还可以获得什么

本书配套赠送相关的学习资源，包括同步学习文件、设计资源、电子书、视频教程等，内容丰富、实用，让读者花一本书的钱，得到一份超值的学习套餐。具体内容包括以下几个方面。

（1）同步学习文件。提供全书所有案例相关的同步素材文件及结果文件，方便读者学习和参考。

①素材文件。本书中所有章节案例的素材文件，全部收录在同步学习文件的"素材文件\第＊章\"文件夹中。读者在学习时，可以参考图书讲解内容，打开对应的素材文件进行同步操作练习。

②结果文件。本书中所有章节案例的最终结果文件，全部收录在同步学习文件的"结果文件\第＊章\"文件夹中。读者在学习时，可以打开结果文件查看案例效果，为自己的学习提供帮助。

（2）同步讲解视频。本书为读者提供与图书内容同步的实战与案例讲解视频，视频与图书结合学习，效果立竿见影。

（3）Photoshop设计资源。包括37个图案、40个样式、90个渐变组合、175个特效外挂滤镜、185个相框模板、187个形状样式、249个纹理样式、408个笔刷、1560个动作。读者不必花时间和精力去收集设计资源，可以拿来即用。

（4）14本高质量的设计相关电子书。帮助读者快速掌握图像处理与设计要领，具体如下。

①《PS修图技法宝典》。

②《PS图像合成与特效技法宝典》。

③《PS图像调色润色技法宝典》。

④《PS抠图技法宝典》。

⑤《色彩构成宝典》。

⑥《色彩搭配宝典》。

⑦《网店美工必备配色手册》。

⑧《平面／立体构图宝典》。

⑨《文字设计创意宝典》。

⑩《版式设计创意宝典》。

⑪《包装设计创意宝典》。

⑫《商业广告设计印前必备手册》。

⑬《中文版Illustrator CC基础教程》。

⑭《中文版CorelDRAW X7基础教程》。

（5）4部实用的视频教程。通过对这些视频教程的学习，读者不仅能成为设计高手，还能提高工作效率，具体如下。

①《Photoshop商业广告设计》。

②《Photoshop网店美工设计》。

③《5分钟学会番茄工作法》。

④《10招精通超级时间整理术》。

**温馨提示**：以上资源，可用微信扫描下方二维码，关注微信公众号，发送本书77页的资源下载码，获取下载地址及密码。另外，在"新精英充电站"微信公众号中，我们还为读者提供了丰富的图文教程和视频教程，可以随时随地给自己"充电"。

"博雅读书社"
微信公众号

"新精英充电站"
微信公众号

## 本书适合哪些人学习

- Photoshop图像处理初学者。
- 想提高图像处理能力的Photoshop爱好者。
- 想学习Photoshop AI绘画的Photoshop爱好者。
- 想提高广告设计水平的Photoshop爱好者。
- 想学习用Photoshop进行数码照片后期处理的摄影爱好者。
- 培训学校及高等院校相关专业的学生。

## 创作者说

本书由凤凰高新教育策划，由Photoshop教育专家、重庆工程职业技术学院陈梦园老师执笔编写。全书案例由设计经验丰富的设计师提供，他们具有丰富的Photoshop应用技巧和设计实战经验，对于他们的辛勤付出在此表示衷心的感谢！由于计算机技术发展非常迅速，书中或有疏漏和不足之处，敬请广大读者及专家指正。

# 目 录

## 第 1 篇　基础功能篇

本篇主要针对初学者，从零开始，系统全面地讲解 Photoshop 2024 软件的基础操作，包括 Photoshop 2024 快速入门、Photoshop 2024 的基础操作、创建与编辑图像选区、绘制与修饰修复图像等内容。

### 第1章 ▶
### Photoshop 2024 快速入门 ·········· 1

#### 1.1 Photoshop 的应用领域 ·········· 1
- 1.1.1 在平面设计中的应用 ············ 1
- 1.1.2 在绘画中的应用 ·················· 2
- 1.1.3 在视觉创意设计中的应用 ······ 2
- 1.1.4 在照片后期处理中的应用 ······ 2
- 1.1.5 在界面设计中的应用 ············ 2
- 1.1.6 在动画与 CG 设计中的应用 ··· 2
- 1.1.7 在建筑或室内装修效果图制作中的应用 ······························· 3

#### 1.2 Photoshop 2024 新增功能 ····· 3
- ★新功能 1.2.1 使用创成式填充扩展图像 ······································ 3
- ★新功能 1.2.2 使用创成式填充生成图像 ······································ 4
- ★新功能 1.2.3 使用创成式填充快速去水印 ···································· 5
- ★新功能 1.2.4 使用创成式填充快速换背景 ···································· 5
- ★新功能 1.2.5 使用创成式填充给人物换装 ···································· 6

#### 1.3 图像的基础知识 ··················· 6
- ★重点 1.3.1 位图和矢量图 ··········· 6
- ★重点 1.3.2 像素与分辨率的关系 ····· 7

#### 1.4 Photoshop 2024 的工作界面 ··· 7
- 1.4.1 工作界面的组成 ·················· 8
- 1.4.2 菜单栏 ······························ 8
- 1.4.3 工具箱 ······························ 9
- 1.4.4 工具选项栏 ························ 9
- 1.4.5 图像窗口 ··························· 9
- 1.4.6 状态栏 ····························· 10
- 1.4.7 面板 ······························· 10

- 1.4.8 库 ································· 12

#### 1.5 图像的查看 ······················· 12
- ★重点 1.5.1 切换不同的屏幕模式 ·· 12
- 1.5.2 图像窗口排列方式 ············· 13
- 1.5.3 实战：使用旋转视图工具旋转视图 ······································ 14
- ★重点 1.5.4 实战：使用缩放工具调整视图大小 ···························· 14
- ★重点 1.5.5 实战：使用抓手工具移动视图 ································· 15
- 1.5.6 用导航器查看图像 ············· 15
- 1.5.7 了解视图缩放命令 ············· 16

#### 1.6 辅助工具 ·························· 16
- ★重点 1.6.1 标尺 ···················· 16
- ★重点 1.6.2 参考线 ················· 16
- ★重点 1.6.3 智能参考线 ··········· 17
- ★重点 1.6.4 网格 ···················· 17
- 1.6.5 对齐 ······························ 17
- 1.6.6 显示或隐藏额外内容 ·········· 17

#### 妙招技法 ································ 18
- 技巧01 恢复默认工作区 ············ 18
- 技巧02 快速选择工具 ··············· 19

#### 本章小结 ································ 19

### 第2章 ▶
### Photoshop 2024 的基础操作 ······ 20

#### 2.1 文件的基本操作 ················· 20
- ★重点 2.1.1 新建文件 ·············· 20
- ★重点 2.1.2 打开文件 ·············· 21
- 2.1.3 实战：置入文件 ··············· 23
- 2.1.4 导入文件 ························ 23

- 2.1.5 导出文件 ························ 24
- 2.1.6 存储文件 ························ 24
- 2.1.7 常见文件格式 ··················· 24

#### 2.2 图像的编辑 ······················· 25
- ★重点 2.2.1 修改图像大小 ········ 25
- ★重点 2.2.2 修改画布大小 ········ 26
- ★重点 2.2.3 实战：使用图像旋转功能调整图像构图 ······················ 26
- ★重点 2.2.4 实战：裁剪图像 ····· 27
- 2.2.5 拷贝、剪切与粘贴 ············ 29

#### 2.3 图像的变换 ······················· 29
- 2.3.1 移动图像 ························ 29
- 2.3.2 定界框、参考点和控制点 ··· 30
- 2.3.3 实战：旋转和缩放 ············ 30
- 2.3.4 斜切、扭曲和透视 ············ 30
- 2.3.5 实战：通过变形命令为玻璃球贴图 ···································· 31
- 2.3.6 自由变换 ························ 32
- 2.3.7 精确变换 ························ 32
- 2.3.8 实战：多次变换图像制作旋转花朵 ···································· 32
- 2.3.9 实战：使用操控变形调整动物姿态 ···································· 34
- 2.3.10 实战：使用内容识别比例缩放图像 ································· 35

#### 妙招技法 ································ 35
- 技巧01 如何显示画布外的图像 ··· 35
- 技巧02 复制文件 ····················· 35

#### 本章小结 ································ 36

## 第3章
### 创建与编辑图像选区 ·········· 37

#### 3.1 选区概述 ·········· 37
- 3.1.1 选区的含义 ·········· 37
- 3.1.2 常用的创建选区方法 ·········· 37

#### 3.2 使用选框工具创建选区 ·········· 38
- ★重点 3.2.1 矩形选框工具 ·········· 38
- ★重点 3.2.2 椭圆选框工具 ·········· 38
- 3.2.3 实战：使用单行和单列选框工具绘制网格像素字 ·········· 39

#### 3.3 使用套索工具创建选区 ·········· 40
- ★重点 3.3.1 实战：使用套索工具选择心形 ·········· 40
- 3.3.2 实战：使用多边形套索工具选择彩砖 ·········· 41
- 3.3.3 实战：使用磁性套索工具选择果肉 ·········· 41

#### 3.4 基于颜色差异创建选区 ·········· 42
- ★重点 3.4.1 使用魔棒工具选择背景 ·········· 42
- 3.4.2 实战：使用快速选择工具选择沙发 ·········· 43
- ★重点 3.4.3 实战：使用色彩范围命令选择蓝裙 ·········· 44
- 3.4.4 使用焦点区域命令选择主体图像 ·········· 45

#### 3.5 选区的基本操作 ·········· 46
- ★重点 3.5.1 全选 ·········· 46
- ★重点 3.5.2 反选 ·········· 47
- ★重点 3.5.3 取消选择与重新选择 ·········· 47
- ★重点 3.5.4 移动选区 ·········· 47
- ★重点 3.5.5 选区的运算 ·········· 47
- ★重点 3.5.6 显示和隐藏选区 ·········· 48

#### 3.6 编辑与修改选区 ·········· 48
- 3.6.1 创建边界 ·········· 48
- 3.6.2 平滑选区 ·········· 48
- 3.6.3 扩展与收缩选区 ·········· 49
- ★重点 3.6.4 实战：使用羽化命令创建朦胧效果 ·········· 49
- 3.6.5 实战：扩大选取与选取相似 ·········· 50
- 3.6.6 实战：使用选择并遮住命令细化选区 ·········· 50
- 3.6.7 变换选区 ·········· 51
- 3.6.8 实战：使用快速蒙版修改选区 ·········· 52
- 3.6.9 选区的存储与载入 ·········· 53

#### 妙招技法 ·········· 53
- 技巧01 基于人工智能技术的选择功能 ·········· 53
- 技巧02 如何避免羽化时弹出警告信息 ·········· 53

#### 本章小结 ·········· 54

## 第4章
### 绘制与修饰修复图像 ·········· 55

#### 4.1 颜色设置方法 ·········· 55
- ★重点 4.1.1 前景色和背景色 ·········· 55
- ★重点 4.1.2 拾色器 ·········· 55
- 4.1.3 实战：用吸管工具拾取颜色 ·········· 56
- 4.1.4 颜色面板 ·········· 56
- 4.1.5 色板面板 ·········· 57

#### 4.2 填充和描边方法 ·········· 57
- ★重点 4.2.1 实战：使用油漆桶工具填充背景色 ·········· 58
- ★重点 4.2.2 渐变的填充 ·········· 58
- 4.2.3 实战：使用填充命令填充背景 ·········· 61
- 4.2.4 图案面板 ·········· 61
- 4.2.5 描边命令 ·········· 63

#### 4.3 画笔面板 ·········· 63
- ★重点 4.3.1 "画笔预设"选取器 ·········· 63
- 4.3.2 画笔面板 ·········· 63
- ★重点 4.3.3 画笔设置面板 ·········· 64
- 4.3.4 描边平滑 ·········· 67

#### 4.4 绘画工具 ·········· 67
- ★重点 4.4.1 画笔工具 ·········· 67
- 4.4.2 铅笔工具 ·········· 68
- 4.4.3 实战：使用颜色替换工具更改鞋子颜色 ·········· 68
- 4.4.4 实战：使用混合器画笔工具混合色彩 ·········· 69

#### 4.5 修复工具 ·········· 70
- ★重点 4.5.1 实战：使用污点修复画笔工具修复污点 ·········· 70
- 4.5.2 实战：修复画笔工具 ·········· 71
- ★重点 4.5.3 实战：使用修补工具去除多余人物 ·········· 72
- 4.5.4 实战：使用内容感知移动工具智能移动和复制图像 ·········· 72
- 4.5.5 实战：使用红眼工具消除人物红眼 ·········· 73
- ★新功能 4.5.6 使用内容识别填充命令移除对象 ·········· 74
- 4.5.7 仿制源面板 ·········· 75
- ★重点 4.5.8 实战：使用仿制图章工具复制图像 ·········· 75
- 4.5.9 实战：使用图案图章工具填充图案 ·········· 76
- 4.5.10 历史记录画笔工具 ·········· 77
- 4.5.11 历史记录艺术画笔工具 ·········· 77

#### 4.6 润色工具 ·········· 77
- 4.6.1 模糊工具和锐化工具 ·········· 77
- 4.6.2 减淡工具与加深工具 ·········· 78
- 4.6.3 涂抹工具 ·········· 78
- 4.6.4 实战：使用海绵工具制作半彩艺术效果 ·········· 79

#### 4.7 擦除工具 ·········· 80
- 4.7.1 橡皮擦工具 ·········· 80
- 4.7.2 实战：使用背景橡皮擦工具擦除背景 ·········· 80
- 4.7.3 实战：使用魔术橡皮擦工具擦除背景 ·········· 81

#### 妙招技法 ·········· 82
- 技巧01 杂色渐变填充 ·········· 82
- 技巧02 如何在设置颜色时保证颜色不超出打印颜色色域或Web安全色色域？ ·········· 82

#### 本章小结 ·········· 82

# 第2篇　核心功能篇

本篇主要介绍 Photoshop 2024 图像处理的核心功能，是学习 Photoshop 2024 的重点。包括图层的基本功能应用、文字的创建与编辑、路径和矢量图形、蒙版与通道应用、调整图像颜色与色调、滤镜特效等知识。

## 第5章
### 图层的基本功能应用 ·········· 83

#### 5.1 认识图层 ·········· 83
- 5.1.1 图层的含义 ·········· 83
- 5.1.2 图层面板 ·········· 84
- 5.1.3 图层类别 ·········· 84

#### 5.2 图层操作 ·········· 85
- ★重点 5.2.1 创建图层 ·········· 85

| ★重点 5.2.2 | 选择图层 | 85 |
| --- | --- | --- |
| 5.2.3 | 背景图层和普通图层的相互转换 | 86 |
| 5.2.4 | 复制图层 | 86 |
| 5.2.5 | 复制CSS | 87 |
| 5.2.6 | 更改图层名称和颜色 | 87 |
| 5.2.7 | 实战：显示和隐藏图层 | 87 |
| 5.2.8 | 实战：链接图层 | 88 |
| 5.2.9 | 锁定图层 | 88 |
| 5.2.10 | 实战：调整图层顺序 | 89 |
| 5.2.11 | 实战：对齐图层 | 89 |
| 5.2.12 | 分布图层 | 90 |
| 5.2.13 | 实战：将图层与选区对齐 | 90 |
| 5.2.14 | 栅格化图层 | 91 |
| 5.2.15 | 删除图层 | 91 |
| ★重点 5.2.16 | 图层合并与盖印 | 91 |

## 5.3 图层组 ········ 93
- ★重点 5.3.1 创建图层组 ········ 93
- ★重点 5.3.2 将图层移入/移出图层组 ········ 93
- 5.3.3 取消图层编组和删除图层组 ········ 94

## 5.4 混合模式 ········ 94
- 5.4.1 混合模式的应用范围 ········ 94
- ★重点 5.4.2 混合模式的类别 ········ 94
- 5.4.3 实战：使用混合模式打造天鹅湖场景 ········ 95
- 5.4.4 背后模式和清除模式 ········ 96
- 5.4.5 图层不透明度 ········ 96

## 5.5 图层样式的应用 ········ 97
- ★重点 5.5.1 添加图层样式 ········ 97
- 5.5.2 图层样式对话框 ········ 97
- ★重点 5.5.3 斜面和浮雕 ········ 97
- 5.5.4 描边 ········ 98
- ★重点 5.5.5 投影 ········ 99
- 5.5.6 内阴影 ········ 100
- ★重点 5.5.7 外发光和内发光 ········ 100
- 5.5.8 光泽 ········ 101
- 5.5.9 颜色、渐变和图案叠加 ········ 101

## 5.6 编辑图层样式 ········ 101
- 5.6.1 显示与隐藏效果 ········ 102
- 5.6.2 修改效果 ········ 102
- ★重点 5.6.3 复制、粘贴效果 ········ 102
- 5.6.4 缩放效果 ········ 102
- 5.6.5 将效果创建为图层 ········ 103
- 5.6.6 全局光 ········ 103
- 5.6.7 等高线 ········ 103
- 5.6.8 清除效果 ········ 104

## 5.7 填充图层 ········ 104
- 5.7.1 实战：使用颜色填充图层填充纯色背景 ········ 104
- 5.7.2 实战：使用渐变填充图层创建虚边效果 ········ 104
- 5.7.3 实战：使用图案填充图层制作绿叶背景效果 ········ 105

## 5.8 调整图层 ········ 106
- 5.8.1 调整图层的优势 ········ 106
- ★重点 5.8.2 调整面板 ········ 106
- 5.8.3 删除调整图层 ········ 107

## 5.9 智能对象 ········ 107
- 5.9.1 智能对象的优势 ········ 107
- ★重点 5.9.2 智能对象的创建 ········ 107
- 5.9.3 链接智能对象的创建 ········ 107
- 5.9.4 非链接智能对象的创建 ········ 108
- 5.9.5 实战：智能对象的内容替换 ········ 108
- 5.9.6 栅格化智能对象 ········ 108
- 5.9.7 更新智能对象链接 ········ 108
- 5.9.8 导出智能对象内容 ········ 109

## 妙招技法 ········ 109
- 技巧01 设置图层组的混合模式 ········ 109
- 技巧02 清除图层杂边 ········ 109

## 本章小结 ········ 109

## 第6章 ▶
## 文字的创建与编辑 ········ 110

## 6.1 Photoshop文字基础知识 ········ 110
- 6.1.1 文字类型 ········ 110
- 6.1.2 文字工具选项栏 ········ 110

## 6.2 创建文字 ········ 111
- ★重点 6.2.1 实战：为图像添加说明文字 ········ 111
- 6.2.2 字符面板 ········ 112
- 6.2.3 实战：创建段落文字 ········ 113
- 6.2.4 段落面板 ········ 114
- 6.2.5 字符样式和段落样式面板 ········ 115
- 6.2.6 创建文字选区 ········ 116
- ★重点 6.2.7 实战：创建路径文字 ········ 116

## 6.3 编辑文字 ········ 117
- 6.3.1 点文字与段落文字的互换 ········ 118
- 6.3.2 实战：使用变形文字添加标题文字 ········ 118
- ★重点 6.3.3 栅格化文字 ········ 118
- ★重点 6.3.4 将文字转换为工作路径 ········ 118
- 6.3.5 将文字转换为形状 ········ 119
- 6.3.6 实战：使用拼写检查检查拼写错误 ········ 119
- 6.3.7 查找和替换文字 ········ 120
- 6.3.8 更新所有文字图层 ········ 120
- 6.3.9 替换所有欠缺字体 ········ 120
- 6.3.10 Open Type字体 ········ 120
- 6.3.11 粘贴Lorem Ipsum占位符 ········ 120

## 妙招技法 ········ 120
- 技巧01 编辑路径文字 ········ 120
- 技巧02 设置连字 ········ 121

## 本章小结 ········ 121

## 第7章 ▶
## 路径与矢量图形 ········ 122

## 7.1 初识路径 ········ 122
- 7.1.1 绘图模式 ········ 122
- ★重点 7.1.2 路径 ········ 123
- ★重点 7.1.3 路径面板 ········ 124

## 7.2 钢笔工具 ········ 124
- ★重点 7.2.1 钢笔工具选项栏 ········ 124
- ★重点 7.2.2 实战：绘制直线 ········ 125
- ★重点 7.2.3 实战：绘制平滑曲线 ········ 125
- ★重点 7.2.4 实战：绘制角曲线 ········ 126
- 7.2.5 自由钢笔工具 ········ 126
- 7.2.6 弯度钢笔工具 ········ 127

## 7.3 形状工具 ········ 128
- ★重点 7.3.1 矩形工具 ········ 128
- ★重点 7.3.2 椭圆工具 ········ 128
- 7.3.3 多边形工具 ········ 129
- 7.3.4 直线工具 ········ 129
- 7.3.5 自定形状工具 ········ 130
- 7.3.6 形状面板 ········ 130

## 7.4 编辑路径 ········ 130
- ★重点 7.4.1 选择与移动锚点和路径 ········ 130
- ★重点 7.4.2 添加与删除锚点 ········ 131
- ★重点 7.4.3 转换锚点类型 ········ 131
- 7.4.4 路径对齐和分布 ········ 131
- ★重点 7.4.5 调整堆叠顺序 ········ 131
- 7.4.6 修改形状 ········ 132
- ★重点 7.4.7 存储工作路径/新建路径 ········ 132
- ★重点 7.4.8 选择和隐藏路径 ········ 132
- 7.4.9 复制路径 ········ 133
- ★重点 7.4.10 删除路径 ········ 133
- ★重点 7.4.11 路径和选区的转换 ········ 133
- 7.4.12 填充和描边路径 ········ 133

## 妙招技法 ········ 135
- 技巧01 预判路径走向 ········ 135
- 技巧02 如何绘制精确的形状 ········ 135

## 本章小结 ········ 135

## 第8章
**蒙版与通道应用**………………136

### 8.1 蒙版概述………………136
- 8.1.1 认识蒙版………………136
- 8.1.2 蒙版属性面板………………136

### 8.2 图层蒙版………………137
- ★重点 8.2.1 创建图层蒙版………………137
- ★重点 8.2.2 链接与取消链接蒙版………137
- 8.2.3 停用图层蒙版………………138
- 8.2.4 删除图层蒙版………………138

### 8.3 矢量蒙版………………138
- ★重点 8.3.1 实战：使用矢量蒙版制作时尚剪影………138
- 8.3.2 变换矢量蒙版………………139
- 8.3.3 矢量蒙版转换为图层蒙版………139

### 8.4 剪贴蒙版………………140
- 8.4.1 剪贴蒙版的图层结构………140
- 8.4.2 调整剪贴蒙版的混合模式………140
- 8.4.3 释放剪贴蒙版………………140
- 8.4.4 图框工具………………141

### 8.5 通道………………142
- ★重点 8.5.1 通道的类型………………142
- 8.5.2 通道面板………………143

### 8.6 通道基础操作………………143
- 8.6.1 选择通道………………143
- ★重点 8.6.2 创建Alpha通道………144
- ★重点 8.6.3 实战：创建专色通道………144
- 8.6.4 复制通道………………145
- 8.6.5 重命名通道………………145
- 8.6.6 删除通道………………145
- 8.6.7 显示或隐藏通道………145
- ★重点 8.6.8 通道和选区的相互转换………146
- 8.6.9 实战：分离与合并通道改变图像色调………146

### 8.7 通道运算………………148
- ★重点 8.7.1 实战：使用应用图像命令制作霞光中的地球效果………148
- 8.7.2 计算………………148

### 妙招技法………………149
- 技巧01 载入通道选区………………149
- 技巧02 执行应用图像和计算时，为什么找不到混合通道所在的文件？………150
- 技巧03 快速选择通道………………150

### 本章小结………………150

## 第9章
**调整图像颜色与色调**………………151

### 9.1 颜色模式………………151
- ★重点 9.1.1 灰度模式………………151
- 9.1.2 位图模式………………151
- 9.1.3 实战：将冰块图像转换为双色调模式………152
- 9.1.4 索引模式………………153
- 9.1.5 颜色表………………153
- 9.1.6 多通道模式………………154
- 9.1.7 位深度………………154

### 9.2 自动调整………………154
- 9.2.1 自动色调………………154
- 9.2.2 自动对比度………………155
- 9.2.3 自动颜色………………155

### 9.3 明暗调整………………155
- 9.3.1 实战：使用亮度/对比度命令调整图像………155
- ★重点 9.3.2 实战：使用色阶命令调整图像对比度………156
- ★重点 9.3.3 实战：使用曲线命令调整图像明暗………158
- 9.3.4 实战：使用曝光度命令调整照片曝光度………159
- ★重点 9.3.5 实战：使用阴影/高光命令调整逆光照片………160

### 9.4 色彩调整………………161
- 9.4.1 实战：使用自然饱和度命令降低自然饱和度………161
- 9.4.2 实战：使用色相/饱和度命令调整背景颜色………162
- 9.4.3 实战：使用色彩平衡命令纠正色偏………162
- 9.4.4 实战：使用黑白命令制作单色图像效果………163
- 9.4.5 实战：使用照片滤镜命令打造炫酷冷色调………164
- 9.4.6 实战：使用通道混合器命令调整图像色调………165
- 9.4.7 实战：使用反相命令制作线条画效果………166
- 9.4.8 实战：使用色调分离命令制作艺术画效果………166
- 9.4.9 实战：使用色调均化命令制作花仙子场景………167
- 9.4.10 实战：使用渐变映射命令制作怀旧色调………168
- 9.4.11 实战：使用可选颜色调整单一色相………169
- 9.4.12 HDR色调命令………………170
- 9.4.13 实战：使用匹配颜色命令统一色调………170
- ★重点 9.4.14 实战：使用替换颜色命令更改衣帽颜色………171
- 9.4.15 实战：使用阈值命令制作抽象画效果………172
- 9.4.16 去色命令………………173
- 9.4.17 使用颜色查找命令打造黄蓝色调………173

### 妙招技法………………174
- 技巧01 观察色轮调整颜色………174
- 技巧02 调整通道纠正图像偏色………174

### 本章小结………………174

## 第10章
**滤镜特效**………………175

### 10.1 初识滤镜………………175
- 10.1.1 什么是滤镜………………175
- 10.1.2 滤镜的用途………………175
- 10.1.3 滤镜的种类………………175
- 10.1.4 滤镜的使用规则………175
- 10.1.5 加快滤镜运行速度………175
- 10.1.6 查找联机滤镜………176
- 10.1.7 查看滤镜的信息………176

### 10.2 应用滤镜库………………176
- ★重点 10.2.1 什么是滤镜库………176
- 10.2.2 效果图层………………176

### 10.3 综合滤镜………………177
- 10.3.1 自适应广角滤镜………177
- 10.3.2 Camera Raw滤镜………178
- ★重点 10.3.3 镜头校正滤镜………178
- 10.3.4 实战：使用液化滤镜为人物"烫发"………180
- 10.3.5 实战：使用消失点滤镜透视复制图像………181

### 10.4 普通滤镜………………182
- ★重点 10.4.1 风格化滤镜组………182
- ★重点 10.4.2 模糊滤镜组………184
- 10.4.3 模糊画廊滤镜组………185
- ★重点 10.4.4 扭曲滤镜组………186
- 10.4.5 锐化滤镜组………………187
- 10.4.6 视频滤镜组………………188
- ★重点 10.4.7 像素化滤镜组………188
- ★重点 10.4.8 渲染滤镜组………189
- 10.4.9 杂色滤镜组………………191
- 10.4.10 其他滤镜组………………191

### 10.5 应用智能滤镜………………192
- 10.5.1 智能滤镜的优势………192

| ★重点 10.5.2 | 实战：应用智能滤镜 …… 193 |
| 10.5.3 | 移动智能滤镜 …………………… 193 |

**妙招技法** …………………………… 194
**技巧01** 消失点命令使用技巧 ………… 194
**技巧02** 滤镜使用技巧 ………………… 194
**本章小结** …………………………… 194

# 第3篇　拓展功能篇

本篇是 Photoshop 2024 图像处理的技能拓展，包括视频、动画、动作、批处理等知识。通过对本篇内容的学习，读者不仅可以在 Photoshop 2024 中处理静态图像，还可以处理动态图像。

## 第11章 ▶
### 视频/动画/动作/批处理 …… 195

| 11.1 | 视频基础知识 …………………… 195 |
| 11.1.1 | 视频图层 ……………………… 195 |
| ★重点 11.1.2 | 时间轴面板 ……………… 195 |
| 11.2 | 视频的创建 ……………………… 196 |
| 11.2.1 | 打开和导入视频文件 ………… 196 |
| 11.2.2 | 创建空白视频图层 …………… 197 |
| 11.2.3 | 创建视频图层 ………………… 197 |
| 11.2.4 | 像素长宽比校正 ……………… 197 |
| 11.3 | 视频的编辑 ……………………… 197 |
| 11.3.1 | 插入、复制和删除空白视频帧 …………………………… 197 |
| 11.3.2 | 实战：从视频中获取静帧图像 ………………………… 197 |
| 11.3.3 | 替换视频图层中的素材 ……… 198 |
| 11.3.4 | 在视频图层中恢复帧 ………… 198 |
| 11.4 | 存储与导出视频 ………………… 198 |
| ★重点 11.4.1 | 渲染和保存视频文件 … 198 |
| 11.4.2 | 导出视频预览 ………………… 198 |
| 11.5 | 动画的制作 ……………………… 199 |
| 11.5.1 | 帧模式时间轴面板 …………… 199 |
| ★重点 11.5.2 | 实战：制作跷跷板小动画 …………………… 199 |
| 11.6 | 动作基础知识 …………………… 201 |
| ★重点 11.6.1 | 动作面板 ……………… 201 |
| ★重点 11.6.2 | 实战：使用预设动作制作聚拢效果 ………………… 202 |
| ★重点 11.6.3 | 实战：创建并记录动作 ……………………… 202 |
| 11.6.4 | 创建动作组 …………………… 204 |
| 11.6.5 | 重排、复制与删除动作 ……… 204 |
| 11.6.6 | 在动作中添加新菜单命令 …… 204 |
| 11.6.7 | 在动作中插入非菜单操作 …… 204 |
| 11.6.8 | 在动作中插入路径 …………… 205 |
| 11.6.9 | 在动作中插入停止 …………… 205 |
| 11.7 | 批处理 …………………………… 205 |
| 11.7.1 | 批处理对话框 ………………… 206 |
| ★重点 11.7.2 | 实战：使用批处理命令处理图像 …………………… 206 |
| 11.8 | 脚本 ……………………………… 207 |
| 11.8.1 | 图像处理器 …………………… 207 |
| 11.8.2 | 实战：将图层导出文件 ……… 208 |
| 11.9 | 其他文件自动化功能 …………… 208 |
| 11.9.1 | 实战：裁剪并拉直照片 ……… 208 |
| ★重点 11.9.2 | 实战：使用 Photomerge 命令创建全景图 ………… 209 |
| 11.9.3 | 实战：将多张照片合并为 HDR 图像 …………………… 209 |
| 11.9.4 | 实战：制作 PDF 演示文稿 … 210 |
| 11.9.5 | 实战：制作联系表 …………… 211 |
| 11.9.6 | 限制图像 ……………………… 212 |

**妙招技法** …………………………… 212
**技巧01** 如何快速创建功能相似的动作 ……………………………… 212
**技巧02** 如何删除动作 ………………… 212
**本章小结** …………………………… 212

# 第4篇　AI 绘画与设计篇

本篇主要讲解 Firefly 工具的智能化图像处理应用技能，Firefly 具有强大的文字自动生成图像及特效文字设计功能，通过 Firefly 的 AI 功能，可以大大提高图像处理与绘画的效率。本篇包括 Firefly 以文生图功能详解、Firefly 生成式填充及文字特效应用等内容。

## 第12章 ▶
### AI 智能绘画：Firefly 以文生图功能详解 …………………………… 213

| 12.1 | Firefly Image 2 的基础操作 …………………………… 213 |
| ★新功能 12.1.1 | 使用社区作品生成 3D 鹦鹉 ……………………… 213 |
| ★新功能 12.1.2 | 设置图像的纵横比 ………………………… 214 |
| ★重点 12.1.3 | 设置图像的内容类型 ……………………………… 215 |
| 12.2 | Firefly Image 2 的新增功能 ……………………………… 216 |
| ★新功能 12.2.1 | 提示词建议与反向提示 ………………………… 216 |
| ★新功能 12.2.2 | 使用参考图像匹配样式 ………………………… 217 |
| ★新功能 12.2.3 | 自定义照片设置 …… 218 |
| 12.3 | 使用风格样式生成不同风格的图像 ……………………………… 219 |
| ★新功能 12.3.1 | 实战：使用动作样式生成酷帅少年 ……………… 220 |
| ★新功能 12.3.2 | 实战：使用主题样式生成森林中的精灵 ………… 221 |

★新功能 12.3.3　实战：使用技术样式
　　　　　生成宇宙飞船绘画 ………… 222
★新功能 12.3.4　实战：使用效果样式
　　　　　生成照片的散景背景 ……… 223
★新功能 12.3.5　实战：使用材质样式
　　　　　生成绵羊的皮毛 …………… 224
★新功能 12.3.6　实战：使用概念样式
　　　　　生成怀旧彩色玻璃叶子 …… 225
★新功能 12.3.7　实战：使用颜色和调和
　　　　　样式生成淡雅色彩图像 …… 226
★新功能 12.3.8　实战：使用光照样式
　　　　　生成超现实光线图像 ……… 227
★新功能 12.3.9　实战：使用合成样式
　　　　　生成香蕉喝果汁图像 ……… 228
妙招技法 …………………………………… 230
技巧01　清除风格或删除单个风格 ……… 230
技巧02　收藏和查看生成的图像 ………… 230
本章小结 …………………………………… 231

### 第13章
**AI图像处理：Firefly生成式填充与
文字效果应用** ……………………………… 232

13.1　Firefly Image 2的生成式
　　　填充 ………………………………… 232
★新功能 13.1.1　实战：更换灯塔的
　　　　　背景 …………………………… 232
★新功能 13.1.2　实战：删除图像中的
　　　　　多余内容 ……………………… 233
★新功能 13.1.3　实战：在草原上生成
　　　　　一座房子 ……………………… 235
★新功能 13.1.4　实战：给人物添加
　　　　　帽子 …………………………… 236
★新功能 13.1.5　实战：更换人物
　　　　　服装 …………………………… 236
13.2　一键生成文字效果 ………… 237
★新功能 13.2.1　实战：使用文字样本
　　　　　生成文字 ……………………… 237
★新功能 13.2.2　实战：使用示例提示
　　　　　生成文字 ……………………… 241
★新功能 13.2.3　实战：输入提示词生成
　　　　　文字 …………………………… 243
妙招技法 …………………………………… 245
技巧01　在生成式填充中生成更多
　　　　效果 ……………………………… 245
技巧02　下载文字样本 …………………… 245
本章小结 …………………………………… 246

## 第 5 篇　实战应用篇

本篇主要结合 Photoshop 的常见应用领域，列举相关典型案例，给读者讲解 Photoshop 2024 中图像处理与设计的实战技能，包括图像特效与图像合成艺术、数码照片后期处理、包装设计、平面广告设计、网店页面与游戏界面设计等综合案例。通过对本篇内容的学习，读者可以提升实战技能和对 Photoshop 2024 的综合应用水平。

### 第14章
**实战：图像特效与图像合成
艺术** ……………………………………… 247

14.1　制作双重曝光效果 ………… 247
14.2　将照片转换为漫画效果 …… 250
14.3　合成奇幻星际场景 ………… 252
14.4　飞翔的小神童 ……………… 256
本章小结 …………………………………… 258

### 第15章
**实战：数码照片后期处理** ……… 259

15.1　修饰与修复数码照片 ……… 259
15.1.1　去除照片中的杂物突出主题 … 259
15.1.2　修复妆容 ………………………… 260
15.2　调校数码照片的光影 ……… 261
15.2.1　处理数码照片的曝光问题 …… 261
15.2.2　重组数码照片的光影效果 …… 262
15.3　人像照片后期处理 ………… 265
15.3.1　美化人物皮肤 …………………… 265
15.3.2　打造S形身材 …………………… 266
15.4　风光照片后期处理 ………… 267
15.4.1　调整风光照片的颜色 ………… 268
15.4.2　为水面合成倒影 ………………… 268
本章小结 …………………………………… 269

### 第16章
**实战：包装设计** ………………… 270

16.1　糖果包装设计 ……………… 270
16.2　月饼包装设计 ……………… 274
本章小结 …………………………………… 279

### 第17章
**实战：平面广告设计** …………… 280

17.1　宣传单设计 ………………… 280
17.2　海报设计 …………………… 283
本章小结 …………………………………… 286

### 第18章
**实战：网店页面与游戏界面设计**
…………………………………………… 287

18.1　店铺客服区设计 …………… 287
18.2　主图和推广图设计 ………… 290
18.3　双十一网店活动海报
　　　设计 ………………………… 292
18.4　游戏主界面设计 …………… 296
本章小结 …………………………………… 303

附录1　Photoshop 2024工具与
　　　　快捷键索引 ………………… 304
附录2　Photoshop 2024命令与
　　　　快捷键索引 ………………… 306

# 第 1 篇 基础功能篇

本篇主要针对初学者，从零开始，系统全面地讲解 Photoshop 2024 软件的基础操作，包括 Photoshop 2024 快速入门、Photoshop 2024 的基础操作、创建与编辑图像选区、绘制与修饰修复图像等内容。

## 第 1 章 Photoshop 2024 快速入门

- Photoshop 可以应用于哪些领域？
- Photoshop 2024 新增了哪些实用功能？
- 编辑图像时，有些功能不知如何应用该怎么办？

Photoshop 在众多的图像处理软件中，为什么能够脱颖而出、备受喜爱，得到如此广泛的应用呢？如果你迫切地想知道问题的答案，就开始本章内容的学习吧。

### 1.1 Photoshop 的应用领域

Photoshop 的应用领域非常广泛，不止局限于图像处理，还可应用于平面设计、数码艺术、网页制作和界面设计等领域。它在众多领域都发挥着不可替代的重要作用。

#### 1.1.1 在平面设计中的应用

平面设计是 Photoshop 应用最为广泛的领域，包括 VI 图标设计、包装设计、手提袋设计、印刷品设计、写真喷绘设计、户外广告设计、企业形象系统设计、招贴设计、海报设计、宣传单设计等，如图 1-1 和图 1-2 所示。

图 1-1

图 1-2

## 1.1.2 在绘画中的应用

Photoshop的绘画与调色功能突出，画师通常先用铅笔绘制草稿，然后用Photoshop填色来绘制图画。近年来非常流行的像素画也多为画师使用Photoshop创作的作品，如图1-3和图1-4所示。

图1-3

图1-4

## 1.1.3 在视觉创意设计中的应用

Photoshop拥有强大的图像编辑功能，为艺术爱好者提供了无限广阔的创作空间。用户可以随心所欲地对图像进行修改、合成，创作出充满想象力的作品，如图1-5和图1-6所示。

图1-5

图1-6

## 1.1.4 在照片后期处理中的应用

Photoshop可以完成从照片的输入，到校色、图像修正，再到分色输出等一系列的专业化工作。无论是色彩与色调的调整，照片的校色、修复与润饰，还是图像的创意合成，在Photoshop中都可以出色完成，如图1-7和图1-8所示。

图1-7

图1-8

## 1.1.5 在界面设计中的应用

界面设计指设计师使用独特的创意，设计软件或游戏的界面外观，以达到吸引用户眼球的目的。界面是人机对话的窗口，如图1-9和图1-10所示。

图1-9

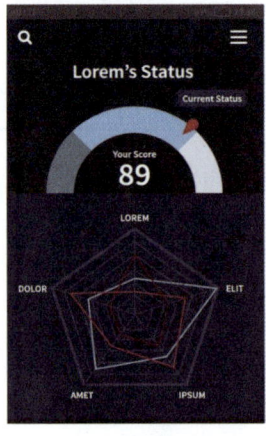

图1-10

## 1.1.6 在动画与CG设计中的应用

使用Photoshop制作人物皮肤

贴图、场景贴图和各种质感的材质贴图，不仅效果逼真，还可以为动画渲染节省宝贵的时间。此外，Photoshop还常用于绘制各种风格的CG艺术作品，如图1-11和图1-12所示。

图1-11

图1-12

### 1.1.7 在建筑或室内装修效果图制作中的应用

制作建筑或室内装修效果图时，渲染出的图片通常需要在Photoshop中进行后期处理。例如，人物、车辆、植物、天空、景观和各种装饰品都可以在Photoshop中添加，这样能增加画面美感，也能节省渲染时间，如图1-13和图1-14所示。

图1-13

图1-14

## 1.2 Photoshop 2024新增功能

Photoshop 2024新增的创成式填充是一种基于人工智能（AI）的图像处理技术，它能够根据用户的简单文本提示，在图像中智能添加、扩展或移除内容。这项技术的核心在于其生成式AI能力，能够在保持图像原有风格和质量的基础上，创造出令人惊叹的视觉效果。下面对此新功能进行详细介绍。

### ★新功能 1.2.1 使用创成式填充扩展图像

使用创成式填充可以在原有图像边缘自动生成新的图像。

**Step 01** 打开素材。打开"素材文件\第1章\绣球花.jpg"文件，如图1-15所示。

图1-15

**Step 02** 选择【画布大小】命令。右击图像窗口的标题栏，在弹出的快捷菜单中选择【画布大小】命令，如图1-16所示。

图1-16

**Step 03** 设置画布宽度。在【画布大小】对话框中单击向右的箭头，如图1-17所示。重新设置画布宽度为3304像素，如图1-18所示。

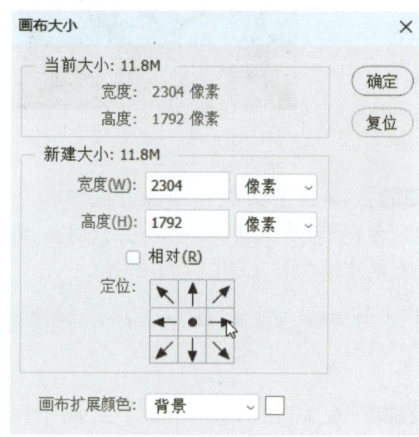

图1-17

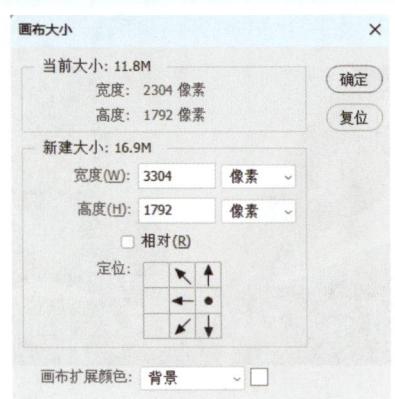

图 1-18

**Step 04** 增加画布宽度。单击【确定】按钮后，画布左侧宽度增加，如图 1-19 所示。

图 1-19

**Step 05** 绘制矩形选框。选择【矩形选框工具】，在画布左侧的空白处绘制矩形选框，如图 1-20 所示。

图 1-20

**Step 06** 单击【创成式填充】按钮。在下方的浮动工具栏中单击【创成式填充】按钮，如图 1-21 所示。

图 1-21

**Step 07** 生成图像。单击【生成】按钮，如图 1-22 所示，即可在画布的空白处生成相应的图像内容，且与原图像无缝衔接，如图 1-23 所示。

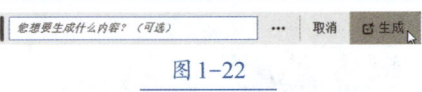

图 1-22

图 1-23

### ★新功能 1.2.2 使用创成式填充生成图像

使用创成式填充可以在空白画布中根据文字描述生成一幅图像。

**Step 01** 绘制矩形选框。执行【文件】→【新建】命令，新建一个图像文件。选择【矩形选框工具】，在画布中绘制矩形选框，如图 1-24 所示。

图 1-24

**Step 02** 单击【创成式填充】按钮。在下方的浮动工具栏中单击【创成式填充】按钮，如图 1-25 所示。

图 1-25

**Step 03** 生成图像。在文本框中输入文字"一个小孩在海里骑着一条红色的鱼，插画"，单击【生成】按钮，如图 1-26 所示，即可在画布中生成相应的图像内容，如图 1-27 所示。

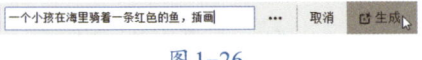

图 1-26

图 1-27

**Step 04** 切换生成的图像。每次生成的图像为 3 幅，单击浮动工具栏中的箭头按钮，如图 1-28 所示，可以切换生成的图像，如图 1-29 和图 1-30 所示。

图 1-28

图 1-29

第1篇 基础功能篇

图1-30

### 📌 技术看板

如果对生成的图像不满意，可以再次单击【生成】按钮，生成不同的图像。

### ★ 新功能 1.2.3　使用创成式填充快速去水印

使用创成式填充可以将选区内的图像自动生成为与原图像匹配的图像，从而去除水印。

Step 01 打开素材。打开"素材文件\第1章\印章图.jpg"文件，如图1-31所示。

图1-31

Step 02 绘制选区。选择【套索工具】 🔾 ，在印章周围绘制选区，如图1-32所示。

图1-32

Step 03 单击【创成式填充】按钮。在下方的浮动工具栏中单击【创成式填充】按钮，如图1-33所示。

图1-33

Step 04 生成图像。单击【生成】按钮，如图1-34所示，即可生成与原图像无缝衔接的图像，将印章覆盖，如图1-35所示。

图1-34

图1-35

### ★ 新功能 1.2.4　使用创成式填充快速换背景

使用创成式填充可以将选区内的背景根据文字描述快速转换成新的背景。

Step 01 打开素材。打开"素材文件\

第1章\海边.jpg"文件，如图1-36所示。

图1-36

Step 02 选择主体。执行【选择】→【主体】命令，如图1-37所示，即可将小女孩选中，如图1-38所示。

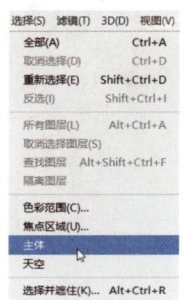

图1-37

图1-38

Step 03 反选选区。按【Ctrl+Shift+I】组合键，反选选区，如图1-39所示。

图1-39

5

Step 04 单击【创成式填充】按钮。在下方的浮动工具栏中单击【创成式填充】按钮，如图1-40所示。

图1-40

Step 05 生成图像。在文本框中输入文字"水上乐园"，单击【生成】按钮，如图1-41所示，即可在画布中生成相应的图像内容，如图1-42所示。

图1-41

图1-42

★新功能 1.2.5　使用创成式填充给人物换装

使用创成式填充可以将选区内的服装根据文字描述快速转换成新的服装。

Step 01 打开素材。打开"素材文件\第1章\美女在草坪上.jpg"文件。选择【矩形选框工具】，框选人物下半身，如图1-43所示。

图1-43

Step 02 单击【创成式填充】按钮。在下方的浮动工具栏中单击【创成式填充】按钮，如图1-44所示。

图1-44

Step 03 生成图像。在文本框中输入文字"牛仔裤"，单击【生成】按钮，如图1-45所示，即可在画布中生成相应的图像内容，如图1-46所示。

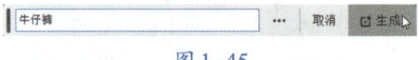

图1-45

图1-46

## 1.3　图像的基础知识

在使用Photoshop 2024处理图像前，必须了解一些关于图像的基础知识，包括图像格式、像素与分辨率等。在实际操作中，随时都会使用到这些知识。

### ★重点 1.3.1　位图和矢量图

计算机中的图像可分为位图和矢量图两种类型。Photoshop是典型的位图软件，但它也包含矢量功能。下面将介绍位图和矢量图的概念，为学习图像处理打下基础。

#### 1. 位图

位图也叫作点阵图、栅格图像、像素图，它是由像素（Pixel）组成的，在Photoshop中处理图像时，编辑的就是像素。打开一幅图像，如图1-47所示。

图1-47

使用【缩放工具】在图像上连续单击，直到工具中间的【+】号消失，图像放大至最大，画面中会出现许多彩色小方块，这便是像素，如图1-48所示。

图1-48

数码相机拍摄的照片、扫描仪扫描的图片，以及在计算机屏幕上抓取的图像等都属于位图。位图的优点是可以表现颜色的变化和细微过渡，并且很容易在不同的软件之间交换使用，但在保存时需要记录每一个像素的位置和颜色值，因此占用的存储空间较大。

另外，由于分辨率的限制，位图包含固定数量的像素，对其缩放或旋转时，Photoshop无法生成新的像素，只能将原有的像素变大以填充多出的空间，这往往会使清晰的图像变得模糊，也就是常说的"图像变虚了"。例如，原图像放大500%后的局部图像如图1-49所示。

图1-49

放大700%后的局部图像如图1-50所示，图像变得很模糊。

图1-50

## 2. 矢量图

矢量图也叫作向量图，是缩放不失真的图像格式。矢量图就如同画在质量非常好的橡胶膜上的图，无论对橡胶膜进行何种长宽等比拉伸的操作，图像依然清晰。

矢量图的最大优点是轮廓更容易修改，但是对于单独的对象，颜色变化的实现不如位图方便。另外，支持矢量图的软件不如支持位图的软件多，很多矢量图都需要使用专门的软件才能浏览和编辑。矢量图与分辨率无关，即矢量图可以缩放到任意尺寸，可以按任意分辨率打印，而不会丢失细节或降低清晰度。因此，矢量图适合表现醒目的图形。某矢量图的原图像如图1-51所示。

图1-51

放大后的局部图像依然很清晰，如图1-52所示。

图1-52

### ★重点 1.3.2 像素与分辨率的关系

像素是组成位图的最基本的元素。每一个像素都有自己的位置，并记载着图像的颜色信息，图像包含的像素越多，颜色信息越丰富，图像的效果越好，但文件也越大。

分辨率是指单位长度内包含的像素的数量，它的单位通常为像素/英寸（ppi），如72ppi表示每英寸包含72个像素。分辨率决定了位图细节的精细程度，通常情况下，分辨率越高，图像包含的像素越多，图像越清晰。

像素和分辨率是两个密不可分的重要概念，它们的组合方式决定了图像的数据量。在打印时，高分辨率的图像比低分辨率的图像包含更多的像素，像素更小，像素的密度更高，可以展现更多细节和更细微的颜色过渡效果。

虽然分辨率越高，图像的质量越好，但也会增加图像占用的存储空间，只有根据图像的用途设置合适的分辨率，才能取得最佳的使用效果。

## 1.4 Photoshop 2024的工作界面

在使用Photoshop 2024之前，需要先熟悉Photoshop 2024的工作界面。Photoshop 2024的工作界面非常简洁大方。下面将详细介绍Photoshop 2024的工作界面组件及其作用。

## 1.4.1 工作界面的组成

Photoshop 2024的工作界面中包含菜单栏、工具选项栏、图像窗口、状态栏,以及面板等组件,如图1-53所示。

图1-53

工作界面中各组件的作用如表1-1所示。

表1-1 工作界面中各组件的作用

| 组件 | 作用 |
|---|---|
| ❶菜单栏 | 包含可以执行的各种命令,单击菜单名称即可打开相应的菜单 |
| ❷工具选项栏 | 用于设置工具的各种选项,它会随着所选工具的不同而变换内容 |
| ❸选项卡 | 打开多个图像时,窗口中只显示一个图像,其他的图像则最小化到选项卡中,单击选项卡中各个图像的标签即可显示相应的图像 |
| ❹工具箱 | 包含用于执行各种操作的工具,如创建选区、移动图像、绘画等 |
| ❺图像窗口 | 显示和编辑图像的区域 |
| ❻状态栏 | 可以显示文件大小、文件尺寸、当前工具和窗口缩放比例等信息 |
| ❼面板 | 可以帮助用户编辑图像,有的面板用于设置编辑内容,有的面板用于设置颜色属性 |

## 1.4.2 菜单栏

Photoshop 2024中有12个菜单,如图1-54所示。每个菜单内都包含一系列命令。单击某一个菜单名就会弹出相应的菜单,选择菜单中的各项命令即可进行相应的编辑操作。

文件(F) 编辑(E) 图像(I) 图层(L) 文字(Y) 选择(S) 滤镜(T) 3D(D) 视图(V) 增效工具 窗口(W) 帮助(H)

图1-54

菜单栏中各菜单的主要作用如表1-2所示。

表1-2 菜单栏中各菜单的主要作用

| 菜单 | 作用 |
|---|---|
| 文件 | 【文件】菜单中的命令用于执行新建、打开、存储、关闭、置入、打印等一系列针对文件的操作 |
| 编辑 | 【编辑】菜单中的命令用于对图像进行编辑,包括还原、剪切、拷贝、粘贴、填充、变换、定义图案等 |
| 图像 | 【图像】菜单中的命令主要用于对图像的模式、颜色、大小等进行调整 |

续表

| 选项 | 作用 |
|---|---|
| 图层 | 【图层】菜单中的命令主要用于针对图层进行相应的操作,如新建图层、复制图层、创建图层蒙版、隐藏图层等 |
| 文字 | 【文字】菜单中的命令主要用于对文字对象进行编辑和处理,包括打开文字面板、文字变形、栅格化文字图层等 |
| 选择 | 【选择】菜单中的命令主要用于对选区进行操作,包括反选、修改、变换、扩大、载入选区等 |
| 滤镜 | 【滤镜】菜单中的命令可以为图像设置各种特殊效果,在制作特效方面,这些滤镜命令是不可缺少的 |
| 3D | 【3D】菜单主要提供了3D图像的创建、编辑处理、材质贴图、渲染及打印输出等3D图像编辑命令。Photoshop可以打开和编辑U3D、3DS、OBJ、KMZ、DAE格式的3D文件 |

续表

| 选项 | 作用 |
| --- | --- |
| 视图 | 【视图】菜单中的命令可对整个视图进行调整，包括缩放视图、改变屏幕模式、显示标尺、设置参考线等 |
| 增效工具 | 增效工具是用于增强Photoshop功能的加载项软件。它们可以帮助制作特殊图像效果、创建更高效的工作流程及利用其他简便的工具 |
| 窗口 | 【窗口】菜单中的命令主要用于控制Photoshop 2024工作界面中工具箱和各个面板的显示和隐藏 |
| 帮助 | 【帮助】菜单提供了使用Photoshop 2024的各种帮助信息。在使用Photoshop 2024的过程中若遇到问题，可以查看该菜单，及时了解各种命令、工具和功能的使用方法 |

◆ 技术看板

如果命令为浅灰色，表示该命令当前处于不可用状态；如果命令右侧有 ▶ 标记，表示该命令下包含子菜单；如果命令右侧有"…"标记，表示选择该命令可以打开对话框；如果命令右侧有字母组合，则字母组合为该命令的快捷键。

### 1.4.3 工具箱

工具箱将Photoshop 2024中的工具以图标形式聚集在一起，根据工具的图标就可以了解该工具的功能，如图1-55所示。在键盘上按相应的快捷键，即可从工具箱中选择工具。右击工具图标或单击其右下角的小三角形，即可显示其他功能相似的隐藏工具。

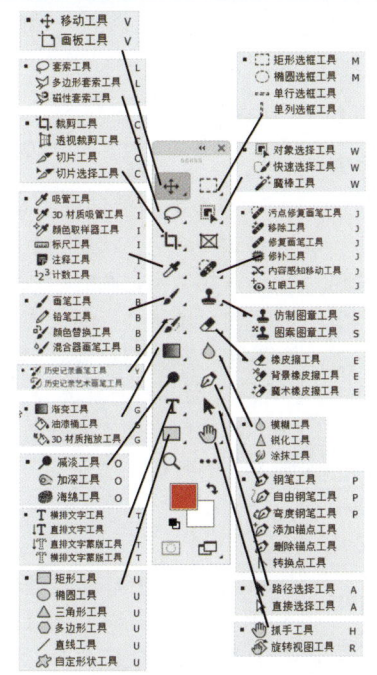

图1-55

◆ 技术看板

在Photoshop 2024的工具箱中，常用的工具都有相应的快捷键，因此，我们可以通过按下快捷键来选择工具。如果需要查看快捷键，将鼠标指针移动至工具图标上并稍停片刻，就会出现工具名称和快捷键，以及该工具的使用方法等信息。

### 1.4.4 工具选项栏

工具选项栏位于菜单栏的下方，当在工具箱中选择某个工具时，工具选项栏中就会显示出相应的属性和控制参数。例如，选择【套索工具】 后，工具选项栏如图1-56所示。

图1-56

**1. 隐藏/显示工具选项栏**

执行【窗口】→【选项】命令，

可以隐藏或显示工具选项栏。

**2. 移动工具选项栏**

单击并拖曳工具选项栏最左侧的图标，可以将它从停放位置拖出，成为浮动的工具选项栏。将其拖回菜单栏下方，当出现蓝色条时释放鼠标，可重新停放到原处。

### 1.4.5 图像窗口

在Photoshop中打开一个图像，便会创建一个图像窗口。如果打开了多个图像，则各个图像窗口会以选项卡的形式显示，如图1-57所示。

图1-57

单击一个图像的标签，即可将其设置为当前操作的窗口，如图1-58所示。

图1-58

单击一个图像的标签并将其从

选项卡中拖出,它便会成为可以任意移动位置的浮动窗口(拖曳标题栏即可进行移动),如图1-59所示。

图1-59

拖曳浮动窗口的边框,可以调整窗口的大小,如图1-60所示。

图1-60

## 1.4.6 状态栏

状态栏位于图像窗口底部,它可以显示图像视图的缩放比例、文档大小、当前使用的工具信息。单击状态栏中的 按钮,可在弹出的菜单中选择状态栏中显示的内容,如图1-61所示。

图1-61

状态栏菜单中命令的作用如表1-3所示。

表1-3 状态栏菜单中命令的作用

| 命令 | 作用 |
| --- | --- |
| 文档大小 | 显示图像中的数据量信息。选择该命令后,状态栏中会出现一组数字,左边的数字表示拼合图层并存储文件后的大小,右边的数字表示包含图层和通道的近似大小 |
| 文档配置文件 | 显示图像所有使用的颜色配置文件的名称 |
| 文档尺寸 | 显示图像的尺寸 |
| GPU模式 | Photoshop的GPU模式是指利用图形处理器(GPU)来加速图像处理任务的功能 |
| 测量比例 | 显示图像视图的缩放比例 |
| 暂存盘大小 | 显示处理图像的内存信息和Photoshop暂存盘的信息。选择该命令后,状态栏中会出现一组数字,左边的数字表示所有打开的图像的内存量,右边的数字表示用于处理图像的总内存量。如果左边的数字大于右边的数字,Photoshop将启用暂存盘作为虚拟内存 |
| 效率 | 显示执行操作实际花费时间的百分比。当效率为100%时,表示当前处理的图像在内存中生成;如果效率低于100%,则表示Photoshop正在使用暂存盘,处理速度也会变慢 |
| 计时 | 显示完成上一次操作所用的时间 |
| 当前工具 | 显示当前使用的工具名称 |
| 32位曝光 | 用于调整预览图像,以便在计算机显示器上查看32位/通道高动态范围(HDR)图像。只有图像窗口显示HDR图像时,该命令才可用 |

续表

| 命令 | 作用 |
| --- | --- |
| 存储进度 | 保存文件时,显示存储进度 |
| 智能对象 | 识别当前文件是否为智能对象文件 |
| 图层计数 | 体现文件中的图层和组内容 |

## 1.4.7 面板

面板用于设置颜色、工具参数,以及执行编辑命令。Photoshop中有20多个面板,在【窗口】菜单中可以选择需要的面板将其打开。默认情况下,面板以选项卡的形式成组出现,并停靠在窗口右侧,用户可根据需要打开、关闭或是自由组合面板。

### 1. 选择和移动面板

在面板选项卡中,单击面板标签,即可选择面板。将鼠标指针移动到面板标签上,拖曳鼠标,即可移动面板。

### 2. 拆分面板

拆分面板的操作很简单,具体操作步骤如下。

Step01 单击并拖曳面板标签。单击并按住鼠标左键选择对应的面板标签,将其拖曳至工作区中的空白位置,如图1-62所示。

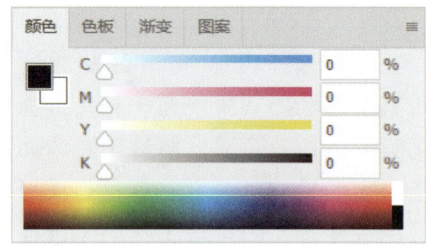

图1-62

Step02 释放鼠标完成面板拆分。释放鼠标,面板即会被拆分开,如图1-63所示。

图 1-63

### 3. 组合面板

组合面板可以将两个或多个面板合并为选项卡形式,当需要调用其中某个面板时,只需要单击其标签即可。组合面板的具体操作步骤如下。

**Step 01** 拖曳面板标签位置。按住鼠标左键拖曳位于外部的面板标签至想要将其移动到的目标位置,直至该位置显示为蓝色,如图1-64所示。

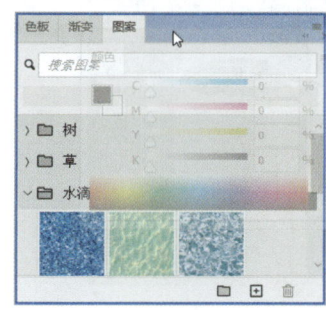

图 1-64

**Step 02** 组合面板。释放鼠标,即可完成对面板的组合操作,如图1-65所示。

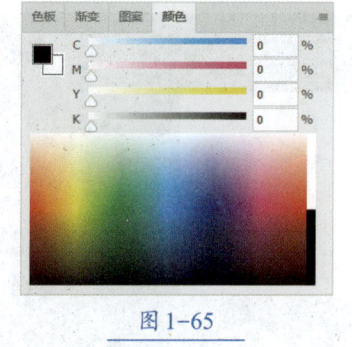

图 1-65

### 4. 展开/折叠面板

单击【展开面板】图标 可以展开面板,如图1-66所示。

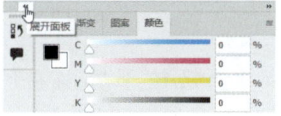

图 1-66

单击面板右上角的【折叠为图标】按钮 ,可将面板折叠为图标,如图1-67所示。

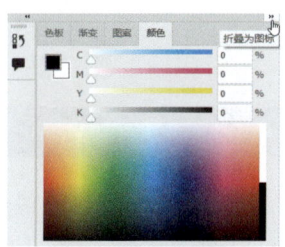

图 1-67

> **技术看板**
> 
> 将面板折叠为图标可以避免工作区杂乱无章。在某些情况下,会默认将面板折叠为图标。

### 5. 链接面板

按住鼠标左键选择面板标签,并将其拖曳到其他面板下方,直至出现蓝色条,如图1-68所示。释放鼠标,即可链接面板,如图1-69所示。链接在一起的面板可以同时移动或折叠。

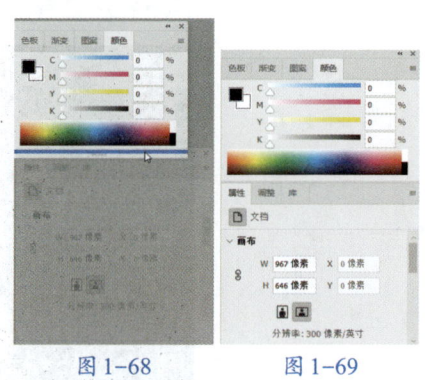

图 1-68　　　图 1-69

### 6. 调整面板大小

拖曳面板边框,即可调整面板的大小,如图1-70所示。

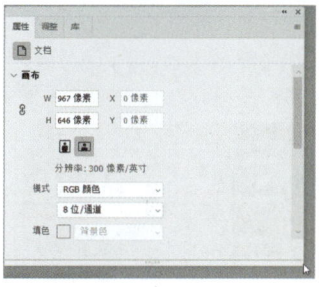

图 1-70

### 7. 面板菜单

在 Photoshop 2024 中,单击面板右上角的扩展按钮 ,即可弹出面板的命令菜单,菜单中包含大部分与面板相关的命令。

例如,【通道】面板菜单如图1-71所示。

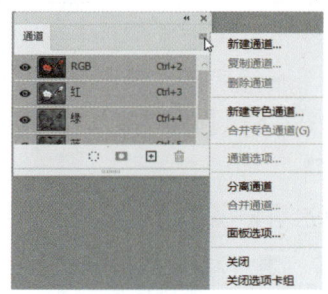

图 1-71

### 8. 关闭面板

右击面板标签,可以打开面板快捷菜单,如图1-72所示。选择【关闭】命令,可以关闭该面板;选择【关闭选项卡组】命令,可以关闭该组面板。

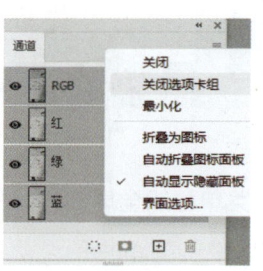

图 1-72

对于浮动面板,则可单击它右上角的【关闭】按钮 将其关闭,如图1-73所示。

### 1.4.8 库

【库】面板位于界面右侧，如图1-74所示。库是一种Web服务，允许在各种Adobe桌面和应用程序中访问资源，在Photoshop中将图形、颜色、画笔和图层样式添加到库，就可以在多个Creative Cloud应用程序内轻松访问这些资源。

图1-73

图1-74

## 1.5 图像的查看

查看图像时，通常需要改变图像视图的显示比例、移动图像的显示区域，以便更好地观察和处理图像。Photoshop提供了多种屏幕模式，【缩放工具】、【抓手工具】、【导航器】面板，以及各种缩放视图的命令。

### ★重点 1.5.1 切换不同的屏幕模式

单击工具箱底部的【更改屏幕模式】按钮，可以显示一组用于切换屏幕模式的按钮，包括【标准屏幕模式】、【带有菜单栏的全屏模式】、【全屏模式】。

#### 1. 标准屏幕模式

【标准屏幕模式】是默认的屏幕模式，在该模式下，可显示菜单栏、标题栏、滚动条和其他屏幕元素，如图1-75所示。

图1-76

#### 3. 全屏模式

在【全屏模式】下，只显示黑色背景，无标题栏、菜单栏和带有滚动条的全屏窗口，如图1-77所示。

图1-75

#### 2. 带有菜单栏的全屏模式

在【带有菜单栏的全屏模式】下，可显示菜单栏、50%灰色背景和带有滚动条的全屏窗口，如图1-76所示。

图1-77

> **技术看板**
>
> 按【F】键可在各个屏幕模式间切换；按【Tab】键可以隐藏/显示工具箱、面板和工具选项栏；按【Shift+Tab】组合键可以隐藏/显示面板。

### 1.5.2 图像窗口排列方式

如果打开了多个图像，可执行【窗口】→【排列】菜单中的命令控制各个窗口的排列方式。具体的排列方式如下。

- 层叠：在窗口显示区的左上角以层叠的方式显示窗口，如图1-78所示。

图1-78

- 平铺：以边靠边的方式显示窗口，如图1-79所示，关闭一个图像时，其他窗口会自动调整大小，以填满可用的空间。

图1-79

- 在窗口中浮动：允许窗口自由浮动（可拖曳标题栏移动窗口），如图1-80所示。

图1-80

- 使所有内容在窗口中浮动：使所有窗口都浮动，如图1-81所示。

图1-81

- 将所有内容合并到选项卡中：只显示一个图像，其他图像最小化到选项卡中，如图1-82所示。

图1-82

- 匹配缩放：将所有窗口中的视图都匹配到与当前窗口中的视图相同的缩放比例。例如，当前窗口中的视图缩放比例为66.67%，其他窗口中的视图缩放比例为100%，执行该命令后，其他窗口中的视图缩放比例也会调整为66.67%。
- 匹配位置：使所有窗口中图像的显示位置都与当前窗口中图像的位置相同。
- 匹配旋转：使所有窗口中画布的旋转角度都与当前窗口中画布的旋转角度相同。
- 全部匹配：使所有窗口中的视图缩放比例、图像显示位置、画布旋转角度均与当前窗口相同。
- 为（文件名）新建窗口：为当前文件新建一个窗口，新窗口的名称会显示在【窗口】菜单的底部。

### 技术看板

打开多个图像以后，可执行【窗口】→【排列】命令，在菜单中选择一种窗口排列方式，如全部垂直拼贴、双联、三联、四联等。

## 1.5.3 实战：使用旋转视图工具旋转视图

| 实例门类 | 软件功能 |

使用【旋转视图工具】可以在不破坏图像的情况下旋转视图，使图像编辑变得更加方便。其工具选项栏中的选项如图1-83所示。

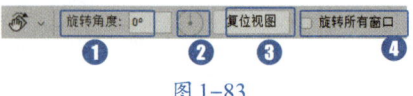

图1-83

各选项的作用如表1-4所示。

表1-4 【旋转视图工具】选项栏中各选项的作用

| 选项 | 作用 |
| --- | --- |
| ❶旋转角度 | 在【旋转角度】后面的文本框中输入角度值，可以精确地旋转视图 |
| ❷设置视图的旋转角度 | 单击该按钮或旋转按钮上的指针，可以根据指针角度直观地旋转视图 |
| ❸复位视图 | 单击该按钮或按【Esc】键，可以将视图恢复到原始角度 |
| ❹旋转所有窗口 | 选中该复选框后，如果打开了多个图像，可以以相同的角度同时旋转所有图像的视图 |

具体操作步骤如下。

Step 01 选择工具。打开"素材文件\第1章\孔雀.jpg"文件，❶右击工具箱中的【抓手工具】，❷单击【旋转视图工具】，如图1-84所示。

图1-84

Step 02 旋转视图。单击图像会出现一个红色罗盘，红色指针指向上方，单击并拖曳鼠标即可旋转视图，如图1-85所示。

图1-85

## ★重点 1.5.4 实战：使用缩放工具调整视图大小

| 实例门类 | 软件功能 |

使用【缩放工具】可以调整视图大小，其工具选项栏中的选项如图1-86所示。

图1-86

常用选项的作用如表1-5所示。

表1-5 【缩放工具】选项栏中常用选项的作用

| 选项 | 作用 |
| --- | --- |
| ❶放大/缩小按钮 | 单击放大按钮后，单击图像可以放大视图；单击缩小按钮后，单击图像可以缩小视图 |
| ❷调整窗口大小以满屏显示 | 选中该复选框，则在缩放视图时，图像窗口也将随着视图的缩放而自动缩放 |
| ❸缩放所有窗口 | 选中该复选框，则在缩放某窗口中视图的同时，其他窗口中的视图也会随之自动缩放 |
| ❹细微缩放 | 选中该复选框，在图像上向左拖曳鼠标可以连续缩小视图，向右拖曳鼠标可以连续放大视图。要进行连续缩放，视频卡必须支持OpenGL，且必须在【常规】首选项中勾选【带动画效果的缩放】复选框 |
| ❺100% | 单击该按钮，可以让图像以实际像素大小（100%）显示 |
| ❻适合屏幕 | 单击该按钮，可以依据窗口的大小自动选择合适的缩放比例显示图像 |

续表

| 选项 | 作用 |
|---|---|
| ❼填充屏幕 | 单击该按钮，可以根据窗口的大小自动缩放视图大小，并填满工作窗口 |

具体操作步骤如下。

**Step 01** 打开素材并选择工具放大视图。打开"素材文件\第1章\牛油果.jpg"文件，选择【缩放工具】后，先在该工具的选项栏中单击【放大】按钮，然后在图像上单击即可放大视图，如图1-87所示。

图1-87

**Step 02** 缩小视图。单击【缩小】按钮，或按住【Alt】键，单击图像即可缩小视图，如图1-88所示。

图1-88

> **技术看板**
>
> 按【Ctrl++】组合键可以快速放大视图。按【Ctrl+-】组合键可以快速缩小视图。

## ★重点 1.5.5 实战：使用抓手工具移动视图

| 实例门类 | 软件功能 |
|---|---|

当图像显示的大小超过当前窗口大小时，窗口就不能显示所有的图像内容，这时除了通过拖曳窗口中的滚动条来查看图像内容，还可以通过【抓手工具】移动视图来查看图像内容，工具选项栏中的选项如图1-89所示。

图1-89

如果同时打开了多个图像，勾选【滚动所有窗口】复选框，移动视图将作用于所有不能完整显示的图像。

具体操作步骤如下。

**Step 01** 打开素材。打开"素材文件\第1章\小孩.jpg"文件，如图1-90所示。

图1-90

**Step 02** 移动视图。选择【抓手工具】，单击并拖曳鼠标可以自由移动视图，如图1-91所示。

图1-91

> **技术看板**
>
> 按住【Ctrl】键或【Alt】键上下拖曳鼠标，可以缓慢缩放视图；按住【Ctrl】键或【Alt】键左右拖曳鼠标，可以快速缩放视图。
>
> 双击【抓手工具】，将自动调整视图大小以适应屏幕的显示范围。在使用绝大多数工具时，按住空格键都可以切换为【抓手工具】。

### 1.5.6 用导航器查看图像

通过【导航器】面板可以调整视图的缩放比例、查看图像的指定区域。该面板中主要包含图像缩览图和各种视图缩放工具，如图1-92所示。

图1-92

各选项的作用如表1-6所示。

表1-6 【导航器】面板中各选项的作用

| 选项 | 作用 |
|---|---|
| ❶缩览图区域 | 当窗口中不能显示完整图像时，将鼠标指针移动到缩览图区域，鼠标指针会变成形状。单击并拖曳鼠标可以移动显示框，显示框中的图像会位于窗口的中心 |
| ❷缩放比例 | 【缩放比例】文本框中显示了视图的缩放比例，在文本框中输入数值并按下【Enter】键可以缩放视图 |

续表

| 选项 | 作用 |
|---|---|
| ❸缩小按钮 | 单击【缩小】按钮，可以缩小视图 |
| ❹缩放滑块 | 左右拖曳【缩放滑块】，可以放大或缩小视图 |
| ❺放大按钮 | 单击【放大】按钮，可以放大视图 |
| ❻显示框 | 表示图像的显示范围 |

### 技能拓展——更改缩览图区域显示框的颜色

单击【导航器】面板的扩展菜单按钮，选择【面板选项】命令，就可以修改缩览图区域显示框的颜色。

### 1.5.7 了解视图缩放命令

执行【视图】→【放大】命令，可以放大视图；执行【视图】→【缩小】命令，可以缩小视图。

执行【视图】→【按屏幕大小缩放】命令，或按【Ctrl+0】组合键，可自动调整视图的缩放比例，使图像能够完整地在窗口中显示。

执行【视图】→【100】命令，或按【Ctrl+1】组合键，图像会按照100%的比例在窗口中显示。

执行【视图】→【200】命令，图像会按照200%的比例在窗口中显示。

执行【视图】→【打印尺寸】命令，图像会按照实际的打印尺寸在窗口中显示。

### 技术看板

打印尺寸仅作为参考，不能作为最终输出样本。

## 1.6 辅助工具

在 Photoshop 2024 中，标尺、参考线、智能参考线和网格等都属于辅助工具，它们不能直接用于编辑图像，但可以帮助用户完成选择、定位或编辑图像的操作。下面将详细讲解辅助工具的使用方法。

### ★重点 1.6.1 标尺

标尺可以精确地确定图像的位置，标尺内的标记可显示出鼠标指针的位置，具体操作步骤如下。

**Step 01** 打开素材。打开"素材文件\第1章\花朵.jpg"文件，执行【视图】→【标尺】命令，标尺出现在窗口顶部和左侧，如图1-93所示。

图 1-93

**Step 02** 从标尺的原点处向右下方拖曳鼠标。标尺的原点位于窗口左上角（0，0）标记处，将鼠标指针放在原点处，单击并向右下方拖曳，画面中会出现十字交叉点，如图1-94所示。

图 1-94

### 技术看板

拖曳鼠标时，按住【Alt】键，可以在水平和垂直参考线之间自由切换。

### 技能拓展——对齐刻度

按住【Shift】键拖曳鼠标，可以使标尺原点与标尺刻度对齐。调整标尺原点时，网格原点会被同时调整。

### ★重点 1.6.2 参考线

参考线用于定位图像，它浮动在图像上方，不会被打印出来，创建参考线的具体操作步骤如下。

**Step 01** 打开素材。打开"素材文件\第1章\箭头.jpg"文件，执行【视图】→【标尺】命令，显示标尺。

**Step 02** 设置新建参考线位置。执行【视图】→【参考线】→【新建参考线】命令，打开【新参考线】对话框，❶在【取向】选项中，选择水平或垂直参考线，❷设置【位置】为"300像素"，❸单击【确定】按钮，如图1-95所示。

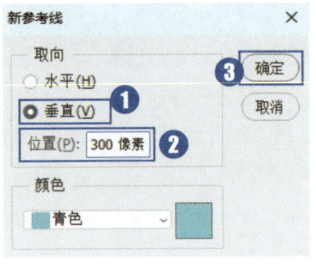

图 1-95

Step 03 创建参考线。通过前面的操作，即可在指定位置创建参考线，如图1-96所示。

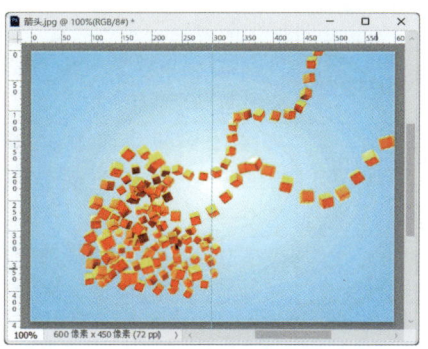

图1-96

### 技能拓展——锁定和删除参考线

执行【视图】→【锁定参考线】命令，可以锁定参考线位置。将参考线拖回标尺，可以删除该参考线。

执行【视图】→【清除参考线】命令，可以删除所有参考线。

### ★重点 1.6.3 智能参考线

智能参考线是通过分析画面，自动出现的参考线。执行【视图】→【显示】→【智能参考线】命令，即可启用智能参考线，如图1-97所示。

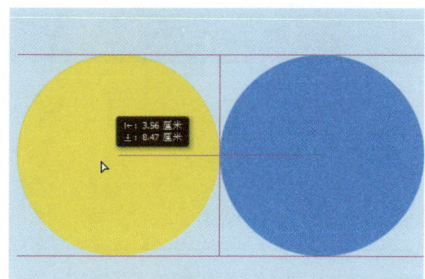

图1-97

移动对象时智能参考线会自动显示出来，如图1-98所示。

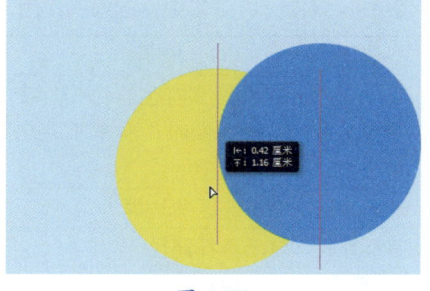

图1-98

### ★重点 1.6.4 网格

网格对于排列多个对象非常有用，执行【视图】→【显示】→【网格】命令，就可以显示网格，如图1-99所示。

图1-99

显示网格后，可以执行【视图】→【对齐】→【网格】命令启用对齐功能，此后在进行创建选区和移动对象等操作时，会自动对齐到网格上，如图1-100所示。

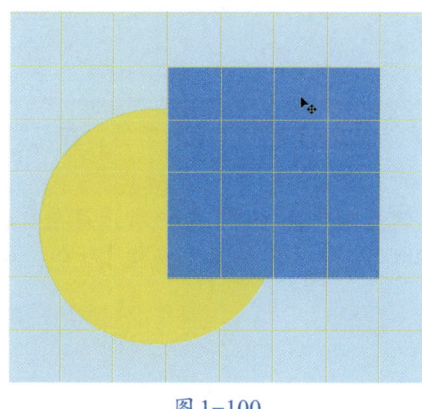

图1-100

### 技术看板

参考线、智能参考线和网格的线型、颜色等，均可以在【首选项】对话框中进行设置。

### 1.6.5 对齐

对齐功能有助于精确定位。如果要启用对齐功能，先执行【视图】→【对齐】命令，使该命令处于勾选状态，然后在【视图】→【对齐到】菜单中选择对齐选项，带有"✓"标记的命令表示启用了该对齐选项，如图1-101所示。

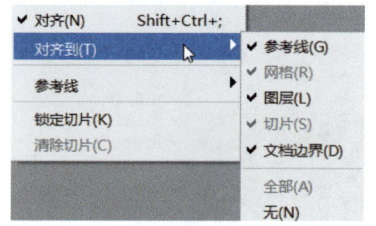

图1-101

各选项的作用如表1-7所示。

表1-7 【对齐到】菜单中各选项的作用

| 选项 | 作用 |
| --- | --- |
| 参考线 | 使对象与参考线对齐 |
| 网格 | 使对象与网格对齐。网格被隐藏时不能选择该选项 |
| 图层 | 使对象与图层中的内容对齐 |
| 切片 | 使对象与切片边界对齐。切片被隐藏时不能选择该选项 |
| 文档边界 | 使对象与文档的边界对齐 |
| 全部 | 选择所有对齐选项 |
| 无 | 取消选择所有对齐选项 |

### 1.6.6 显示或隐藏额外内容

额外内容是用于辅助编辑而不会被打印出来的内容。参考线、网格、目标路径、选区边缘、切片、注释等都属于额外内容。

如果要显示额外内容，先执行【视图】→【显示额外内容】命令（该命令前会出现一个"✔"标记），然后在【视图】→【显示】菜单中选择需要显示的内容，再次选择相应命令则隐藏该内容，如图1-102所示。

表1-8 【显示】菜单中各选项的作用　　　　　　　　　　　　　　　　　　　　续表

| 选项 | 作用 |
| --- | --- |
| 图层边缘 | 显示图层内容的边缘，在编辑图像时，通常不会启用该选项 |
| 选区边缘 | 显示选区的边框 |
| 目标路径 | 显示目标路径 |
| 网格 | 显示网格 |
| 参考线 | 显示参考线 |
| 画布参考线 | 显示画布参考线 |
| 画板参考线 | 显示画板参考线 |
| 画板名称 | 在画板上显示其名称标签 |
| 数量 | 显示当前选区的像素数量或其他元素的统计信息 |
| 智能参考线 | 显示智能参考线 |
| 切片 | 显示切片定界框 |
| 注释 | 显示创建的注释 |
| 像素网格 | 将图像放大至最大的缩放级别时，像素之间会以网格进行划分，取消选择该选项时，则不会出现网格 |
| 图案预览拼贴边界 | 可在图案重复预览时显示各单元间的拼接分界线 |

| 选项 | 作用 |
| --- | --- |
| 3D副视图 | 可在3D编辑模式下显示辅助视图窗口 |
| 3D地面 | 可在3D编辑界面中显示虚拟地面参考平面 |
| 3D光源 | 可在3D编辑界面中显示光源的位置、类型及作用范围 |
| 3D选区 | 可在3D编辑界面中高亮显示当前选中的模型区域或组件 |
| UV叠加 | 可在3D模型表面显示UV贴图网格或边界 |
| 3D网格外框 | 可在3D模型表面显示其多边形网格的线框结构 |
| 网格 | 执行【编辑】→【操控变形】命令时，显示变形网格 |
| 编辑图钉 | 使用【场景模糊】【光圈模糊】和【移轴模糊】滤镜时，显示图钉等编辑元素 |
| 全部 | 可显示以上所有选项 |
| 无 | 隐藏以上所有选项 |
| 显示额外选项 | 执行该命令，可在打开的【显示额外选项】对话框中设置同时显示或同时隐藏以上多个选项 |

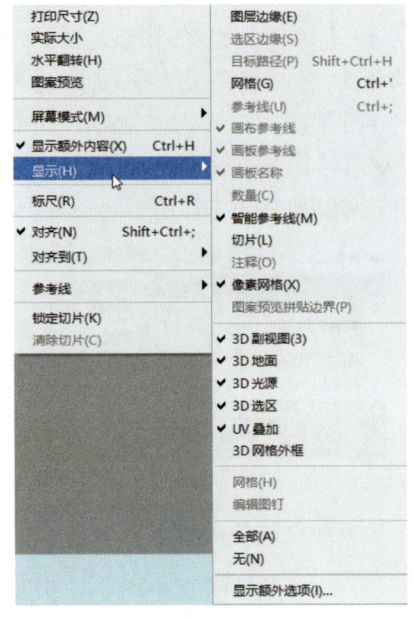

图1-102

各选项的作用如表1-8所示。

# 妙招技法

通过对本章知识的学习，相信读者已经掌握了Photoshop 2024软件的基本操作。下面结合本章内容，给大家介绍一些实用技巧。

### 技巧01：恢复默认工作区

在处理图像时，频繁操作通常会让工作区变得混乱、没有条理，在这种情况下，可以快速恢复默认工作区，下面讲解具体操作方法。

Step01 显示基本工作区。打开任意图像，调乱工作区，图1-103所示是杂乱的【基本功能（默认）】工作区。

Step02 复位基本功能。执行【窗口】→【工作区】→【复位基本功能】命令，如图1-104所示。

图 1-103

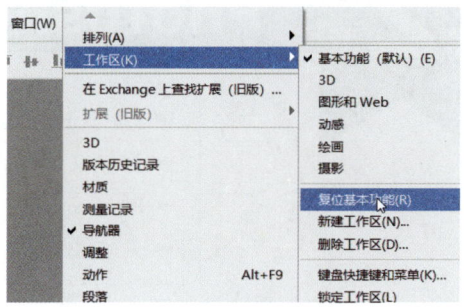

图 1-104

**Step 03** 显示效果。通过前面的操作，可以恢复默认的【基本功能（默认）】工作区，如图1-105所示。

图 1-105

## 技巧02：快速选择工具

在Photoshop 2024中，常用工具都有相应的快捷键。例如，按【P】键，即可选择【钢笔工具】 。将鼠标指针放置在工具上，会显示工具名称和快捷键。按下【Shift】+工具快捷键，可在一组隐藏工具中循环选择。

# 本章小结

本章不仅对Photoshop 2024的基础知识进行了详细介绍，还介绍了Photoshop 2024的应用领域和新增功能。通过对本章知识的学习，读者不仅能对Photoshop 2024的应用领域、新增功能、工作界面有全面的认识，还能掌握查看图像和使用辅助工具等专业知识，为后面的学习打下良好的基础。建议读者在学习过程中，多练习、勤思考，熟练掌握Photoshop的操作技巧。

# 第2章 Photoshop 2024 的基础操作

- Photoshop 2024有哪些文件打开方式？
- 存储文件时，不想覆盖原文件怎么办？
- Photoshop 2024的默认存储格式是什么？
- 处理图像时，有哪些基本编辑功能？

在学习Photoshop 2024的过程中，读者可能会对图像效果有很多想法，如何把想法完美呈现出来呢？接下来，让我们一个一个解开这些谜题。

## 2.1 文件的基本操作

Photoshop 2024中文件的基本操作包括新建、打开、置入、导入、导出、存储、关闭等，它们是处理图像的基础，下面将分别讲解具体的操作方法。

### ★重点 2.1.1 新建文件

启动Photoshop 2024后，进入【开始】面板，默认状态下没有可操作的文件，需要创建一个空白文件，具体操作步骤如下。

**Step 01** 执行新建操作。单击【新文件】按钮，如图2-1所示。

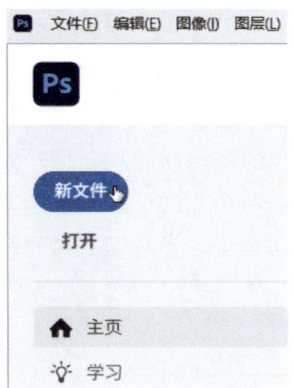

图2-1

**Step 02** 设置文件选项。打开【新建文档】对话框，显示最近使用过的文件尺寸。❶设置文件尺寸、分辨率、方向、颜色模式和背景内容等选项，❷单击【创建】按钮，如图2-2所示。

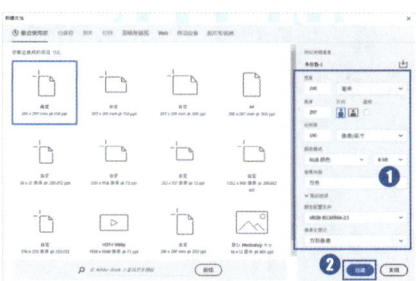

图2-2

**Step 03** 创建新文件。通过前面的操作，即可创建一个空白文件，如图2-3所示。

图2-3

【新建文档】对话框中各选项的作用如表2-1所示。

表2-1 【新建文档】对话框中各选项的作用

| 选项 | 作用 |
| --- | --- |
| 您最近使用的项目 | Photoshop 2024内置的文件尺寸，以及用户最近设置和使用的文件尺寸 |
| 名称 | 可以输入文件的名称，也可以使用默认的文件名"未标题-1"。创建文件后，文件名会显示在窗口的标题栏中。保存文件时，文件名会自动显示在存储文件的对话框内 |
| 宽度/高度/单位 | 可输入文件的宽度和高度。在右侧的下拉列表中可以选择一种单位，包括【像素】【英寸】【厘米】【毫米】【点】【派卡】【列】 |
| 方向 | 选择创建横向文件还是纵向文件 |
| 分辨率 | 可以输入文件的分辨率。在右侧的下拉列表中可以选择分辨率的单位，包括【像素/英寸】和【像素/厘米】 |

续表

| 选项 | 作用 |
|---|---|
| 颜色模式 | 可以选择文件的颜色模式，包括【位图】【灰度】【RGB颜色】【CMYK颜色】和【Lab颜色】 |
| 背景内容 | 可以选择文件的背景内容，包括【白色】【背景色】和【透明】 |
| 高级选项 | 单击【高级选项】展开按钮，可以显示出对话框中隐藏的选项：【颜色配置文件】和【像素长宽比】。在【颜色配置文件】下拉列表中可以为文件选择一个颜色配置文件；在【像素长宽比】下拉列表中可以选择像素的长宽比 |

### 1. 最近使用项

在Photoshop 2024中创建文件时，默认显示【最近使用项】选项卡，利用Adobe Stock中丰富的模板和空白预设，可以快速制作自己的创意项目。

> **技术看板**
> 
> 【您最近使用的项目】中的项目，是指具有预定义设置的空白文件。在【预设详细信息】中可以预定义尺寸、颜色模式、单位、方向和分辨率设置。在使用预设创建文件之前，可以修改这些设置。

### 2. 已保存

新建的文件预设保存后，会按保存的名称存储到【已保存】选项卡中，方便以后继续使用同样预设的文件。

### 3. 照片

【照片】选项卡中提供了10种空白文件预设。在使用预设创建文件之前，可以在【预设详细信息】中修改其设置。

### 4. 打印

【打印】选项卡中提供了14种空白打印尺寸预设。在使用预设创建文件之前，可以在【预设详细信息】中修改其设置。

### 5. 图稿和插图

【图稿和插图】选项卡中提供了6种空白文件预设。在使用预设创建文件之前，可以在【预设详细信息】中修改其设置。

### 6. Web

【Web】选项卡中提供了9种空白网页文件预设。在使用预设创建文件之前，可以在【预设详细信息】中修改其设置。

### 7. 移动设备

【移动设备】选项卡中提供了26种移动设备的空白文件预设。在使用预设创建文件之前，可以在【预设详细信息】中修改其设置。

### 8. 胶片和视频

【胶片和视频】选项卡中提供了25种空白文件预设，包括各种胶片和银幕尺寸预设。在使用预设创建文件之前，可以在【预设详细信息】中修改其设置。

## ★重点 2.1.2 打开文件

如果要在Photoshop 2024中编辑一个图像，需要先将其打开。打开文件的方法有很多种，下面进行详细介绍。

### 1.【打开】命令

【打开】命令用于打开当前计算机中的文件，是经常用到的文件命令之一，具体操作步骤如下。

**Step 01** 在【打开】对话框中选择文件。在【开始】面板中单击【打开】按钮，打开【打开】对话框，选择文件存储位置，选择一个文件（如果要打开多个文件，可按住【Ctrl】键依次单击需要打开的文件），单击【打开】按钮，如图2-4所示。

图2-4

【打开】对话框中各选项的作用如表2-2所示。

表2-2 【打开】对话框中各选项的作用

| 选项 | 作用 |
|---|---|
| 查找范围 | 在查找范围选项的下拉列表中可以选择文件所在的文件夹 |
| 文件名 | 显示所选文件的文件名 |
| 文件类型 | 默认为【所有格式】，对话框中会显示所有格式的文件。如果文件数量较多，可以在下拉列表中选择一种文件格式，使对话框中只显示该类型的文件，以便于查找 |

**Step 02** 打开文件。通过前面的操作或双击文件，即可将其打开，如图2-5所示。

图2-5

## 技术看板

按【Ctrl+N】组合键可以打开【新建】对话框。按【Ctrl+O】组合键或双击灰色的Photoshop 2024程序窗口，可以打开【打开】对话框。

### 2.【打开为】命令

如果使用与文件的实际格式不匹配的扩展名存储文件，或者文件没有扩展名，Photoshop 2024可能无法确定文件的正确格式。

如果出现这种情况，可执行【文件】→【打开为】命令，弹出【打开】对话框，❶在【打开为】下拉列表中为文件指定正确的格式，❷选择需要打开的文件，❸单击【打开】按钮将其打开，如图2-6所示。

图2-6

### 3.【在Bridge中浏览】命令

执行【文件】→【在Bridge中浏览】命令，可以运行Adobe Bridge，在Bridge中选择一个文件，双击即可在Photoshop 2024中将其打开，如图2-7所示。

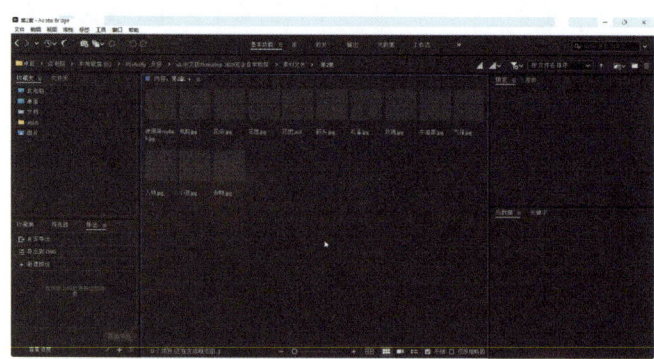

图2-7

## 技术看板

Bridge是一款Photoshop标配的专业看图软件。在该软件中，不仅可以查看图像，还可以进行批量更名、标注优先级等操作。

### 4. 快捷方式打开文件

通过快捷方式打开文件有两种方法，具体介绍如下。

方法一：在没有运行Photoshop 2024的情况下，只要将一个文件拖曳到Photoshop 2024软件图标上，就可以运行Photoshop 2024并打开该文件，如图2-8所示。

图2-8

方法二：如果运行了Photoshop 2024，则可在Windows资源管理器中将文件拖曳到Photoshop 2024【开始】面板中的【最近使用项】区域，如图2-9所示，释放鼠标即可在Photoshop 2024中打开文件。

图2-9

### 5. 打开最近打开过的文件

【文件】→【最近打开文件】菜单中保存了用户最近在Photoshop 2024中打开过的文件，选择一个文件即可将其打开，如图2-10所示。

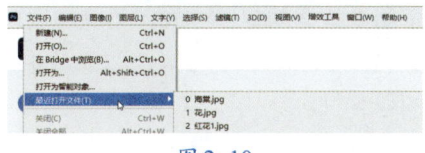

图 2-10

### 💡 技能拓展——清除最近打开文件

如果要清除最近打开文件列表，选择菜单底部的【清除最近的文件列表】命令即可。

#### 6. 作为智能对象打开

执行【文件】→【打开为智能对象】命令，弹出【打开】对话框，❶选择一个文件，❷单击【打开】按钮，如图 2-11 所示。

图 2-11

完成上述操作后，该文件可转换为智能对象，图层缩览图右下角出现一个图图标，如图 2-12 所示。

图 2-12

### 2.1.3 实战：置入文件

| 实例门类 | 软件功能 |

打开或新建一个文件后，可以执行【文件】→【置入】命令，将照片、图片等位图，以及 EPS、PDF、AI 等矢量文件作为智能对象置入，具体操作步骤如下。

**Step 01** 打开素材。打开"素材文件\第 2 章\时尚人物.tif"文件，如图 2-13 所示。

图 2-13

**Step 02** 置入文件。执行【文件】→【置入嵌入对象】命令，打开【置入嵌入的对象】对话框，❶选择"花纹.tif"文件，❷单击【置入】按钮，如图 2-14 所示。

图 2-14

**Step 03** 显示置入的图像。将图像置入到背景图像中，如图 2-15 所示。

图 2-15

**Step 04** 调整位置并确认。拖曳调整置入的图像的位置，单击选项栏中的【提交变换】按钮✓完成文件置入，如图 2-16 所示。

图 2-16

**Step 05** 显示置入的图像为智能对象。在【图层】面板中，可以看到图像被作为智能对象置入，如图 2-17 所示。

图 2-17

### 🔧 技术看板

置入文件的过程中，用户还可以拖曳四周的变换点，对图像进行变换操作。

### 2.1.4 导入文件

Photoshop 具有编辑视频帧、注释和 WIA 支持等功能，用户新建或打开文件后，可以执行【文件】→【导入】菜单中的命令，将这些内容导入图像中。

某些数码相机使用 Windows 图像采集（WIA）支持来导入图像，将数码相机连接到计算机，然后执行【文件】→【导入】→【WIA 支持】命令，可以将照片导入 Photoshop 中。

如果计算机配置有扫描仪并安

装了相关的软件，则可以在【导入】菜单中选择扫描仪的名称，使用扫描仪扫描图像，并将扫描得到的图像存储为TIFF、PICT、BMP格式，导入Photoshop中。

### 2.1.5 导出文件

用户在Photoshop中创建和编辑的文件可以导出到Illustrator或视频设备中，以满足不同的需求。【文件】→【导出】菜单中包含了用于导出文件的命令。

执行【文件】→【导出】→【Zoomify】命令，可以将高分辨率的图像发布到Web上，利用Viewpoint Media Player，可以平移或缩放图像以查看它的不同部分。在导出时，Photoshop会创建JPEG和HTML文件，可以将这些文件上传至Web服务器。

如果在Photoshop中创建了路径，可以执行【文件】→【导出】→【路径到Illustrator】命令，将路径导出为AI格式，在Illustrator中继续对路径进行编辑。

### 2.1.6 存储文件

编辑完成的文件需要进行存储。存储文件的方法有很多种，可根据不同的需求进行选择。

#### 1.【存储】命令

执行【文件】→【存储】命令保存对文件所做的修改，文件会按照原有的格式存储。如果是一个新建的文件，则会打开【存储为】对话框。

> **技术看板**
>
> 按【Ctrl+S】组合键可以以原始文件名快速存储文件。如果是一个

新建的文件，同样会打开【存储为】对话框。

#### 2.【存储为】命令

如果要将文件存储为其他名称或格式，或者存储在其他位置，可以执行【文件】→【存储为】命令，在打开的【存储为】对话框中，将文件另存，如图2-18所示。

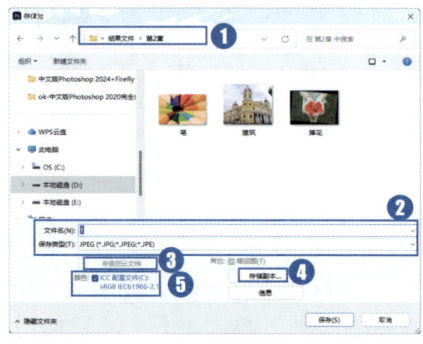

图2-18

【存储为】对话框中各选项的作用如表2-3所示。

表2-3 【存储为】对话框中各选项的作用

| 选项 | 作用 |
| --- | --- |
| ❶存储在 | 可以选择文件的存储位置 |
| ❷文件名/保存类型 | 可输入文件名，在【保存类型】下拉列表中可选择文件的格式 |
| ❸存储到云文档 | 单击该按钮，可以将文件存储到云文档中 |
| ❹存储副本 | 单击该按钮，可另存一个文件副本。副本文件与源文件存储在同一位置 |
| ❺ICC配置文件 | 可存储嵌入文件中的ICC配置文件 |

### 2.1.7 常见文件格式

Photoshop的功能强大，支持几十种文件格式，能很好地支持多种应用程序。面对Photoshop众多的文件格式，应该如何选择呢？初学者往往会感到迷茫。文件格式决定了图像数据的存储方式、压缩方法、支持的Photoshop功能，以及文件的兼容性。

Photoshop主要有固有格式（PSD）、应用程序交换格式（EPS、DCS、Filmstrip、Photoshop Raw）、专有格式（GIF、BMP、Amiga IFF、PCX、PDF、PICT、PNG、Scitex CT、TGA）、主流格式（JPEG、TIFF）、其他格式（Photo CD YCC、FlshPix），下面介绍常见的图像文件格式。

#### 1. PSD格式

PSD格式是Photoshop默认的文件格式，它可以保留文件中的所有图层、蒙版、通道、路径、未栅格化文字、图层样式等。

#### 2. TIFF格式

TIFF格式是一种通用的文件格式，所有的绘画、图像编辑和排版程序都支持该格式，而且几乎所有的桌面扫描仪都可以输出TIFF格式图像。

TIFF文件支持有Alpha通道的CMYK、RGB、Lab、索引颜色和灰度图像，以及没有Alpha通道的位图模式图像。Photoshop可以在TIFF文件中存储图层，但是，如果在其他应用程序中打开该文件，则只有拼合图像是可见的。

#### 3. BMP格式

BMP格式是一种Windows操作系统中的文件格式，主要用于保存位图文件。该格式可以处理24位颜色的图像，支持RGB、位图、灰度和索引模式，但不支持Alpha通道。

#### 4. GIF格式

GIF格式是基于在网格上传输图像创建的文件格式，它支持透明

背景和动画，被广泛地应用于网格文件中。GIF格式采用LZW无损压缩方式，压缩效果较好。

### 5. JPEG格式

JPEG格式是由联合图像专家组开发的文件格式，它采用有损压缩方式，具有较好的压缩效果，但是压缩品质数值设置较大时，会损失图像的某些细节。JPEG格式支持RGB、CMYK和灰度模式，不支持Alpha通道。

### 6. EPS格式

EPS格式是为PostScript打印机输出图像而开发的文件格式，几乎所有的图形、图表和页面排版程序都支持该格式。EPS格式可以同时包含矢量图像和位图图像，支持RGB、CMYK、位图、双色调、灰度、索引和Lab模式，但不支持Alpha通道。

### 7. RAW格式

RAW格式是一种灵活的文件格式，用于在应用程序与计算机平台之间传递图像。该格式支持具有Alpha通道的CMYK、RGB和灰度模式，以及无Alpha通道的多通道、Lab、索引和双色调模式。

## 2.2 图像的编辑

图像用途不同，对图像大小的要求也不同，用户可以根据实际情况对图像大小和分辨率进行调整，也可以对图像进行旋转或裁剪。

### ★重点 2.2.1 修改图像大小

通常情况下，图像尺寸越大，所占磁盘空间也越大，通过设置图像尺寸可以调整图像大小。

执行【图像】→【图像大小】命令，打开【图像大小】对话框，如图2-19所示。

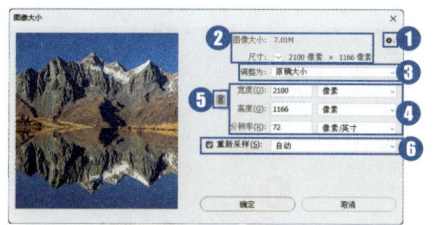

图 2-19

【图像大小】对话框中各选项的作用如表2-4所示。

表2-4 【图像大小】对话框中各选项的作用

| 选项 | 作用 |
| --- | --- |
| ❶缩放样式 | 如果文件中的图层添加了图层样式，选择该选项后，可在调整图像的大小时自动缩放样式效果。只有【限制长宽比】按钮处于选中状态时，才能使用该选项 |
| ❷图像大小/尺寸 | 显示图像大小和像素尺寸。单击【尺寸】右侧的按钮，在打开的下拉列表中，可以选择其他单位（百分比、点等） |
| ❸调整为 | 【调整为】下拉列表中列出了一些常用的图像尺寸，方便用户快速选择 |

续表

| 选项 | 作用 |
| --- | --- |
| ❹宽度/高度/分辨率 | 输入图像的宽度、高度和分辨率值。单击右侧的按钮，在打开的下拉列表中，可以选择单位 |
| ❺限制长宽比 | 选中【限制长宽比】按钮，修改图像的长度或宽度时，可保持长度和宽度的比例不变 |
| ❻重新采样 | 勾选【重新采样】复选框后，当减少像素的数量时，会从图像中删除一些信息；当增加像素的数量或增加像素取样时，则会添加新的像素。在右侧的下拉列表中可以选择一种插值方法来确定添加或删除像素的方式，如【两次立方】【邻近】【两次线性】【保留细节（扩大）】等 |

勾选【重新采样】复选框后，减小图像的宽度和高度，此时图像的像素总量会发生变化，图像变小了，如图2-20所示。

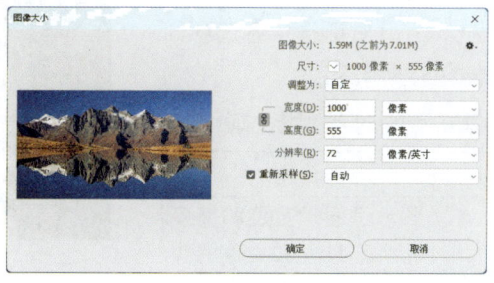

图 2-20

增大图像的宽度和高度，此时图像的像素总量会发生变化，图像变大了，如图2-21所示。

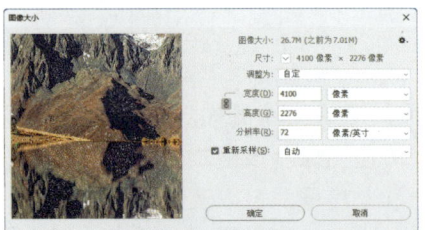

图 2-21

### 技术看板

修改图像大小只能在原图像基础上进行操作，无法生成新的数据。如果原图像很模糊，调高分辨率也无法使其变清晰。

## ★重点 2.2.2 修改画布大小

画布就像绘画时的绘画本。执行【图像】→【画布大小】命令，可以打开【画布大小】对话框，如图2-22所示。

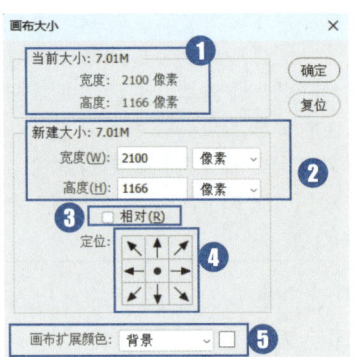

图 2-22

【画布大小】对话框中各选项的作用如表2-5所示。

表2-5 【画布大小】对话框中各选项的作用

| 选项 | 作用 |
|---|---|
| ❶当前大小 | 显示了图像宽度和高度的实际尺寸和文件的实际大小 |

续表

| 选项 | 作用 |
|---|---|
| ❷新建大小 | 可以在【宽度】和【高度】文本框中输入画布的尺寸。当输入的尺寸大于原尺寸时画布会增大，反之画布会减小。减小画布会裁剪图像。输入尺寸后，该选项右侧会显示修改画布大小后的文件大小 |
| ❸相对 | 勾选该复选框，【宽度】和【高度】文本框中的数值将代表实际增大或减小的区域的大小，而不再代表整个画布的大小，此时输入正值表示增大画布，输入负值则表示减小画布 |
| ❹定位 | 单击不同的方格，可以指示当前图像在新画布上的位置 |
| ❺画布扩展颜色 | 在该下拉列表中可以选择填充增大的画布的颜色。如果图像的背景是透明的，则【画布扩展颜色】选项不可用，增大的画布也是透明的 |

## ★重点 2.2.3 实战：使用图像旋转功能调整图像构图

| 实例门类 | 软件功能 |
|---|---|

使用图像旋转功能可以调整图像构图，具体操作步骤如下。

Step 01 打开素材。打开"素材文件\第2章\捧花.jpg"文件，如图2-23所示。

图 2-23

Step 02 执行图像旋转命令。执行【图像】→【图像旋转】→【180度】命令。旋转180度后，图像效果如图2-24所示。

图 2-24

Step 03 设置前景色和背景色。按【D】键恢复默认前景色/背景色，按【X】键调换前景色/背景色，确保背景色为黑色，如图2-25所示。

图 2-25

Step 04 设置图像旋转角度。执行【图像】→【图像旋转】→【任意角度】命令，❶设置【角度】为10度，❷单击【确定】按钮，如图2-26所示。

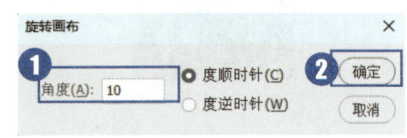

图 2-26

Step 05 显示旋转效果。旋转效果如图2-27所示。

图 2-27

# 技术看板

执行【图像】→【图像旋转】命令，在打开的子菜单中，可以选择旋转方式（如水平、垂直翻转画布等）。需要注意的是，此时的旋转对象是整体图像。

## ★重点 2.2.4 实战：裁剪图像

| 实例门类 | 软件功能 |

编辑图像时，可以裁剪掉多余的内容，使主体更加突出。裁剪图像的方法有很多种，接下来进行详细介绍。

### 1. 裁剪工具

选择工具箱中的【裁剪工具】，选项栏会切换到【裁剪工具】选项栏，如图 2-28 所示。

图 2-28

【裁剪工具】选项栏中常用选项的作用如表 2-6 所示。

表 2-6 【裁剪工具】选项栏中常用选项的作用

| 选项 | 作用 |
| --- | --- |
| ❶使用预设裁剪 | 单击此按钮可以打开预设的裁剪，包括【原始比例】【前面的图像】等预设裁剪方式 |
| ❷清除 | 单击此按钮，可以清除前面设置的【宽度】【高度】值，恢复默认设置 |
| ❸拉直图像 | 单击【拉直】按钮，单击图像并拖曳鼠标绘制一条直线，与地平线、建筑物墙面和其他关键元素对齐，即可自动将图像拉直 |

续表

| 选项 | 作用 |
| --- | --- |
| ❹设置裁剪工具的叠加选项 | 在下拉列表中选择裁剪时的视图显示方式 |
| ❺设置其他裁切选项 | 单击【设置其他裁切选项】按钮，可以打开下拉面板，在该面板中，可以设置其他选项，如【使用经典模式】和【启用裁剪屏蔽】等 |
| ❻删除裁剪的像素 | 默认情况下，Photoshop 2024 会将裁剪掉的图像保留在文件中（可使用【移动工具】拖曳图像，将隐藏的图像内容显示出来）。如果要彻底删除裁剪掉的图像，可先勾选该复选框，再进行裁剪 |

具体操作步骤如下。

Step 01 打开素材。打开"素材文件\第2章\笔.jpg"文件，如图 2-29 所示。

图 2-29

Step 02 指定裁剪框。选择【裁剪工具】，将鼠标指针移至图像中，按住鼠标左键，任意拖曳出一个裁剪框，释放鼠标后，裁剪区域外部图像会变暗，如图 2-30 所示。

图 2-30

Step 03 调整裁剪区域大小。拖曳裁剪框四周的变换点，调整所裁剪的区域大小，如图 2-31 所示。

图 2-31

Step 04 确认裁剪。按【Enter】键确认裁剪，如图 2-32 所示。

图 2-32

### 2. 透视裁剪工具

使用【透视裁剪工具】可修改图像的透视效果。使用该工具，单击图像并拖曳鼠标即可创建裁剪区域，拖曳出现的控制点即可调整透视角度，具体操作步骤如下。

Step 01 打开素材。打开"素材文件\第2章\建筑.jpg"文件，如图 2-33 所示。

图 2-33

Step 02 创建裁剪区域。选择【透视裁剪工具】，单击图像并拖曳鼠标创建裁剪区域，如图2-34所示。

图 2-34

Step 03 调整透视角度和裁剪区域大小。拖曳裁剪框四角上的控制点即可调整透视角度，拖曳边框线上的控制点即可调整裁剪区域大小，如图2-35所示。

调整透视角度

调整裁剪区域大小

图 2-35

Step 04 确认裁剪。调整完成后，按【Enter】键或单击选项栏中的【提交当前裁剪操作】按钮 ✓，即可确认裁剪，如图2-36所示。

图 2-36

### 3.【裁切】命令

使用【裁切】命令可裁切掉指定目标区域，如透明像素、左上角像素颜色等，执行【图像】→【裁切】命令，可以打开【裁切】对话框，如图2-37所示。

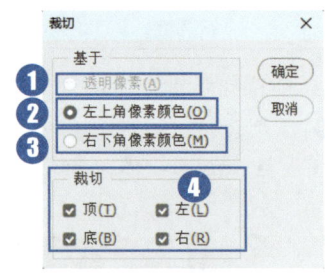

图 2-37

【裁切】对话框中各选项的作用如表2-7所示。

表2-7 【裁切】对话框中各选项的作用

| 选项 | 作用 |
| --- | --- |
| ❶透明像素 | 可删除图像边缘的透明像素区域，留下包含非透明像素的最小图像 |
| ❷左上角像素颜色 | 从图像中删除左上角像素颜色的区域 |
| ❸右下角像素颜色 | 从图像中删除右下角像素颜色的区域 |
| ❹裁切 | 用来设置要修正的图像区域 |

使用【裁切】命令裁切透明像素，原图像如图2-38所示，效果对比如图2-39所示。

图 2-38

图 2-39

### 4.【裁剪】命令

使用【裁剪】命令可以快速裁剪掉选区外的图像，具体操作方法如下。

创建选区，如图2-40所示，执行【图像】→【裁剪】命令。

图 2-40

选区外的图像被裁剪掉，如图2-41所示。

图 2-41

## 2.2.5 拷贝、剪切与粘贴

【拷贝】【剪切】与【粘贴】都是应用程序中最常用的命令，它们用来完成复制与粘贴任务。

### 1. 拷贝图像

执行【编辑】→【拷贝】命令，或按【Ctrl+C】组合键，可以将图像拷贝到剪贴板中。

### 2. 合并拷贝

如果文件中包含多个图层，创建选区后，执行【编辑】→【合并拷贝】命令，可以将多个图层中的可见内容拷贝到剪贴板中。

### 3. 剪切

执行【编辑】→【剪切】命令，可以将图像放入剪贴板中，并将图像从原始位置剪切掉，原始位置不再有该图像。

### 4. 粘贴

执行【编辑】→【粘贴】命令，或按【Ctrl+V】组合键，可以将剪贴板中的图像粘贴到目标区域。

### 5. 清除图像

在图像中创建选区后，执行【编辑】→【清除】命令，可以清除选区内的图像。如果清除的是【背景】图层上的图像，被清除的区域会自动填充背景色；如果清除的是其他图层上的图像，则会删除选区中的图像。

## 2.3 图像的变换

移动、旋转、缩放、扭曲等是图像变换的基本方法。常用的变换操作有移动、旋转和缩放；常用的变形操作有扭曲、斜切、透视、变形、操控变换。

### 2.3.1 移动图像

【移动工具】是最常用的工具之一，无论是在当前文件中移动图层、选区内的图像，还是将其他文件中的图像拖入当前文件，都需要使用该工具。选择工具箱中的【移动工具】，其选项栏如图2-42所示。

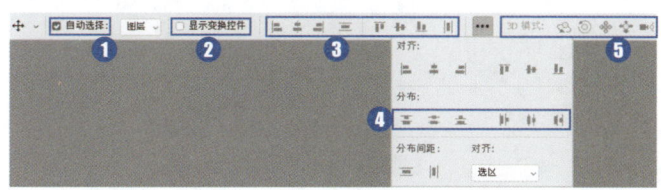

图 2-42

【移动工具】选项栏中常用选项的作用如表2-8所示。

表2-8　【移动工具】选项栏中常用选项的作用

| 选项 | 作用 |
| --- | --- |
| ❶自动选择 | 如果文件中包含多个图层或组，可勾选此复选框并在下拉列表中选择要移动的内容。选择【图层】后，单击画面时，可以自动选择单击位置包含像素的最顶层的图层；选择【组】后，单击画面时，可以自动选择单击位置包含像素的最顶层的图层所在的图层组 |
| ❷显示变换控件 | 勾选此复选框后，选择一个图层，图层内容的周围会显示定界框，可以拖曳定界框来对图像进行变换操作。当文件中图层较多并且要经常进行变换操作时，此选项非常实用 |

续表

| 选项 | 作用 |
| --- | --- |
| ❸对齐图层 | 选择2个或2个以上的图层，可单击相应的按钮将所选图层对齐。这些按钮包括左对齐、水平居中对齐、右对齐、顶对齐、垂直居中对齐、底对齐 |
| ❹分布图层 | 如果选择了3个或3个以上的图层，可单击相应的按钮使所选图层按照一定的规则均匀分布。这些按钮包括按顶分布、垂直居中分布、按底分布、按左分布、水平居中分布、按右分布 |
| ❺3D模式 | 3D相机的移动、旋转等 |

在【图层】面板中单击要移动的图像所在的图层，如图2-43所示。

图 2-43

使用【移动工具】在画面中单击并拖曳鼠标即可移动图层中的图像内容，如图2-44所示。

图2-44

## 2.3.2 定界框、参考点和控制点

执行【编辑】→【变换】命令，其子菜单中包含了各种变换命令，它们可以对图层、路径、矢量形状及选中的图像进行变换操作。

执行变换命令时，对象周围会出现一个定界框，定界框中央有一个参考点，周围有控制点，如图2-45所示。

图2-45

默认参考点位于定界框的中心，它用于定义对象的变换中心，拖曳参考点可以移动参考点的位置，如图2-46所示。拖曳控制点可以对对象进行变换。

图2-46

> **技能拓展——显示中心点**
>
> 在Photoshop 2024中执行变换命令后，默认情况下不会显示参考点。打开【首选项】对话框，切换到【工具】选项卡，勾选【在使用"变换"时显示参考点】复选框，就可以将参考点显示出来。

## 2.3.3 实战：旋转和缩放

| 实例门类 | 软件功能 |

执行【旋转】命令可以旋转图像方向，使用【缩放】命令可以对选择的图像进行放大和缩小操作，具体操作步骤如下。

**Step 01** 打开素材。打开"素材文件\第2章\旋转和缩放.psd"文件，如图2-47所示。

图2-47

**Step 02** 缩放图像。执行【编辑】→【变换】→【缩放】命令，进入缩放状态，将鼠标指针移动至控制点上，当鼠标指针变成双向箭头时，按住鼠标左键进行拖曳缩放，向外拖曳表示放大图像，向内拖曳表示缩小图像，如图2-48所示。

图2-48

**Step 03** 旋转图像。执行【编辑】→【变换】→【旋转】命令，显示定界框，将鼠标指针移动至定界框外，当鼠标指针变成↷形状时，单击并拖曳鼠标可以旋转图像，如图2-49所示。

图2-49

**Step 04** 显示变换效果。完成操作后，在选项栏中单击【提交变换】按钮✓，或按【Enter】键确认操作，如图2-50所示。

图2-50

## 2.3.4 斜切、扭曲和透视

执行【编辑】→【变换】→【斜

切】命令，显示定界框，将鼠标指针放在定界框外，鼠标指针会变成 形状，单击并拖曳鼠标可沿垂直或水平方向斜切图像，原图如图2-51所示。

图2-51

斜切变换后如图2-52所示。

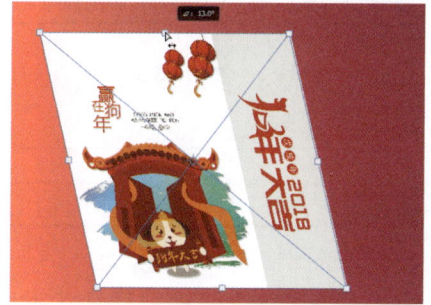

图2-52

执行【编辑】→【变换】→【扭曲】命令，显示定界框，将鼠标指针放在定界框周围的控制点上，鼠标指针会变成 形状，单击并拖曳鼠标可以扭曲图像，原图如图2-53所示。

图2-53

扭曲变换后如图2-54所示。

图2-54

执行【编辑】→【变换】→【透视】命令，显示定界框，将鼠标指针放在定界框周围的控制点上，鼠标指针会变成 形状，单击并拖曳鼠标可以进行透视变换操作，原图如图2-55所示。

图2-55

透视变换后如图2-56所示。

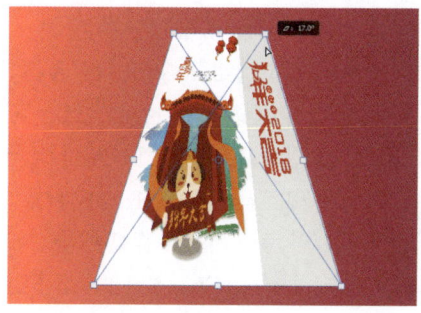

图2-56

### 2.3.5 实战：通过变形命令为玻璃球贴图

| 实例门类 | 软件功能 |

Photoshop 2024增强了【变形】功能，可以随意添加控制点，以便更好地控制创意变形。执行【编辑】→【变换】→【变形】命令，可以拖曳定界框内的任意点，对图像进行更加灵活的变形操作，具体操作步骤如下。

**Step 01** 打开素材。打开"素材文件\第2章\变形.psd"文件，如图2-57所示。

图2-57

**Step 02** 执行【变形】命令。执行【编辑】→【变换】→【变形】命令，会显示出定界框，如图2-58所示。

图2-58

**Step 03** 添加控制点。按住【Alt】键单击添加控制点，如图2-59所示。

图2-59

**Step 04** 进行变形操作。将鼠标指针放在定界框内，鼠标指针变成 形状，单击并拖曳鼠标可进行变形操作，如图2-60所示。

图2-60

**Step 05** 确认变形。按【Enter】键确认变形，如图2-61所示。

图2-61

**Step 06** 更改图层混合模式。在【图层】面板中，更改【图层1】的【混合模式】为【线性光】，如图2-62所示。

图2-62

**Step 07** 显示效果。效果如图2-63所示。

图2-63

### 技能拓展——变形样式

进入变形状态时，在选项栏中，可以选择系统预设的变形样式，包括【扇形】【上（下）弧】等，还可以输入具体的弯曲数值。

### 2.3.6 自由变换

按【Ctrl+T】组合键即可进入自由变换状态，默认自由变换方式为【缩放】，右击定界框，在弹出的菜单中，可以选择变换方式，也可以配合功能键进行变换。具体操作方法如下。

→ 缩放：将鼠标指针放置在定界框的角控制点上，单击并拖曳鼠标，可以等比例缩放；按住【Alt】键拖曳角控制点，可以以参考点为基点进行等比例缩放；按住【Shift】键拖曳角控制点，可以进行非等比例缩放。

→ 旋转：将鼠标指针放置在定界框外，鼠标指针变为旋转符号时单击并拖曳鼠标，可以旋转图像。

→ 扭曲：按住【Ctrl】键，拖曳定界框的角控制点，可以扭曲图像。

→ 斜切：按住【Ctrl+Shift】组合键，拖曳定界框边线上的控制点，可以斜切图像；按住【Ctrl+Alt】组合键，拖曳定界框边线上的控制点，可以以参考点为基点斜切图像。

→ 透视：按住【Ctrl+Shift+Alt】组合键，拖曳控制点，可以使图像形成透视效果。

### 2.3.7 精确变换

进入变换状态时，可以在选项栏中输入数值进行精确变换，如图2-64所示。

图2-64

选项栏中常用选项的作用如表2-9所示。

表2-9 变换选项栏中常用选项的作用

| 选项 | 作用 |
| --- | --- |
| ❶参考点位置 | 方块对应定界框上的控制点，单击相应控制点，可以改变图像的变换中心 |
| ❷水平和垂直位置 | 设置参考点的水平和垂直位置 |
| ❸水平和垂直缩放 | 设置图像的水平和垂直缩放 |
| ❹旋转角度 | 设置图像的旋转角度 |
| ❺斜切角度 | 设置图像的斜切角度 |

### 2.3.8 实战：多次变换图像制作旋转花朵

| 实例门类 | 软件功能 |
| --- | --- |

变换图像后，可以以一定的规律多次变换图像，得到特殊效果，具体操作步骤如下。

**Step 01** 打开素材。打开"素材文件\第2章\多次.psd"文件，如图2-65所示。

图2-65

**Step 02** 复制图层。按【Ctrl+J】组合键复制图层，如图2-66所示。

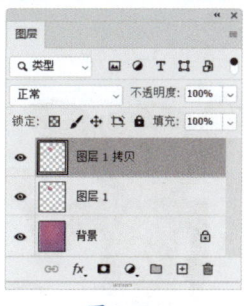

图 2-66

**Step 03** 更改参考点位置。按【Ctrl+T】组合键,进入自由变换状态,拖曳更改参考点的位置,如图2-67所示。

图 2-67

**Step 04** 旋转图像。拖曳旋转图像,如图2-68所示。

图 2-68

**Step 05** 缩小图像。拖曳控制点缩小图像,如图2-69所示。

图 2-69

**Step 06** 确认变换。按【Enter】键确认变换,如图2-70所示。

图 2-70

**Step 07** 复制并变换图像。多次按【Alt+Shift+Ctrl+T】组合键,复制并以相同的变换方式变换图像,如图2-71所示。

图 2-71

**Step 08** 编组图层。选择所有的花朵图层,按【Ctrl+G】组合键编组图层,如图2-72所示。

图 2-72

**Step 09** 复制图层组。选择【组1】图层组,按【Ctrl+J】组合键复制图层组,如图2-73所示。

图 2-73

**Step 10** 移动参考点。按【Ctrl+T】组合键执行【自由变换】命令,移动参考点,如图2-74所示。

图 2-74

**Step 11** 翻转图像。单击鼠标右键,在弹出的快捷菜单中选择并执行【垂直翻转】命令,垂直翻转图像,如图2-75所示。

图 2-75

**Step 12** 复制图层组。选择【组1】和【组1拷贝】图层组,按【Ctrl+J】组合键复制图层组,如图2-76所示。

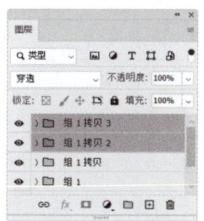

图 2-76

**Step 13** 设置参考点。按【Ctrl+T】组合键执行【自由变换】命令,设置参考点,如图2-77所示。

图 2-77

Step⑭ 翻转图像。单击鼠标右键,在弹出的快捷菜单中选择并执行【水平翻转】命令,翻转图像,效果如图2-78所示。

图2-78

Step⑮ 移动图像。选择所有的图层组,使用【移动工具】移动图像的位置,如图2-79所示。

图2-79

## 2.3.9 实战:使用操控变形调整动物姿态

| 实例门类 | 软件功能 |

使用操控变形功能可以在图像关键点上放置图钉,然后通过拖曳图钉来变形图像。具体操作步骤如下。

Step① 打开素材。打开"素材文件\第2章\操控变形.psd"文件,如图2-80所示。

图2-80

Step② 执行【操控变形】命令。选择【图层1】,执行【编辑】→【操控变形】命令,在图像上显示变形网格,如图2-81所示。

图2-81

Step③ 添加图钉。在选项栏中,取消勾选【显示网格】复选框,单击关键位置,添加图钉,如图2-82所示。

图2-82

Step④ 拖曳图钉。拖曳各位置的图钉,可以改变图像中动物的姿态,如图2-83所示。

图2-83

Step⑤ 拖曳其他图钉。继续拖曳其他图钉,如图2-84所示。

图2-84

Step⑥ 调整姿态。调整动物的姿态,如图2-85所示。

图2-85

### 技能拓展——删除图钉

单击一个图钉后,按【Delete】键可将其删除。此外,按住【Alt】键单击图钉也可将其删除。如果要删除所有图钉,可右击变形网格,在弹出的快捷菜单中选择并执行【移去所有图钉】命令。

进入操控变形状态后,可以在选项栏中进行参数设置,如图2-86所示。

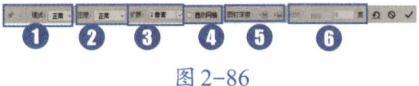

图2-86

常用选项的作用如表2-10所示。

表2-10 操控变形选项栏中常用选项的作用

| 选项 | 作用 |
| --- | --- |
| ❶模式 | 设定网格的弹性。选择【刚性】，变形效果精确，但缺少柔和的过渡；选择【正常】，变形效果准确，过渡柔和；选择【扭曲】，可创建透视扭曲效果 |
| ❷密度 | 设置网格点密度，有【较少点】【正常】和【较多点】3个选项 |
| ❸扩展 | 设置变形效果的衰减范围。数值越大，变形网格范围向外扩展越大，变形后的图像边缘越平滑。数值越小，边缘越生硬 |
| ❹显示网格 | 显示变形网格 |
| ❺图钉深度 | 选择图钉后，可以调整它的堆叠顺序 |
| ❻旋转 | 选择【自动】选项，在拖曳图钉时，会自动对图像进行旋转处理；选择【固定】选项，可以设置准确的旋转角度 |

## 2.3.10 实战：使用内容识别比例缩放图像

| 实例门类 | 软件功能 |
| --- | --- |

内容识别缩放是一项实用的缩放功能。普通的缩放在调整图像时会统一影响所有的像素，而内容识别缩放则主要影响没有重要可视内容的区域中的像素，具体操作步骤如下。

Step 01 打开素材。打开"素材文件\第2章\内容识别比例.psd"文件，如图2-87所示。

图2-87

Step 02 转换图层。按住【Alt】键双击【背景】图层，将其转换为普通图层，如图2-88所示。

图2-88

Step 03 缩放图像。执行【编辑】→【内容识别比例】命令，显示定界框，拖曳控制点缩放图像，重要的人物主体没有发生变化，如图2-89所示。

图2-89

Step 04 对比效果。按【Esc】键恢复变换，按【Ctrl+T】组合键，执行自由变换缩放图像，主体人物发生变化，如图2-90所示。

图2-90

# 妙招技法

通过对本章知识的学习，相信读者已经掌握了Photoshop 2024软件的基本操作。下面结合本章内容，给大家介绍一些实用技巧。

## 技巧01：如何显示画布外的图像

若将一个较大的图像拖入一个较小的图像中，部分图像内容就会显示在画布外，执行【图像】→【显示全部】命令，Photoshop会分析像素位置，自动扩大画布，显示出全部图像。

## 技巧02：复制文件

执行【图像】→【复制】命令，

可以打开【复制图像】对话框，如图2-91所示。在【为】文本框中可以输入文件名称，如果图像包含多个图层，勾选【仅复制合并的图层】复选框后，复制后的文件将自动合并图层。

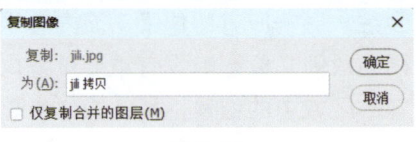

图2-91

右击文件标题栏，在弹出的快捷菜单中，选择并执行【复制】命令也可以复制文件，如图2-92所示。

图2-92

## 本章小结

通过对本章知识的学习，相信读者已经对Photoshop 2024软件有了一定的了解，学会并掌握了Photoshop 2024中文件的基本操作、图像的编辑、图像的变换等相关知识，这些知识是深入学习Photoshop 2024核心知识的基础，必须熟练掌握。

# 第3章 创建与编辑图像选区

- 选区工具太多，如何正确选择？
- 怎么选出图像中的某一种颜色？
- 选区被隐藏了怎么办？
- 如何对选区进行编辑与修改？
- 如何创建复杂选区？

选区是Photoshop处理图像的基础，有限定图像范围的作用。学完本章知识，你将会得到上述问题的全部答案，并能在处理图像的过程中得心应手。

## 3.1 选区概述

选区可以限定作用范围，它在Photoshop中相当于图像的皮肤。Photoshop中选区的创建方法有很多，它们都有各自的特点，适合不同类型的对象。

### 3.1.1 选区的含义

在Photoshop中处理局部图像时，要先指定操作的有效区域，即创建选区。打开一张图像，如图3-1所示。

图3-1

先创建选区，再进行颜色调整，效果如图3-2所示。

图3-2

如果没有创建选区，则会调整整张图像的颜色，如图3-3所示。

图3-3

### 3.1.2 常用的创建选区方法

Photoshop中有多种用于创建选区的工具和命令，不同的工具和命令有不同的特点，大致可以分为以下几种。

**1. 使用选框工具创建选区**

使用选框工具可以创建矩形或椭圆形选区。当不需要精确选择对象时，可以使用选框工具创建矩形或椭圆形选区。

**2. 使用套索工具创建选区**

套索工具可以通过在图像中跟踪元素来创建选区，可以比较精确地选择对象。

**3. 通过颜色差异创建选区**

Photoshop中的【快速选择工具】、【魔棒工具】、【磁性套索工具】和【色彩范围】命令都可以基于颜色之间的差异建立选区。当需要选择的对象与背景之间颜色差异明显时，可以使用以上工具和命令创建选区。

**4. 使用钢笔工具创建选区**

使用钢笔工具可以绘制任意形状，因此可以使用钢笔工具勾勒对象轮廓，创建精确的选区。

**5. 利用通道创建选区**

通道可以记录颜色和选区。利用通道可以选择毛发等细节丰富的对象，玻璃、烟雾、婚纱等半透明的对象，以及被风吹动的旗帜、高速行驶的汽车等边缘模糊的对象。

## 3.2 使用选框工具创建选区

Photoshop中的选框工具包括【矩形选框工具】、【椭圆选框工具】、【单行选框工具】和【单列选框工具】。使用选框工具可以创建规则选区，下面详细介绍使用选框工具创建选区的方法。

### ★重点 3.2.1 矩形选框工具

【矩形选框工具】是选区工具中最常用的工具之一，可用于创建矩形选区。选择【矩形选框工具】后，其选项栏如图3-4所示。

图3-4

常用选项的作用如表3-1所示。

表3-1 【矩形选框工具】选项栏中常用选项的作用

| 选项 | 作用 |
| --- | --- |
| ❶选区运算 | 【新选区】按钮的主要作用是创建一个新选区，【添加选区】按钮、【从选区减去】按钮和【与选区交】按钮是选区和选区之间进行布尔运算的方法 |
| ❷羽化 | 设置选区的羽化范围 |
| ❸消除锯齿 | 通过软化边缘像素与背景像素之间的颜色转换，使选区的锯齿状边缘平滑，【矩形选框工具】不可用 |
| ❹样式 | 设置选区的创建方法，包括【正常】【固定比例】和【固定大小】选项 |
| ❺宽度/高度 | 设置选区的宽度和高度 |
| ❻选择并遮住 | 单击该按钮，可以打开【调整边缘】对话框，对选区进行平滑、羽化等处理 |

选择【矩形选框工具】后，单击图像并向右下方拖曳鼠标创建矩形选区，如图3-5所示。

图3-5

释放鼠标后，即可创建一个矩形选区，如图3-6所示。

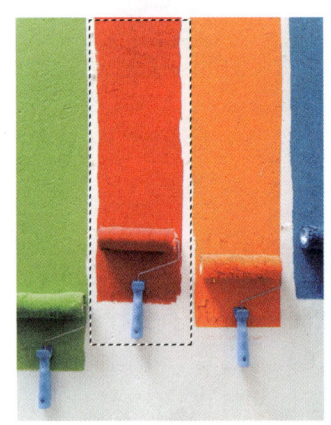

图3-6

### ★重点 3.2.2 椭圆选框工具

【椭圆选框工具】可以在图像中创建椭圆形选区，该工具的选项栏与【矩形选框工具】基本相同，只是该工具可以使用【消除锯齿】功能。

选择工具箱中的【椭圆选框工具】，单击图像并向右下方拖曳鼠标创建椭圆形选区，如图3-7所示。

图3-7

释放鼠标后，即可创建一个椭圆形选区，如图3-8所示。

图3-8

> **技能拓展——创建正方形和正圆形选区**
>
> 在使用【矩形选框工具】（【椭圆选框工具】）创建选区时，若按住【Shift】键的同时单击并拖曳鼠标，可创建正方形（正圆形）选区。

## 3.2.3 实战：使用单行和单列选框工具绘制网格像素字

| 实例门类 | 软件功能 |

使用【单行选框工具】或【单列选框工具】可以非常准确地选择图像的一行像素或一列像素，具体操作步骤如下。

Step01 新建文件。执行【文件】→【新建】命令，打开【新建文档】对话框，❶设置【宽度】为1251像素，【高度】为958像素，【分辨率】为72像素/英寸，❷单击【创建】按钮，如图3-9所示。

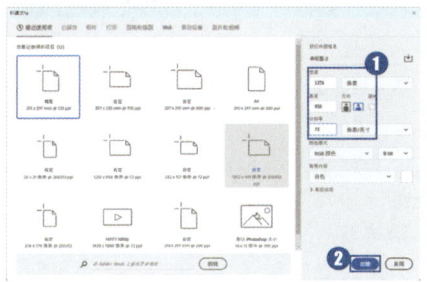

图3-9

Step02 设置网格线。执行【编辑】→【首选项】→【参考线、网格和切片】命令，设置【网格线间隔】为26毫米，如图3-10所示。

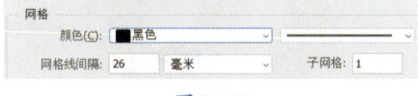

图3-10

Step03 显示网格。执行【视图】→【显示】→【网格】命令，显示网格，如图3-11所示。

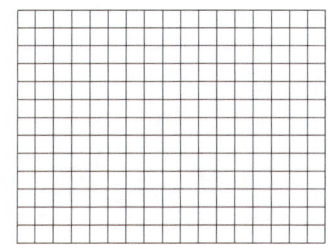

图3-11

Step04 创建单行选区。选择【单行选框工具】，单击网格最上方，创建单行选区，如图3-12所示。

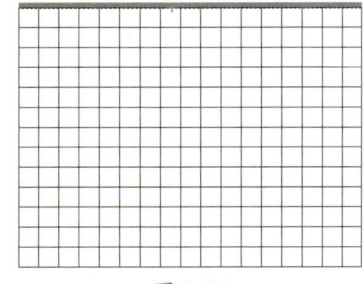

图3-12

Step05 增加选区。按住【Shift】键，依次单击横网格线，增加选区，如图3-13所示。

图3-13

Step06 创建单列选区。选择【单列选框工具】，按住【Shift】键依次单击列网格线，创建单列选区，如图3-14所示。

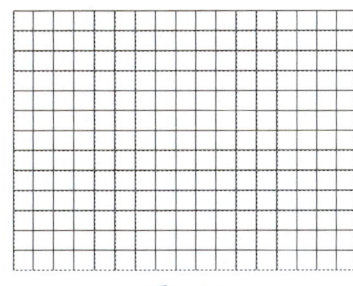

图3-14

Step07 单击【设置前景色】图标。在工具箱中，单击【设置前景色】图标，如图3-15所示。

图3-15

Step08 设置前景色。在打开的【拾色器（前景色）】对话框中，❶设置前景色为浅灰色【#9fa0a0】，❷单击【确定】按钮，如图3-16所示。

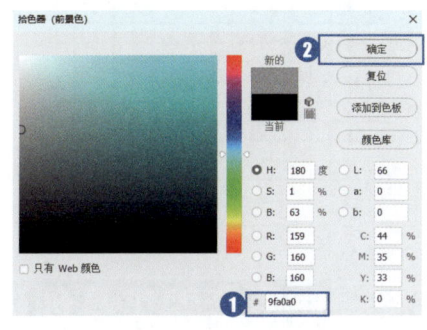

图3-16

Step09 设置描边。执行【编辑】→【描边】命令，打开【描边】对话框，❶设置【宽度】为8像素，【位置】为【居中】，❷单击【确定】按钮，如图3-17所示。

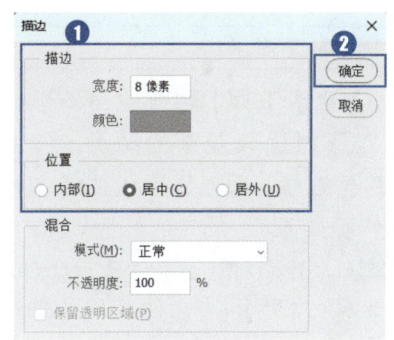

图3-17

Step10 显示网格底纹效果。按【Ctrl+'】组合键取消网格显示，得到网格底纹效果，如图3-18所示。

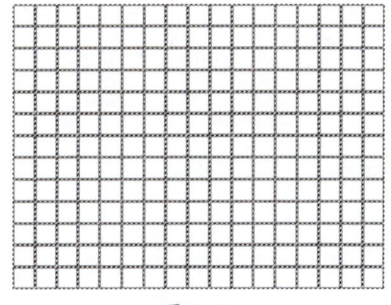

图3-18

Step11 在指定区域填充前景色。设置前景色为红色【#e60012】，选择【油漆桶工具】，单击目标网格填充红色，如图3-19所示。

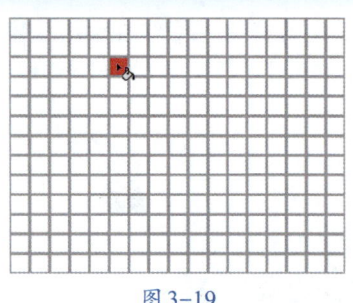

图 3-19

Step 12 在网格中填充前景色。继续单击其他网格，填充前景色，如图 3-20 所示。

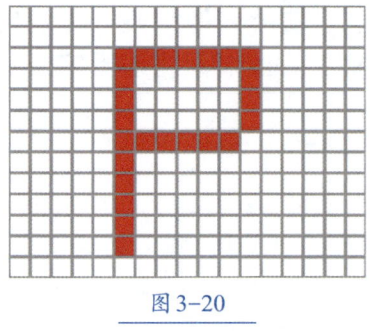

图 3-20

## 3.3 使用套索工具创建选区

Photoshop中的套索工具包括【套索工具】、【多边形套索工具】和【磁性套索工具】，可以创建不规则选区。

### ★重点 3.3.1 实战：使用套索工具选择心形

| 实例门类 | 软件功能 |

【套索工具】一般用于选择一些形状比较复杂的图像，使用【套索工具】创建选区的具体操作步骤如下。

Step 01 打开素材。打开"素材文件\第 3 章\心形.jpg"文件，如图 3-21 所示。

图 3-21

Step 02 创建路径。选择【套索工具】，单击需要选择的图像边缘并拖曳鼠标，此时图像中会自动生成没有锚点的路径，如图 3-22 所示。

Step 03 闭合选区。继续沿着图像边缘拖曳鼠标，移动鼠标指针到起点与终点连接处，如图 3-23 所示。

图 3-22

图 3-23

Step 04 生成选区。释放鼠标生成选区，如图 3-24 所示。

图 3-24

> **技术看板**
>
> 使用【套索工具】创建选区时，按住【Alt】键，释放鼠标，可暂时切换为【多边形套索工具】。如果创建的路径终点没有回到起点，这时释放鼠标，软件将会自动连接终点和起点，从而创建一个封闭的选区。

Step 05 移动图像位置。选择【移动工具】，将小心形拖曳到大心形内部，如图 3-25 所示。

图 3-25

Step 06 取消选区。按【Ctrl+D】组合键取消选区，效果如图 3-26 所示。

图 3-26

## 3.3.2 实战：使用多边形套索工具选择彩砖

| 实例门类 | 软件功能 |

【多边形套索工具】适用于选择一些边缘复杂且棱角分明的图像，使用该工具创建选区的具体操作步骤如下。

**Step 01** 打开素材。打开"素材文件\第3章\彩砖.jpg"文件，如图3-27所示。

图3-27

**Step 02** 创建路径。选择【多边形套索工具】，单击需要创建选区的图像位置确认起点，单击需要改变选择范围方向的转折点，创建路径点，如图3-28所示。

图3-28

**Step 03** 闭合路径。继续创建路径，当终点与起点重合时，鼠标指针下方会显示一个闭合图标，如图3-29所示。

图3-29

**Step 04** 生成选区。单击鼠标，将会生成一个多边形选区，如图3-30所示。

图3-30

**Step 05** 执行【查找边缘】命令。执行【滤镜】→【风格化】→【查找边缘】命令，最终效果如图3-31所示。

图3-31

### 技术看板

使用【多边形套索工具】创建选区时，如果创建的路径终点没有回到起点，这时双击鼠标，软件将会自动连接终点和起点，从而创建一个封闭的选区。

按住【Shift】键，可以按水平、垂直或45°角的方向创建路径；按【Delete】键，可以删除最近创建的路径；连续按多次【Delete】键，可以删除当前所有的路径；按【Esc】键，可以取消当前的选区操作。

## 3.3.3 实战：使用磁性套索工具选择果肉

| 实例门类 | 软件功能 |

【磁性套索工具】适用于选择复杂的不规则图像，以及边缘与背景对比强烈的图像。在使用该工具创建选区时，套索路径会自动吸附在图像边缘上。选择【磁性套索工具】后，其选项栏如图3-32所示。

❶ ❷ ❸ ❹

图3-32

常用选项的作用如表3-2所示。

表3-2 【磁性套索工具】选项栏中常用选项的作用

| 选项 | 作用 |
| --- | --- |
| ❶宽度 | 决定以鼠标指针中心为基准，其周围有多少个像素能够被工具检测到，如果图像边界不清晰，需要设置较小的宽度值 |
| ❷对比度 | 用于设置工具感应图像边缘的灵敏度。如果图像的边缘对比清晰，可将该值设置得高一些；如果边缘不是特别清晰，则可设置得低一些 |
| ❸频率 | 用于设置创建选区时生成锚点的数量。数值越高，生成的锚点越多，捕捉到的边界越准确，但是过多的锚点会使选区的边缘不够光滑 |
| ❹钢笔压力 | 如果计算机配置有数位板和压感笔，可以单击该按钮，Photoshop会根据压感笔的压力自动调整工具的检测范围 |

使用该工具创建选区的具体操作步骤如下。

**Step 01** 打开素材。打开"素材文件\第3章\柠檬.jpg"文件，选择【磁性套索工具】，单击图像确认起点，如图3-33所示。

图 3-33

**Step 02** 移动鼠标指针。沿着图像的边缘缓缓移动鼠标指针，如图 3-34 所示。

图 3-34

**Step 03** 使终点和起点闭合。终点与起点重合时，鼠标指针呈 形状，

如图 3-35 所示。单击即可创建一个选区。

图 3-35

**Step 04** 设置色相。按【Ctrl+U】组合键，执行【色相/饱和度】命令，❶ 设置【色相】为 180，❷ 单击【确定】按钮，如图 3-36 所示。

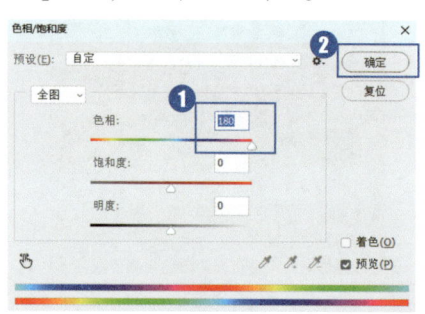

图 3-36

**Step 05** 显示效果。蓝色果肉效果如图 3-37 所示。

图 3-37

### 技术看板

使用【磁性套索工具】创建选区时，按【[】和【]】键，可以调整检测宽度；按【Caps Lock】键，鼠标指针会变为 ⊕ 形状，圆形大小代表工具能检测到的宽度。

## 3.4 基于颜色差异创建选区

Photoshop 中的【魔棒工具】、【快速选择工具】和【色彩范围】命令，都可以基于图像颜色差异快速创建选区，下面详细介绍这些工具和命令的用法。

### ★重点 3.4.1 使用魔棒工具选择背景

使用【魔棒工具】单击图像即可选择与单击处颜色相同或相近的区域，通过设置容差值可以控制选择的颜色范围。其选项栏如图 3-38 所示。

图 3-38

常用选项的作用如表 3-3 所示。

表 3-3 【魔棒工具】选项栏中常用选项的作用

| 选项 | 作用 |
|---|---|
| ❶ 容差 | 控制选择的颜色范围。输入的数值越小，要求颜色越相近，选区就越小；相反，颜色相差越大，选区就越大 |
| ❷ 消除锯齿 | 模糊边缘像素，使其与背景像素颜色逐渐过渡，从而去掉边缘明显的锯齿 |

续表

| 选项 | 作用 |
|---|---|
| ❸ 连续 | 勾选该复选框，只选择与鼠标单击处相连区域中相近的颜色；如果不勾选该复选框，则选择整个图像中相近的颜色 |
| ❹ 对所有图层取样 | 适用于有多个图层的文件，勾选该复选框，选择文件中所有图层中相同或相近颜色的区域；取消勾选，则只选择当前图层中相同或相近颜色的区域 |

使用【魔棒工具】更换背景的具体操作步骤如下。

Step01 打开素材。打开"素材文件\第3章\包.jpg"文件,选择【魔棒工具】,在选项栏中,设置【容差】为40,单击背景区域创建选区,如图3-39所示。

图3-39

Step02 加选选区。按住【Shift】键,在其他背景区域多次单击加选选区,选中整个背景,如图3-40所示。

图3-40

Step03 执行【填充】命令。执行【编辑】→【填充】命令,弹出【填充】对话框,设置【内容】为颜色,如图3-41所示。

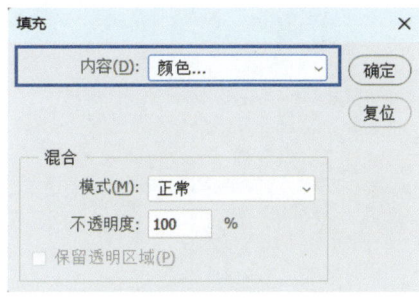

图3-41

Step04 设置填充颜色。弹出【拾色器(前景色)】对话框,设置填充颜色为黄色【#ffcc01】,如图3-42所示。

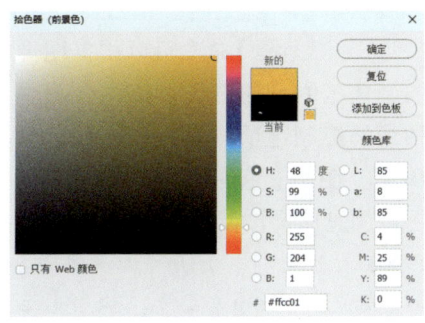

图3-42

Step05 完成背景的更换。单击【确定】按钮,返回【填充】对话框,单击【确定】按钮,返回图像。按【Ctrl+D】组合键,取消选区,完成背景的更换,效果如图3-43所示。

图3-43

### 3.4.2 实战:使用快速选择工具选择沙发

| 实例门类 | 软件功能 |

【快速选择工具】可以快速选择图像中的区域,选择该工具后,其选项栏如图3-44所示。

图3-44

常用选项的作用如表3-4所示。

表3-4 【快速选择工具】选项栏中常用选项的作用

| 选项 | 作用 |
| --- | --- |
| ❶选区运算按钮 | 单击【新选区】按钮,可创建一个新的选区;单击【添加到选区】按钮,可在原选区的基础上添加新绘制的选区;单击【从选区减去】按钮,可在原选区的基础上减去新绘制的选区 |
| ❷打开画笔选项 | 单击·按钮,可在打开的下拉面板中选择画笔,设置大小、硬度和间距 |
| ❸角度 | 用于设置画笔笔尖的角度 |
| ❹对所有图层取样 | 可基于所有图层创建选区 |
| ❺增强边缘 | 可减少选区边界的粗糙度和块效应。【增强边缘】会自动将选区向图像边缘进一步流动并应用一些边缘调整,也可以在【选择并遮住】对话框中手动应用这些边缘调整 |

使用【快速选择工具】创建选区的具体操作步骤如下。

Step01 打开素材。打开"素材文件\第3章\沙发.jpg"文件,选择工具箱中的【快速选择工具】,在需要选择的区域涂抹,如图3-45所示。

图3-45

Step02 创建选区。此时软件根据鼠标指针所到之处的颜色自动创建选区，如图3-46所示。

图3-46

Step03 复制沙发。按【V】键，切换到【移动工具】，按住【Alt】键，拖曳鼠标复制沙发，如图3-47所示。

图3-47

Step04 缩小并移动沙发。按【Ctrl+T】组合键，执行自由变换操作，适当缩小沙发，效果如图3-48所示。

图3-48

**技术看板**

使用【快速选择工具】创建选区时，按住【Shift】键可以添加新的选区；按住【Alt】键可以从选区中减去新的选区。

★ 重点 3.4.3　实战：使用色彩范围命令选择蓝裙

| 实例门类 | 软件功能 |

【色彩范围】命令可以根据图像的颜色范围创建选区，该命令提供精细的控制选项，具有更高的选择精度。使用【色彩范围】命令选择图像的具体操作步骤如下。

Step01 打开素材。打开"素材文件\第3章\蓝裙.jpg"文件，执行【选择】→【色彩范围】命令，打开【色彩范围】对话框，如图3-49所示。

图3-49

Step02 单击人物裙子。单击人物裙子，创建选区，如图3-50所示。

图3-50

Step03 添加选区。在【色彩范围】对话框中，❶单击【添加到取样】按钮，❷在裙子上多次单击添加选区，❸单击【确定】按钮，如图3-51所示。

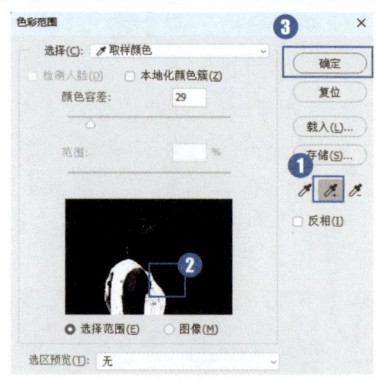

图3-51

Step04 创建选区。返回图像，如图3-52所示，裙子被选中。

图3-52

Step05 执行【油画】命令。执行【滤镜】→【风格化】→【油画】命令，单击【确定】按钮，如图3-53所示。

图3-53

Step 06 显示效果。返回图像，按【Ctrl+D】组合键取消选区，完成裙子效果的制作，如图3-54所示。

图 3-54

【色彩范围】对话框如图3-55所示。

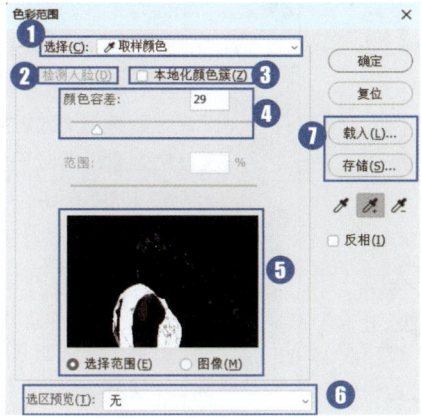

图 3-55

【色彩范围】对话框中常用选项的作用如表3-5所示。

表3-5 【色彩范围】对话框中常用选项的作用

| 选项 | 作用 |
| --- | --- |
| ❶选择 | 用于设置选区的创建方式。选择【取样颜色】时，可单击窗口中的图像，或单击【色彩范围】对话框中的预览图，对颜色进行取样。如果要添加颜色，可先单击【添加到取样】按钮 ✎，再单击预览图或图像；如果要减去颜色，可先单击【从取样中减去】按钮 ✎，再单击预览图或图像。在下拉列表中选择颜色选项时，可选择图像中特定的颜色；选择【高光】【中间调】和【阴影】时，可选择图像中特定的色调；选择【溢色】时，可选择图像中出现的溢色 |
| ❷检测人脸 | 选择人像或人物皮肤时，可勾选该选项，以便更加准确地选择肤色 |
| ❸本地化颜色簇 | 选中该复选框后，拖曳【范围】滑块可控制要包含在蒙版中的颜色与取样点的最大和最小距离 |

续表

| 选项 | 作用 |
| --- | --- |
| ❹颜色容差 | 用于控制颜色的选择范围，数值越高，包含的颜色越广 |
| ❺预览图 | 预览图包含两个选项，选中【选择范围】单选按钮时，预览图中白色代表选择的区域，黑色代表未选择的区域，灰色代表部分选择的区域；选中【图像】单选按钮时，预览图会显示为彩色图像 |
| ❻选区预览 | 用于设置窗口中选区的预览方式。选择【无】，表示不在窗口中显示选区；选择【灰度】，可以按照选区在灰度通道中的外观来显示选区；选择【黑色杂边】，可在未选择的区域覆盖一层黑色；选择【白色杂边】，可在未选择的区域覆盖一层白色；选择【快速蒙版】，可显示选区在快速蒙版状态下的效果，此时，未选择的区域会覆盖一层红色 |
| ❼载入/存储 | 单击【存储】按钮，可以将当前的设置保存为选区预设；单击【载入】按钮，可以载入存储的选区预设文件 |

### 3.4.4 使用焦点区域命令选择主体图像

【焦点区域】命令可以根据图像中像素颜色的对比度关系，自动判断出图像中的焦点区域，并将这个区域创建为一个选区。使用【焦点区域】命令选择图像的具体操作步骤如下。

Step 01 打开素材文件。打开"素材文件\第3章\玫瑰.jpg"文件，如图3-56所示。

图 3-56

Step 02 打开【焦点区域】对话框。执行【选择】→【焦点区域】命令，打开【焦点区域】对话框，设置【焦点对准范围】为5.5，如图3-57所示。

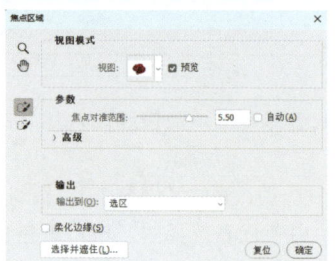

图 3-57

Step 03 创建选区。此时软件会自动调整并优化焦点区域，创建选区，如图3-58所示。

图 3-58

Step 04 修改选区。选择【焦点区域添加工具】，在图像上拖曳鼠标，将未选择的区域添加至选区，如图3-59所示。

图 3-59

Step 05 分离主体图像和背景。在【焦点区域】对话框中设置【输出】为【新建带有图层蒙版的图层】，单击【确定】按钮，完成图像和背景的分离，如图3-60所示。

图 3-60

【焦点区域】对话框如图3-61所示。

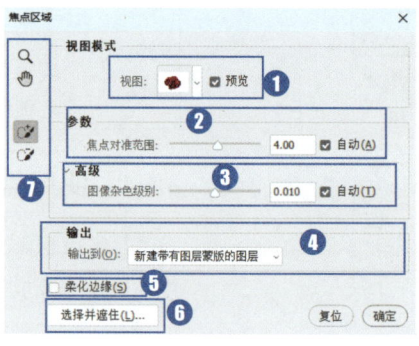

图 3-61

【焦点区域】对话框中各选项的作用如表3-6所示。

表3-6 【焦点区域】对话框中各选项的作用

| 选项 | 作用 |
| --- | --- |
| ❶视图 | 勾选【预览】复选框后，单击【视图】下拉按钮，可以选择预览的视图效果 |

续表

| 选项 | 作用 |
| --- | --- |
| ❷参数 | 用于优化焦点区域，可以控制选区范围。如果勾选【自动】复选框，软件会自动计算焦点范围并创建选区 |
| ❸高级 | 在含杂色的图像中选定过多背景时增加图像杂色级别。如果勾选【自动】复选框，软件会自动计算杂色级别 |
| ❹输出 | 用于设置选择的图像以什么方式进行输出，包括【选区】【图层蒙版】等 |
| ❺柔化边缘 | 勾选该复选框，软件会自动对所选区域的边缘进行柔化处理，类似于羽化效果 |
| ❻选择并遮住 | 单击该按钮，可以打开【选择并遮住】工作区，对边缘进行细节处理 |
| ❼工具栏 | 单击按钮，选择【缩放工具】，单击图像可以放大视图，按住【Alt】键单击图像可以缩小视图；单击按钮，选择【抓手工具】，拖曳图像，可以调整图像的视图；选择【焦点区域添加工具】，单击图像，可以添加区域到选区；选择【焦点区域减去工具】，可以将区域从选区减去 |

## 3.5 选区的基本操作

前面已经学习了如何创建选区，在创建好选区后可以对选区执行一些基本操作，如移动选区、反选选区、取消选区等，熟练掌握这些操作可以大大提高工作效率。

### ★重点 3.5.1 全选

全选是将窗口中的图像全部选中，图像打开时没有被选中，如图3-62所示。

图 3-62

执行【选择】→【全部】命令，可以选择当前窗口中的全部图像，也可以直接按【Ctrl+A】组合键全选图像，如图 3-63 所示。

图 3-63

★ 重点 3.5.2 反选

反选是反向选择当前区域，执行此命令可以将选区切换为当前没有选择的区域，具体操作步骤如下。

Step01 打开素材。打开"素材文件\第3章\建筑.jpg"文件，选择【快速选择工具】，在背景上拖曳鼠标，选择背景，如图 3-64 所示。

图 3-64

Step02 反选选区。执行【选择】→【反选】命令或按【Shift+Ctrl+I】组合键，即可选中建筑区域，如图 3-65 所示。

图 3-65

★ 重点 3.5.3 取消选择与重新选择

创建选区后，当不需要选择区域时，可以执行【选择】→【取消选择】命令或按【Ctrl+D】组合键取消选择。

当前选择区域被取消选择后，执行【选择】→【重新选择】命令或按【Shift+Ctrl+D】组合键，即可重新选择被取消选择的区域。

★ 重点 3.5.4 移动选区

移动选区有3种常用的方法，具体介绍如下。

方法一：使用【矩形选框工具】、【椭圆选框工具】创建选区时，释放鼠标前，按住空格键拖曳鼠标，即可移动选区。

方法二：创建选区后，如果选项栏中【新选区】按钮为选中状态，则使用选框工具、套索工具和魔棒工具时，只要将鼠标指针放在选区内，单击并拖曳鼠标便可以移动选区。

方法三：可以按键盘上的【↑】【↓】【→】【←】方向键来轻微移动选区。

★ 重点 3.5.5 选区的运算

通常情况下，一次操作很难将需要的区域全部选中，这就需要通过运算来对选区进行完善。选区的运算方式一共有4种，具体介绍如下。

（1）新选区：单击该按钮后，即可创建新选区，新选区会替换掉原选区，原选区如图 3-66 所示。

图 3-66

新选区如图 3-67 所示。

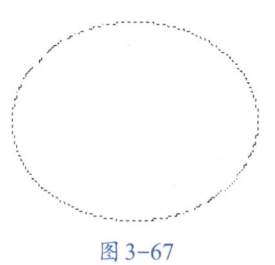

图 3-67

（2）添加到选区：单击该按钮后，按住鼠标左键拖曳，可在原选区的基础上添加新选区，如图 3-68 所示。

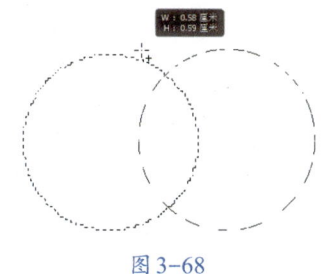

图 3-68

添加新选区后效果如图 3-69 所示。

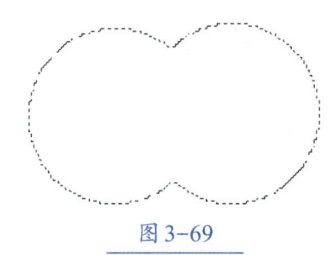

图 3-69

（3）从选区减去：单击该按钮后，可在原选区中减去新选区，如图3-70所示。

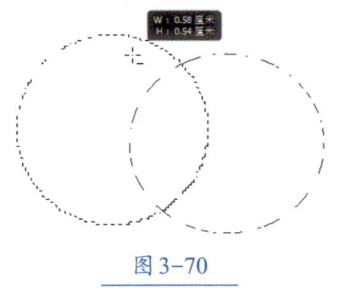

图3-70

减去新选区后效果如图3-71所示。

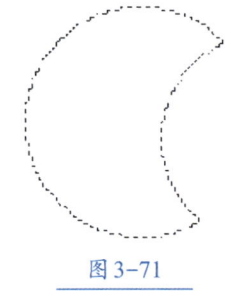

图3-71

（4）与选区交叉：单击该按钮后，新建选区时只保留原选区与新选区相交的部分，如图3-72所示。

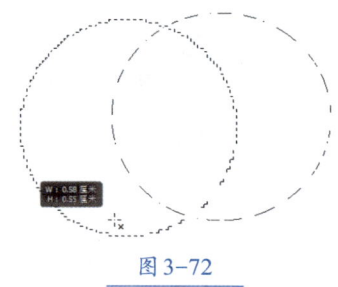

图3-72

交叉选区后效果如图3-73所示。

图3-73

> **技能拓展——选区运算快捷键**
>
> 如果当前图像中包含选区，则使用选框工具、套索工具和魔棒工具继续创建选区时，按住【Shift】键可以在当前选区上添加选区；按住【Alt】键可以从当前选区中减去选区；按住【Shift+Alt】组合键可以得到与当前选区相交的选区。

★重点 3.5.6 显示和隐藏选区

创建选区后，执行【视图】→【显示】→【选区边缘】命令或按【Ctrl+H】组合键，可以隐藏选区，再次执行此命令，可以重新显示选区。选区虽然被隐藏，但是它仍然存在，并限定了操作的有效区域。

## 3.6 编辑与修改选区

创建选区后，往往需要对其进行编辑，才能得到更加精确的选区。选区的编辑操作主要用【选择】菜单中的命令完成。

### 3.6.1 创建边界

使用【边界】命令可以将选区的边界向外部扩展，扩展后的边界与原来的边界形成新的选区。

在图像中创建选区，如图3-74所示。

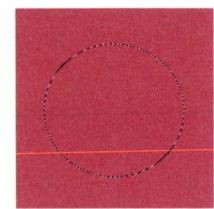

图3-74

执行【选择】→【修改】→【边界】命令，在弹出的【边界选区】对话框中可设置边界的【宽度】，【宽度】表示选区扩展的像素值，如图3-75所示。

图3-75

效果如图3-76所示。

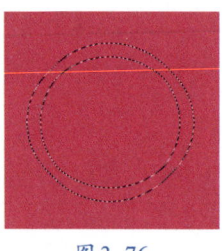

图3-76

### 3.6.2 平滑选区

选区边缘生硬时，使用【平滑】命令可对选区的边缘进行平滑处理，使选区边缘变得更柔和。

在图像中创建选区，如图3-77所示。

图3-77

执行【选择】→【修改】→【平滑】命令,弹出【平滑选区】对话框,在对话框中输入【取样半径】值即可对选区进行平滑处理,如图3-78所示。

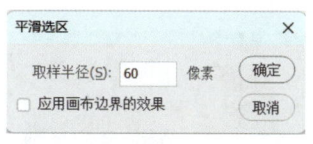

图3-78

效果如图3-79所示。

图3-79

### 3.6.3 扩展与收缩选区

【扩展】命令用于对选区进行扩展,即放大选区。在图像中创建选区后,执行【选择】→【修改】→【扩展】命令,在【扩展选区】对话框中的【扩展量】文本框中输入准确的扩展像素值,即可扩展选区,如图3-80所示。

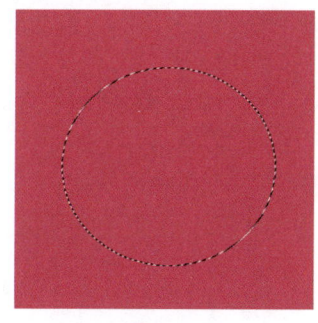

图3-80

效果如图3-81所示。

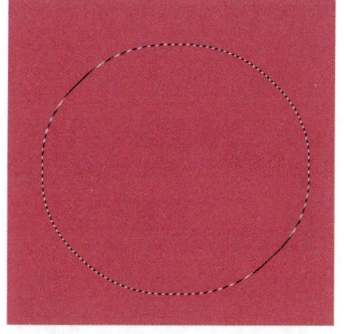

图3-81

执行【选择】→【修改】→【收缩】命令,在【收缩选区】对话框中的【收缩量】文本框中输入准确的收缩像素值,即可收缩选区,如图3-82所示。

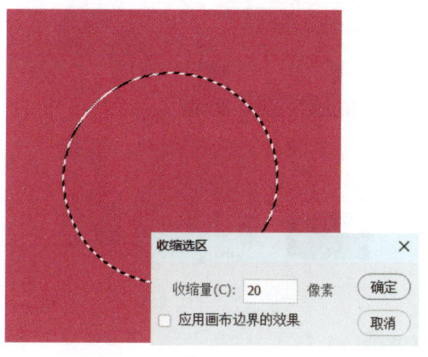

图3-82

### ★ 重点 3.6.4 实战:使用羽化命令创建朦胧效果

| 实例门类 | 软件功能 |
|---|---|

【羽化】命令用于对选区进行羽化。羽化是通过建立选区和选区周围像素之间的转换边界来模糊边缘的,这种模糊方式会丢失选区边缘的一些图像细节。下面使用【羽化】命令创建朦胧效果,具体操作步骤如下。

Step 01 打开素材。打开"素材文件\第3章\脸.jpg"文件,如图3-83所示。

图3-83

Step 02 创建选区。使用【套索工具】创建选区,如图3-84所示。

图3-84

Step 03 设置羽化半径。执行【选择】→【修改】→【羽化】命令,打开【羽化选区】对话框,设置【羽化半径】为200像素,单击【确定】按钮,如图3-85所示。

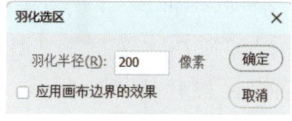

图3-85

Step 04 显示效果。效果如图3-86所示。

图3-86

Step 05 为选区填充颜色。为选区填充白色,如图3-87所示。

图 3-87

**Step 06** 取消选区。按【Ctrl+D】组合键取消选区，如图 3-88 所示。

图 3-88

### 3.6.5 实战：扩大选取与选取相似

| 实例门类 | 软件功能 |

【扩大选取】命令可以选择与已有选区颜色相似的邻近区域。【选择相似】命令用于选择整个图像中与已有选区颜色相似的区域，下面展示这两种命令的选择效果。

**Step 01** 打开素材。打开"素材文件\第 3 章\色块.jpg"文件，选择【矩形选框工具】，在右上方青色色块上拖曳鼠标创建选区，如图 3-89 所示。

图 3-89

**Step 02** 执行【扩大选取】命令。执行【选择】→【扩大选取】命令，选择颜色相似的邻近区域，即整个青色色块，如图 3-90 所示。

图 3-90

**Step 03** 取消上次操作。按【Ctrl+Z】组合键取消上次操作，如图 3-91 所示。

图 3-91

**Step 04** 执行【选取相似】命令。执行【选择】→【选取相似】命令，选择图像中所有青色色块，如图 3-92 所示。

图 3-92

### 3.6.6 实战：使用选择并遮住命令细化选区

| 实例门类 | 软件功能 |

使用【选择并遮住】命令可以精细调整选区的边缘，该命令常用于选择复杂的图像，具体操作步骤如下。

**Step 01** 打开素材。打开"素材文件\第 3 章\狐狸.jpg"文件，使用【对象选择工具】绘制矩形框，选中狐狸，如图 3-93 所示。

图 3-93

**Step 02** 进入【选择并遮住】工作区。执行【选择】→【选择并遮住】命令，进入【选择并遮住】工作区，设置【视图】为白色，选择【对象选择工具】，在图像上绘制矩形框，添加选区，如图 3-94 所示。

图 3-94

**Step 03** 设置【选择与遮住】参数。❶ 在【属性】面板中勾选【智能半径】复选框，设置【半径】为 5 像素，❷ 设置【平滑】为 4，【羽化】为 1.5 像素，【移动边缘】为 25%，如图 3-95 所示。

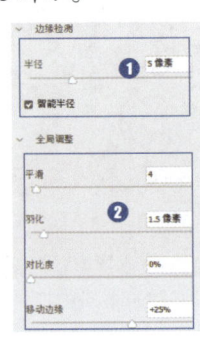

图 3-95

Step 04 输出图像。设置【输出到】为【新建带有图层蒙版的图层】，单击【确定】按钮，输出图像，如图3-96所示。

图3-96

Step 05 添加背景。置入"素材文件\第3章\森林.jpg"文件，如图3-97所示。

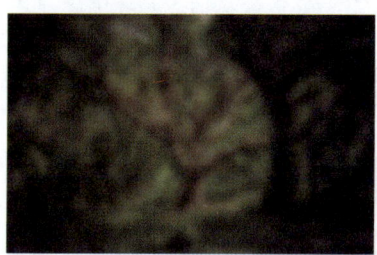

图3-97

Step 06 调整背景图像大小。调整背景图像大小并将其置于狐狸图像下一层，完成背景替换，效果如图3-98所示。

图3-98

【选择并遮住】工作区如图3-99所示。

图3-99

各组件的作用如表3-7所示。

表3-7 【选择并遮住】工作区中各组件的作用

| 组件 | 作用 |
| --- | --- |
| ❶工具箱 | 提供各种用于调整选区的工具，包括【快速选择工具】、【调整边缘画笔工具】、【画笔工具】、【对象选择工具】、【套索工具】，以及视图调整工具【抓手工具】和【缩放工具】 |
| ❷选项栏 | 在工具箱中选择某种工具后，选项栏会显示相应的工具设置选项，可以设置工具的效果 |
| ❸视图模式 | 在【视图】下拉列表中，可选择视图模式，以便更好地观察选区效果。勾选【显示边缘】复选框，可查看整个图层，不显示选区；勾选【显示原稿】复选框，可查看原始选区。拖曳【透明度】滑块，可以设置选区外的图像的透明度 |
| ❹边缘检测 | 用于调整选区边缘的半径大小 |
| ❺全局调整 | 【平滑】可以减少选区边界中的不规则区域，创建平滑的选区轮廓；【羽化】可以让选区边缘图像呈现透明效果；【对比度】可以锐化选区边缘并去除模糊；【移动边缘】可扩展和收缩选区 |
| ❻输出设置 | 勾选【净化颜色】复选框后，设置【数量】值可以去除图像的彩色杂边；在【输出到】下拉列表中可以选择选区的输出方式 |

### 3.6.7 变换选区

创建选区后，执行【选择】→【变换选区】命令，可以显示选区的定界框，单击鼠标右键，在打开的快捷菜单中，可以选择变换方式。例如，选择【透视】变换，如图3-100所示。

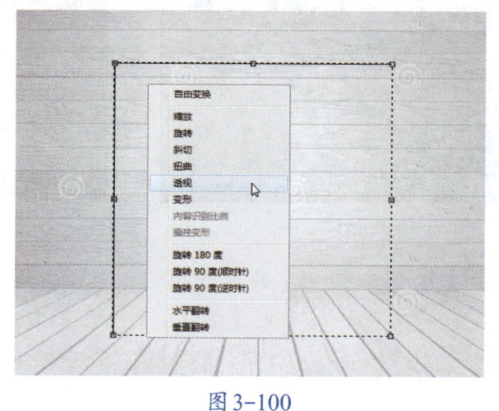

图3-100

拖曳控制点即可对选区进行变换，选区内的图像不会受到影响，如图3-101所示。

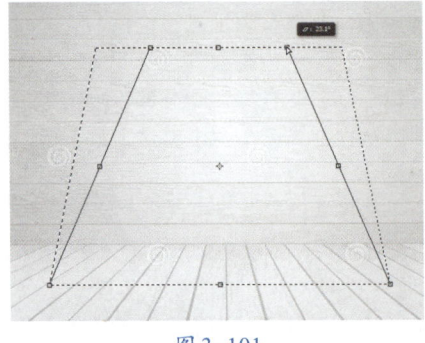

图3-101

### 3.6.8 实战：使用快速蒙版修改选区

| 实例门类 | 软件功能 |

快速蒙版是一种选区转换工具，是最灵活的选区编辑功能之一。它能将选区转换为一种临时的蒙版图像，方便用户使用画笔、滤镜、钢笔等工具编辑蒙版后，再将蒙版图像转换为选区，从而实现创建选区、抠取图像等操作。使用快速蒙版修改选区的具体操作步骤如下。

Step01 打开素材。打开"素材文件\第3章\海棠.jpg"文件，如图3-102所示。

图3-102

Step02 创建选区。使用【快速选择工具】在海棠花的位置创建选区，可看到下方的多选区域，如图3-103所示。

图3-103

Step03 进入快速蒙版状态。按【Q】键进入快速蒙版状态，此时选区外的区域被红色蒙版遮挡，如图3-104所示。

图3-104

Step04 使用【画笔工具】涂抹。工具箱中的前景色会自动变为白色，按【X】键切换前/背景色，设置前景色为黑色，选择【画笔工具】，在多选区域进行涂抹，如图3-105所示。

图3-105

Step05 退出快速蒙版状态。按【Q】键退出快速蒙版状态，此时选区被修改，如图3-106所示。

图3-106

> **技术看板**
>
> 进入快速蒙版状态后，用白色涂抹的区域会显示出图像，这样可以扩展选区；用黑色涂抹的区域会覆盖一层半透明的红色，这样可以收缩选区；使用灰色涂抹可以得到羽化的选区。

双击工具箱中的【以快速蒙版模式编辑】按钮，弹出【快速蒙版选项】对话框，在对话框中可对快速蒙版进行设置，如图3-107所示。

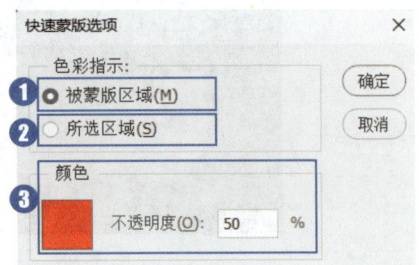

图3-107

各选项的作用如表3-8所示。

表3-8 【快速蒙版选项】对话框中各选项的作用

| 选项 | 作用 |
|---|---|
| ❶被蒙版区域 | 被蒙版区域是指选区之外的区域。选中【被蒙版区域】单选按钮，选区之外的图像将被蒙版颜色覆盖，而选中的区域会显示图像 |

第1篇 基础功能篇

续表

| 选项 | 作用 |
|---|---|
| ❷所选区域 | 所选区域是指选中的区域。选中【所选区域】单选按钮，则选中的区域会被蒙版颜色覆盖，未选中的区域显示为图像本身 |
| ❸颜色 | 单击颜色块，可在打开的【拾色器】对话框中设置蒙版的颜色；【不透明度】用于设置蒙版颜色的不透明度 |

### 3.6.9 选区的存储与载入

如果创建选区或进行变换操作后想要保留选区，可使用【存储选区】命令。

执行【选择】→【存储选区】命令，弹出【存储选区】对话框，如图3-108所示。在【名称】文本框中输入选区名称，单击【确定】按钮即可存储选区。

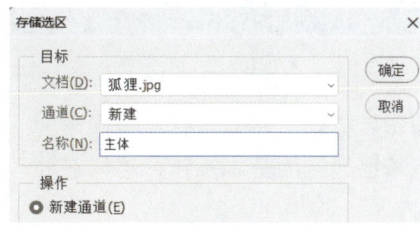

图 3-108

执行【选择】→【载入选区】命令，弹出【载入选区】对话框，如图3-109所示。选择存储的选区名称，单击【确定】按钮，即可载入之前存储的选区。

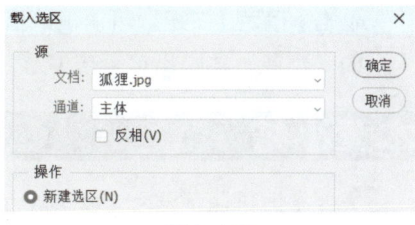

图 3-109

## 妙招技法

通过对本章知识的学习，相信读者已经掌握了选区的基础知识。下面结合本章内容，给大家介绍一些实用技巧。

### 技巧01：基于人工智能技术的选择功能

选择主体功能由先进的人工智能技术提供支持，在经过训练后，这项功能可识别图像上的多种对象，包括人物、动物、车辆、玩具等。

打开素材文件后，执行【选择】→【主体】命令，软件会自动识别图像中的主体并创建选区，如图3-110所示。

图 3-110

### 技巧02：如何避免羽化时弹出警告信息

羽化选区时，如果选区范围较小，而在【羽化选区】对话框中将【羽化半径】值设置得偏大，就会弹出【任何像素都不大于50%选择。选区边将不可见】警告信息，如图3-111所示。

53

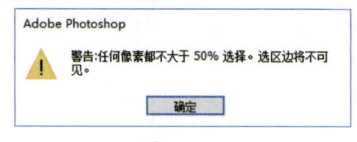

图 3-111

单击【确定】按钮,可以确认当前设置,选区羽化效果强烈,在画面中将看不到选区边界,但选区依然存在。如果想要避免弹出该警告信息,可以适当增大选区,或者减小【羽化半径】值。

## 本章小结

本章主要讲述了选区工具的应用,以及选区的创建和编辑方法。选区工具包括规则选区工具和不规则选区工具,创建好选区后,可以对选区进行修改、编辑与填充、存储与载入等操作。

通过对本章知识的学习,读者应熟练掌握选区的基本操作,这样在处理图像时,才能更加得心应手,并为进一步学习 Photoshop 2024 打下良好的基础。

# 第4章 绘制与修饰修复图像

- 前景色和背景色的区别是什么？
- 夜晚拍摄的照片出现红眼现象怎么办？
- 照片背景太普通了，想换成梦幻风格的背景该如何处理？

Photoshop中的图像是由像素构成的，如何使用像素绘制图像，如何修饰图像，如何修复破损图像，都是必须掌握的基本技能。下面让我们一起来学习这些知识。

## 4.1 颜色设置方法

进行图像填充和绘制图像等操作时，需要先指定颜色。Photoshop中提供了多种颜色设置方法，可以精确地找到需要的颜色。

### ★重点 4.1.1 前景色和背景色

设置前景色和背景色的工具是工具箱下方的两个色块，默认状态下前景色为黑色，背景色为白色，如图4-1所示。

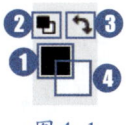

图4-1

**技术看板**

英文输入法状态下，按【D】键，可以将前景色和背景色恢复到默认状态；按【X】键，可以快速切换前景色和背景色。

前景色决定了使用绘画工具绘制图像时图像的颜色，以及使用文字工具创建文字时文字的颜色，背景色则决定了使用橡皮擦擦除背景图像时，被擦除区域所呈现的颜色。扩展画布时，被扩展出的画布也会默认使用背景色，此外，在应用一些具有特殊效果的滤镜时也会用到前景色和背景色。

各选项的作用如表4-1所示。

表4-1 前景色和背景色的各选项的作用

| 选项 | 作用 |
|---|---|
| ❶设置前景色 | 该色块中显示的是当前所使用的前景色。单击该色块，即可弹出【拾色器（前景色）】对话框，在其中可对前景色进行设置 |
| ❷默认前景色和背景色 | 单击此按钮，即可将当前前景色和背景色调整为默认的前景色和背景色 |
| ❸切换前景色和背景色 | 单击此按钮，可使前景色和背景色互换 |
| ❹设置背景色 | 该色块中显示的是当前所使用的背景色。单击该色块，即可弹出【拾色器（背景色）】对话框，在其中可对背景色进行设置 |

### ★重点 4.1.2 拾色器

单击工具箱中的【设置前景色】或【设置背景色】色块，打开相应【拾色器】对话框，如图4-2所示，在该对话框中，可以定义当前前景色或背景色。

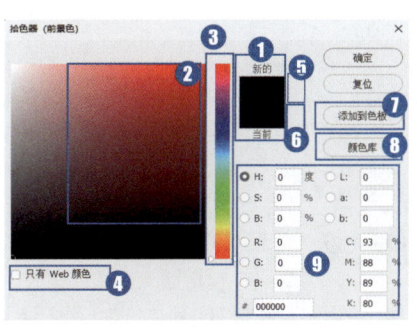

图4-2

各选项的作用如表4-2所示。

表4-2 【拾色器】对话框中各选项的作用

| 选项 | 作用 |
|---|---|
| ❶新的/当前 | 【新的】色块显示的是当前设置的颜色，【当前】色块显示的是上一次使用的颜色 |
| ❷色域/拾取的颜色 | 在【色域】中单击或拖曳鼠标可以改变当前拾取的颜色 |
| ❸颜色滑块 | 拖曳颜色滑块可以调整颜色范围 |

续表

| 选项 | 作用 |
|---|---|
| ❹只有Web颜色 | 表示只在色域中显示Web安全色 |
| ❺非打印颜色警告 | 表示当前设置的颜色超出打印颜色色域范围，不能进行准确打印。单击警告图标下方的色块，可以替换为最接近的打印颜色 |
| ❻非Web安全色警告 | 表示当前设置的颜色不能在网页上准确显示，单击警告图标下方的色块，可以替换为最接近的Web安全颜色 |
| ❼添加到色板 | 单击该按钮，可将当前设置的颜色添加到【色板】面板 |
| ❽颜色库 | 单击该按钮，可以切换到【颜色库】对话框 |
| ❾颜色值 | 显示当前可设置的颜色系统，可以通过输入颜色值来精确定义颜色。在【HSB】颜色模型中，可通过百分比来指定颜色的饱和度和亮度，以0度至360度的角度（对应色轮）指定色相；在【LAB】颜色模型中，可输入0到100的亮度值来指定颜色；在【RGB】颜色模型中，可通过R（红）、G（绿）、B（蓝）的0至255的数值来指定颜色；在【CMYK】颜色模型中，可通过C（青）、M（洋红）、Y（黄）、K（黑）的百分比来指定颜色；在【#】文本框中，可输入十六进制颜色值，如ff0000代表红色 |

### 4.1.3 实战：用吸管工具拾取颜色

| 实例门类 | 软件功能 |
|---|---|

【吸管工具】可以从当前图像中拾取颜色，并将拾取的颜色作为前景色或背景色，选择工具箱中的【吸管工具】，其选项栏如图4-3所示。

图4-3

常用选项的作用如表4-3所示。

表4-3 【吸管工具】选项栏中常用选项的作用

| 选项 | 作用 |
|---|---|
| ❶取样大小 | 用来设置吸管工具的取样范围。选择【取样点】，可拾取鼠标指针所在位置像素的精确颜色；选择【3×3平均】，可拾取鼠标指针所在位置3个像素区域内的平均颜色；选择【5×5平均】，可拾取鼠标指针所在位置5个像素区域内的平均颜色。其他选项以此类推 |
| ❷样本 | 【当前图层】表示只在当前图层上取样；【所有图层】表示在所有图层上取样 |
| ❸显示取样环 | 勾选该复选框，可在拾取颜色时显示取样环 |

用【吸管工具】设置前景色的具体操作步骤如下。

Step 01 打开素材。打开"素材文件\第4章\水.jpg"文件，选择工具箱中的【吸管工具】，如图4-4所示。

图4-4

Step 02 拾取前景色。❶移动鼠标指针至图像上，鼠标指针呈形状，单击取样点，❷工具箱中的前景色就会被替换为取样点的颜色，如图4-5所示。

图4-5

Step 03 拾取背景色。按住【Alt】键单击取样点，工具箱中的背景色就会被替换为取样点的颜色，如图4-6所示。

图4-6

### 4.1.4 颜色面板

【颜色】面板中集合了各种颜色设置方式。默认情况下，工作区会显示【颜色】面板。如果工作区没有显示【颜色】面板，执行【窗口】→【颜色】命令，可以打开【颜色】面板，如图4-7所示。默认情况下，【颜色】面板以【色相立方体】的颜色设置方式显示，在【色域】中单击或拖曳鼠标，就可以设置前景色。

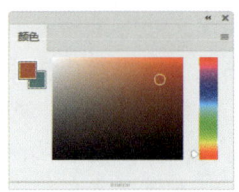

图4-7

单击【设置背景色】色块，将其选中，在【色域】中单击或拖曳鼠标就可以设置背景色，如图4-8所示。

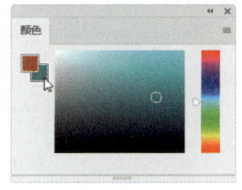

图 4-8

若想要设置精确的颜色，可单击面板右上角的扩展按钮 ≡，如图4-9所示，先在打开的扩展菜单中选择其他的颜色设置方式，如【色轮】【RGB滑块】【CMYK滑块】等，然后在文本框中输入精确的颜色值即可，如图4-10所示。

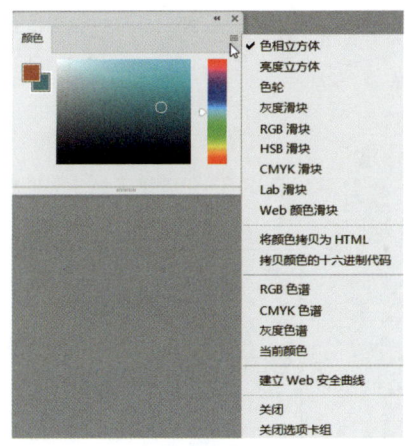

图 4-9

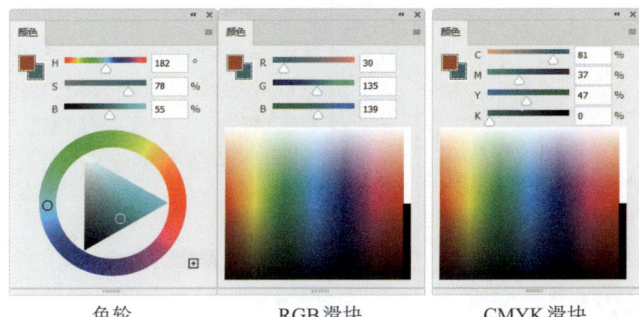

色轮　　　　RGB 滑块　　　　CMYK 滑块

图 4-10

## 4.1.5 色板面板

执行【窗口】→【色板】命令，打开【色板】面板，如图4-11所示，【色板】面板中集合了系统预设的颜色色板，单击某个色板就可以将其设置为前景色或背景色，使用起来非常方便。

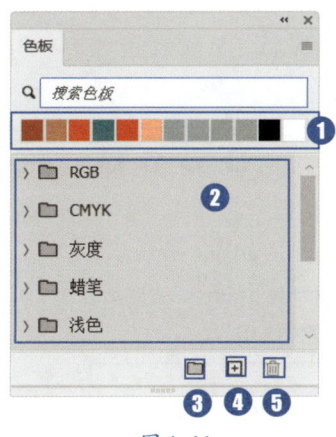

图 4-11

各选项的作用如表4-4所示。

表4-4 【色板】面板中各选项的作用

| 选项 | 作用 |
| --- | --- |
| ❶最近使用项目 | 用于存放使用过的色板。此外，每次设置的前景色也会以色板形式存储于该区域 |
| ❷色板组 | 软件自动将所有系统预设色板以组的形式进行管理 |
| ❸创建新组 | 选择多个色板，单击▭按钮，可将所选色板创建为新组进行管理 |
| ❹创建新色板 | 设置前景色后，单击▭按钮，可将该颜色保存为新的色板 |
| ❺删除 | 选择某个色板或色板组，单击▭按钮，可将其删除 |

> **技能拓展——设置背景色**
>
> 默认情况下，单击某个色板，会将其设置为前景色。如果按住【Alt】键单击色板，可以将其设置为背景色。

## 4.2 填充和描边方法

使用【油漆桶工具】◇、【渐变工具】■和【填充】命令可以为图像填充颜色，进行描边操作时，需要使用【描边】命令。下面进行详细介绍。

## ★重点 4.2.1 实战：使用油漆桶工具填充背景色

| 实例门类 | 软件功能 |
|---|---|

【油漆桶工具】可以为图像填充颜色或图案，选择工具箱中的【油漆桶工具】后，其选项栏如图4-12所示。

图4-12

常用选项的作用如表4-5所示。

表4-5 【油漆桶工具】选项栏中常用选项的作用

| 选项 | 作用 |
|---|---|
| ❶填充内容 | 在下拉列表中选择填充内容，包括【前景】和【图案】 |
| ❷模式/不透明度 | 设置填充内容的混合模式和不透明度 |
| ❸容差 | 用来定义必须填充的像素颜色相似的程度。低容差会填充颜色值范围内与单击点像素非常相似的像素，高容差则填充更大范围内的像素 |
| ❹消除锯齿 | 勾选该复选框，可以使选区的边缘更平滑 |
| ❺连续的 | 勾选该复选框，只填充与单击点相邻的像素；取消勾选可填充图像中所有相似的像素 |
| ❻所有图层 | 勾选该复选框，表示基于所有可见图层中的合并颜色数据填充像素；取消勾选则仅填充当前图层 |

具体操作步骤如下。

Step01 打开素材。打开"素材文件\第4章\高跟鞋.jpg"文件，如图4-13所示。

图4-13

Step02 设置前景色。在工具箱中单击【设置前景色】色块，如图4-14所示。

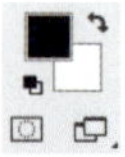

图4-14

Step03 选择前景色颜色。在【拾色器（前景色）】对话框中，拖曳颜色滑块，选择洋红色；在【色域】中拖曳鼠标更改洋红色的深浅效果，单击【确定】按钮，如图4-15所示。

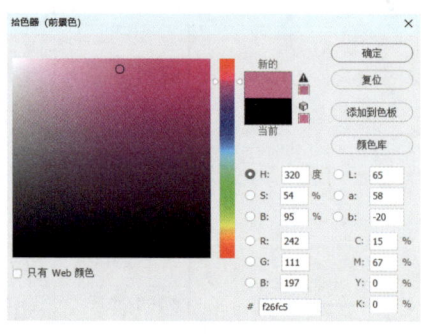

图4-15

Step04 单击填充颜色。选择【油漆桶工具】，移动鼠标指针到背景位置，单击鼠标即可填充颜色，效果如图4-16所示。

图4-16

## ★重点 4.2.2 渐变的填充

渐变在Photoshop中的应用非常广泛，它不仅可以填充图像，还可以填充图层蒙版、快速蒙版和通道。此外，调整图层和填充图层也会用到渐变。Photoshop 2024中可以使用【渐变工具】和【渐变】面板填充渐变，下面进行详细介绍。

### 1.【渐变工具】

使用【渐变工具】可以用渐变填充图层或选区，【渐变工具】选项栏如图4-17所示。

图4-17

常用选项的作用如表4-6所示。

表4-6 【渐变工具】选项栏中常用选项的作用

| 选项 | 作用 |
|---|---|
| ❶工具预设 | 单击可打开【工具预设】选取器。用于在【渐变工具】选项栏中快速选择已保存的渐变，并支持用户添加、删除、导入或组织自定义渐变预设库 |
| ❷使用画布上的渐变构件创建渐变调整图层 | 允许用户直接在画布上通过可视化控件创建可编辑的渐变调整图层，实现非破坏性、实时可调的渐变效果应用 |
| ❸渐变色条 | 渐变色条中显示了当前的渐变颜色，单击渐变色条右侧的按钮，可以在打开的下拉面板中选择一个预设的渐变。如果直接单击渐变色条，则会弹出【渐变编辑器】对话框 |

续表

| 选项 | 作用 |
|---|---|
| ❹渐变方式 | 单击【线性渐变】按钮，可创建从起点到终点的直线渐变；单击【径向渐变】按钮，可创建从起点到终点的圆形渐变；单击【角度渐变】按钮，可创建围绕起点以逆时针扫描形式的渐变；单击【对称渐变】按钮，可创建对称的从起点到两侧的线性渐变；单击【菱形渐变】按钮，可创建菱形渐变，起点为菱形的中心点，终点定义菱形的一个角 |
| ❺反向 | 可转换渐变的颜色顺序，得到反方向的渐变效果 |
| ❻仿色 | 勾选该复选框，可使渐变更加平滑，防止打印时出现条带化现象，但计算机屏幕上不能明显体现出其作用 |
| ❼方法 | 用于选择渐变颜色的混合算法模式，其中【可感知】优化人眼自然过渡，【线性】保持数学均匀渐变，【古典】沿用旧版Photoshop的插值方式，三者控制颜色过渡的计算逻辑 |

**2.【渐变】面板**

【渐变】面板以组的形式集合了所有系统预设的渐变。执行【窗口】→【渐变】命令，可以打开【渐变】面板，如图4-18所示。

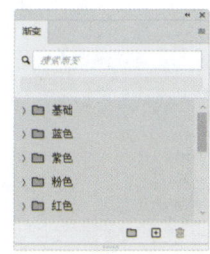

图 4-18

（1）填充渐变。

单击【渐变】面板中的渐变，如图4-19所示，在图像中按住鼠标左键拖曳，可以填充选中的渐变，如图4-20所示。

图 4-19

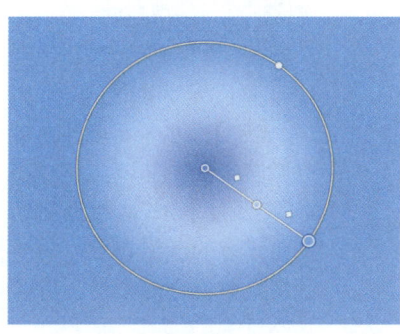

图 4-20

（2）设置渐变方式。

单击选项栏中的渐变方式按钮，如图4-21所示，可以改变渐变方式，如图4-22所示。

图 4-21

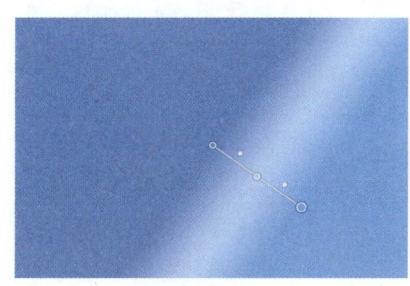

图 4-22

（3）新建渐变预设。

单击【渐变】面板右上角的扩展按钮，在弹出的扩展菜单中选择并执行【新建渐变预设】命令，如图4-23所示，会弹出【渐变编辑器】对话框，如图4-24所示，在对话框中可以设置新的渐变预设。

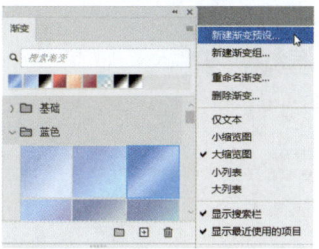

图 4-23

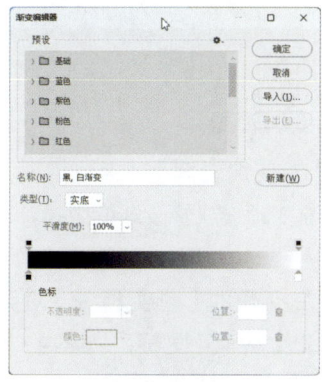

图 4-24

（4）修改渐变效果。

使用【渐变】面板填充渐变后，双击色块，如图4-25所示。

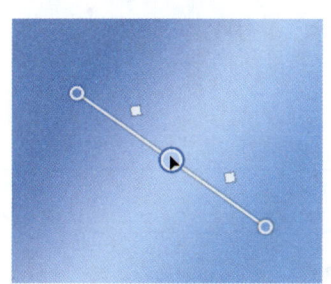

图 4-25

打开【拾色器】对话框，在该对话框中可以修改渐变颜色，如图4-26所示，渐变效果随之改变，如图4-27所示。

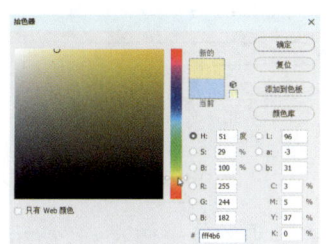

图 4-26

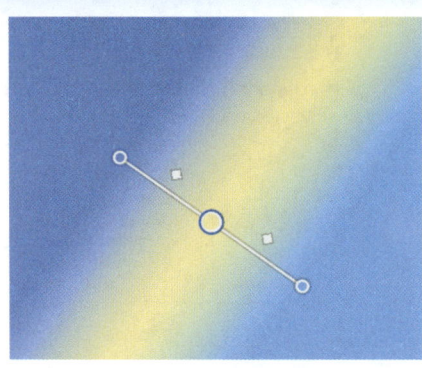

图 4-27

### 3. 渐变编辑器

【渐变编辑器】对话框用于设置新的渐变预设或修改渐变效果。双击渐变图层的缩览图，如图4-28所示。

在打开的【渐变填充】对话框中单击【渐变】图标，如图4-29所示，可以打开【渐变编辑器】对话框，如图4-30所示。

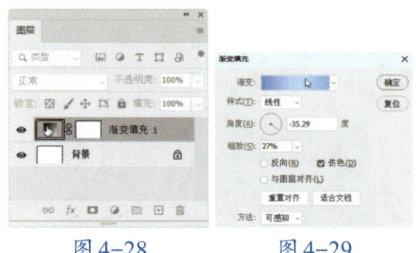

图 4-28　　　　图 4-29

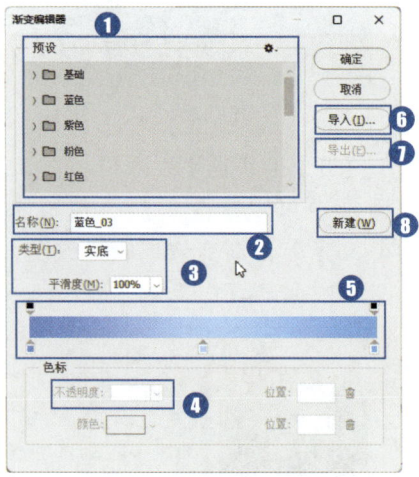

图 4-30

各选项的作用如表4-7所示。

表4-7 【渐变编辑器】对话框中各选项的作用

| 选项 | 作用 |
| --- | --- |
| ❶预设 | 显示Photoshop 2024提供的基本渐变预设。单击图标后，可以应用该样式的渐变 |
| ❷名称 | 在【名称】文本框中可以显示选定的渐变名称，也可以输入新建渐变名称 |
| ❸渐变类型和平滑度 | 单击【类型】下拉按钮，可选择显示为单色形态的【实底】或显示为多种色带形态的【杂色】两种类型。【平滑度】用于控制渐变颜色过渡的流畅程度，值越高颜色混合越自然，值越低颜色分层越明显 |
| ❹不透明度 | 调整渐变中应用的颜色的不透明度，默认值为100，数值越小渐变颜色越透明 |
| ❺色标 | 调整渐变中应用的颜色或颜色的范围，通过拖曳滑块可以更改色标的位置。双击色标滑块，弹出【选择色标颜色】对话框，在此对话框中可以选择需要的渐变颜色 |
| ❻导入 | 可以在弹出的【导入】对话框中打开保存的渐变 |
| ❼导出 | 通过【导出】对话框可以保存新设置的渐变 |
| ❽新建 | 在设置新的渐变后，单击【新建】按钮，可将该渐变保存到预设中 |

### 4. 新建渐变

在【渐变编辑器】对话框中调整渐变后，在【名称】文本框中输入渐变名称【光环】，单击【新建】按钮，如图4-31所示。

图 4-31

在【预设】栏中，可以看到新建的【光环】渐变，如图4-32所示。

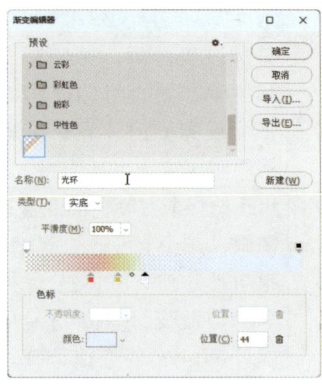

图 4-32

### 5. 删除渐变

选择一个渐变并右击，在弹出的快捷菜单中选择并执行【删除渐变】命令，如图4-33所示，即可删除该渐变。

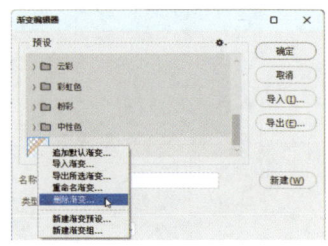

图 4-33

### 6. 重命名渐变

双击预设渐变，即可打开【渐变名称】对话框，在对话框中，可以重命名渐变，如图4-34所示。

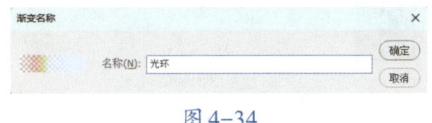

图 4-34

### 4.2.3 实战：使用填充命令填充背景

| 实例门类 | 软件功能 |

使用【填充】命令可以在图层或选区内填充颜色或图案，在填充时还可以设置不透明度和混合模式。具体操作步骤如下。

Step01 打开素材。打开"素材文件\第4章\红花.jpg"文件，用【矩形选框工具】创建选区，如图4-35所示。

图 4-35

Step02 设置填充内容。执行【编辑】→【填充】命令，或按【Shift+F5】组合键，打开【填充】对话框，❶设置【内容】为【内容识别】，❷单击【确定】按钮，如图4-36所示。

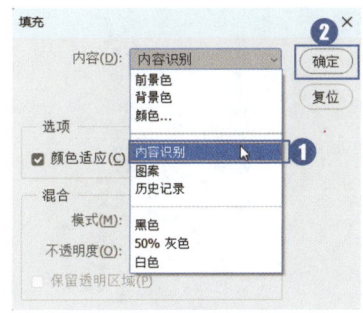

图 4-36

Step03 显示内容识别填充效果。内容识别填充效果如图4-37所示。

图 4-37

### 技能拓展——内容识别填充

使用内容识别填充时，Photoshop 2024会使用选区附近的图像进行填充，并对明暗、色调进行自由融合，使选区内的图像自然消失。

Step04 选择背景。选择【快速选择工具】，在背景处拖曳鼠标选择背景，如图4-38所示。

图 4-38

Step05 设置填充内容。再次执行【编辑】→【填充】命令，或按【Shift+F5】组合键，打开【填充】对话框，❶设置【内容】为【图案】，❷单击【自定图案】后的下拉按钮，❸选择【水滴】图案，如图4-39所示。

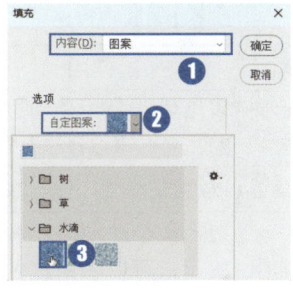

图 4-39

Step06 显示效果。单击【确定】按钮，返回图像，按【Ctrl+D】组合键取消选区，填充效果如图4-40所示。

图 4-40

### 4.2.4 图案面板

【图案】面板以组的形式集合了系统所有预设的图案。执行【窗口】→【图案】命令，可以打开【图案】面板，如图4-41所示。

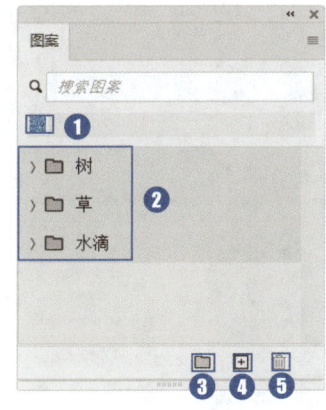

图 4-41

各选项的作用如表4-8所示。

表4-8 【图案】面板中各选项的作用

| 选项 | 作用 |
|---|---|
| ❶最近使用项目 | 用于显示最近使用过的图案，最多可以显示7个图案 |
| ❷图案组 | 以组的形式管理类似的图案 |
| ❸新建组 | 选择多个图案后，单击 按钮，可以将所选图案创建为新的图案组 |
| ❹新建图案 | 绘制图像后，单击 按钮，可以将绘制的图像以图案的形式保存在【图案】面板中，方便以后使用 |
| ❺删除 | 选择某个图案或图案组后，单击 按钮，可以将其删除 |

### 1. 填充图案

新建图层或选区后，单击【图案】面板中的图案，可以为该图层或选区填充所选图案，如图4-42所示。

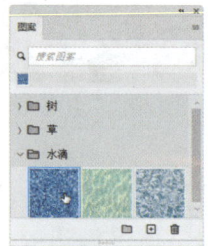

图4-42

此时，图层会转换为带蒙版的图案填充图层，如图4-43所示。

图4-43

### 2. 恢复旧版图案

Photoshop 2024 的【图案】面板中，默认情况下只提供了3组图案。单击面板右上角的扩展按钮 ，在扩展菜单中选择【旧版图案及其他】命令，如图4-44所示，可以载入Photoshop 2024版本之前的所有版本中的预设图案，如图4-45所示。

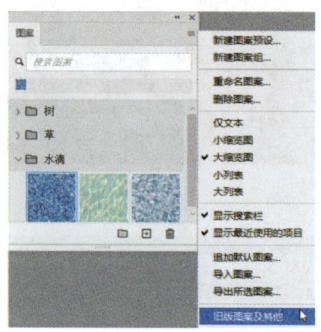

图4-44

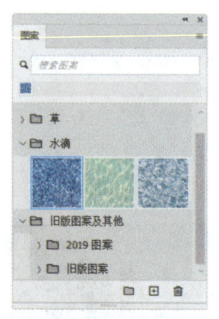

图4-45

### 3. 修改图案

填充图案后，如果不满意，可以双击图层缩览图，如图4-46所示，打开【图案填充】对话框，如图4-47所示，在该对话框中可以重新选择图案进行填充。

图4-46

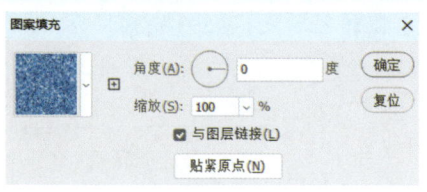

图4-47

### 4. 新建图案

使用新建图案功能可以将绘制的图像或从外部导入的图像保存为新的图案预设。新建图案的具体操作步骤如下。

**Step 01** 打开素材。打开"素材文件\第4章\花.jpg"文件，如图4-48所示。

图4-48

**Step 02** 新建图案。单击【图案】面板底部的 按钮，打开【图案名称】对话框，设置图案名称，单击【确定】按钮，如图4-49所示。

图4-49

**Step 03** 保存图案。此时，新建的图案被保存在【图案】面板中，如图4-50所示。

图4-50

Step 04 应用新建的图案。新建图层并创建圆形选区，单击【图案】面板中新建的【花】图案，就可以将其填充到圆形选区中，如图4-51所示。

图 4-51

### 技术看板

绘制好图像后，执行【编辑】→【定义图案】命令，也可以新建图案，并将其保存于【图案】面板中。

### 4.2.5 描边命令

使用【描边】命令可以为选区添加描边效果。创建选区后，执行【编辑】→【描边】命令，打开【描边】对话框，该对话框中提供了【内部】【居中】【居外】3种描边方式。

➡ 内部：沿着选区边缘的内侧填充颜色，如图4-52所示。

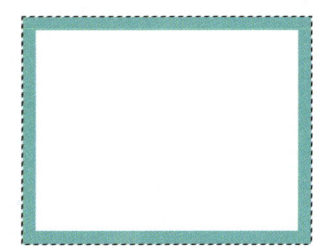

图 4-52

➡ 居中：以选区边缘为基准，向两侧扩展并填充颜色，如图4-53所示。

图 4-53

➡ 居外：沿着选区边缘的外侧填充颜色，如图4-54所示。

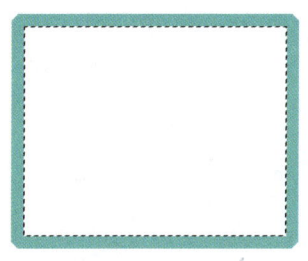

图 4-54

## 4.3 画笔面板

画笔面板包括【画笔设置】和【画笔】面板，还包括选项栏中的【"画笔预设"选取器】，通过这些面板，用户可以设置绘画和修饰工具的笔尖形状和绘画方式。

### ★重点 4.3.1 "画笔预设"选取器

选择绘画或修饰工具，在选项栏中单击打开【"画笔预设"选取器】下拉面板，如图4-55所示。

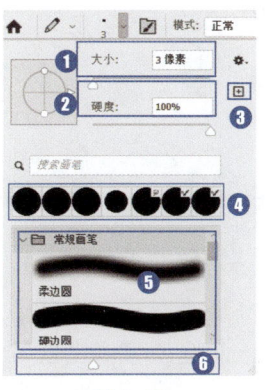

图 4-55

各选项的作用如表4-9所示。

表4-9 【"画笔预设"选取器】中各选项的作用

| 选项 | 作用 |
| --- | --- |
| ❶大小 | 拖曳滑块或在文本框中输入数值可以调整画笔的大小 |
| ❷硬度 | 用于设置画笔笔尖的硬度 |
| ❸创建新的预设 | 单击该按钮，可以打开【画笔名称】对话框，输入画笔的名称后，单击【确定】按钮，可以将当前画笔保存为一个画笔预设 |
| ❹最近使用的画笔 | 显示最近使用过的画笔 |

续表

| 选项 | 作用 |
| --- | --- |
| ❺画笔预设 | 显示系统预设的所有画笔，并以组的形式进行管理。新建的画笔预设也将在此处显示 |
| ❻设置画笔笔尖预览图大小 | 拖曳滑块可以调整画笔笔尖预览图的大小 |

### 4.3.2 画笔面板

执行【窗口】→【画笔】命令，可以打开【画笔】面板，如图4-56所示，【画笔】面板中集合了所有的画笔预设。

图 4-56

画笔预设带有特定的大小、形状和硬度等属性，各画笔预设以组的形式存在。

### ★重点 4.3.3 画笔设置面板

在【画笔设置】面板中可以对画笔进行更多的参数设置，如形状动态、散布、颜色动态等，从而实现不同的画笔效果。执行【窗口】→【画笔设置】命令或按【F5】键，打开【画笔设置】面板，如图 4-57 所示。

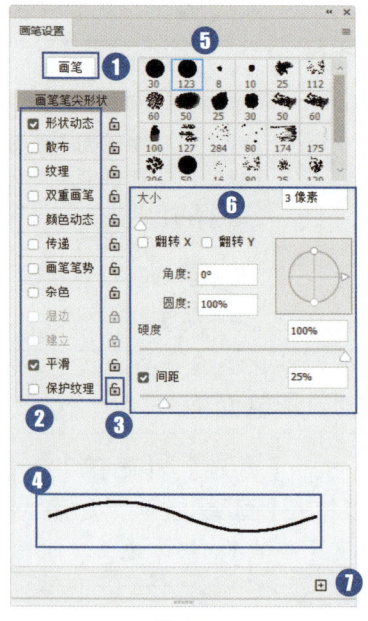

图 4-57

各选项的作用如表 4-10 所示。

表 4-10 【画笔设置】面板中各选项的作用

| 选项 | 作用 |
| --- | --- |
| ❶ 画笔 | 可以打开【画笔】面板 |
| ❷ 画笔设置 | 改变画笔角度、圆度，以及为其添加纹理、颜色动态等变量 |
| ❸ 锁定/未锁定 | 锁定或未锁定画笔笔尖形状 |
| ❹ 画笔描边预览 | 可预览选择的画笔描边效果 |
| ❺ 选择的画笔笔尖 | 当前选择的画笔笔尖 |
| ❻ 画笔参数选项 | 用于调整画笔参数 |
| ❼ 创建新画笔 | 单击该按钮，将当前画笔保存为一个新画笔预设 |

#### 1. 画笔笔尖形状

在【画笔设置】面板中，单击【画笔笔尖形状】，可以在打开的选项卡中选择画笔笔尖形状，并设置画笔大小、间距、硬度等基本参数，如图 4-58 所示。

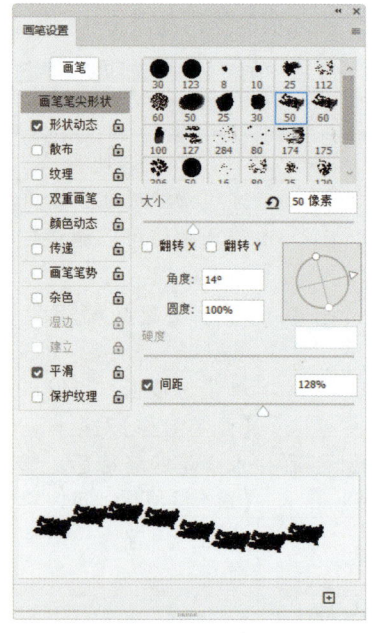

图 4-58

#### 2. 形状动态

在【画笔设置】面板中，勾选【形状动态】复选框，可以在打开的选项卡中设置画笔笔尖的运动轨迹，如图 4-59 所示。

图 4-59

（1）大小抖动：设置画笔笔迹大小的改变方式。数值越高，轮廓越不规则，0%和100%对比效果如图 4-60 所示。

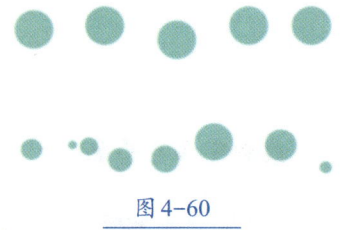

图 4-60

（2）最小直径：启用【大小抖动】后，此选项可以设置笔迹可缩放的最小百分比，数值越高，笔尖直径的变化越小。

（3）角度抖动：改变笔迹的角度。

（4）圆度抖动/最小圆度：设置笔迹的圆度的变化方式，如图4-61所示。

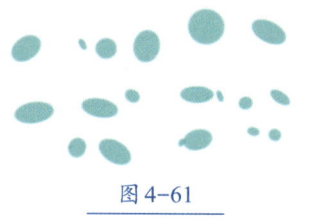

图 4-61

（5）翻转X抖动/翻转Y抖动：设置笔尖在X轴或Y轴上的方向。

### 3. 散布

在【画笔设置】面板中，勾选【散布】复选框，可以在打开的选项卡中设置画笔的笔迹扩散范围，如图4-62所示。

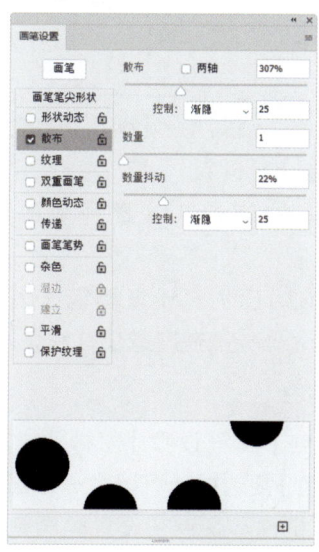

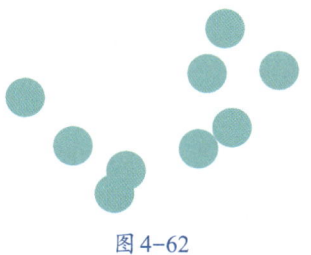

图 4-62

（1）散布/两轴：设置画笔笔迹分散效果，数值越高，分散范围越广，勾选【两轴】复选框后，笔迹将向两侧分散。

（2）数量：设置每个间距应用的画笔笔迹数量。

（3）数量抖动/控制：控制笔迹的数量如何针对不同的间距而变化。

### 4. 纹理

在【画笔设置】面板中，勾选【纹理】复选框，可以在打开的选项卡中设置纹理画笔，这种画笔绘制出的图像效果像是在有纹理的画布上绘画，如图4-63所示。

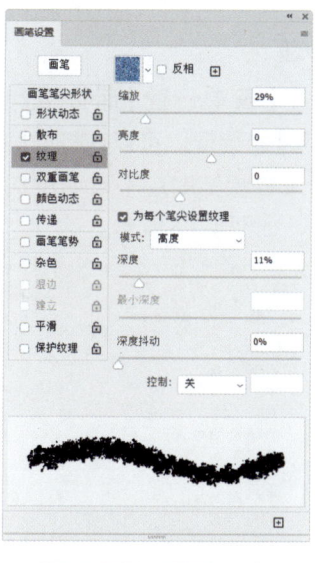

图 4-63

（1）纹理/反相：在纹理下拉面板中，可以选择一种纹理，勾选【反相】复选框后，可使纹理色调反转。

（2）缩放：设置纹理的缩放比例。

（3）为每个笔尖设置纹理：决定绘画时是否单独渲染每个笔尖。

（4）模式：设置纹理和前景色之间的混合模式。

（5）深度：设置油墨渗入纹理的深度。

（6）最小深度：开启【控制】选项并勾选【为每个笔尖设置纹理】复选框后，设置油墨可渗入的最小深度。

（7）深度抖动：设置纹理抖动的最大百分比。

### 5. 双重画笔

在【画笔设置】面板中，勾选【双重画笔】复选框，可以在打开的选项卡中设置双重画笔。使用双重画笔绘制出的图像会呈现出两种画笔的效果，如图4-64所示。

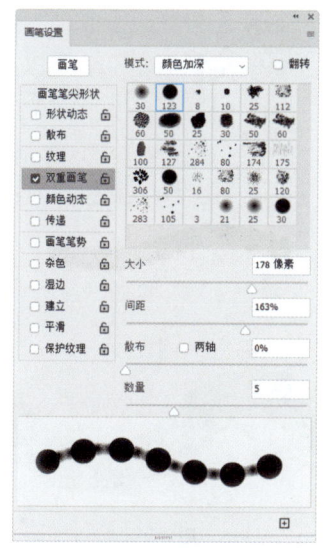

图 4-64

（1）模式：设置两种画笔笔尖在重叠时使用的混合模式。

（2）大小：设置画笔笔尖的大小。

（3）间距：控制两种画笔笔迹

之间的距离。

（4）散布：设置两种画笔笔迹的分布方式。

（5）数量：设置在每个间距应用的两种画笔笔迹数量。

### 6. 颜色动态

在【画笔设置】面板中，勾选【颜色动态】复选框，可以在打开的选项卡中设置画笔的颜色动态，设置后的画笔绘制出的图像颜色会产生变化，如图4-65所示。

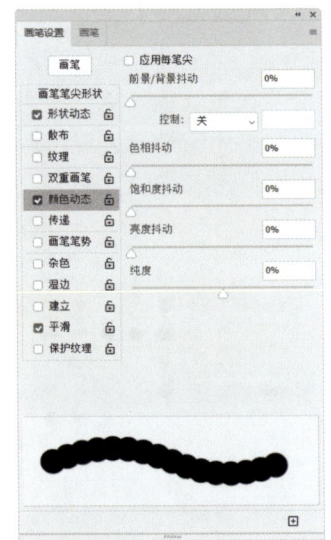

图 4-65

（1）应用每笔尖：勾选该复选框，颜色动态将应用于每一笔绘画。未勾选该复选框，只有新起一笔时，才会应用颜色动态。

（2）前景/背景抖动：设置前景色和背景色之间的颜色变化方式。数值越小，变化后的颜色越接近前景色。数值越大，变化后的颜色越接近背景色。

（3）色相抖动：设置颜色色相的变化范围。数值越小，色相越接近前景色。数值越大，色相变化越丰富。

（4）饱和度抖动：设置颜色饱和度的变化范围。数值越小，饱和度越接近前景色。数值越大，饱和度越高。

（5）亮度抖动：设置颜色亮度的变化范围。数值越小，亮度越接近前景色。数值越大，亮度越高。

（6）纯度：设置颜色纯度的变化范围。数值越大，纯度越高。

### 7. 传递

在【画笔设置】面板中，勾选【传递】复选框，可以在打开的选项卡中设置画笔笔迹不透明度的变化方式，如图4-66所示。

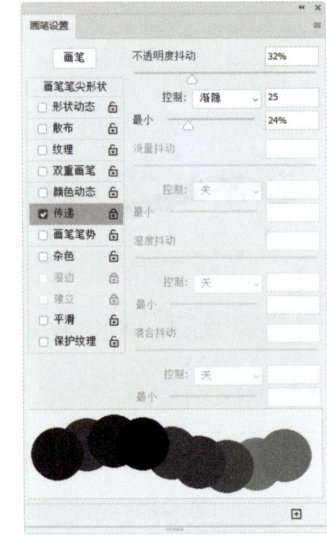

图 4-66

（1）不透明度抖动：设置画笔笔迹中颜色不透明度的变化程度。

（2）流量抖动：设置画笔笔迹中颜色流量的变化程度。

### 8. 画笔笔势

在【画笔设置】面板中，勾选【画笔笔势】复选框，可以在打开的选项卡中设置毛刷画笔笔尖、侵蚀画笔笔尖的角度，如图4-67所示。

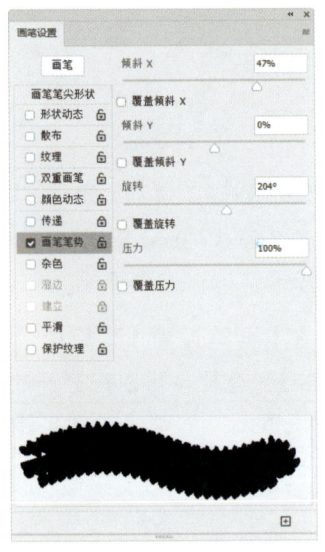

图 4-67

（1）倾斜$X$/倾斜$Y$：让笔尖沿$X$轴或$Y$轴倾斜。

（2）旋转：设置画笔的旋转效果。

（3）压力：设置画笔压力，数值越大，绘画速度越快，线条越粗。

### 9. 杂色

在【画笔设置】面板中，勾选【杂色】复选框，可以为一些画笔增加随机性。杂色在设置柔画笔时非常有用。

### 10. 湿边

在【画笔设置】面板中，勾选【湿边】复选框，可以为画笔笔迹边缘增加油墨，呈现出类似水彩的效果。

### 11. 建立

在【画笔设置】面板中，勾选

【建立】复选框，可以为画笔添加喷枪效果，并将渐变色调应用于图像。

### 12. 平滑

在【画笔设置】面板中，勾选【平滑】复选框，可以为画笔添加平滑效果，使绘制的线条更加平滑。在使用压感笔绘画时，该选项非常有用。

### 13. 保护纹理

在【画笔设置】面板中，勾选【保护纹理】复选框，可以将相同图案和缩放比例应用于具有多个纹理的画笔。

## 4.3.4 描边平滑

Photoshop 2024可以对画笔描边进行智能平滑。在使用画笔、铅笔、混合器画笔或橡皮擦工具时，只需在选项栏中输入平滑值（0~100）即可。数值为0等同于Photoshop早期版本中的旧版平滑。数值越高，描边的智能平滑量就越大。

描边平滑可以在多种模式下使用。单击齿轮图标 可以启用以下一种或多种平滑模式，如图4-68所示。

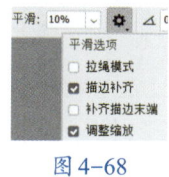

图4-68

### 1. 拉绳模式

拉绳模式通过动态调整锚点间的张力，使描边路径在绘制或调整时自动保持平滑流畅的曲线，如图4-69所示。

图4-69

### 2. 描边补齐

暂停描边时，允许继续使用鼠标指针补齐描边。禁用此模式可在鼠标指针停止移动时马上停止绘画，如图4-70所示。

图4-70

### 3. 补齐描边末端

完成从上一绘画位置到释放鼠标/触笔控件所在点的描边，如图4-71所示。

图4-71

### 4. 调整缩放

调整平滑参数，可以防止描边抖动。在放大图像时减小平滑参数；在缩小图像时增大平滑参数。

在使用描边平滑时，可选择查看画笔带，它将当前绘画位置与当前光标位置连在一起。执行【首选项】→【光标】→【进行平滑处理时显示画笔带】命令，还可以指定画笔带的颜色，如图4-72所示。

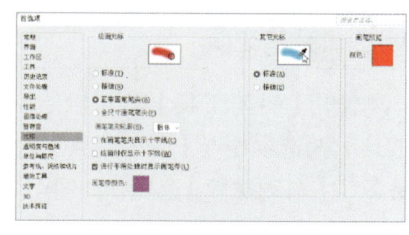

图4-72

## 4.4 绘画工具

Photoshop 2024提供的绘画工具包括【画笔工具】【铅笔工具】【颜色替换工具】和【混合器画笔工具】。下面详细介绍这些工具的使用方法。

### ★重点 4.4.1 画笔工具

【画笔工具】 和毛笔非常相似。它的笔尖形状、大小及材质，都可以随意调整，选择【画笔工具】 后，其选项栏如图4-73所示。

图4-73

常用选项的作用如表4-11所示。

表4-11 【画笔工具】选项栏中常用选项的作用

| 选项 | 作用 |
| --- | --- |
| ❶画笔预设选取器 | 在【"画笔预设"选取器】下拉面板中，可以选择笔尖形状，设置画笔的大小和硬度 |
| ❷模式 | 在下拉列表中可以选择画笔笔迹与下方像素的混合模式 |
| ❸不透明度 | 用于设置画笔的不透明度，数值越低，线条的透明度越高 |
| ❹流量 | 用于设置画笔移动到某个区域上方时应用颜色的速率。当降低流量时，在某个区域上方按住鼠标左键一直涂抹，该区域的颜色将根据流动的速率增加，直至达到不透明度100%的效果 |
| ❺喷枪 | 单击该按钮可以启用喷枪功能，Photoshop会根据鼠标的单击时长来确定画笔线条填充数量 |
| ❻平滑 | 在选项栏中输入平滑值，可以对画笔描边进行智能平滑 |
| ❼角度 | 在选项栏中输入角度值，可以设置画笔笔尖的角度，当选择毛刷类画笔时，效果最明显 |
| ❽绘图压力按钮 | 单击该按钮，使用数位板绘画时，光笔压力可覆盖【画笔】面板中的不透明度和大小设置 |
| ❾绘画对称 | 单击❽按钮，可以启用绘画对称功能 |

## 4.4.2 铅笔工具

使用【铅笔工具】可以绘制出硬边线条。【铅笔工具】选项栏与【画笔工具】选项栏基本相同，只是多了【自动抹除】选项，如图4-74所示。

图4-74

【自动抹除】是【铅笔工具】特有的功能。勾选该复选框后，当图像的颜色与前景色相同时，则【铅笔工具】会自动抹除前景色而填入背景色；当图像的颜色与背景色相同时，则【铅笔工具】会自动抹除背景色而填入前景色。

## 4.4.3 实战：使用颜色替换工具更改鞋子颜色

| 实例门类 | 软件功能 |
| --- | --- |

【颜色替换工具】用前景色替换图像中的颜色，在不同的颜色模式下可以得到不同的颜色替换效果。选择【颜色替换工具】后，选项栏如图4-75所示。

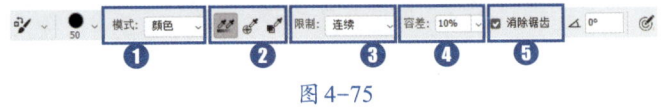

图4-75

常用选项的作用如表4-12所示。

表4-12 【颜色替换工具】选项栏中常用选项的作用

| 选项 | 作用 |
| --- | --- |
| ❶模式 | 包括【色相】【饱和度】【颜色】【亮度】4种模式。常用的模式为【颜色】模式，这也是默认模式 |
| ❷取样 | 取样方式包括【连续】、【一次】、【背景色板】。其中【连续】是以鼠标指针当前位置的颜色为基准色；【一次】是始终以开始涂抹时的颜色为基准色；【背景色板】是以背景色为基准色 |
| ❸限制 | 设置替换颜色的方式，以工具涂抹时第一次接触的颜色为基准色。【限制】有3个选项，分别为【连续】【不连续】和【查找边缘】。其中【连续】是以涂抹过程中鼠标指针当前所在位置的颜色作为基准色来选择替换颜色的范围；【不连续】是指凡是鼠标指针移动到的地方都会被替换颜色；【查找边缘】主要是将颜色区域之间的边缘部分替换颜色 |
| ❹容差 | 用于设置替换颜色的容差范围。数值越大，则替换的颜色范围越大 |
| ❺消除锯齿 | 勾选该复选框，可以为校正的区域定义平滑的边缘，从而消除锯齿 |

具体操作步骤如下。

Step 01 打开素材。打开"素材文件\第4章\鞋子.jpg"文件，如图4-76所示。

图4-76

Step 02 设置【颜色替换工具】的参数。设置【前景色】为红色【#ad2f23】，选择【颜色替换工具】，在选项栏中，设置【大小】为50像素，【模式】为颜色，单击【取样：连续】按钮，设置【限制】为连续，【容差】为10%，如图4-77所示。

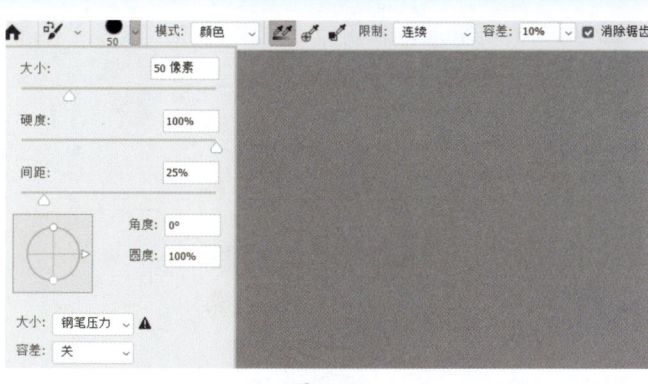

图 4-77

> **技术看板**
>
> 【颜色替换工具】指针中间有一个十字标记,替换颜色边缘的时候,即使画笔直径覆盖了颜色及背景,但只要十字标记在背景的颜色上,就只会替换背景颜色。本例中十字标记不要移动到鞋子以外的区域,否则这些区域的颜色也会被替换。

**Step 03** 拖曳鼠标。在鞋子上拖曳鼠标,如图 4-78 所示,更改鞋子颜色。

图 4-78

**Step 04** 调整画笔大小。在绘制过程中,可以按【[】或【]】键,调整画笔大小进行绘制,如图 4-79 所示。

图 4-79

**Step 05** 显示最终效果。最终效果如图 4-80 所示。

图 4-80

### 4.4.4 实战:使用混合器画笔工具混合色彩

| 实例门类 | 软件功能 |

【混合器画笔工具】可以混合像素,绘制颜料混合的效果。选择【混合器画笔工具】,选项栏如图 4-81 所示。

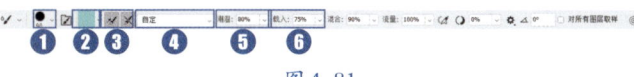

图 4-81

常用选项的作用如表 4-13 所示。

表 4-13 【混合器画笔工具】选项栏中常用选项的作用

| 选项 | 作用 |
| --- | --- |
| ❶画笔预设选取器 | 单击可打开【"画笔预设"选取器】下拉面板,可以选择需要的笔尖形状并进行画笔设置 |
| ❷设置画笔颜色 | 单击可打开【拾色器(混合器画笔颜色)】对话框,设置画笔颜色 |
| ❸【每次描边后载入画笔】和【每次描边后清理画笔】按钮 | 单击【每次描边后载入画笔】按钮,完成涂抹操作后将混合前景色进行绘制。单击【每次描边后清理画笔】按钮,绘制图像时将不会绘制前景色 |
| ❹混合画笔预设 | 单击【有用的混合画笔组合】下拉按钮,可以选择系统预设的混合画笔。选择一种混合画笔预设后,右侧的4个选项会自动更改为相应的预设值 |
| ❺潮湿 | 设置从图像中拾取的油彩量,数值越大,拾取的油彩量越多 |
| ❻载入 | 可以设置画笔上的色彩量,数值越大,画笔上的色彩越多 |

具体操作步骤如下。

**Step 01** 打开素材。打开"素材文件\第4章\颜料.jpg"文件,如图 4-82 所示。

图4-82

**Step 02** 设置参数。选择【混合器画笔工具】，在选项栏中设置参数，如图4-83所示。

图4-83

**Step 03** 显示绘制效果。在图像上拖曳鼠标，即可看到颜料混合效果，如图4-84所示。

图4-84

## 4.5 修复工具

Photoshop 2024提供了非常实用的图像修复工具，包括【污点修复画笔工具】【修复画笔工具】【修补工具】【内容感知移动工具】【红眼工具】等，使用这类工具可以快速修复图像，下面对这类工具进行详细介绍。

### ★重点 4.5.1 实战：使用污点修复画笔工具修复污点

| 实例门类 | 软件功能 |

使用【污点修复画笔工具】可以迅速修复图像中存在的污点。选择该工具后，其选项栏如图4-85所示。

图4-85

常用选项的作用如表4-14所示。

表4-14 【污点修复画笔工具】选项栏中常用选项的作用

| 选项 | 作用 |
| --- | --- |
| ❶模式 | 在下拉列表中可以设置修复图像时使用的混合模式 |
| ❷类型 | 【近似匹配】是将所涂抹的区域以周围的像素进行覆盖，【创建纹理】是以其他的纹理进行覆盖，【内容识别】是由软件自动分析周围图像的特点，将图像进行拼接组合后填充在该区域并进行融合 |
| ❸对所有图层取样 | 勾选该复选框，可从所有的可见图层中提取数据。取消勾选该复选框，只能从被选中的图层中提取数据 |

具体操作步骤如下。

**Step 01** 打开素材。打开"素材文件\第4章\白发.jpg"文件，如图4-86所示。

**Step 02** 在污点上单击。选择【污点修复画笔工具】，在污点上单击，如图4-87所示。

图4-86 　　　　图4-87

**Step 03** 修复污点。释放鼠标，修复污点，如图4-88所示。

图4-88

Step 04 依次修复其他污点。在剩余的污点上单击鼠标修复污点，效果如图4-89所示。

图 4-89

## 4.5.2 实战：修复画笔工具

| 实例门类 | 软件功能 |

使用【修复画笔工具】✔修复图像时，需要先取样，再将取样图像复制到修复区域自然融合。【修复画笔工具】的选项栏如图4-90所示。

图 4-90

常用选项的作用如表4-15所示。

表4-15 【修复画笔工具】选项栏中常用选项的作用

| 选项 | 作用 |
| --- | --- |
| ❶模式 | 在下拉列表中可以设置修复图像时使用的混合模式 |
| ❷源 | 设置用于修复像素的源。选择【取样】，可以从图像的像素上取样；选择【图案】，则可在图案下拉列表中选一个图案作为取样图像，效果类似于使用图案图章工具绘制图案 |
| ❸对齐 | 勾选该复选框，会对像素进行连续取样。在修复过程中，取样点随修复位置的移动而变化；取消勾选，则在修复过程中始终以一个取样点为起点 |
| ❹样本 | 要从当前图层及其下方的可见图层中取样，可选择【当前和下方图层】选项；如果仅从当前图层中取样，可选择【当前图层】选项；如果要从所有可见图层中取样，可选择【所有图层】选项 |

具体操作步骤如下。

Step 01 打开素材。打开"素材文件\第4章\痘痘.jpg"文件，如图4-91所示。
Step 02 在源点上对颜色进行取样。选择【修复画笔工具】✔，按住【Alt】键在干净皮肤上单击取样，如图4-92所示。

图 4-91　　　　　　图 4-92

Step 03 在目标点上拖曳。在痘痘位置拖曳鼠标，如图4-93所示。
Step 04 清除痘痘。释放鼠标后，痘痘被清除，如图4-94所示。

图 4-93　　　　　　图 4-94

Step 05 依次修复痘痘。多次取样并修复痘痘，效果如图4-95所示。

图 4-95

## ★重点 4.5.3 实战：使用修补工具去除多余人物

| 实例门类 | 软件功能 |

使用【修补工具】 时，先选择图像，再将选择的图像拖曳到目标区域，并和环境融合。其选项栏如图4-96所示。

图4-96

常用选项的作用如表4-16所示。

表4-16 【修补工具】选项栏中常用选项的作用

| 选项 | 作用 |
| --- | --- |
| ❶运算按钮 | 选择创建选区的工具的运算方法，可以对选区进行添加等运算 |
| ❷修补 | 用来设置修补方式。选择【源】，将选区拖曳至目标区域后，释放鼠标，会用目标区域中的图像修补选区中的图像；选择【目标】，会将选区中的图像复制到目标区域 |
| ❸透明 | 用于设置所修复图像的透明度 |
| ❹使用图案 | 勾选该复选框后，会使用图案对所选区域进行修复 |

具体操作步骤如下。

Step01 打开素材。打开"素材文件\第4章\母女.jpg"文件，如图4-97所示。

图4-97

Step02 选中需要修复的区域。选择【修补工具】 ，拖曳鼠标选中多余人物，如图4-98所示。

图4-98

Step03 移动选区到希望复制的区域。释放鼠标后生成选区，移动鼠标指针到选区中，将选区拖曳到目标区域，如图4-99所示。

图4-99

Step04 去除多余人物。释放鼠标后，去除多余人物，按【Ctrl+D】组合键取消选区，如图4-100所示。

图4-100

> **技术看板**
>
> 用其他方式创建的选区，也可以使用【修补工具】 拖曳进行修复，将得到一样的修复效果。

## 4.5.4 实战：使用内容感知移动工具智能移动和复制图像

| 实例门类 | 软件功能 |

【内容感知移动工具】 可以智能移动或复制图像。图像移动后，将保持视觉上的和谐。其选项栏如图4-101所示。

图4-101

常用选项的作用如表4-17所示。

表4-17 【内容感知移动工具】选项栏中常用选项的作用

| 选项 | 作用 |
| --- | --- |
| ❶模式 | 包括【移动】和【扩展】两个选项，【移动】是指移动原图像的位置；【扩展】是指复制原图像 |
| ❷结构 | 调整源结构的保留严格程度 |
| ❸颜色 | 调整可修改源颜色的程度 |
| ❹投影时变换 | 允许旋转和缩放选区 |

具体操作步骤如下。

Step01 打开素材并创建选区。打开"素材文件\第4章\狗.jpg"文件，选择【内容感知移动工具】 ，在小狗周围拖曳鼠标创建选区，如图4-102所示。

图4-102

第1篇 基础功能篇

Step02 设置【模式】并移动选区。在选项栏中，设置【模式】为【移动】，向右拖曳鼠标移动选区，如图4-103所示。

Step04 设置【模式】并复制图像。按【Ctrl+Z】组合键取消操作，在选项栏中，设置【模式】为【扩展】，拖曳鼠标移动选区即可复制图像，效果如图4-106所示。

表4-18 【红眼工具】选项栏中常用选项的作用

| 选项 | 作用 |
| --- | --- |
| ❶瞳孔大小 | 可设置瞳孔（眼睛暗色的中心）的大小 |
| ❷变暗量 | 用来设置瞳孔的变暗程度 |

具体操作步骤如下。

Step01 打开素材。打开"素材文件\第4章\红眼.jpg"文件，如图4-108所示。

图4-103

Step03 水平翻转图像。右击弹出快捷菜单，选择并执行【水平翻转】命令，水平翻转图像，如图4-104所示。

图4-104

Step04 完成图像的移动。按【Enter】键确认移动，按【Ctrl+D】组合键取消选区，完成小狗图像的移动，如图4-105所示。

图4-105

图4-106

### 技术看板

使用【内容感知移动工具】 移动或复制图像时，由于要计算周围的像素，可能会花费较长时间，如果移动或复制的图像和背景较复杂，在操作过程中，会弹出【进程】对话框，提示用户操作正在进行，单击【取消】按钮可以取消操作。

### 4.5.5 实战：使用红眼工具消除人物红眼

| 实例门类 | 软件功能 |

使用【红眼工具】 可以消除人物红眼或动物绿眼。选择工具箱中的【红眼工具】 ，选项栏如图4-107所示。

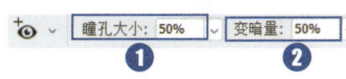

图4-107

常用选项的作用如表4-18所示。

图4-108

Step02 选择【红眼工具】消除红眼。选择【红眼工具】 ，在红眼区域拖曳鼠标，释放鼠标即可消除部分红眼，如图4-109所示。

图4-109

Step03 重复操作消除红眼。重复多次操作逐渐消除红眼，如图4-110所示。

图4-110

Step04 显示最终效果。重复操作直

73

到彻底消除红眼，效果如图4-111所示。

图4-111

## ★新功能 4.5.6 使用内容识别填充命令移除对象

使用【内容识别填充】命令，可以通过从图像其他区域取样的内容来无缝填充图像中的选中区域。

Photoshop 2024版本增强了【内容识别填充】功能，在【内容识别填充】面板中新增了3个取样区域选项，使用这些选项，可以确定在图像中查找源像素来填充内容的取样区域。

执行【编辑】→【内容识别填充】命令，可以打开【内容识别填充】面板，如图4-112所示。

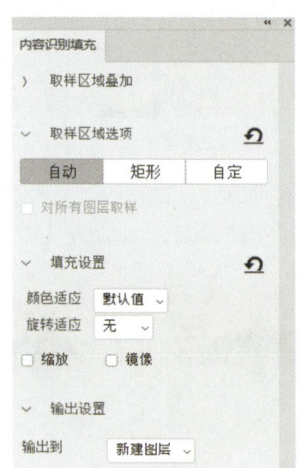

图4-112

→ 自动：使用填充区域周围相似的内容。

→ 矩形：使用填充区域周围的矩形区域。

→ 自定：使用手动定义的取样区域。用户可以准确地选择要使用哪些像素进行填充。

具体操作步骤如下。

**Step 01** 打开素材。打开"素材文件\第4章\牛.jpg"文件，如图4-113所示。

图4-113

**Step 02** 创建选区。使用【套索工具】沿着对象创建选区，如图4-114所示。

图4-114

**Step 03** 打开【内容识别填充】面板。执行【编辑】→【内容识别填充】命令，打开【内容识别填充】面板，如图4-115所示。

图4-115

**Step 04** 修改选区。设置【取样区域选项】为【自定】，使用【套索工具】，按住【Alt】键减去部分选区，如图4-116所示。

图4-116

**Step 05** 预览效果。单击【取样区域选项】中的【自定】按钮，在【填充设置】中设置【颜色适应】为【非常高】，然后在【预览】区域中预览填充效果，如图4-117所示。

图4-117

**Step 06** 输出图像。设置【输出到】为【新建图层】，单击【确定】按钮，输出填充结果，如图4-118所示。

图4-118

## 4.5.7 仿制源面板

执行【窗口】→【仿制源】命令，可以打开【仿制源】面板，如图4-119所示。

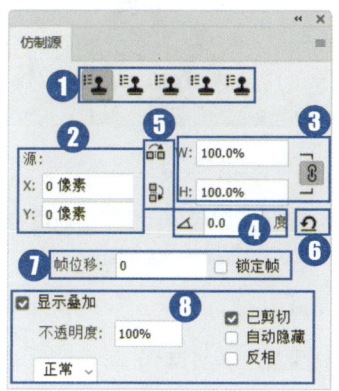

图4-119

各选项的作用如表4-19所示。

表4-19 【仿制源】面板中各选项的作用

| 选项 | 作用 |
| --- | --- |
| ❶仿制源 | 单击一个仿制源按钮后，选择【仿制图章工具】或【修复画笔工具】，按住【Alt】键，在图像中单击可定义仿制源。用户最多可定义5个仿制源 |
| ❷源 | 在精确位置复制，可以指定X和Y的位移值 |
| ❸缩放 | 复制图像时可以将原图像进行缩放。在W和H文本框中，可以设置具体的缩放比例。单击【保持长宽比】按钮，缩放时将保持长宽比 |
| ❹旋转 | 复制图像时，旋转指定的角度 |
| ❺翻转 | 单击【水平翻转】按钮，复制图像时进行水平翻转；单击【垂直翻转】按钮，复制图像时进行垂直翻转 |
| ❻重置转换 | 单击该按钮，可以复位仿制源 |
| ❼帧位移/锁定帧 | 在【帧位移】文本框中输入帧数，可以使用与初始取样帧相关的特定帧进行复制。勾选【锁定帧】复选框，则总是使用初始取样的帧进行复制 |
| ❽其他选项 | 勾选【显示叠加】复选框，可在复制图像时更好地查看下方图像。在【不透明度】文本框中，可设置叠加图像的不透明度。勾选【已剪切】复选框，可将叠加剪切到画笔大小；勾选【自动隐藏】复选框，可在应用绘画描边时隐藏叠加；勾选【反相】复选框，可反相叠加中的颜色 |

## ★重点 4.5.8 实战：使用仿制图章工具复制图像

| 实例门类 | 软件功能 |
| --- | --- |

使用【仿制图章工具】可以逐步复制图像，还可以将一个图层中的内容复制到其他图层中。选择该工具后，选项栏如图4-120所示。

图4-120

常用选项的作用如表4-20所示。

表4-20 【仿制图章工具】选项栏中常用选项的作用

| 选项 | 作用 |
| --- | --- |
| ❶对齐 | 勾选该复选框，可以连续对对象进行取样；取消勾选，则每单击一次鼠标，都使用初始取样点中的样本像素，每次单击都被视为是另一次复制 |
| ❷样本 | 在【样本】下拉列表中，可以选择取样的目标范围，包括【当前图层】【当前和下方图层】和【所有图层】3种取样目标范围 |

具体操作步骤如下。

Step 01 打开素材。打开"素材文件\第4章\女孩.jpg"文件，如图4-121所示。

图4-121

Step 02 设置【仿制源】参数。执行【窗口】→【仿制源】命令，打开【仿制源】面板，单击【水平翻转】按钮，设置【W】和【H】均为50%，如图4-122所示。

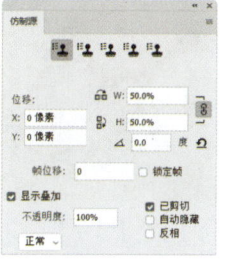

图4-122

Step 03 选择工具并取样。选择【仿制图章工具】，按住【Alt】键，在人物位置单击进行取样，如图4-123所示。

图4-123

> **技术看板**
>
> 使用【仿制图章工具】复制图像时，画面中会出现十字形和圆形鼠标指针，圆形鼠标指针是用户正在涂抹的区域，而涂抹内容来自十字形鼠标指针所在区域。这两个鼠标指针之间一直保持相同距离。

Step 04 拖曳鼠标复制图像。在人物右侧拖曳鼠标，逐步复制图像，如图4-124所示。

图4-124

Step 05 继续拖曳鼠标复制图像。继续拖曳鼠标复制图像，如图4-125所示。

图4-125

Step 06 显示最终效果。最终效果如图4-126所示。

图4-126

### 4.5.9 实战：使用图案图章工具填充图案

| 实例门类 | 软件功能 |
| --- | --- |

使用【图案图章工具】可以将图案填充到图像中。其选项栏如图4-127所示。

图4-127

常用选项的作用如表4-21所示。

表4-21 【图案图章工具】选项栏中常用选项的作用

| 选项 | 作用 |
| --- | --- |
| ❶对齐 | 勾选该复选框，可以保持图案的连续性；取消勾选，则每次单击鼠标都重新应用图案 |
| ❷印象派效果 | 通过柔化边缘与随机化笔触，使【图案图章工具】填充的图案呈现出类似油画笔触的抽象艺术纹理 |

具体操作步骤如下。

Step 01 打开素材。打开"素材文件\第4章\车.jpg"文件，如图4-128所示。

图4-128

Step 02 设置【图案图章工具】的图案。选择【图案图章工具】，在选项栏中，❶单击【图案】下拉按钮，打开【图案拾色器】面板，❷选择【草-游猎】图案，如

图4-129所示。

**Step 03** 填充草图案。按【]】键放大画笔，在地面上拖曳鼠标，填充草图案，如图4-130所示。

图4-129

图4-130

**Step 04** 继续填充草图案。继续拖曳鼠标在地面上涂抹，填充草图案。绘制过程中可以随时调整画笔大小，最终效果如图4-131所示。

图4-131

## 4.6 润色工具

使用【模糊工具】组和【减淡工具】组中的工具可以对图像中的像素进行编辑，如改善图像的细节、色调、曝光及颜色的饱和度，下面详细介绍这些工具的使用方法。

### 4.6.1 模糊工具和锐化工具

【模糊工具】用于模糊图像；【锐化工具】用于锐化图像。选择工具后，在图像中进行涂抹即可。这两个工具的选项栏基本相同，只是【锐化工具】多了一个【保护细节】选项。【模糊工具】选项栏如图4-133所示。

图4-133

常用选项的作用如表4-23所示。

### 4.5.10 历史记录画笔工具

【历史记录画笔工具】需要配合【历史记录】面板一同使用。在【历史记录】面板中，历史记录画笔源选中步骤的状态，就是【历史记录画笔工具】恢复的图像。

### 4.5.11 历史记录艺术画笔工具

使用【历史记录艺术画笔工具】涂抹图像后，会产生一种特殊的艺术笔触效果。其选项栏如图4-132所示。

图4-132

各选项的作用如表4-22所示。

表4-22 【历史记录艺术画笔工具】选项栏中各选项的作用

| 选项 | 作用 |
|---|---|
| ❶样式 | 可以选择一个选项来控制绘画描边的形状，包括【绷紧短】【绷紧中】和【绷紧长】等 |
| ❷区域 | 用来设置绘画描边所覆盖的区域。设置的值越高，覆盖的区域越大，描边的数量也越多 |
| ❸容差 | 限定可应用绘画描边的区域。低容差会在图像中的任何区域绘制无数条描边，高容差会将绘画描边限定在与源状态或快照中的颜色明显不同的区域 |

表4-23 【模糊工具】选项栏中常用选项的作用

| 选项 | 作用 |
|---|---|
| ❶强度 | 用于设置工具的强度 |
| ❷设置画笔角度 | 用于调整【模糊工具】的笔触倾斜方向 |
| ❸对所有图层取样 | 如果文件中包含多个图层，勾选该复选框，表示对所有可见图层中的像素进行处理；取消勾选，则只处理当前图层中的像素 |

使用【模糊工具】处理图像的效果如图4-134所示。
使用【锐化工具】处理图像的效果如图4-135所示。

图 4-134

图 4-135

### 4.6.2 减淡工具与加深工具

【减淡工具】主要是对图像进行加光处理，以达到让图像颜色减淡的目的。【加深工具】与【减淡工具】的作用相反，主要是对图像进行变暗处理，以达到让图像颜色加深的目的。这两个工具的选项栏是相同的。【减淡工具】选项栏如图 4-136 所示。

图 4-136

常用选项的作用如表 4-24 所示。

表4-24 【减淡工具】选项栏中常用选项的作用

| 选项 | 作用 |
| --- | --- |
| 范围 | 可选择要修改的色调。选择【阴影】，可处理图像的暗色调；选择【中间调】，可处理图像的中间调；选择【高光】，可处理图像的亮色调 |

使用【减淡工具】处理图像的效果如图 4-137 所示。

使用【加深工具】处理图像的效果如图 4-138 所示。

图 4-137

图 4-138

### 4.6.3 涂抹工具

| 实例门类 | 软件功能 |
| --- | --- |

使用【涂抹工具】涂抹图像时，可拾取鼠标单击位置的颜色，并沿拖曳的方向展开这种颜色，效果类似于手指拖过湿油漆。【涂抹工具】选项栏如图 4-139 所示。

图 4-139

常用选项的作用如表 4-25 所示。

表4-25 【涂抹工具】选项栏中常用选项的作用

| 选项 | 作用 |
| --- | --- |
| 手指绘画 | 勾选该复选框后，可以在涂抹时添加前景色；取消勾选，则使用每个描边起点处鼠标指针所在位置的颜色进行涂抹 |

具体操作步骤如下。

Step01 打开素材。打开"素材文件\第4章\动物.jpg"文件，如图 4-140 所示。

图 4-140

Step02 选择毛笔笔刷。选择【涂抹工具】，在选项栏中，选择一种毛笔笔刷，如图 4-141 所示。

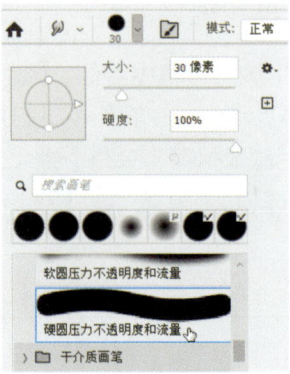

图 4-141

Step 03 拖曳鼠标。在图像中拖曳鼠标可拉长动物毛发，如图4-142所示。

图4-142

### 4.6.4 实战：使用海绵工具制作半彩艺术效果

| 实例门类 | 软件功能 |

使用【海绵工具】可以调整图像的饱和度。在选项栏中可以设置【模式】【流量】等参数来进行饱和度调整。【海绵工具】选项栏如图4-143所示。

图4-143

常用选项的作用如表4-26所示。

表4-26 【海绵工具】选项栏中常用选项的作用

| 选项 | 作用 |
| --- | --- |
| ❶模式 | 选择【去色】可以降低饱和度，选择【加色】可以增加饱和度 |
| ❷流量 | 用于设置海绵工具的作用强度 |
| ❸自然饱和度 | 勾选该复选框后，可以得到自然的加色或减色效果 |

具体操作步骤如下。

Step 01 打开素材。打开"素材文件\第4章\奔跑.jpg"文件，如图4-144所示。

图4-144

Step 02 选择【海绵工具】去除颜色。选择【海绵工具】，在选项栏中，设置【模式】为【去色】，【流量】为100%，在图像左侧拖曳鼠标去除颜色，如图4-145所示。

图4-145

Step 03 设置选项栏参数并继续去除颜色。在选项栏中，设置【流量】为50%，继续拖曳鼠标去除颜色，如图4-146所示。

图4-146

Step 04 创建选区。使用【矩形选框工具】在图像左侧拖曳创建选区，如图4-147所示。

图4-147

Step 05 执行【动感模糊】命令。执行【滤镜】→【模糊】→【动感模糊】命令，❶设置【角度】为0度，【距离】为20像素，❷单击【确定】按钮，如图4-148所示。

图4-148

Step 06 显示最终效果。按【Ctrl+D】组合键取消选区，最终效果如图4-149所示。

图4-149

### 技术看板

【海绵工具】主要用于降低饱和度和增加饱和度，流量越大效果越明显。启用喷枪样式可在一处持续产生效果，但不能为已经完全为灰度的像素增加饱和度。

使用【海绵工具】不会造成像素的重新分布，因此其去色模式和加色模式可以互补使用，比如过度降低饱和度后，可切换到加色模式增加饱和度。

## 4.7 擦除工具

Photoshop 2024 中包含 3 种擦除工具：【橡皮擦工具】【背景橡皮擦工具】和【魔术橡皮擦工具】，下面详细介绍这 3 种工具的不同用途。

### 4.7.1 橡皮擦工具

| 实例门类 | 软件功能 |
|---|---|

【橡皮擦工具】可以用于擦除图像。如果处理的是【背景】图层或锁定了透明区域的图层，涂抹区域会显示为背景色；处理其他图层时，可擦除涂抹区域的像素。其选项栏如图 4-150 所示。

图 4-150

常用选项的作用如表 4-27 所示。

表 4-27 【橡皮擦工具】选项栏中常用选项的作用

| 选项 | 作用 |
|---|---|
| ❶模式 | 可以选择橡皮擦的种类。选择【画笔】，可创建柔边擦除效果；选择【铅笔】，可创建硬边擦除效果；选择【块】，可创建块状擦除效果 |
| ❷不透明度 | 设置工具的擦除强度，100% 的不透明度可以完全擦除像素，较低的不透明度将部分擦除像素 |
| ❸流量 | 用于控制工具的涂抹速度 |
| ❹抹到历史记录 | 勾选该复选框后，【橡皮擦工具】具有历史记录画笔的功能 |

### 4.7.2 实战：使用背景橡皮擦工具擦除背景

| 实例门类 | 软件功能 |
|---|---|

【背景橡皮擦工具】主要用于擦除背景，擦除的图像区域将变为透明，其选项栏中如图 4-151 所示。

图 4-151

常用选项的作用如表 4-28 所示。

表 4-28 【背景橡皮擦工具】选项栏中常用选项的作用

| 选项 | 作用 |
|---|---|
| ❶取样 | 用来设置取样方式。单击【取样：连续】按钮，在拖曳鼠标时可连续对颜色取样，凡是出现在鼠标指针中心十字线内的图像都会被擦除；单击【取样：一次】按钮，只擦除包含第一次单击点颜色的图像；单击【取样：背景色板】按钮，只擦除包含背景色的图像 |
| ❷限制 | 定义擦除时的限制模式。选择【不连续】，可擦除鼠标指针下任何位置的样本颜色；选择【连续】，只擦除包含样本颜色并且互相连接的区域；选择【查找边缘】，可擦除包含样本颜色的连续区域，同时更好地保留形状边缘的锐化程度 |
| ❸容差 | 可设置颜色容差范围。低容差仅限于擦除与样本颜色非常相似的颜色，高容差可擦除范围更广的颜色 |
| ❹保护前景色 | 勾选该复选框后，可防止擦除与前景色匹配的区域 |

具体操作步骤如下。

Step 01 打开素材。打开"素材文件\第 4 章\卷发.jpg"文件，如图 4-152 所示。

图4-152

Step 02 擦除图像。选择【背景橡皮擦工具】，在背景中拖曳鼠标擦除图像，如图4-153所示。

图4-153

## 4.7.3 实战：使用魔术橡皮擦工具擦除背景

| 实例门类 | 软件功能 |

【魔术橡皮擦工具】的使用效果和【魔棒工具】极为相似，可以自动擦除当前图层中与选区颜色相似的像素。其选项栏如图4-154所示。

图4-154

常用选项的作用如表4-29所示。

表4-29 【魔术橡皮擦工具】选项栏中常用选项的作用

| 选项 | 作用 |
| --- | --- |
| ❶消除锯齿 | 勾选该复选框可以使擦除边缘平滑 |

续表

| 选项 | 作用 |
| --- | --- |
| ❷连续 | 勾选该复选框，仅擦除与单击处相邻且在容差范围内的颜色；取消勾选该复选框，则擦除图像中所有在容差范围内的颜色 |
| ❸不透明度 | 设置擦除效果的不透明度，数值越大，图像被擦除得越彻底 |

具体操作步骤如下。

Step 01 打开素材。打开"素材文件\第4章\彩点.jpg"文件，如图4-155所示。

图4-155

### 技术看板

【魔术橡皮擦工具】可以擦除相邻的相同色系的区域，将这些区域的像素擦除后留下透明区域。换言之，【魔术橡皮擦工具】的作用过程可以理解为三合一的过程：创建选区、删除选区内像素、取消选区。

Step 02 删除右侧背景。选择【魔术橡皮擦工具】，在右侧背景处单击删除图像，如图4-156所示。

图4-156

Step 03 删除左侧背景。继续使用【魔术橡皮擦工具】，在左侧背景处单击删除图像，如图4-157所示。

图4-157

Step 04 选择图层。在【图层】面板中，按住【Ctrl】键单击【创建新图层】按钮，在当前图层下方新建【图层1】图层，如图4-158所示。

图4-158

Step 05 设置前景色并填充。设置【前景色】为浅绿色，按【Alt+Delete】组合键填充前景色，如图4-159所示。

图4-159

## 妙招技法

通过对本章知识的学习，相信读者已经了解并掌握了图像绘制和修饰的基础知识。下面结合本章内容，给大家介绍一些实用技巧。

### 技巧01：杂色渐变填充

选择【渐变工具】后，在选项栏中，单击渐变色条，在打开的【渐变编辑器】对话框中，设置【类型】为【杂色】，会显示杂色渐变选项，杂色渐变包含了在指定颜色区域内随机分布的颜色，颜色变化效果非常丰富，如图4-160所示。

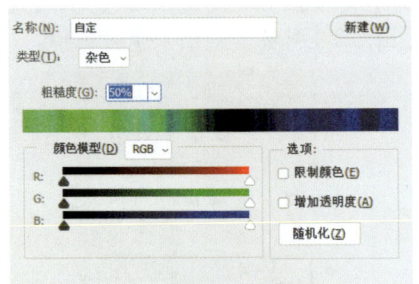

图4-160

在左下方可以选择颜色模型，拖曳滑块，即可调整渐变颜色。勾选【限制颜色】复选框，可将颜色限制在可打印范围内，防止溢色。勾选【增加透明度】复选框，可以增加透明渐变，单击【随机化】按钮，可以生成随机渐变，如图4-161所示。

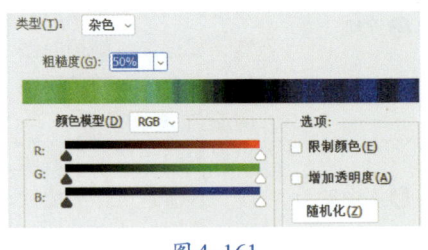

图4-161

### 技巧02：如何在设置颜色时保证颜色不超出打印颜色色域或Web安全色色域？

在Photoshop 2024中设置颜色时，默认情况下是在RGB颜色模式下进行设置。RGB颜色模式是色域最广的一种颜色模式，因此，如果将图像用于网络展示或印刷，容易出现不能准确显示或打印颜色的情况。

如果想要在设置颜色时保证颜色不超出打印颜色色域或Web安全色色域，可以打开【颜色】面板，单击面板右上角的扩展按钮，在扩展菜单中选择【CMYK色谱】命令，此时，色谱上只会显示CMYK颜色模式色域内的颜色，如图4-162所示。

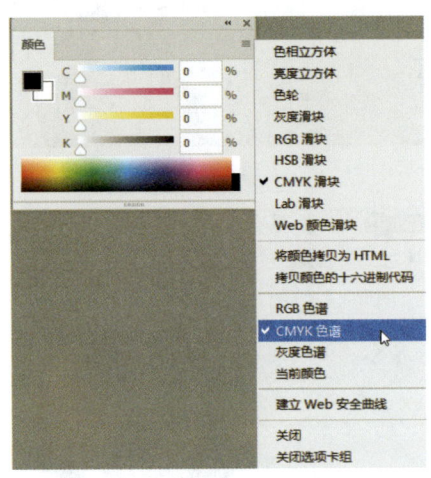

图4-162

在扩展菜单中选择【建立Web安全曲线】命令，此时，色谱上只会显示Web安全色色域内的颜色，如图4-163所示。

图4-163

设置完成后，通过单击色谱拾取颜色，就可以保证拾取的颜色不会超出打印颜色色域或Web安全色色域。

## 本章小结

本章主要介绍了图像的绘制与修饰修复的方法。首先讲述如何设置颜色，其次讲述填充和描边方法，再次重点讲述绘画工具的具体使用方法，最后讲述图像修复、润色和擦除等工具的具体使用方法与操作技术。

在本章内容中，画笔工具、渐变工具和仿制图章工具是非常重要且必须掌握的内容，读者应对所有工具进行全面掌握，这样在实际操作时，才能做到得心应手。

# 第 2 篇 核心功能篇

本篇主要介绍 Photoshop 2024 图像处理的核心功能，是学习 Photoshop 2024 的重点。包括图层的基本功能应用、文字的创建与编辑、路径和矢量图形、蒙版与通道应用、调整图像颜色与色调、滤镜特效等知识。

## 第 5 章 图层的基本功能应用

- 图层是什么？
- 可以调整图层顺序吗？
- 图层混合模式有几种？
- 调整图层并退出文件后，还可以修改调整效果吗？

如果选区是图像的皮肤，那么图层就是图像的骨架。图层的高级功能，使图层中的图像效果更丰富多彩，在 Photoshop 2024 中，图层的使用范围得到极大提升。认真学习本章的知识，你将得到上述问题的答案，并感受到图层的强大功能。

### 5.1 认识图层

图层就是一层层堆叠的透明纸张。在不同的纸张上，绘制图画的不同部分，组合起来就变成一幅完整的图画。在许多图像处理软件中，都引入了图层的概念。通过图层，用户可以设定图像的合成效果，或者通过编辑图层的特效来丰富图像，下面详细介绍图层的知识。

#### 5.1.1 图层的含义

每个图层上都保存着不同的图像，透过上方图层的透明区域可以看到下方图层的内容。图层分层展示效果如图 5-1 所示。

图层可以移动，也可以调整堆叠顺序，在【图层】面板中，除【背景】图层外，其他图层都可以调整不透明度，使图像变得透明，如图 5-2 所示；还可以修改混合模式，让上下图层之间产生特殊的混合效果，如图 5-3 所示。

图 5-1

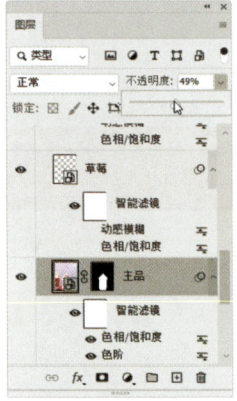

图 5-2

图 5-3

在编辑图层前，先在【图层】面板中选择图层，所选图层称为"当前图层"。绘画、颜色和色调调整都只能在一个图层中进行，而移动、对齐、变换或应用样式时，可批量处理所选的多个图层。

## 5.1.2 图层面板

【图层】面板显示了当前文件的图层信息，在其中可以调整图层顺序、图层不透明度及图层混合模式等，几乎所有的图层操作都可以通过它来实现。

执行【窗口】→【图层】命令，或按【F7】键，可以打开【图层】面板，如图 5-4 所示。

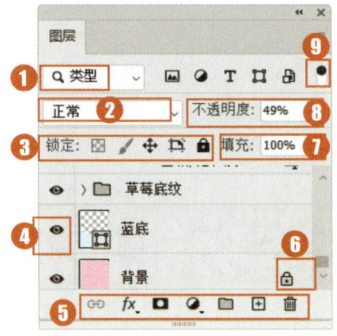

图 5-4

各选项的作用如表 5-1 所示。

表 5-1 【图层】面板中各选项的作用

| 选项 | 作用 |
| --- | --- |
| ❶选择图层类型 | 当图层数量较多时，可在该下拉列表中选择一种图层类型（包括名称、效果、模式、属性、颜色等），让【图层】面板中只显示此类型图层，隐藏其他类型的图层 |
| ❷设置图层混合模式 | 用来设置当前图层的混合模式，使其与下方图层中的图像产生混合效果 |
| ❸锁定按钮 | 用来锁定当前图层的属性，使其不可编辑，包括图像像素、透明像素和位置 |
| ❹图层显示图标 | 显示该图标的图层为可见图层，单击该图标可以隐藏图层。隐藏的图层不能编辑 |
| ❺快捷按钮 | 图层操作的常用快捷按钮，主要包括【链接图层】【添加图层样式】【创建新图层】【删除图层】等按钮 |
| ❻锁定图标 | 显示该图标时，表示图层处于锁定状态 |
| ❼填充 | 设置当前图层的填充不透明度，它与图层的不透明度类似，但只影响图层中图像的不透明度，不会影响图层样式的不透明度 |
| ❽不透明度 | 设置当前图层的不透明度，使之呈现透明状态，从而显示出下方图层中的图像 |
| ❾打开/关闭图层过滤 | 单击该按钮，可以启动或停用图层过滤功能 |

## 5.1.3 图层类别

在 Photoshop 2024 中，可以创建多种类别的图层，它们各自有不同的功能和用途，在【图层】面板中显示的图标也不同，下面对图层类别进行详细介绍，如图 5-5 所示。

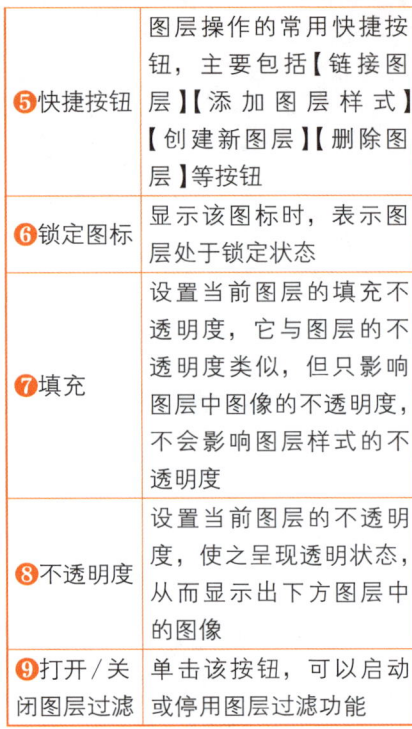

图 5-5

各类别图层的功能如表5-2所示。

表5-2 各类别图层的功能

| 类别 | 功能 |
|---|---|
| ❶当前图层 | 当前选择的图层，处理图像时，编辑操作将在当前图层中进行 |
| ❷链接图层 | 保持链接状态的多个图层 |
| ❸剪贴蒙版 | 属于蒙版中的一种，可使用一个图层中的图像控制它上方多个图层的显示范围 |
| ❹调整图层 | 可调整图像的亮度、色彩平衡等，不会改变像素，并可重复编辑 |
| ❺填充图层 | 显示填充纯色、渐变或图案的特殊图层 |
| ❻图层蒙版图层 | 添加了图层蒙版的图层，蒙版可以控制图像的显示范围 |
| ❼图层样式 | 添加了图层样式的图层，通过图层样式可以快速创建特效，如投影、发光、浮雕等效果 |
| ❽图层组 | 用于组织和管理图层，以便于查找和编辑图层 |
| ❾变形文字 | 进行变形处理后的文字图层 |
| ❿文字图层 | 使用文字工具输入文字创建的图层 |
| ⓫背景图层 | 新建文件时创建的图层，它始终位于面板的最下方，名称为【背景】 |

## 5.2 图层操作

图层的基本操作包括创建、复制、删除、合并图层，以及调整图层顺序等，通过【图层】菜单中的相应命令或在【图层】面板中完成，下面详细介绍图层操作方法。

### ★重点 5.2.1 创建图层

图层的创建方法有很多种，包括在【图层】面板中创建、在编辑图像的过程中创建、使用菜单命令创建等。下面将介绍一些常用的创建方法。

方法一：单击【图层】面板下方的【创建新图层】按钮 ，即可在当前图层的上方创建新图层，如图5-6所示。

图5-6

> **技术看板**
>
> 按住【Ctrl】键，单击【创建新图层】按钮 ，可在当前图层下方创建新图层。

方法二：单击【图层】面板右上角的扩展按钮 ，在弹出的快捷菜单中选择并执行【新建图层】命令，如图5-7所示。

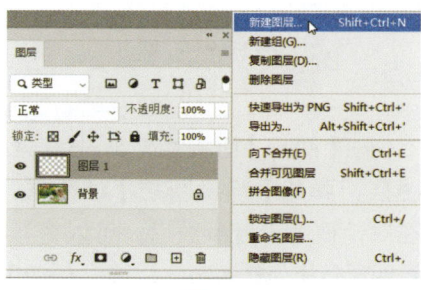

图5-7

在弹出的【新建图层】对话框中设置图层名称、模式、不透明度等，单击【确定】按钮即可创建新图层，如图5-8所示。

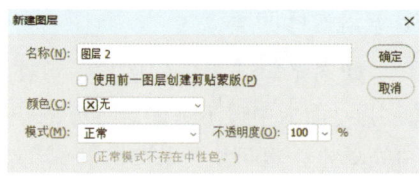

图5-8

方法三：执行【图层】→【新建】→【图层】命令，也会弹出【新建图层】对话框，设置完成后单击【确定】按钮即可创建新图层。

> **技术看板**
>
> 按【Ctrl+Shift+N】组合键，也会弹出【新建图层】对话框。

### ★重点 5.2.2 选择图层

单击【图层】面板中的一个图

层即可选择该图层，它会成为当前图层。这是最基本的选择方法，其他选择方法如下。

### 1. 选择多个图层

如果要选择多个相邻的图层，可以单击第一个图层，按住【Shift】键并单击最后一个图层；如果要选择多个不相邻的图层，可以按住【Ctrl】键并分别单击这些图层。

### 2. 选择所有图层

执行【选择】→【所有图层】命令，即可选择【图层】面板中的所有图层。

### 3. 选择相似图层

执行【选择】→【选择相似图层】命令，即可选择类型相似的所有图层。

### 4. 选择链接图层

选择一个链接状态的图层，执行【图层】→【选择链接图层】命令，可以选择与之链接的所有图层。

### 5. 取消选择图层

如果不想选择任何图层，可在【图层】面板中最下方图层下方的空白处单击，也可执行【选择】→【取消选择图层】命令。

> **技术看板**
>
> 选择一个图层后，按【Alt+】】组合键，可以将当前图层切换为与之相邻的上一个图层；按【Alt+[】组合键，则可以将当前图层切换为与之相邻的下一个图层。
>
> 打开任意素材后，在图像上右击，弹出的快捷菜单中会显示鼠标指针所指区域的所在图层名称，选择该图层名称可选中该图层。
>
> 选择【移动工具】，勾选选

项栏中的【自动选择】复选框，此时，单击图像，即可快速选中该图像所在的图层。

## 5.2.3 背景图层和普通图层的相互转换

背景图层是特殊图层，位于【图层】面板最下方，不能调整顺序，也不能进行不透明度设置等操作。背景图层和普通图层可以相互转换。

如图5-9所示，选择普通图层，执行【图层】→【新建】→【背景图层】命令。

图 5-9

可以将普通图层转换为背景图层，如图5-10所示。

图 5-10

在【图层】面板中，双击背景图层，弹出【新建图层】对话框，在对话框中设置参数后，可以将背景图层转换为普通图层，按住【Alt】键，双击背景图层，可以直接将背景图层转换为普通图层，并命名为【图层0】。

## 5.2.4 复制图层

复制图层是对选定的图层进行复制，得到一个与原图层相同的图层。下面介绍常用的复制图层方法。

方法一：在【图层】面板中，拖曳需要复制的图层，如【背景】图层，到面板底部的【创建新图层】按钮上，如图5-11所示。

图 5-11

释放鼠标即可生成【背景 拷贝】图层，如图5-12所示。

图 5-12

方法二：执行【图层】→【复制图层】命令，或者执行【图层】面板快捷菜单中的【复制图层】命令，弹出【复制图层】对话框，输入复制的图层的名称，单击【确定】按钮完成复制操作，如图5-13所示。

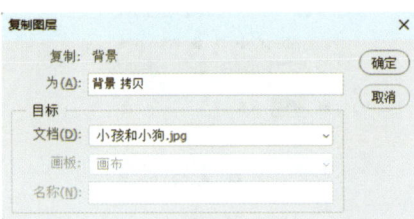

图 5-13

生成复制的图层，如图 5-14 所示。

图 5-14

> **技能拓展——复制图层到其他文件或新文件中**
>
> 如果打开了多个文件，在【复制图层】对话框的【目标】栏中，在【文档】下拉列表中可以选择相应的文件，将图层复制到该文件中；如果选择【新建】选项，则将以当前图层为背景图层，新建一个文件。

方法三：如果在图像中创建了选区，执行【图层】→【新建】→【通过拷贝的图层】命令，或按【Ctrl+J】组合键，可以将选区中的图像复制到新图层中，原图层内容保持不变。如果没有创建选区，则会快速复制当前图层。

方法四：如果在图像中创建了选区，执行【图层】→【新建】→【通过剪切的图层】命令，或按【Shift+Ctrl+J】组合键，可以将选区中的图像剪切到新图层中，原图层中的相应内容被清除。

### 5.2.5 复制 CSS

CSS 样式表是一种网页制作样式。执行【图层】→【复制 CSS】命令，可以从形状或文本图层生成样式表。

从包含形状或文本的图层组复制 CSS 会为每个图层创建一个组类，

表示包含与组中图层对应的子 DIV 的父 DIV。子 DIV 的顶层/左侧值与父 DIV 有关。该命令不能应用于智能对象和未分组的多个形状或文本图层。

### 5.2.6 更改图层名称和颜色

为了更好地区分每个图层中的内容，可对图层的名称和颜色进行更改，以便在操作中快速找到它们。

如果要更改一个图层的名称，可在【图层】面板中双击该图层名称，如图 5-15 所示。

图 5-15

在显示的文本框中输入新的名称，按【Enter】键确认更改，效果如图 5-16 所示。

图 5-16

如果要更改图层的颜色，可以选择该图层并右击，在弹出的快捷菜单中选择颜色，如【绿色】，如图 5-17 所示。

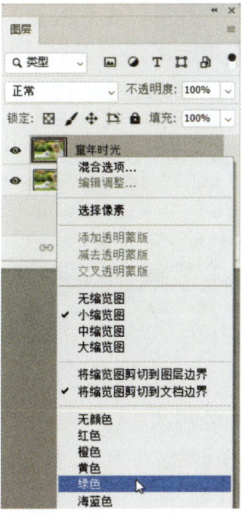

图 5-17

图层变为绿色，如图 5-18 所示。

图 5-18

### 5.2.7 实战：显示和隐藏图层

| 实例门类 | 软件功能 |

在图像处理过程中，可以根据需要显示和隐藏图层，具体操作步骤如下。

**Step 01** 打开素材。打开"素材文件\第 5 章\显示和隐藏图层.psd"文件，如图 5-19 所示。

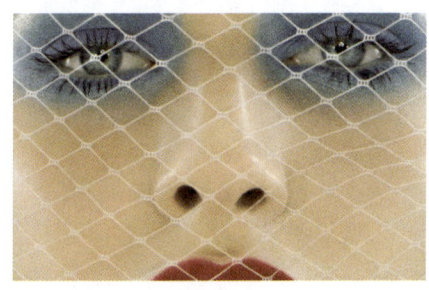

图 5-19

Step 02 显示图层。在【图层】面板中，左侧有【指示图层可见性】图标 ⊙ 的图层为可见图层，如图5-20所示。

图 5-20

Step 03 隐藏图层。单击一个图层前面的【指示图层可见性】图标 ⊙，如图5-21所示。

图 5-21

Step 04 隐藏图层中的图像不显示。隐藏图层后，该图层中的图像将不在画面中显示，如图5-22所示。

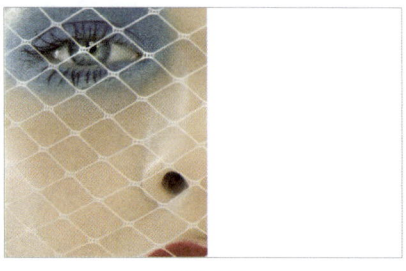

图 5-22

### 技术看板

按住【Alt】键，单击一个图层前面的【指示图层可见性】图标 ⊙，可以隐藏该图层以外的所有图层；按住【Alt】键再次单击该图标，可恢复其他图层的可见性。

执行【图层】→【隐藏图层】命令，可以隐藏当前图层，如果选择了多个图层，执行该命令会隐藏所有选择的图层。

## 5.2.8 实战：链接图层

**实例门类** 软件功能

如果要同时处理多个图层中的内容，可以将这些图层链接在一起，具体操作步骤如下。

Step 01 选择图层。在【图层】面板中选择两个或多个图层，如图5-23所示。

图 5-23

Step 02 链接图层。单击【链接图层】按钮 ⊝，或执行【图层】→【链接图层】命令，即可将它们链接，如图5-24所示。

图 5-24

### 技能拓展——取消链接图层

选择图层后，再次单击【图层】面板底部的【链接图层】按钮 ⊝，即可取消图层间的链接关系。

## 5.2.9 锁定图层

**实例门类** 软件功能

锁定图层后，将限制图层可编辑的内容和范围，被锁定内容不会受到其他图层的影响。【图层】面板的锁定组中提供了5个不同功能的锁定按钮，如图5-25所示。

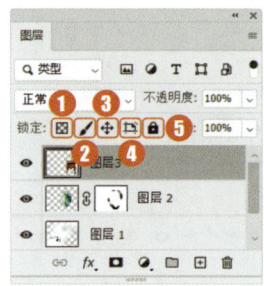

图 5-25

各锁定按钮的作用如表5-3所示。

表5-3 【图层】面板中各锁定按钮的作用

| 选项 | 作用 |
| --- | --- |
| ❶锁定透明像素 | 单击该按钮，则图层中的透明像素被锁定。当使用绘图工具绘图时，将只对图层非透明的区域（有图像的像素部分）生效 |
| ❷锁定图像像素 | 单击该按钮可以将当前图层保护起来，使之不受任何填充、描边及其他绘图操作的影响 |
| ❸锁定位置 | 用于锁定图像的位置，即不能对图层中的图像进行移动、旋转、翻转和自由变换等操作，但可以对图层中的图像进行填充、描边和其他绘图操作 |
| ❹防止在画板和画框内外自动嵌套 | 将插图中的锁指定给画板，以禁止在画板内部和外部自动嵌套，或指定给画框内的特定图层，以禁止这些特定图层的自动嵌套。要恢复到正常的自动嵌套行为，需从画板或图层中删除所有自动嵌套锁 |
| ❺锁定全部 | 单击该按钮，图层被全部锁定，不能移动位置、不可执行任何图像编辑操作，也不能更改图层的不透明度和混合模式 |

## ★ 技术看板

锁定图层后，图层上会出现一个锁状图标。当图层只有部分内容被锁定时，锁状图标为空心 🔒；当所有内容都被锁定时，锁状图标为实心 🔒。

### 5.2.10 实战：调整图层顺序

| 实例门类 | 软件功能 |

在【图层】面板中，图层是按照创建的先后顺序堆叠排列的，用户可以调整它们的顺序，具体操作步骤如下。

Step 01 打开素材。打开"素材文件\第5章\调整图层顺序.psd"文件，如图5-26所示。

图 5-26

Step 02 调整图层顺序。拖曳【图层3】到【图层2】下方，如图5-27所示。

图 5-27

Step 03 完成图层顺序调整。释放鼠标，即可调整图层顺序，如图5-28所示。

图 5-28

Step 04 显示改变图层顺序的效果。改变图层顺序会影响图像的显示效果，如图5-29所示。

图 5-29

## ★ 技术看板

执行【图层】→【排列】菜单中的命令，也可以调整图层的顺序，还可以通过右侧的快捷键执行命令。

按【Ctrl+[】组合键可以将当前图层向下移动一层；按【Ctrl+]】组合键可以将当前图层向上移动一层；按【Ctrl+Shift+]】组合键可以将当前图层置于顶层；按【Ctrl+Shift+[】组合键可以将当前图层置于底层。

### 5.2.11 实战：对齐图层

| 实例门类 | 软件功能 |

如果要将多个图层中的图像对齐，可以在【图层】面板中选择这些图层，然后执行【图层】→【对齐】命令，在子菜单中选择一个对齐命令进行对齐操作。

#### 1. 顶边对齐

所选图层中的图像将以位于最上方的图像为基准，进行顶边对齐。

#### 2. 垂直居中对齐

所选图层中的图像将以位置居中的图像为基准，进行垂直居中对齐。

#### 3. 底边对齐

所选图层中的图像将以位于最下方的图像为基准，进行底边对齐。

#### 4. 左边对齐

所选图层中的图像将以位于最左侧的图像为基准，进行左边对齐。

#### 5. 水平居中对齐

所选图层中的图像将以位于中间的图像为基准，进行水平居中对齐。

#### 6. 右边对齐

所选图层中的图像将以位于最右侧的图像为基准，进行右边对齐。

具体操作步骤如下。

Step 01 打开素材。打开"素材文件\第5章\对齐图层.psd"文件，如图5-30所示。

图 5-30

Step 02 选择图层。选中【背景】图层以外的所有图层，如图5-31所示。

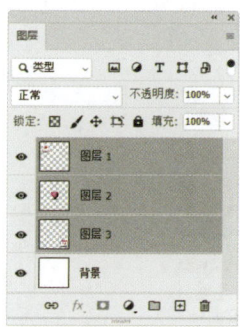

图 5-31

Step 03 图层顶边对齐。执行【图层】→【对齐】→【顶边】命令，顶边对齐效果如图5-32所示。

图 5-32

Step 04 图层垂直居中对齐。垂直居中对齐效果如图5-33所示。

图 5-33

Step 05 图层底边对齐。底边对齐效果如图5-34所示。

图 5-34

Step 06 图层左边对齐。左边对齐效果如图5-35所示。

图 5-35

Step 07 图层水平居中对齐。水平居中对齐效果如图5-36所示。

图 5-36

Step 08 图层右边对齐。右边对齐效果如图5-37所示。

图 5-37

### 5.2.12 分布图层

如果要让3个或更多的图层中的图像按照一定的规律均匀分布，可以选择这些图层，然后执行【图层】→【分布】命令进行操作。

#### 1. 顶边分布

可均匀分布各链接图层或所选择的多个图层中的图像的位置，使它们最上方的图像间隔同样的距离。

#### 2. 垂直居中分布

可使所选图层垂直方向的图像间隔同样的距离。

#### 3. 底边分布

可使所选图层最下方的图像间隔同样的距离。

#### 4. 左边分布

可使所选图层最左侧的图像间隔同样的距离。

#### 5. 水平居中分布

可使所选图层水平方向的图像间隔同样的距离。

#### 6. 右边分布

可使所选图层最右侧的图像间隔同样的距离。

> **技术看板**
>
> 如果用户当前选择【移动工具】，可以通过选项栏中的按钮来对齐图层；可以通过选项栏中的按钮来分布图层。

### 5.2.13 实战：将图层与选区对齐

| 实例门类 | 软件功能 |

除了将图层与图层对齐，还可以将图层与选区对齐，具体操作步骤如下。

Step 01 打开素材。打开"素材文件\第5章\图层对齐选区.psd"文件，在画面中创建选区，如图5-38所示。

图 5-38

Step 02 选择图层。选择【图层1】，如图5-39所示。

图 5-39

Step 03 选择并执行命令。执行【图层】→【将图层与选区对齐】命令，选择并执行子菜单中的任意命令，可基于选区对齐所选的图层，如图 5-40 所示。

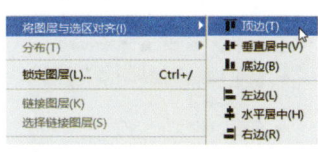

图 5-40

Step 04 显示顶边对齐效果。在子菜单中，选择并执行【顶边】命令，效果如图 5-41 所示。

图 5-41

Step 05 显示底边对齐效果。选择并执行【底边】命令，效果如图 5-42 所示。

图 5-42

Step 06 显示左边对齐效果。选择并执行【左边】命令，效果如图 5-43 所示。

图 5-43

## 5.2.14 栅格化图层

如果要使用绘画工具和滤镜编辑文字图层、形状图层、矢量蒙版或智能对象等包含矢量数据的图层，需要先将其栅格化，使图层中的内容转换为栅格图像，然后才能进行相应的编辑。

选择需要栅格化的图层，执行【图层】→【栅格化】菜单中的命令即可栅格化图层中的内容。

## 5.2.15 删除图层

当不再需要某个图层时，可将其删除，以最大限度减小图像文件的大小，下面介绍几种常用的删除方法。

方法一：在【图层】面板中，拖曳需要删除的图层，如将【图层1】图层拖曳到面板底部的【删除图层】按钮上，如图 5-44 所示。

图 5-44

释放鼠标即可删除【图层1】图层，效果如图 5-45 所示。

图 5-45

方法二：选择需要删除的图层，可以选择多个图层，单击【删除图层】按钮。

方法三：执行【图层】→【删除】→【图层】命令，删除图层。

方法四：通过【图层】面板的快捷菜单，执行【删除图层】命令删除图层。

## ★重点 5.2.16 图层合并与盖印

在一个文件中，建立的图层越多，该文件所占用的空间也就越大。因此，将一些不必要分开的图层合并为一个图层，可以减少文件所占用的空间，也可以加快操作速度。盖印图层可在不影响原图层效果的情况下，将多个图层合并创建为一个新的图层。

### 1. 合并图层

如果要合并两个或多个图层，可以在【图层】面板中将它们选中，如图 5-46 所示。

图 5-46

执行【图层】→【合并图层】命令，合并后的图层使用最上方图层的名称，如图 5-47 所示。

图 5-47

## 2. 向下合并

如果要将一个图层与它下方的图层合并，可以选中该图层，如图5-48所示。

图5-48

执行【图层】→【向下合并】命令，合并后的图层使用下方图层的名称，如图5-49所示。

图5-49

## 3. 合并可见图层

如果要合并所有可见的图层，如图5-50所示。

图5-50

可执行【图层】→【合并可见图层】命令，它们会合并到【背景】图层中，如图5-51所示。

图5-51

> **技术看板**
>
> 按【Ctrl+E】组合键可以快速向下合并图层。按【Shift+Ctrl+E】组合键可以快速合并可见图层。

## 4. 拼合图像

如果要将所有图层都拼合到【背景】图层中，可以执行【图层】→【拼合图像】命令。如果有隐藏的图层，则会弹出一个提示对话框，询问是否删除隐藏的图层。

## 5. 盖印图层

盖印是比较特殊的图层合并方法，可以将多个图层中的图像内容合并到一个新的图层中，同时保留其他图层。在想要得到某些图层的合并效果，又不想修改原图层时，盖印图层是最好的解决办法。

选中多个图层，如图5-52所示。

图5-52

按【Ctrl+Alt+E】组合键可以盖印所有选中图层，在选中图层的最上方自动创建新图层，如图5-53所示。

图5-53

选中任意一个图层，如图5-54所示。

图5-54

按【Shift+Ctrl+Alt+E】组合键可以盖印所有可见图层，并在选中图层上方自动创建新图层，如图5-55所示。

图5-55

> **技术看板**
>
> 盖印图层时，会自动忽略隐藏图层。

## 5.3 图层组

图层组类似于文件夹，可将多个独立的图层放在图层组中，图层组可以像图层一样进行移动、复制、链接、对齐和分布，也可以合并，以减小文件大小。使用图层组来组织和管理图层，会使图层的结构更加清晰，管理更加方便快捷。

### ★重点 5.3.1 创建图层组

利用图层组对图层进行管理，要先创建一个图层组，创建图层组的具体方法如下。

方法一：单击【图层】面板下方的【创建新组】按钮 ▢，如图5-56所示。

图5-56

即可创建图层组，如图5-57所示。

图5-57

方法二：执行【图层】→【新建】→【组】命令，弹出【新建组】对话框，分别设置图层组的名称、颜色、模式和不透明度，单击【确定】按钮，如图5-58所示。

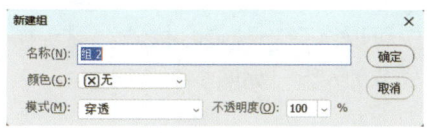

图5-58

通过前面的操作，即可创建一个空的图层组，如图5-59所示。

图5-59

> **技能拓展——创建嵌套图层组**
> 
> 创建图层组以后，在图层组内还可以继续创建图层组，称为嵌套图层组。

方法三：在【图层】面板中选中图层，如图5-60所示。

图5-60

执行【图层】→【新建】→【从图层新建组】命令，在弹出的【从图层新建组】对话框中可以设置图层组的名称、颜色等参数，单击【确定】按钮，如图5-61所示。

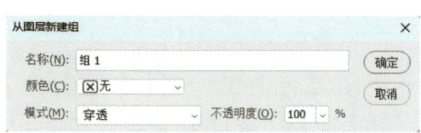

图5-61

通过前面的操作，即可将选中的图层创建为图层组，如图5-62所示。

图5-62

### ★重点 5.3.2 将图层移入/移出图层组

在【图层】面板中将一个图层拖曳到图层组内，如图5-63所示，显示蓝色线条时释放鼠标，即可将其移入图层组，如图5-64所示。

图5-63

图5-64

将图层组中的图层拖曳到组外，如图5-65所示，显示蓝色线条时释放鼠标，即可将其从图层组中移出，效果如图5-66所示。

层编组，但保留图层，可以选中该图层组，如图5-67所示。

### 技术看板

选中图层后，按【Ctrl+G】组合键可将所选图层编组；选中图层组后，按【Shift+Ctrl+G】组合键可取消图层编组。

如果要删除图层组及组中的图层，可将图层组拖曳到【图层】面板的【删除图层】按钮上，或选中图层组后，单击【删除图层】按钮，如图5-69所示。

图5-65

图5-67

执行【图层】→【取消图层编组】命令，取消图层编组后的效果如图5-68所示。

图5-66

### 5.3.3 取消图层编组和删除图层组

在操作过程中，如果要取消图

图5-68

图5-69

## 5.4 混合模式

混合模式是Photoshop的核心功能之一，它决定了像素的混合方式，可用于合成图像、制作选区和特殊效果，但不会对图像造成任何实质性破坏。

### 5.4.1 混合模式的应用范围

Photoshop中的许多工具和命令都包含混合模式设置选项，如【图层】面板、绘画和修饰工具的工具选项栏、【图层样式】对话框、【填充】命令、【描边】命令、【计算】命令和【应用图像】命令等。如此多的功能都与混合模式有关，可见混合模式的重要性。

→ 用于混合图层：在【图层】面板中，混合模式用于控制当前图层

中的像素与其下方图层中的像素如何混合。除了【背景】图层，其他图层都支持设置混合模式。

→ 用于混合像素：在绘画和修饰工具的工具选项栏中，以及【渐隐】【填充】【描边】命令和【图层样式】对话框中，混合模式只将添加的像素与当前操作的图层混合，而不会影响其他图层。

→ 用于混合通道：在【应用图像】和【计算】命令中，混合模式用

于混合通道，可以创建特殊的图像合成效果，也可以用于制作选区。

### ★重点 5.4.2 混合模式的类别

在【图层】面板中选择一个图层，默认混合模式为【正常】，单击右侧按钮，在打开的下拉列表中可以选择一种混合模式。混合模式分为6组，如图5-70所示。

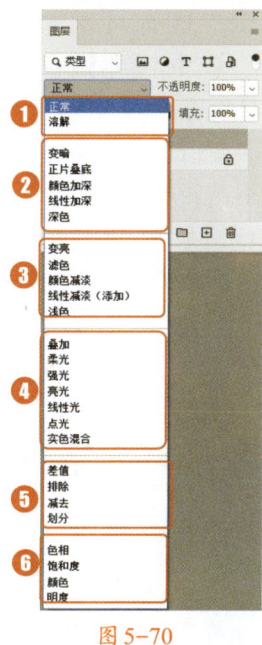

图 5-70

各组混合模式的作用如表 5-4 所示。

表 5-4 各组混合模式的作用

| 组 | 作用 |
|---|---|
| ❶组合 | 该组中的混合模式需要降低图层的不透明度才能产生作用 |
| ❷加深 | 该组中的混合模式可以使图像变暗,在混合过程中,当前图层中的白色会被底色较暗的像素替换 |
| ❸减淡 | 该组中的混合模式与加深模式产生的效果相反,它们可以使图像变亮。在使用这些混合模式时,图层中的黑色会被较亮的像素替换,而任何比黑色亮的像素都可以加亮底层图像 |
| ❹对比 | 该组中的混合模式可以增强图像的反差。在混合时,50%的灰色会完全消失,任何亮度值高于50%灰色的像素都可以加亮底层的图像,亮度值低于50%灰色的像素则可以使底层图像变暗 |

续表

| 组 | 作用 |
|---|---|
| ❺比较 | 该组中的混合模式可以比较当前图层图像与底层图像,然后将相同的区域显示为黑色,不同的区域显示为灰度层次或彩色。如果当前图层中包含白色,白色会使底层图像反相,而黑色不会对底层图像产生影响 |
| ❻色彩 | 使用该组混合模式时,Photoshop会将色彩分为色相、饱和度和明度3种成分,然后再将其中的1种或2种应用在混合后的图像中 |

### 5.4.3 实战:使用混合模式打造天鹅湖场景

实例门类 软件功能

前面了解了混合模式的类别,下面讲解如何用混合模式打造天鹅湖场景,具体操作步骤如下。

Step 01 打开素材。打开"素材文件\第5章\天鹅.jpg"文件,如图 5-71 所示。

图 5-71

Step 02 打开素材。打开"素材文件\第5章\湖泊.jpg"文件,如图 5-72 所示。

图 5-72

Step 03 拖曳图像。将湖泊图像拖曳到天鹅图像中,如图 5-73 所示。

图 5-73

Step 04 自由变换图像。按【Ctrl+T】组合键,执行【自由变换】操作,适当放大湖泊图像,如图 5-74 所示。

图 5-74

Step 05 更改图层混合模式。在【图层】面板中,更改湖泊图像图层的【混合模式】为【强光】,如图 5-75 所示。

图 5-75

Step 06 显示效果。图像混合效果如图 5-76 所示。

图 5-76

### 5.4.4 背后模式和清除模式

【背后】模式和【清除】模式是绘画工具、【填充】和【描边】命令特有的混合模式。

选择【画笔工具】后，单击选项栏中的【模式】下拉按钮，如图5-77所示，可以选择【背后】或【清除】模式。

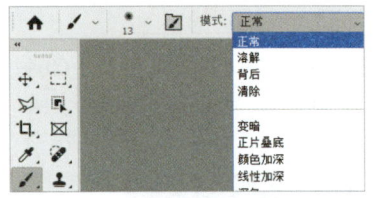

图5-77

执行【编辑】→【填充】命令，打开【填充】对话框，单击【模式】下拉按钮，也可以选择【背后】或【清除】模式，如图5-78所示。

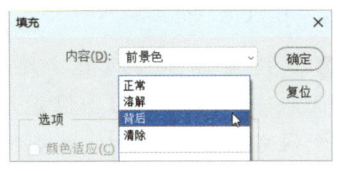

图5-78

（1）【背后】模式：仅在图层的透明部分编辑或绘画，不会影响图层中原有的图像，就像在当前图层下方的图层绘画一样。图5-79所示为【正常】模式下使用【画笔工具】涂抹的效果。

图5-79

图5-80所示为【背后】模式下使用【画笔工具】涂抹的效果。

图5-80

（2）【清除】模式：与【橡皮擦工具】的作用类似。在该模式下，工具或命令的不透明度决定了像素是否完全清除，不透明度为100%时，可以完全清除像素，不透明度小于100%时，则部分清除像素。图5-81所示为原图像。

图5-81

图5-82所示为【清除】模式下使用【画笔工具】涂抹的效果。

图5-82

### 5.4.5 图层不透明度

【图层】面板中有两个控制图层不透明度的选项：【不透明度】和【填充】。其中，【不透明度】用于控制图层、图层组的不透明度，如果对图层应用了图层样式，则图层样式的不透明度也会受到该值的影响。【填充】只影响图层中图像的不透明度，不会影响图层样式的不透明度。

图5-83所示为【不透明度】【填充】均为100%的效果。

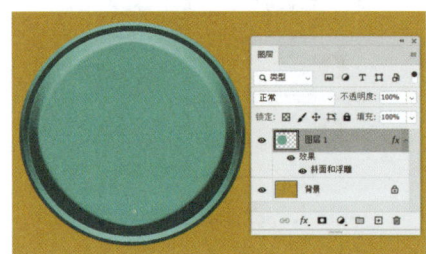

图5-83

在【图层】面板中，设置【不透明度】为0%，如图5-84所示，图层中图像和图层样式均变为透明。

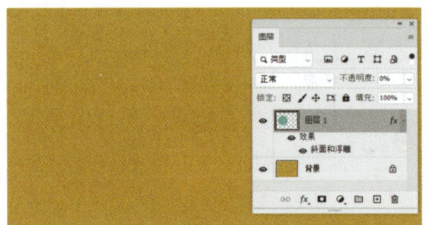

图5-84

在【图层】面板中，设置【填充】为0%，如图5-85所示，图层中图像变为透明，而图层样式未受到影响。

图5-85

## 5.5 图层样式的应用

图层样式也称为图层效果，它可以为图像或文字添加外发光、阴影、光泽、图案叠加、渐变叠加和颜色叠加等效果。图层样式可以随时修改、隐藏或删除，具有非常强的灵活性，下面将进行详细介绍。

### ★重点 5.5.1 添加图层样式

如果要为图层添加样式，可以先选中图层，然后采用以下任意一种方法打开【图层样式】对话框，设定样式。

方法一：执行【图层】→【图层样式】命令，在弹出的子菜单中选择一个样式命令，即可打开【图层样式】对话框，并进入相应样式的设置面板。

方法二：在【图层】面板中单击【添加图层样式】按钮 fx. ，在弹出的快捷菜单中，选择需要添加的样式，如图 5-86 所示。

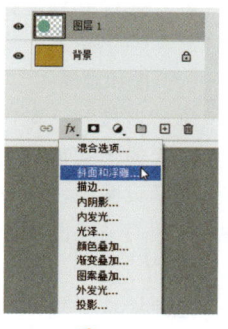

图 5-86

完成上述操作后，即可打开【图层样式】对话框并进入相应样式的设置面板，如图 5-87 所示。

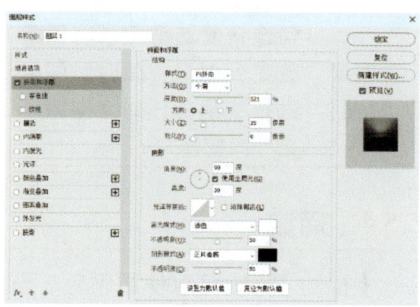

图 5-87

方法三：双击需要添加样式的图层，可打开【图层样式】对话框，在对话框左侧选择要添加的样式，即可切换到该样式的设置面板。

### 5.5.2 图层样式对话框

【图层样式】对话框的左侧列出了 10 种样式，样式名称前面的复选框被勾选，表示图层添加了该样式，如图 5-88 所示。取消勾选样式前面的复选框，则可以停用该样式。

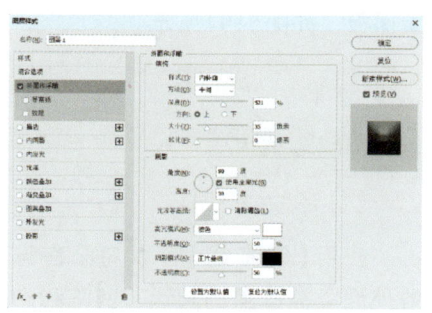

图 5-88

设置样式参数后，单击【确定】按钮即可为图层添加样式，该图层会显示出一个图层样式图标 fx. 和一个效果列表，单击 按钮可折叠或展开效果列表，如图 5-89 所示。

图 5-89

### ★重点 5.5.3 斜面和浮雕

【斜面和浮雕】样式可以为图层添加高光和阴影的各种组合，使图层中图像呈现立体的浮雕效果，如图 5-90 所示。

图 5-90

例如，【外斜面】样式设置如图 5-91 所示。

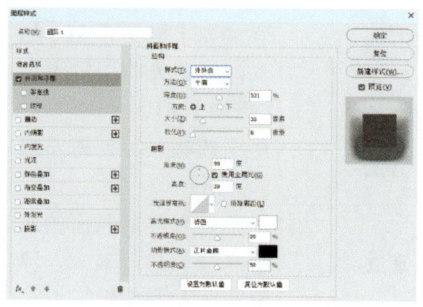

图 5-91

【枕状浮雕】样式设置如图 5-92 所示。

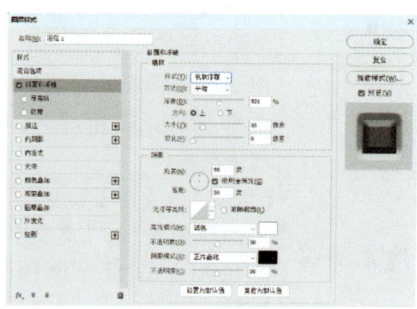

图 5-92

设置完成后的效果如图5-93所示。

图5-93

各选项的作用如表5-5所示。

表5-5 【斜面和浮雕】设置面板中各选项的作用

| 选项 | 作用 |
| --- | --- |
| 样式 | 在该选项下拉列表中可以选择斜面和浮雕的样式，包括【外斜面】【内斜面】【浮雕效果】【枕状浮雕】【描边浮雕】。要添加【描边浮雕】样式，需要先为图层添加【描边】样式 |
| 方法 | 用于选择一种创建浮雕的方法 |
| 深度 | 用于设置浮雕斜面的应用深度，数值越大，浮雕的立体感越强 |
| 方向 | 定位光源角度后，可通过该选项设置高光和阴影的位置 |
| 大小 | 用于设置斜面和浮雕中阴影面积的大小 |
| 软化 | 用于设置斜面和浮雕的柔和程度，数值越大，效果越柔和 |
| 角度/高度 | 【角度】选项用于设置光源的照射角度，【高度】选项用于设置光源的高度 |

续表

| 选项 | 作用 |
| --- | --- |
| 光泽等高线 | 可以选择一个等高线样式，为斜面和浮雕表面添加光泽，创建具有光泽感的金属外观浮雕效果 |
| 消除锯齿 | 可以消除由于设置光泽等高线而产生的锯齿 |
| 高光模式/颜色/不透明度 | 用于设置高光的混合模式、颜色和不透明度 |
| 阴影模式/颜色/不透明度 | 用于设置阴影的混合模式、颜色和不透明度 |

单击对话框左侧的【等高线】选项卡，可以切换到【等高线】设置面板，如图5-94所示。

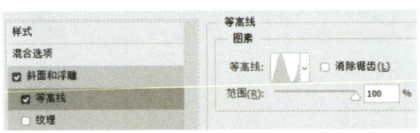

图5-94

使用【等高线】可以勾画在浮雕处理中被遮盖的起伏、凹陷和凸起，如图5-95所示。

图5-95

单击对话框左侧的【纹理】选项卡，可以切换到【纹理】设置面板，如图5-96所示。

图5-96

在【纹理】设置面板中，可以为浮雕添加纹理效果，如图5-97所示。

图5-97

各选项的作用如表5-6所示。

表5-6 【纹理】设置面板中各选项的作用

| 选项 | 作用 |
| --- | --- |
| 图案 | 单击图案右侧的下拉按钮，可以在打开的下拉面板中选择一个图案，将其应用到斜面和浮雕上 |
| 从当前图案创建新的预设 | 单击该按钮，可以将当前设置的图案创建为一个新的预设图案，新预设图案会保存在【图案】下拉面板中 |
| 缩放 | 拖曳滑块或输入数值可以调整图案的大小 |
| 深度 | 用于设置图案的纹理应用程度 |
| 反相 | 勾选该复选框可以反转图案纹理的凹凸方向 |
| 与图层链接 | 勾选该复选框可以将图案链接到图层，此时对图层进行变换操作时，图案也会一同变换 |

### 5.5.4 描边

【描边】样式可以使用颜色、渐变或图案为图层中图像的轮廓描边，它对于硬边形状特别有用。【颜色】描边设置如图5-98所示。

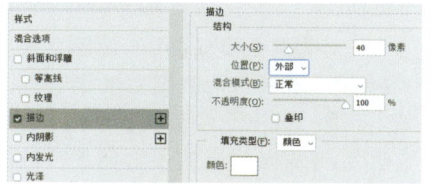

图5-98

效果如图5-99所示。

图5-99

【渐变】描边设置如图5-100所示。

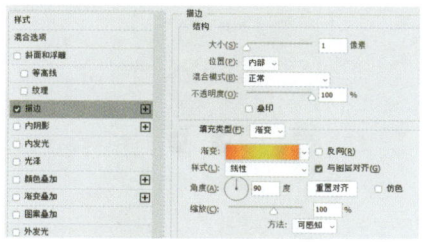

图5-100

效果如图5-101所示。

图5-101

【图案】描边设置如图5-102所示。

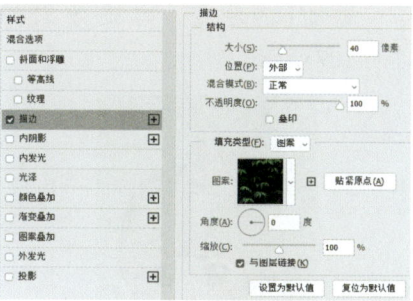

图5-102

效果如图5-103所示。

图5-103

## ★重点 5.5.5 投影

【投影】样式可以为图层中图像添加投影，使其产生立体感，投影的不透明度、角度、距离等都可以在【投影】设置面板中设置，如图5-104所示。

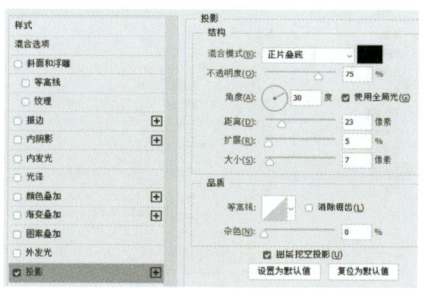

图5-104

效果如图5-105所示。

图5-105

各选项的作用如表5-7所示。

表5-7 【投影】设置面板中各选项的作用

| 选项 | 作用 |
| --- | --- |
| 混合模式 | 用于设置投影与下方图层的混合方式，默认为【正片叠底】模式 |
| 投影颜色 | 在【混合模式】右侧的颜色块中，可设定投影的颜色 |
| 不透明度 | 设置投影的不透明度，数值越大，投影就越明显。可直接在数值框中输入数值进行精确调节，或拖曳三角形滑块进行调节 |
| 角度 | 设置光照角度，可确定投影的方向与角度 |
| 使用全局光 | 勾选时可保持所有光照的角度一致，将所有图层的投影角度统一，取消勾选时可以为不同的图层分别设置光照角度 |
| 距离 | 设置投影偏移幅度，数值越大，层次感越强，数值越小，层次感越弱 |
| 扩展 | 设置模糊的边界，数值越大，模糊的部分越小，可调节投影的边缘清晰度 |
| 大小 | 设置投影的大小，数值越大，投影就越大 |

续表

| 选项 | 作用 |
|---|---|
| 等高线 | 设置投影的明暗部分，可单击下拉按钮选择预设效果，也可单击预设效果，在弹出的【等高线编辑器】对话框中重新进行编辑。等高线可设置暗部与高光部 |
| 消除锯齿 | 混合等高线边缘的像素，使投影更加平滑。该选项对于尺寸小且具有复制等高线的投影最有用 |
| 杂色 | 为投影增加杂点效果，【杂色】值越大，杂点越明显 |
| 图层挖空投影 | 用于控制半透明图层中投影的可见性。勾选该复选框后，如果当前图层的【填充】不透明度小于100%，则半透明图层中的投影不可见 |

## 5.5.6 内阴影

【内阴影】样式可以在图层中图像的内边缘添加阴影，使图像产生凹陷效果。【内阴影】与【投影】的选项设置方式基本相同，它们的不同之处在于：【投影】通过【扩展】选项来控制投影边缘的渐变程度，而【内阴影】则通过【阻塞】选项来控制。【阻塞】可以在模糊之前收缩内阴影的边界。【阻塞】与【大小】选项相关，【大小】值越大，可设置的【阻塞】范围就越大，如图5-106所示。

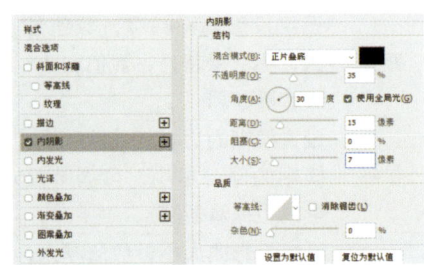

图5-106

添加【内阴影】样式效果如图5-107所示。

图5-107

## ★重点 5.5.7 外发光和内发光

【外发光】样式沿图层中图像的边缘向外创建发光效果，如图5-108所示。

图5-108

参数设置如图5-109所示。

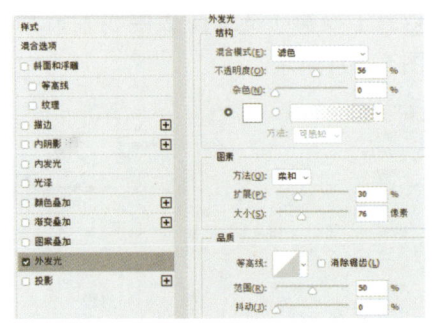

图5-109

各选项的作用如表5-8所示。

表5-8 【外发光】设置面板中各选项的作用

| 选项 | 作用 |
|---|---|
| 混合模式/不透明度 | 【混合模式】用于设置发光效果与下方图层的混合方式；【不透明度】用于设置发光效果的不透明度，数值越小，发光效果越弱 |
| 杂色 | 可以在发光效果中添加随机的杂色，使光晕呈现颗粒感 |
| 颜色 | 用于设置发光颜色 |
| 方法 | 用于设置发光的方法，以控制发光的准确程度 |
| 扩展/大小 | 【扩展】用于设置发光范围的大小；【大小】用于设置光晕范围的大小 |

【内发光】样式沿图层中图像的边缘向内创建发光效果，如图5-110所示。

图5-110

【内发光】设置面板中除了【源】和【阻塞】，其他选项与【外发光】设置面板相同，如图5-111所示。

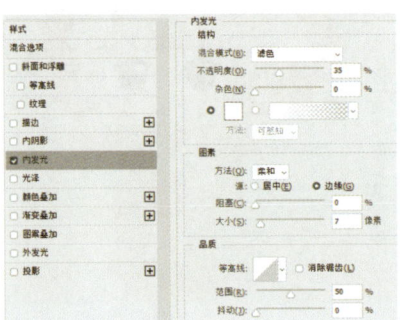

图5-111

相关选项的作用如表5-9所示。

表5-9 【内发光】设置面板中相关选项的作用

| 选项 | 作用 |
| --- | --- |
| 源 | 用于设置发光源的位置。选中【居中】单选按钮，表示应用从图像的中心发出的光，此时如果增加【大小】值，发光效果会向图像的中心收缩；选中【边缘】单选按钮，表示应用从图像的内部边缘发出的光，此时如果增加【大小】值，发光效果会向图像的中心扩展 |
| 阻塞 | 用于在模糊之前收缩内发光的杂边边界 |

### 5.5.8 光泽

【光泽】样式可以创建光滑、有光泽的内部阴影，通常用于创建金属表面的光泽效果，如图5-112所示。

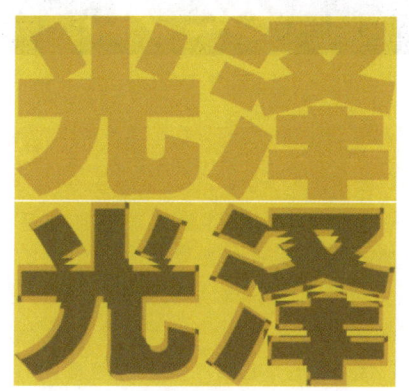

图5-112

【光泽】设置面板中没有特别的选项，但可以通过选择不同的【等高线】来改变光泽的效果，如图5-113所示。

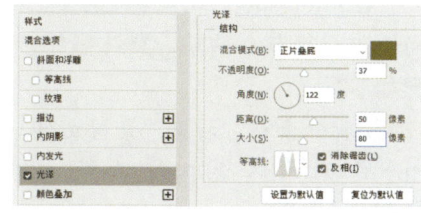

图5-113

### 5.5.9 颜色、渐变和图案叠加

【颜色叠加】样式可以在图层上叠加指定的颜色，通过设置颜色的混合模式和不透明度，可以控制叠加效果，如图5-114所示。

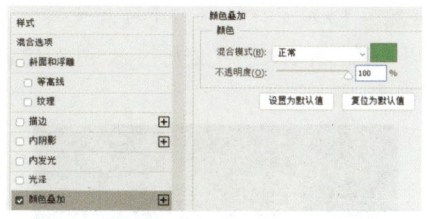

图5-114

效果如图5-115所示。

图5-115

【渐变叠加】样式可以在图层上叠加指定的渐变，如图5-116所示。

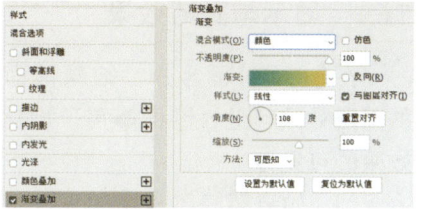

图5-116

效果如图5-117所示。

图5-117

【图案叠加】样式可以在图层上叠加图案，并且可以缩放图案、设置图案的不透明度和混合模式，如图5-118所示。

图5-118

效果如图5-119所示。

图5-119

## 5.6 编辑图层样式

添加图层样式后，如果对效果不满意，可以随时修改样式的参数、隐藏效果或删除效果，这些操作都不会对图层中的图像造成任何破坏。

## 5.6.1 显示与隐藏效果

在【图层】面板中，效果前面的图层效果可见性图标👁用于控制效果的可见性。

（1）如果要隐藏一个效果，可单击该效果前的【打开或关闭单个图层效果可见性】图标👁，如图5-120所示。

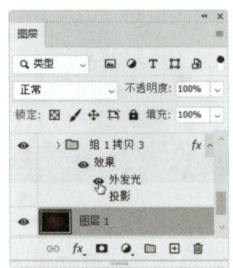

图5-120

（2）如果要隐藏一个图层中所有的效果，可单击【效果】前的【切换所有图层效果可见性】图标👁，如图5-121所示。

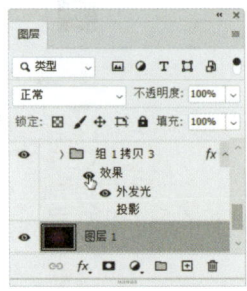

图5-121

（3）如果要隐藏文件中所有图层的效果，可执行【图层】→【图层样式】→【隐藏所有效果】命令。

## 5.6.2 修改效果

在【图层】面板中，双击一个效果，可以打开【图层样式】对话框并进入该样式的设置面板，此时可以修改样式的参数，也可以在左侧列表中选择新样式，设置完成后，单击【确定】按钮，可以将修改后的效果应用于图层。

## ★重点 5.6.3 复制、粘贴效果

在Photoshop 2024中图层样式可以进行复制、粘贴，具体操作步骤如下。

**Step 01** 打开素材。打开"素材文件\第5章\发光文字.psd"文件，如图5-122所示。

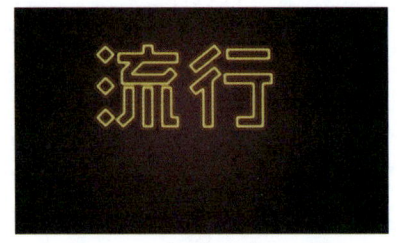

图5-122

**Step 02** 输入文字。选择【横排文字工具】T，输入文字"发光"，如图5-123所示。

图5-123

**Step 03** 执行【拷贝图层样式】命令。右击【流行】图层组，在弹出的快捷菜单中，选择并执行【拷贝图层样式】命令，如图5-124所示。

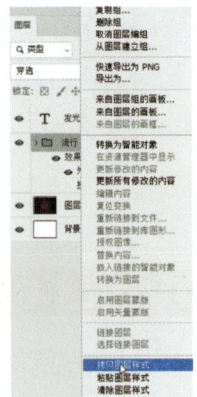

图5-124

**Step 04** 执行【粘贴图层样式】命令。右击【发光】文字图层，在弹出的快捷菜单中，选择并执行【粘贴图层样式】命令，如图5-125所示。

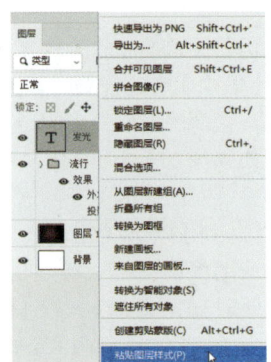

图5-125

**Step 05** 显示图层样式效果。粘贴效果如图5-126所示。

图5-126

### 技术看板

按住【Alt】键将效果图标从原图层拖曳到目标图层，可以将原图层的所有效果都复制到目标图层；如果只需要复制一个效果，可按住【Alt】键拖曳该效果至目标图层；如果没有按住【Alt】键，则会将效果转移到目标图层，原图层不再有效果。

## 5.6.4 缩放效果

在对添加了效果的图像进行缩放时，效果仍然保持原来的比例，不会随着图像大小的变化而改变。如果要获得与图像比例一致的效果，在【缩放图层效果】对话框中设置其缩放比例，即可缩放效果，具体

操作步骤如下。

Step 01 打开素材。打开"素材文件\第5章\缩放效果.psd"文件,如图5-127所示。

图5-127

Step 02 设置缩放比例。选中【蝴蝶】图层,按【Ctrl+T】组合键,执行【自由变换】操作,在选项栏中,设置水平和垂直缩放比例为50%,图层效果并没有随图像缩小,如图5-128所示。

图5-128

Step 03 设置缩放效果。执行【图层】→【图层样式】→【缩放效果】命令,打开【缩放图层效果】对话框,❶设置【缩放】为50%,❷单击【确定】按钮,如图5-129所示。

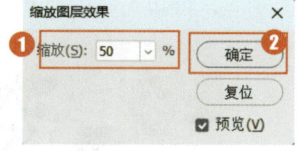

图5-129

Step 04 显示缩放效果。50%缩放效果如图5-130所示。

图5-130

Step 05 观察其他缩放值效果。根据需要设置其他缩放值。例如,10%缩放效果如图5-131所示。

图5-131

### 5.6.5 将效果创建为图层

图层效果虽然丰富,但要想进一步对其进行编辑,如在效果上绘画或应用滤镜,则需要先将效果创建为图层。选中添加了效果的图层,如图5-132所示。

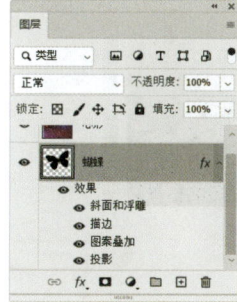

图5-132

执行【图层】→【图层样式】→【创建图层】命令,弹出提示对话框,单击【确定】按钮,如图5-133所示。

图5-133

即可将效果从图层中剥离出来成为单独的图层,如图5-134所示。

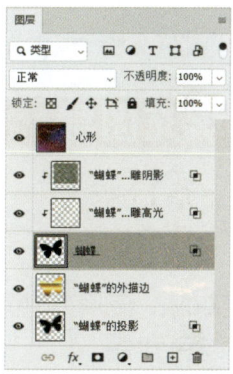

图5-134

### 5.6.6 全局光

在【图层样式】对话框中,【投影】【内阴影】【斜面和浮雕】设置面板都包含一个【使用全局光】复选框,勾选该复选框后,以上效果就会使用相同角度的光源。在添加【斜面和浮雕】和【投影】样式时,如果勾选了【斜面和浮雕】的【使用全局光】复选框,【投影】的光源也会随之改变;如果没有勾选该复选框,则【投影】的光源不会变。

### 5.6.7 等高线

在【图层样式】对话框中,【投影】【内阴影】【内发光】【外发光】【斜面与浮雕】【光泽】设置面板都包含【等高线】设置选项。单击【等高线】选项右侧的▼按钮,可以在打开的下拉面板中选择一个预设的等高线样式。

如果单击【等高线】缩览图,则可以打开【等高线编辑器】对话框,【等高线编辑器】对话框与【曲线】对话框非常相似,可以添加、删除和移动控制点来修改等高线的形状,从而影响【投影】【内发光】等效果的外观。

### 5.6.8 清除效果

清除图层效果的方法有3种,分别如下。

方法一:在【图层】面板中选择要删除的效果,将它拖曳到【图层】面板底部的 🗑 按钮上,即可删除该效果。如果要删除一个图层的所有效果,可以将效果图标 fx 拖曳到 🗑 按钮上。

方法二:在【图层】面板中要清除效果的图层上右击,在弹出的快捷菜单中选择【清除图层样式】命令。

方法三:在【图层】面板中选中要清除效果的图层,执行【图层】→【图层样式】→【清除图层样式】命令。

## 5.7 填充图层

在【图层】面板中创建填充图层,属于保护性填充,并不会改变图像自身的颜色。利用填充图层可以在图层中填充颜色、渐变和图案,还可以设置填充图层的混合模式和不透明度,从而得到不同的图像效果。

### 5.7.1 实战:使用颜色填充图层填充纯色背景

**实例门类** 软件功能

创建颜色填充图层可以为图像添加纯色背景,具体操作步骤如下。

**Step01** 打开素材。打开"素材文件\第5章\红心.psd"文件,如图5-135所示。

**Step03** 创建颜色填充图层。执行【图层】→【新建填充图层】→【纯色】命令,弹出【新建图层】对话框,单击【确定】按钮,如图5-137所示。

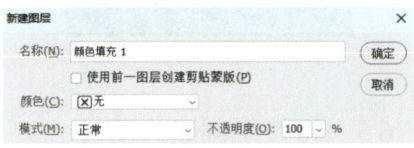

图5-137

**Step04** 设置颜色。在弹出的【拾色器(前景色)】对话框中,❶设置颜色为浅黄色【#f8efb4】,❷单击【确定】按钮,如图5-138所示。

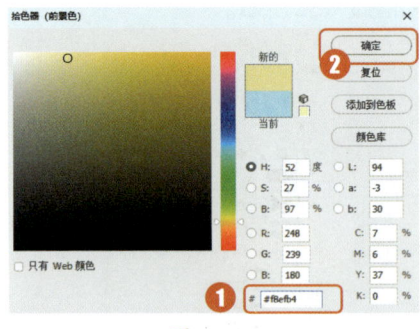

图5-138

**Step05** 显示效果。通过前面的操作,【背景】图层上方创建了一个颜色填充图层,效果如图5-139所示。

图5-139

### 5.7.2 实战:使用渐变填充图层创建虚边效果

**实例门类** 软件功能

创建渐变填充图层可以为图像添加渐变效果,具体操作步骤如下。

**Step01** 打开素材并创建选区。打开"素材文件\第5章\玫瑰.jpg"文件,使用【椭圆选框工具】在图像中创建选区,如图5-140所示。

图5-140

图5-135

**Step02** 选中【背景】图层。选中【背景】图层,如图5-136所示。

图5-136

Step 02 羽化选区。按【Shift+F6】组合键，执行羽化命令，❶设置【羽化半径】为100像素，❷单击【确定】按钮，如图5-141所示。

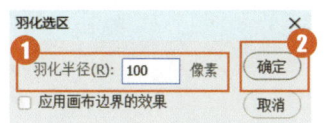

图 5-141

Step 03 反选选区。按【Shift+Ctrl+I】组合键反选选区，如图5-142所示。

图 5-142

Step 04 创建渐变填充图层。执行【图层】→【新建填充图层】→【渐变】命令，弹出【新建图层】对话框，单击【确定】按钮，如图5-143所示。

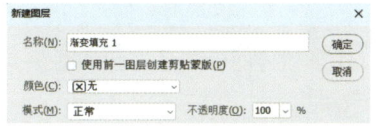

图 5-143

Step 05 设置渐变效果。在弹出的【渐变填充】对话框中，❶设置【渐变】为黑白渐变，【样式】为【径向】，【角度】为90度，【缩放】为1%，❷单击【确定】按钮，如图5-144所示。

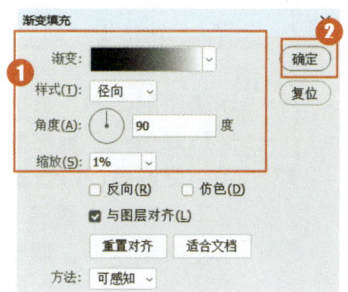

图 5-144

Step 06 显示效果。创建渐变填充图层的效果如图5-145所示。

图 5-145

Step 07 更改图层模式。更改渐变填充图层的【混合模式】为【叠加】，如图5-146所示。

图 5-146

Step 08 显示最终效果。最终效果如图5-147所示。

图 5-147

### 5.7.3 实战：使用图案填充图层制作绿叶背景效果

| 实例门类 | 软件功能 |

创建图案填充图层可以为图像添加图案效果，具体操作步骤如下。

Step 01 打开素材。打开"素材文件\第5章\卷发女孩.jpg"文件，如图5-148所示。

图 5-148

Step 02 创建图案填充图层。执行【图层】→【新建填充图层】→【图案】命令，弹出【新建图层】对话框，单击【确定】按钮，如图5-149所示。

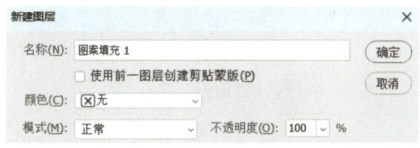

图 5-149

Step 03 选择图案。在弹出的【图案填充】对话框中单击图案图标，并选择要应用的图案，如图5-150所示。

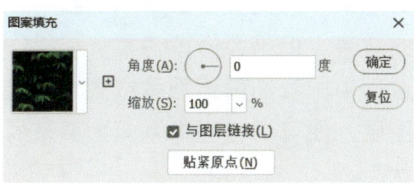

图 5-150

Step 04 完成图案填充图层的创建。通过前面的操作，创建绿叶图案填充图层，如图5-151所示。

图 5-151

Step 05 更改图层模式。更改图案填充图层的【混合模式】为【柔光】，如图5-152所示。

图 5-152

Step 06 显示最终效果。最终效果如图 5-153 所示。

图 5-153

> **技能拓展——修改填充图层**
> 
> 创建填充图层后，可修改填充颜色、渐变颜色和图案内容。双击填充图层的缩览图，在弹出的相应填充对话框中，修改其参数即可。

## 5.8 调整图层

调整图层可以将颜色和色调调整应用于图像，但是不会改变原图像的像素，是一种保护性调整方式。下面详细介绍调整图层的使用方法。

### 5.8.1 调整图层的优势

颜色与色调的调整方式有两种，一种是执行菜单中的【调整】命令，另一种就是通过调整图层来操作。【调整】命令会直接修改所选图层中的像素，而调整图层可以达到同样的效果，但不会修改像素。在操作过程中，我们只需隐藏或删除调整图层，便可以将图像恢复为原来的状态。

创建调整图层以后，颜色和色调调整就存储在调整图层中，并影响它下面所有的图层。因此在调整多个图层时，不必分别调整每个图层。调整图层可以随时修改参数，而执行菜单中的命令后，一旦应用并将文件关闭，图像就不能再恢复了。

### ★重点 5.8.2 调整面板

执行【窗口】→【调整】命令，打开【调整】面板，在【调整】面板中，单击相应按钮，如单击【曲线】按钮，如图 5-154 所示。

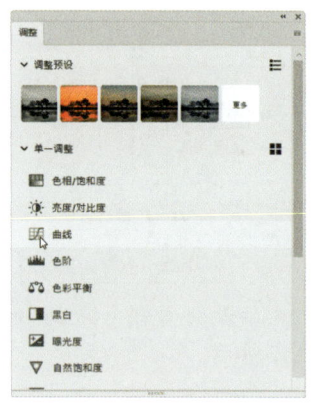

图 5-154

可以在【属性】面板中显示相应的参数设置面板，如图 5-155 所示。

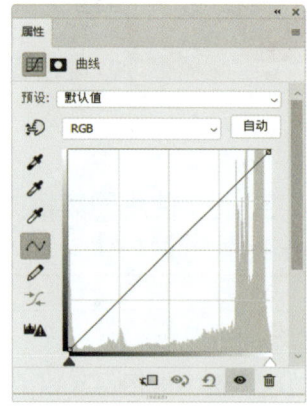

图 5-155

在【图层】面板中，同时创建调整图层，如图 5-156 所示。

图 5-156

【属性】面板中各按钮如图 5-157 所示。

图 5-157

各按钮的作用如表 5-10 所示。

表 5-10 【属性】面板中各按钮的作用

| 按钮 | 作用 |
| --- | --- |
| ❶创建剪贴蒙版 | 单击该按钮，可将当前调整图层与它下面的图层创建为一个剪贴蒙版组，使调整图层仅影响它下面的一个图层；再次单击该按钮，调整图层会影响下面的所有图层 |

续表

| 按钮 | 作用 |
|---|---|
| ❷查看上一状态 | 调整完成参数后，单击该按钮，可在窗口中查看图像上一个调整状态，以便比较两种效果 |
| ❸复位到调整默认值 | 单击该按钮，可将调整参数恢复为默认值 |

续表

| 按钮 | 作用 |
|---|---|
| ❹切换图层可见性 | 单击该按钮，可以隐藏或显示调整图层。隐藏调整图层后，图像便会恢复为原状 |
| ❺删除调整图层 | 单击该按钮，可以删除当前调整图层 |

### 5.8.3 删除调整图层

选择调整图层，将它拖曳到【图层】面板底部的【删除图层】按钮 🗑 上即可将其删除。如果只需删除蒙版而保留调整图层，可在调整图层的蒙版上右击，在弹出的快捷菜单中选择【删除图层蒙版】命令。

选择调整图层后，直接按【Delete】键可以快速删除调整图层。

## 5.9 智能对象

智能对象和普通图层的区别在于，智能对象可以保留对象的源内容和所有原始特征，对它进行处理时，不会直接应用到对象的原始数据，这是一种非破坏性的编辑功能。

### 5.9.1 智能对象的优势

智能对象可以进行非破坏性变换，对图像进行任意比例缩放、旋转、变形等，不会丢失原始图像数据或降低图像的品质。

智能对象可以保留非Photoshop本地方式处理的数据，当嵌入矢量图形时，Photoshop会自动将其转换为可识别的内容。

将智能对象创建为多个副本，对原始内容进行编辑后，所有与之链接的副本都会自动更新。

将多个图层内容创建为一个智能对象后，可以简化【图层】面板中的图层结构。

应用于智能对象的所有滤镜都是智能滤镜，智能滤镜可以随时修改参数或撤销，不会对图像造成任何破坏。

### ★重点 5.9.2 智能对象的创建

智能对象的缩览图右下角会显示智能对象图标，创建智能对象的方法有以下3种。

方法一：将文件作为智能对象打开。执行【文件】→【置入嵌入对象】命令，可以选择一个文件作为智能对象打开。

方法二：将图层中的对象创建为智能对象。在【图层】面板中选择一个或多个图层，执行【图层】→【智能对象】→【转换为智能对象】命令，或者右击图层，选择【转换为智能对象】命令，如图5-158所示。

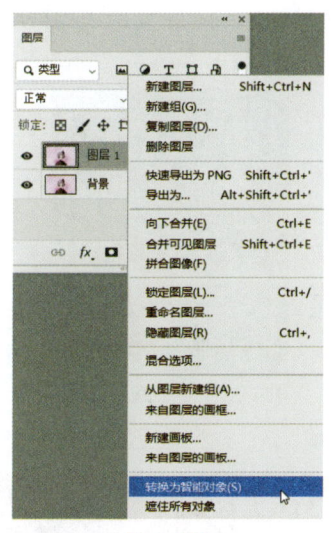

图 5-158

将它们打包到一个智能对象中，如图5-159所示。

图 5-159

方法三：将其他软件中的矢量图形粘贴为智能对象。在Illustrator中选择一个对象，按【Ctrl+C】组合键复制，切换到Photoshop 2024，按【Ctrl+V】组合键粘贴，在弹出的【粘贴】对话框中选择【智能对象】选项，可以将矢量图形粘贴为智能对象。

### 5.9.3 链接智能对象的创建

创建智能对象后，选择智能对象，执行【图层】→【新建】→【通过拷贝的图层】命令，可以复制出新的智能对象，当编辑任意一个智能对象的源对象时，与之链接的所有智能对象会显示应用的修改。

### 5.9.4 非链接智能对象的创建

如果要复制出非链接的智能对象，可以选择智能对象图层，执行【图层】→【智能对象】→【通过拷贝新建智能对象】命令，新智能对象各自独立，编辑其中任何一个的源对象都不会影响其他智能对象。

### 5.9.5 实战：智能对象的内容替换

| 实例门类 | 软件功能 |

创建智能对象后，还可以替换智能对象的内容，具体操作步骤如下。

Step01 打开素材。打开"素材文件\第5章\饮料海报.psd"文件，如图5-160所示。

图 5-160

Step02 选择智能对象。选择【饮料1】智能对象，如图5-161所示。

图 5-161

Step03 置入图像到文件中。执行【图层】→【智能对象】→【替换内容】命令，打开【替换文件】对话框，❶选择目标文件夹，❷选择"鸡尾酒.png"文件，❸单击【置入】按钮，将其置入到文件中，如图5-162所示。

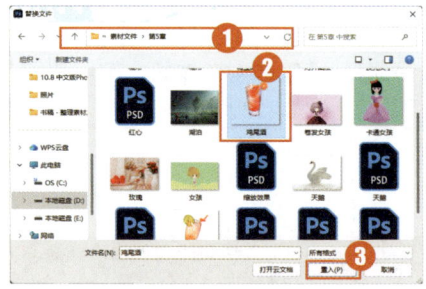

图 5-162

Step04 替换智能对象。通过前面的操作，替换原有的智能对象，如图5-163所示。

图 5-163

Step05 调整图像大小。按【Ctrl+T】组合键执行【自由变换】命令，调整图像大小和位置，如图5-164所示。

图 5-164

**技术看板**

替换智能对象时，将保留对第一个智能对象应用的缩放、变形或效果。

### 5.9.6 栅格化智能对象

选择要转换为普通图层的智能对象，如图5-165所示。

图 5-165

执行【图层】→【智能对象】→【栅格化】命令，可以将智能对象转换为普通图层，缩览图上的智能对象图标会消失，如图5-166所示。

图 5-166

### 5.9.7 更新智能对象链接

智能对象的源文件丢失或发生改变时，执行【图层】→【智能对象】→【更新修改的内容】命令，可以更新智能对象，如果想查看源文件的保存位置，可以执行【图层】→【智能对象】→【在资源管理器中显示】命令。

如果智能对象源文件名称发生改变，可以执行【图层】→【智能对象】→【解析断开的链接】命令，打开源文件所在的文件夹重新选择重命名的文件。

如果智能对象源文件丢失，Photoshop会弹出提示对话框，用户可以重新选择源文件。

### 5.9.8 导出智能对象内容

在Photoshop中编辑智能对象以后，可以将它按照原始的置入格式导出，以便在其他程序中使用。在【图层】面板中选择智能对象，执行【图层】→【智能对象】→【导出内容】命令，即可导出智能对象。如果智能对象是利用图层创建的，则以PSB格式导出。

## 妙招技法

通过对本章知识的学习，相信读者已经了解并掌握了图层的基本功能应用知识。下面结合本章内容，给大家介绍一些实用技巧。

### 技巧01：设置图层组的混合模式

图层之间有混合模式，图层组和图层之间也可以设置混合模式，它的默认混合模式是穿透，如果设置图层组的混合模式，Photoshop会将图层组内的图层看作一个单独图层，并应用所选模式与下方图层混合，具体操作方法如下。

Step 01 打开素材。打开"素材文件\第5章\城市.psd"文件，如图5-167所示。

图 5-167

Step 02 更改图层组混合模式。选择【组1】图层组，更改【组1】图层组的【混合模式】为【颜色】，如图5-168所示。

图 5-168

Step 03 显示效果。混合效果如图5-169所示。

图 5-169

### 技巧02：清除图层杂边

移动和粘贴带选区的图像时，选区周围通常会包括一些背景色，执行【图层】→【修边】命令，在弹出的子菜单中选择并执行相应的命令，可以清除多余的像素，如图5-170所示。

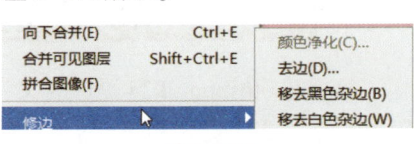

图 5-170

（1）【颜色净化】：移除图层边缘的彩色杂边。

（2）【去边】：用纯色的邻近颜色替换边缘颜色。例如，在黑色背景上选择白色图像，不可避免会选中一些黑色背景，该命令可以用白色替换误选的黑色。

（3）【移去黑色杂边】：如果将黑色背景上创建的消除锯齿的选区移动到其他颜色背景上，执行该命令可以移除黑色杂边。

（4）【移去白色杂边】：如果将白色背景上创建的消除锯齿的选区移动到其他颜色背景上，执行该命令可以移除白色杂边。

## 本章小结

本章主要介绍图层的基本功能应用知识，包括图层混合模式、不透明度、图层样式的应用，以及填充图层、调整图层和智能对象的应用。本章的重点知识为图层的混合模式与图层的不透明度。应用图层混合模式，可以制作出很多绚丽的图像效果，读者应该熟练掌握这部分知识。

# 第6章 文字的创建与编辑

- 创建文字有哪些工具？
- 可以让文字沿着某种形状排列吗？
- 如何查找指定文字？
- 点文字和段落文字的区别是什么？

文字是Photoshop的又一个重点。在Photoshop 2024中，该如何运用文字让图像更完美？如果你迫切想知道问题的答案，那就赶快学习本章内容吧。

## 6.1 Photoshop文字基础知识

使用Photoshop 2024提供的文字工具能够制作出各类文字效果。根据文字的创建方法来区分，主要有点文字、段落文字、文字选区和路径文字。

### 6.1.1 文字类型

Photoshop中的文字是以矢量的形式存在的，在将文字栅格化以前，Photoshop会保留基于矢量的文字轮廓，可以任意调整文字大小而不会产生锯齿。

划分文字类型的方式有很多种，根据排列方式划分，可分为横排文字和直排文字；根据形式划分，可分为文字和文字蒙版；根据创建的内容划分，可分为点文字、段落文字和路径文字；根据样式划分，可分为普通文字和变形文字。

### 6.1.2 文字工具选项栏

在使用文字工具输入文字前，需要先在工具选项栏或【字符】面板中设置文字的属性，包括字体、大小、颜色等。文字工具选项栏如图6-1所示。

图6-1

各选项的作用如表6-1所示。

表6-1 文字工具选项栏中各选项的作用

| 选项 | 作用 |
| --- | --- |
| ❶切换文本取向 | 如果当前文字为横排文字，单击该按钮，可将其转换为直排文字；如果是直排文字，单击该按钮，则可将其转换为横排文字 |
| ❷设置字体 | 在该选项下拉列表中可以选择字体 |
| ❸设置字体样式 | 用来为字体设置样式，包括Regular（规则）、Italic（斜体）、Bold（粗体）和Bold Italic（粗斜体）。该选项只对部分英文字体有效 |
| ❹设置字体大小 | 可以选择字体的大小，也可以直接输入数值来进行调整 |
| ❺设置消除锯齿的方法 | 可以选择一种方法为文字消除锯齿，Photoshop会通过部分填充边缘像素来产生边缘平滑的文字，使文字的边缘混合到背景中而看不出锯齿。方法包括【无】【锐利】【犀利】【深厚】和【平滑】 |
| ❻对齐文本 | 设置文字的对齐方式，包括左对齐文本、居中对齐文本和右对齐文本 |
| ❼设置文本颜色 | 单击颜色块，可以在打开的【拾色器】对话框中设置文字的颜色 |
| ❽创建文字变形 | 单击该按钮，可以在打开的【变形文字】对话框中为文字添加变形样式，创建变形文字 |
| ❾切换字符和段落面板 | 单击该按钮，可以显示或隐藏【字符】和【段落】面板 |

## 6.2 创建文字

Photoshop提供了4种文字工具，其中，【横排文字工具】T.和【直排文字工具】IT.用于创建点文字、段落文字和路径文字，【横排文字蒙版工具】和【直排文字蒙版工具】用于创建文字选区。

### ★重点 6.2.1 实战：为图像添加说明文字

| 实例门类 | 软件功能 |

**Step 01** 打开素材。打开"素材文件\第6章\生日贺卡.jpg"文件，如图6-2所示。

图6-2

**Step 02** 单击指定文字插入点。选择【横排文字工具】T.，在图像中单击指定文字插入点，如图6-3所示。

图6-3

**Step 03** 输入文字。输入文字"生日"，如图6-4所示。

图6-4

**Step 04** 选中文字。双击选中文字，如图6-5所示。

图6-5

**Step 05** 设置字体和大小。在选项栏中，设置【字体】为迷你简淹水，【字体大小】为150点，如图6-6所示。

图6-6

**Step 06** 设置文字颜色。选中文字"生"，单击【设置文本颜色】颜色块，如图6-7所示。

图6-7

> 💡 **技术看板**
>
> 在输入文字时，单击3次鼠标可以选中一行文字；单击4次鼠标可以选中整个段落；按【Ctrl+A】组合键可以选中全部文字。

**Step 07** 拾取颜色。弹出【拾色器（文本颜色）】对话框。选择【吸管工具】，单击图像中的红色气球，拾取颜色，如图6-8所示。

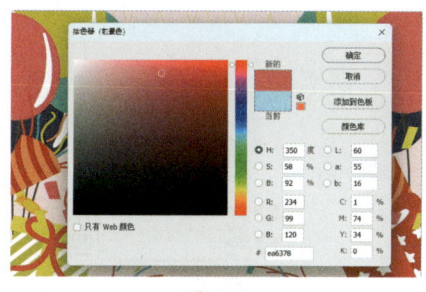

图6-8

**Step 08** 设置文字颜色。选中文字"日"，使用前面的方法打开【拾色器（文本颜色）】对话框，设置颜色。单击选项栏中的✓按钮，完成文字输入，如图6-9所示。

图6-9

**Step 09** 继续输入文字。使用前面的方法输入文字"快乐"，并设置字体、大小和颜色，最终效果如图6-10所示。

图6-10

> **技能拓展——编辑状态下移动文字**
>
> 处于文字编辑状态时，移动鼠标指针到文字四周，当鼠标指针变为形状时，拖曳鼠标即可移动文字。

### 6.2.2 字符面板

【字符】面板中提供了比工具选项栏更多的选项，单击选项栏中的【切换字符和段落面板】按钮或执行【窗口】→【字符】命令，都可以打开【字符】面板，如图6-11所示。

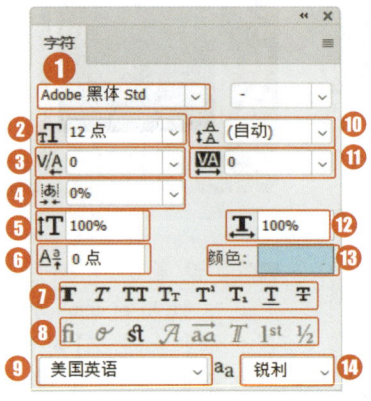

图6-11

各选项的作用如表6-2所示。

表6-2 【字符】面板中各选项的作用

| 选项 | 作用 |
| --- | --- |
| ❶设置字体系列 | 在【设置字体系列】下拉列表中可选择需要的字体，选择不同字体选项将得到不同文字效果，被选中的文字将应用当前选择的字体 |
| ❷设置字体大小 | 在下拉列表中选择字体大小值，也可在文本框中输入字体大小值，对字体大小进行设置 |
| ❸设置两个字符间的字距微调 | 打开下拉列表，选择预设的字距微调值，若为选中文字应用字体的内置字距微调信息，则选择【度量标准】选项；若要依据选中文字的形状自动调整它们之间的距离，则选择【视觉】选项；若要手动调整字距微调，则可在其后的文本框中直接输入一个数值或从该下拉列表中选择需要的选项。若选择了文本范围，则无法手动进行字距微调，需要通过字距调整进行设置 |
| ❹设置所选字符的比例间距 | 选中需要进行比例间距设置的文字，在下拉列表中选择需要变换的间距百分比，百分比越大，比例间距越近 |

续表

| 选项 | 作用 |
| --- | --- |
| ❺垂直缩放 | 选中需要进行缩放的文字，垂直缩放文本框中显示的默认值为100%，可以在文本框中输入任意数值对选中的文字进行垂直缩放。50%和100%垂直缩放的效果对比如图6-12所示 气球气球 图6-12 |
| ❻设置基线偏移 | 在该选项中可以对文字的基线位置进行设置，输入不同的数值设置基线偏移的程度，输入负值可以将基线向下偏移，输入正值则可以将基线向上偏移。例如，选择文字"球"后，0和100点的基线偏移效果对比如图6-13所示 气球气球 图6-13 |
| ❼设置字体样式 | 通过单击面板中的按钮可以对文字应用仿粗体、仿斜体、全部大写字母、小型大写字母、上标、下标、下划线、删除线等设置，如图6-14所示 球球ABAB AᵇAᵦCC 图6-14 |
| ❽Open Type字体 | 包含了当前PostScript和TrueType字体不具备的功能，如花饰字和自由连字 |
| ❾连字、拼写规则 | 对所选字符进行有关连字符和拼写规则的语言设置，Photoshop使用语言词典检查连字符连接 |
| ❿设置行距 | 对多行文字的行距进行设置，可以在下拉列表中选择固定的行距值，也可以在文本框中直接输入数值进行设置，输入的数值越大则行距越大。自动和100点行距的效果对比如图6-15所示 红色的气球 红色的气球 蔚蓝的天空 蔚蓝的天空 图6-15 |

| 选项 | 作用 |
|---|---|
| ⑪设置所选字符的字距调整 | 选中需要设置的文字后，在下拉列表中选择需要调整的字距数值。0和100点字距的效果对比如图6-16所示 |
| ⑫水平缩放 | 选中需要进行缩放的文字，水平缩放文本框中显示的默认值为100%，可以在文本框中输入任意数值对选中的文字进行水平缩放。100%和50%水平缩放的效果对比如图6-17所示 |
| ⑬设置文本颜色 | 在面板中直接单击颜色块可以弹出【拾色器（文本颜色）】对话框，在该对话框中选择合适的颜色即可完成对文字颜色的设置 |
| ⑭设置消除锯齿的方法 | 该选项用于设置消除锯齿的方法 |

### 6.2.3 实战：创建段落文字

创建段落文字后，文本框内的文字可以进行段落属性调整。创建段落文字的具体操作步骤如下。

| 实例门类 | 软件功能 |

Step 01 打开素材。打开"素材文件\第6章\背景.jpg"文件，如图6-18所示。

图6-18

Step 02 指定文本框区域。选择【直排文字工具】，在图像右侧输入文字"故宫"，在选项栏中设置【字体】为书体坊兰亭体，【字体大小】为400点，【颜色】为白色。选择【横排文字工具】，在图像中拖曳鼠标创建文本框，如图6-19所示。

Step 03 输入文字。在选项栏中，设置【字体】为黑体，【字体大小】为52点。在文本框中输入文字，如图6-20所示。

图6-19　　　图6-20

Step 04 显示段落文字特点。继续输入文字，当文字到达文本框边界时会自动换行，如图6-21所示。

Step 05 继续输入文字。继续输入文字，如图6-22所示。

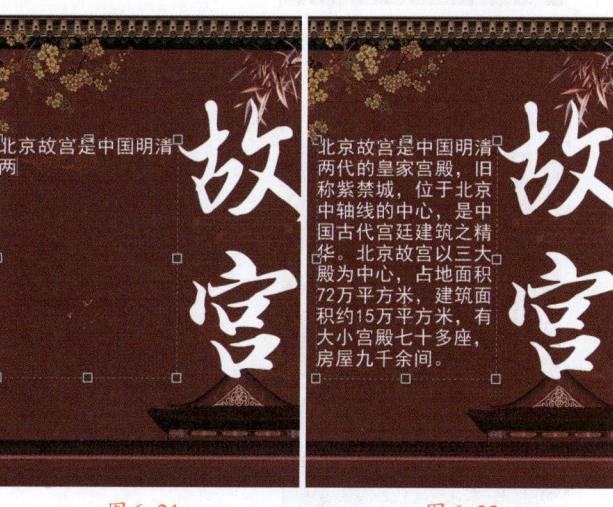

图6-21　　　图6-22

Step 06 设置文字的行距和字距。按【Ctrl+A】组合键全选文字，在【字符】面板中，设置【行距】为63点，【字距】为30点，如图6-23所示。

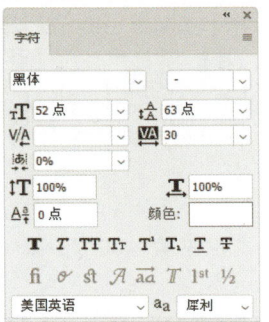

图 6-23

**Step 07** 显示效果。效果如图 6-24 所示,此时,文本框右下角出现了 ⊞ 图标,表示文本框中内容没有显示完全。

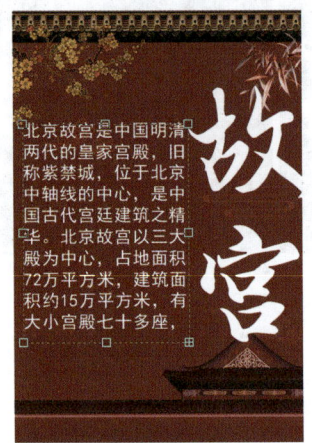

图 6-24

**Step 08** 显示所有内容。拖曳文本框,显示出所有内容,如图 6-25 所示。

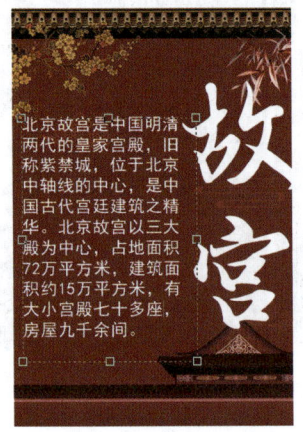

图 6-25

**Step 09** 设置首行缩进。单击【段落】选项卡,切换到【段落】面板。

设置【首行缩进】为 50 点,如图 6-26 所示。

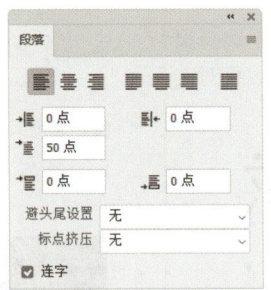

图 6-26

**Step 10** 显示效果。首行缩进效果如图 6-27 所示。

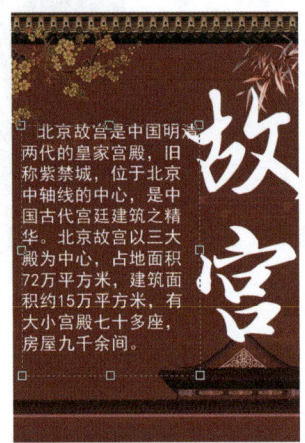

图 6-27

**Step 11** 设置首尾避头法则。在文本框右侧边框上单击并向左拖曳鼠标,缩小文本框。在【段落】面板中,设置【避头尾设置】为【JIS 严格】,如图 6-28 所示。

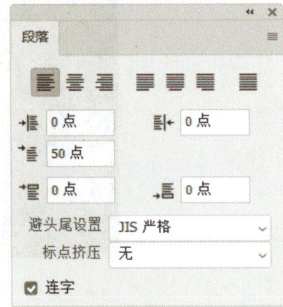

图 6-28

**Step 12** 退出文字编辑状态。按【Ctrl+Enter】组合键,确认文字输入,如图 6-29 所示。

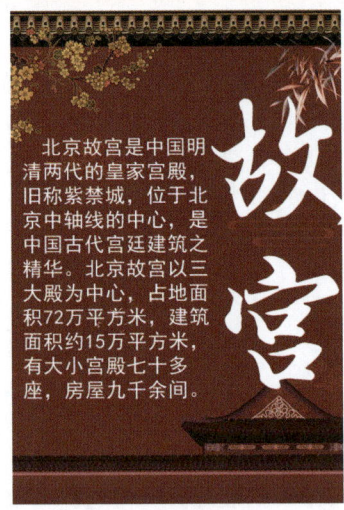

图 6-29

### 技术看板

选择文字,按【Shift+Ctrl+>】组合键,可以以 2 点为增量调大文字;按【Shift+Ctrl+<】组合键,可以以 2 点为增量调小文字。

选择文字,按【Alt+→】组合键,可以增大字距;按【Alt+←】组合键,可以减小字距。

### 6.2.4 段落面板

【段落】面板主要用于设置对齐方式和缩进方式等。单击选项栏中的【切换字符和段落面板】按钮,或者执行【窗口】→【段落】命令,都可以打开【段落】面板,如图 6-30 所示。

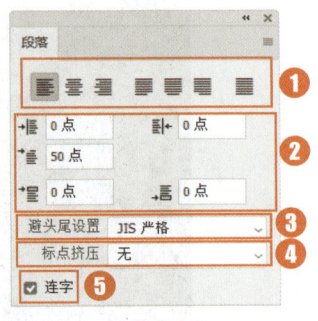

图 6-30

各选项的作用如表 6-3 所示。

表6-3 【段落】面板中各选项的作用

| 选项 | 作用 |
|---|---|
| ❶对齐方式 | 包括左对齐文本、居中对齐文本、右对齐文本、最后一行左对齐、最后一行居中对齐、最后一行右对齐和全部对齐，如图6-31所示 |
| ❷缩进方式 | 包括左缩进、右缩进、首行缩进、段前添加空格和段后添加空格，如图6-32所示 |
| ❸避头尾设置 | 选择换行集为无、JIS宽松、JIS严格 |
| ❹标点挤压 | 选择内部字符间距组合 |
| ❺连字 | 自动用连字符连接 |

## 6.2.5 字符样式和段落样式面板

| 实例门类 | 软件功能 |
|---|---|

【字符样式】和【段落样式】面板可以保存文字的样式，并可快速应用于其他文字、线条或段落，从而极大地节省用户的创作时间。

### 1. 实战：在【字符样式】面板中创建字符样式

字符样式是诸多字符属性的集合，创建并应用字符样式的具体操作步骤如下。

**Step 01** 创建新的字符样式。执行【窗口】→【字符样式】命令，打开【字符样式】面板。单击【字符样式】面板中的【创建新的字符样式】按钮，即可创建一个空白的【字符样式1】，如图6-33所示。

**Step 02** 双击字符样式。双击【字符样式1】，如图6-34所示。

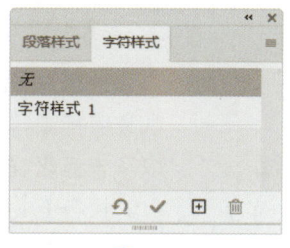
图6-33

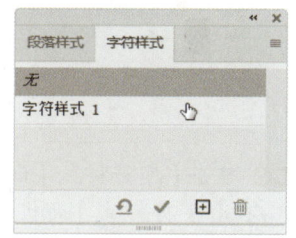
图6-34

**Step 03** 设置字符样式。打开【字符样式选项】对话框，在【基本字符格式】选项卡中，设置字体、字体大小和颜色等属性，如图6-35所示。

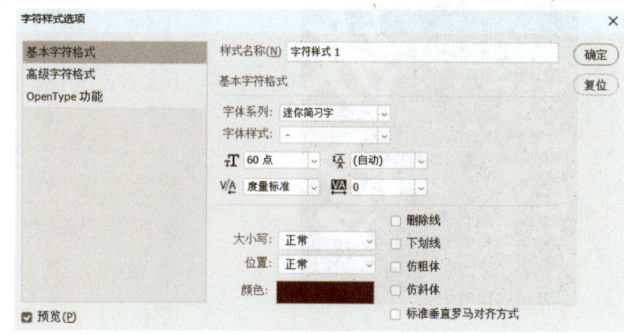
图6-35

**Step 04** 设置高级字符格式。❶单击【高级字符格式】选项卡，❷设置【垂直缩放】为50%，❸单击【确定】按钮，如图6-36所示。

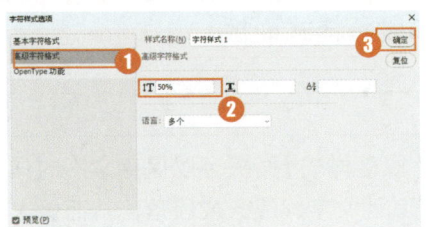

图 6-36

Step 05 选择文字图层。在【图层】面板中，选择任意文字图层，如图 6-37 所示。

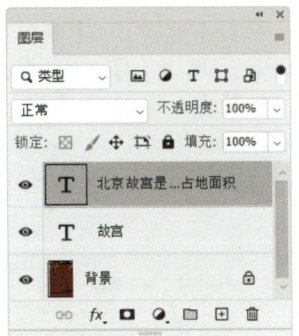

图 6-37

Step 06 单击【字符样式】面板中的样式。在【字符样式】面板中，单击【字符样式1】样式，即可为所选文字图层中的文字应用该样式，效果如图 6-38 所示。

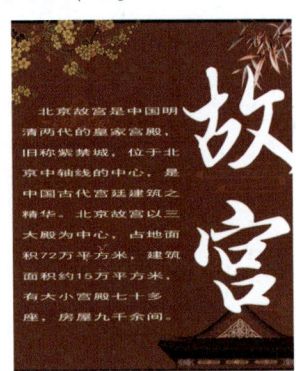

图 6-38

### 2.【段落样式】面板

段落样式的创建和应用方法与字符样式基本相同。单击【段落样式】面板中的【创建新的段落样式】按钮，即可创建一个空白样式，如图 6-39 所示。

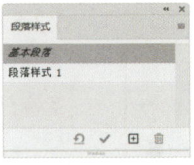

图 6-39

双击该样式，可以打开【段落样式选项】对话框设置段落属性，如图 6-40 所示。

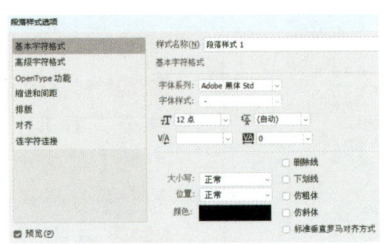

图 6-40

### 3. 存储和载入默认文字样式

字符和段落样式可以存储为默认文字样式，并自动应用于新文件，以及未包含样式的当前文件。

执行【文字】→【存储默认样式】命令，可以将当前字符和段落样式存储为默认样式。

执行【文字】→【载入默认样式】命令，可以将默认字符和段落样式应用于文件。

## 6.2.6 创建文字选区

【横排文字蒙版工具】和【直排文字蒙版工具】用于创建文字选区。选择其中一个工具，在画面中单击，可以进入蒙版状态，如图 6-41 所示。

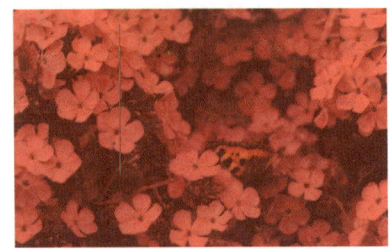

图 6-41

输入文字即可创建文字选区，如图 6-42 所示。

图 6-42

★重点 6.2.7 实战：创建路径文字

| 实例门类 | 软件功能 |

路径文字是指创建在路径上的文字，文字会沿着路径排列，改变路径形状时，文字的排列也会随之改变。输出图像时，路径不会被输出。另外，在【路径控制】面板中，可以取消路径的显示，只显示载入路径后的文字。创建路径文字的具体步骤如下。

Step 01 打开素材。打开"素材文件\第6章\路径文字.psd"文件，切换到【路径】面板，单击【路径】图层，将路径显示出来，如图 6-43 所示。

图 6-43

Step 02 指定文字输入点。选择【横排文字工具】，将鼠标指针放在路径上，鼠标指针变为形状，单击鼠标，设置文字插入点，画面中会出现闪烁的光标，如图 6-44 所示。

图 6-44

Step 03 输入文字。此时输入文字即可沿着路径排列，如图 6-45 所示。

图 6-45

Step 04 设置字距。将光标放在逗号处，在【字符】面板中设置【字距微调】为 -520，缩小字距。再全选文字，设置【字体大小】为 95 点，如图 6-46 所示。

图 6-46

Step 05 绘制圆形路径。单击选项栏中的✓按钮，确认文字输入。选择【椭圆选框工具】，在选项栏中设置绘制方式为路径。在画面上按住【Shift】键绘制圆形路径，如图 6-47 所示。

图 6-47

Step 06 输入文字。选择【横排文字工具】，将鼠标指针放在路径上，单击并输入路径文字，如图 6-48 所示。

图 6-48

Step 07 绘制圆形选区并填充颜色。在文字图层下方新建图层。使用【椭圆选框工具】绘制圆形，并填充白色，如图 6-49 所示。

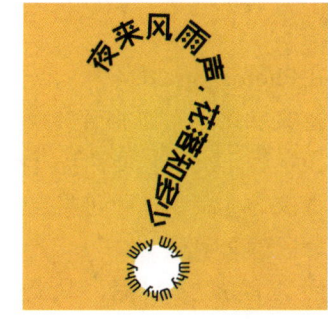

图 6-49

Step 08 添加模糊效果。执行【滤镜】→【模糊】→【高斯模糊】命令，打开【高斯模糊】对话框，设置【半径】为 25 像素，如图 6-50 所示。

图 6-50

Step 09 显示效果。效果如图 6-51 所示。

图 6-51

## 6.3 编辑文字

在图像中输入文字后，不仅可以调整文字的颜色、字体大小，还可以进行其他编辑处理，包括文字的拼写检查、文字变形、栅格化文字，以及将文字转换为路径等操作。

## 6.3.1 点文字与段落文字的互换

在 Photoshop 2024 中，点文字与段落文字之间可以相互转换。创建点文字后，执行【文字】→【转换为段落文本】命令，即可将点文字转换为段落文字。

创建段落文字后，执行【文字】→【转换为点文本】命令，即可将段落文字转换为点文字。

## 6.3.2 实战：使用变形文字添加标题文字

| 实例门类 | 软件功能 |

变形文字是指对创建的文字进行变形后得到的文字，例如，可以将文字变形为扇形或波浪形，下面介绍如何进行文字的变形操作。

**Step 01** 打开素材。打开"素材文件\第6章\星光.jpg"文件，如图 6-52 所示。

图 6-52

**Step 02** 输入文字。选择【横排文字工具】，在图像中输入文字"美丽闪烁的星光"，在选项栏中，设置【字体】为文鼎特粗宋，【字体大小】为 50 点，如图 6-53 所示。

图 6-53

**Step 03** 设置文字变形。在选项栏中，单击【创建文字变形】按钮，弹出【变形文字】对话框，❶设置【样式】为【旗帜】，【弯曲】为 -51%，【水平扭曲】为 11%，❷单击【确定】按钮，如图 6-54 所示。

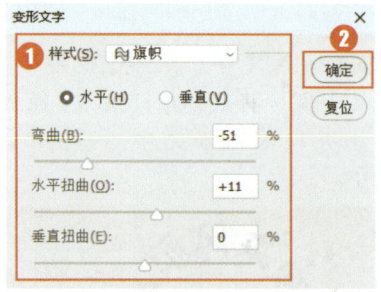

图 6-54

**Step 04** 显示效果。效果如图 6-55 所示。

图 6-55

【变形文字】对话框如图 6-56 所示。

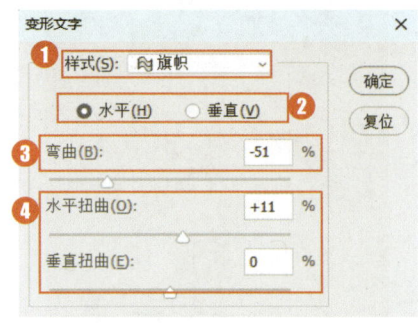

图 6-56

各选项的作用如表 6-4 所示。

表 6-4 【变形文字】对话框中各选项的作用

| 选项 | 作用 |
| --- | --- |
| ❶样式 | 在该选项的下拉列表中可以选择 15 种变形样式 |
| ❷水平 / 垂直 | 选择文字的变形方向为水平方向或垂直方向 |
| ❸弯曲 | 设置文字的弯曲程度 |
| ❹水平扭曲 / 垂直扭曲 | 可以对文字应用透视 |

## ★重点 6.3.3 栅格化文字

点文字和段落文字都属于矢量文字，文字栅格化后，就由矢量文字变成位图了，这样有利于进一步操作，以制作更丰富的文字效果。文字栅格化后，无法返回矢量文字的可编辑状态。

选中文字图层，执行【文字】→【栅格化文字图层】命令，文字即会栅格化。

在文字图层上右击，在弹出的快捷菜单中选择【栅格化文字】命令，也可将文字栅格化。

## ★重点 6.3.4 将文字转换为工作路径

选中文字图层，如图 6-57 所示。

图6-57

执行【文字】→【创建工作路径】命令,可将文字转换为工作路径,原文字属性不变,生成的工作路径可以应用填充和描边,或者通过调整锚点得到变形文字,如图6-58所示。

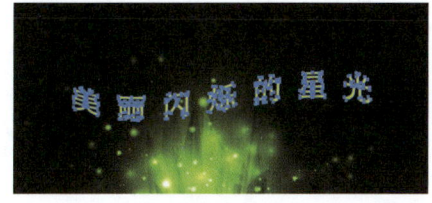

图6-58

单击文字图层前的【指示图层可见性】图标,隐藏文字图层,即可查看工作路径,如图6-59所示。

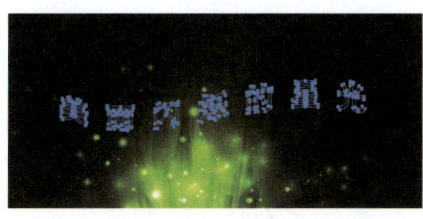

图6-59

### 6.3.5 将文字转换为形状

选中文字图层,执行【文字】→【转换为形状】命令,可将文字图层转换为形状图层。使用【直接选择工具】单击文字,可以显示出路径锚点并可以编辑文字路径,从而调整文字形状,如图6-60所示。

图6-60

### 6.3.6 实战：使用拼写检查检查拼写错误

**实例门类** 软件功能

在Photoshop 2024中,可以检查当前文字图层中的英文单词拼写是否有误,具体操作步骤如下。

**Step 01** 打开素材。打开"素材文件\第6章\春天.psd"文件,如图6-61所示。

图6-61

**Step 02** 选中文字图层。在【图层】面板中,选中文字图层,如图6-62所示。

图6-62

**Step 03** 打开【拼写检查】对话框。选择【横排文字工具】,在文字上右击,在快捷菜单中选择并执行【拼写检查】命令,如图6-63所示。

图6-63

**Step 04** 检查拼写错误。打开【拼写检查】对话框,检查到错误时,软件会提供修改建议。❶选择【Spring】,❷单击【更改】按钮,如图6-64所示。

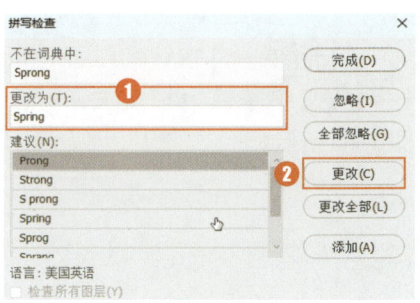

图6-64

**Step 05** 确定更改。弹出提示对话框,单击【确定】按钮,如图6-65所示。

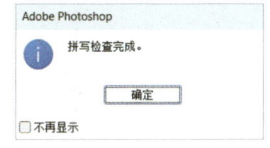

图6-65

**Step 06** 错误被更正。通过前面的操作,错误拼写被更正,如图6-66所示。

图6-66

### 6.3.7 查找和替换文字

执行【编辑】→【查找和替换文本】命令，可以打开【查找和替换文本】对话框，在对话框中，可以查找当前文字图层中需要更改的文字，并将其替换为指定的文字，如图6-67所示。

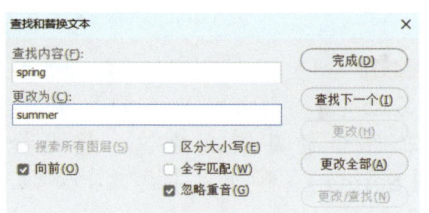

图6-67

单击【更改】按钮，即可将查找到的文字替换为指定文字，如图6-68所示。

图6-68

### 6.3.8 更新所有文字图层

执行【文字】→【更新所有文字图层】命令，可更新当前文件中所有文字图层的属性，避免重复劳动，提高工作效率。

### 6.3.9 替换所有欠缺字体

打开文件时，如果该文件中的文字使用了系统中没有的字体，会弹出一条警告信息，指明缺少哪些字体，出现这种情况时，执行【文字】→【替换所有欠缺字体】命令，可以使用系统中安装的字体替换文件中欠缺的字体。

### 6.3.10 Open Type 字体

Open Type 字体是 Windows 操作系统支持的字体，因此，使用 Open Type 字体以后，在不同操作平台交换文件时，不会出现字体替换或其他导致文字重新排列的问题。输入或编辑文字时，可在选项栏或【字符】面板中选择 Open Type 字体，并设置文字格式。

### 6.3.11 粘贴 Lorem Ipsum 占位符

使用文字工具在文本中单击，设置文字插入点，执行【文字】→【粘贴 Lorem Ipsum】命令，可使用 Lorem Ipsum 占位符快速填充文本块以进行布局。

## 妙招技法

通过对本章知识的学习，相信读者已经掌握了 Photoshop 2024 中文字输入与修改的基本操作。下面结合本章内容，给大家介绍一些实用技巧。

### 技巧01：编辑路径文字

创建路径文字后，可以改变文字的路径形状或文字效果，编辑路径文字的具体操作步骤如下。

**Step 01** 打开素材。打开"素材文件\第6章\编辑路径文字.psd"文件，如图6-69所示。

图6-69

**Step 02** 选择文字图层。在【图层】面板中，选择文字图层，如图6-70所示。

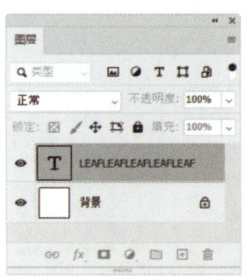

图6-70

**Step 03** 选择【路径选择工具】并移动到文字上。选择【路径选择工具】或【直接选择工具】，将鼠标指针移动到文字上，鼠标指针变为 形状，如图6-71所示。

图6-71

**Step 04** 移动文字。拖曳鼠标即可移动文字，如图6-72所示。

图6-72

Step 05 拖曳路径。向路径的另一侧拖曳鼠标以拖曳路径，如图6-73所示。

图 6-73

Step 06 翻转文字。可以翻转文字方向，如图6-74所示。

图 6-74

Step 07 显示锚点。使用【直接选择工具】单击路径显示出锚点，如图6-75所示。

图 6-75

Step 08 文字跟随路径变换形状。移动方向线调整路径形状，文字会根据调整后的路径重新排列，如图6-76所示。

图 6-76

### 技巧02：设置连字

强制对齐段落时，Photoshop 2024会将一行末端的单词断开至下一行，如图6-77所示。

图 6-77

勾选【段落】面板中的【连字】复选框，如图6-78所示。

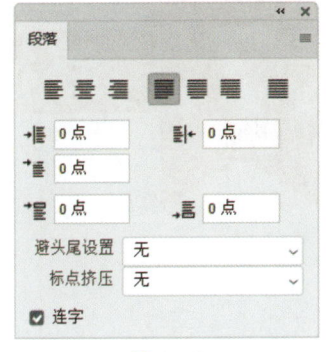

图 6-78

可以在断开的单词间显示连字符，如图6-79所示。

图 6-79

## 本章小结

本章主要讲述了文字处理的基础知识，包括文字类型和文字工具选项栏、创建文字和编辑文字，以及设置文字的样式和对文字进行变形处理的一些技巧，合理运用文字是进行图像处理的必备技能。希望通过对本章知识的学习，读者能够熟练掌握文字处理的基础知识。

# 第 7 章 路径与矢量图形

- ➤ 如何选择绘图模式？
- ➤ 路径可以打印出来吗？
- ➤ 直线和曲线的绘制方法有什么区别？
- ➤ 如何调整路径？
- ➤ 如何绘制特定形状？

前面的内容中介绍了Photoshop 2024对位图的编辑方法，接下来将讲解矢量图形的绘制和编辑方法。

## 7.1 初识路径

在Photoshop 2024中钢笔和形状等矢量工具可以创建不同类型的对象，包括形状图层、工作路径和像素图形，在使用矢量工具创建路径时，必须了解什么是路径，路径由什么组成，下面就来讲解路径的概念与路径的组成。

### 7.1.1 绘图模式

使用钢笔和形状工具绘制对象时，需要先在选项栏中设置绘图模式，如图7-1所示，包括【形状】【路径】和【像素】3种模式。

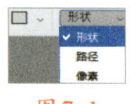

图 7-1

#### 1. 路径

在选项栏中，选择【路径】选项后，可创建工作路径，工作路径保存在【路径】面板中，如图7-2所示。

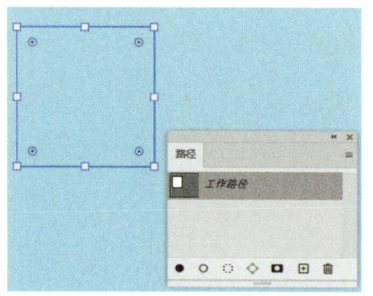

图 7-2

绘制路径后，可以在选项栏中

选择【选区】【蒙版】【形状】选项，如图7-3所示，将路径转换为选区、矢量蒙版或形状。

图 7-3

#### 2. 形状

在选项栏中选择【形状】选项后，可以绘制带有填充和描边的形状，并且会自动创建形状图层。绘制的形状是矢量图形，因此，【路径】面板中也会保存绘制的形状路径，如图7-4所示。

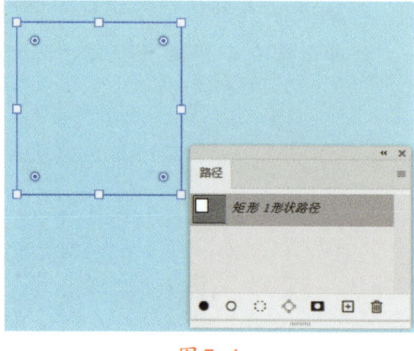

图 7-4

选择【形状】选项后，在选项栏中可以设置填充及描边相关的属性，其选项栏如图7-5所示。

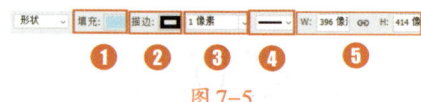

图 7-5

各选项的作用如表7-1所示。

表7-1 【形状】选项栏中各选项的作用

| 选项 | 作用 |
| --- | --- |
| ❶设置形状填充类型 | 单击【填充】图标，在打开的下拉列表中单击 ⃠ 按钮，可以设置填充为无；单击 ▦ 按钮，可以设置填充为纯色；单击 ■ 按钮，可以设置填充为渐变；单击 ▦ 按钮，可以设置填充为图案 |
| ❷设置形状描边类型 | 单击【描边】图标，在打开的下拉列表中可以设置描边为【无】【纯色】【渐变】或【图案】 |
| ❸设置形状描边宽度 | 单击下拉按钮打开下拉面板，拖曳滑块可以调整描边宽度 |

续表

| 选项 | 作用 |
|---|---|
| ❹设置形状描边类型 | 单击下拉按钮打开下拉面板，在面板中可以设置描边选项 |
| ❺设置形状宽度/高度 | 在数值框中输入数值可以设置形状的宽度和高度 |

### 3. 像素

选择【像素】选项后，可在当前图层上绘制栅格化的图像，如图7-6所示。

图7-6

在选项栏中可以为绘制的图像设置混合模式和不透明度，如图7-7所示。

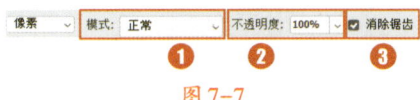

图7-7

各选项的作用如表7-2所示。

表7-2 【像素】选项栏中各选项的作用

| 选项 | 作用 |
|---|---|
| ❶模式 | 可设置混合模式，让绘制的图像与下方图像产生混合效果 |
| ❷不透明度 | 可以为绘制的图像指定不透明度，使其呈现透明效果 |
| ❸消除锯齿 | 可以平滑绘制的图像的边缘，消除锯齿 |

## ★重点 7.1.2 路径

路径不是图像中的像素，只是用来绘制图形或选择图像的一种依据。利用路径可以编辑不规则图形，建立不规则选区，还可以对路径进行描边、填充来制作特殊的图像效果。通常路径由锚点、线段及方向线组成，下面分别进行介绍。

### 1. 锚点

锚点又称为节点，包括平滑点及角点，如图7-8所示。

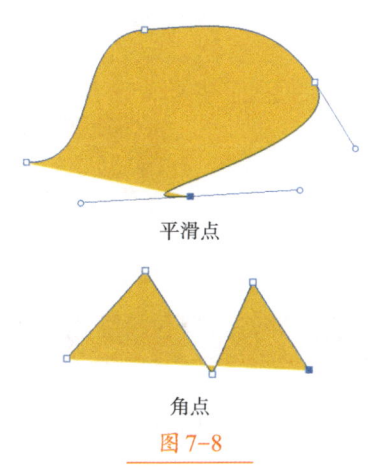

图7-8

在绘制路径时，线段与线段之间由一个锚点连接，锚点本身具有直线或曲线属性。

当锚点为白色空心时，表示该锚点未被选取，如图7-9所示。

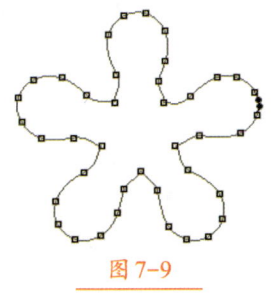

图7-9

当锚点为黑色实心时，表示该锚点为当前选取的点，如图7-10所示。

图7-10

### 2. 线段

两个锚点之间连接的部分称为线段。如果线段两端的锚点都带有直线属性，则该线段为直线，如图7-11所示。

图7-11

如果任意一端的锚点带有曲线属性，则该线段为曲线，如图7-12所示。当改变锚点的属性时，经过该锚点的线段也会被影响。

图7-12

### 3. 方向线

当用【直接选择工具】或【转换点工具】选取带有曲线属性的锚点时，锚点的两侧便会出现方向线，如图7-13所示。

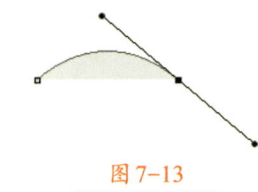

图7-13

用鼠标拖曳方向线末端的方向点，即可改变曲线的弯曲程度，如图7-14所示。

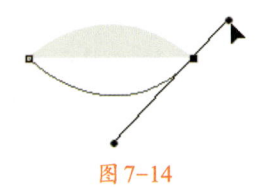

图7-14

### ★重点 7.1.3 路径面板

创建路径后，该路径会被保存在【路径】面板中。执行【窗口】→【路径】命令，可以打开【路径】面板，如图7-15所示。

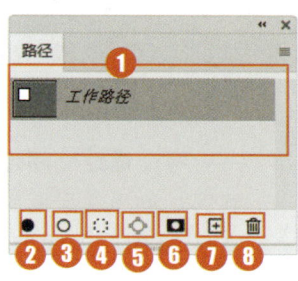

图7-15

各选项的作用如表7-3所示。

表7-3 【路径】面板中各选项的作用

| 选项 | 作用 |
| --- | --- |
| ❶工作路径 | 显示当前文件中包含的路径、临时路径和矢量蒙版 |
| ❷用前景色填充路径 | 可以用当前设置的前景色填充被路径包围的区域 |
| ❸用画笔描边路径 | 可以用当前选择的绘画工具和前景色沿路径进行描边 |
| ❹将路径作为选区载入 | 可以将创建的路径作为选区载入 |
| ❺从选区生成工作路径 | 可以将当前创建的选区生成为工作路径 |
| ❻添加图层蒙版 | 从当前路径创建蒙版 |
| ❼创建新路径 | 可以创建一个新路径层 |
| ❽删除当前路径 | 可以删除当前选择的工作路径 |

> **技能拓展——修改路径名称**
>
> 在【路径】面板中，双击路径名称，进入编辑状态，即可在显示的文本框中修改路径的名称。

## 7.2 钢笔工具

钢笔工具包括【钢笔工具】、【自由钢笔工具】和【弯度钢笔工具】，可以用于绘制矢量图形或图像描边。下面将具体讲解每种钢笔工具的使用方法。

### ★重点 7.2.1 钢笔工具选项栏

选择【钢笔工具】，其选项栏如图7-16所示。

图7-16

各选项的作用如表7-4所示。

表7-4 【钢笔工具】选项栏中各选项的作用

| 选项 | 作用 |
| --- | --- |
| ❶绘制方式 | 包括3个选项，分别为【形状】【路径】【像素】。选择【形状】选项，可以创建一个形状图层；选择【路径】选项，绘制的路径会保存在【路径】面板中；选择【像素】选项，则会在图层中为绘制的形状填充前景色 |
| ❷建立 | 包括【选区】【蒙版】和【形状】3个选项，单击选项，可以将路径转换为相应的对象 |
| ❸路径操作 | 单击【路径操作】按钮，在下拉列表中选择【合并形状】，新绘制的图形会添加到现有图形中；选择【减去图层形状】，可从现有图形中减去新绘制的图形；选择【与形状区域相交】，得到的图形为新图形与现有图形的交叉区域；选择【排除重叠区域】，得到的图形为合并路径中排除重叠的区域 |
| ❹路径对齐方式 | 可以选择多个路径的对齐方式，包括【左对齐】【水平居中对齐】【右对齐】等 |
| ❺路径排列方式 | 选择路径的排列方式，包括【将形状置为顶层】【将形状前移一层】等选项 |
| ❻路径选项 | 单击【路径选项】按钮，可打开下拉列表，勾选【橡皮带】复选框，在绘制路径时，可以显示路径外延 |

续表

| 选项 | 作用 |
|---|---|
| ❼自动添加/删除 | 勾选该复选框，则【钢笔工具】就具有了智能增加和删除锚点的功能。将【钢笔工具】放在选取的路径上，鼠标指针会变成形状，表示可以增加锚点；而将钢笔工具放在选中的锚点上，鼠标指针会变成形状，表示可以删除此锚点 |

### ★重点 7.2.2 实战：绘制直线

| 实例门类 | 软件功能 |
|---|---|

使用【钢笔工具】依次单击即可绘制直线，具体操作步骤如下。

Step01 选择工具并指定路径起点。选择【钢笔工具】，在选项栏中，选择【路径】选项，单击确定路径起点，如图 7-17 所示。

Step02 绘制直线。在下一目标点处单击，即可在这两点间绘制一条直线，如图 7-18 所示。

图 7-17　　　　　　图 7-18

Step03 绘制直线。继续在下一目标点处单击，绘制直线，如图 7-19 所示。

Step04 继续绘制锚点。使用相同的方法依次单击绘制路径的其他锚点，如图 7-20 所示。

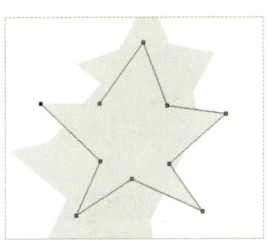

图 7-19　　　　　　图 7-20

Step05 指向路径起点。将鼠标指针放置在路径的起点上，鼠标指针会变成形状，如图 7-21 所示。

Step06 闭合路径。单击即可创建一条闭合路径，如图 7-22 所示。

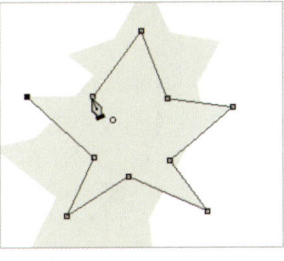
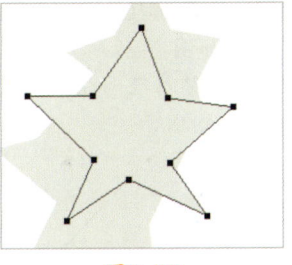

图 7-21　　　　　　图 7-22

### 技术看板

在绘制路径时，如果不想闭合路径，可以按住【Ctrl】键在空白处单击，或按【Esc】键结束绘制。

### ★重点 7.2.3 实战：绘制平滑曲线

| 实例门类 | 软件功能 |
|---|---|

曲线的绘制方法稍为复杂，具体操作步骤如下。

Step01 选择工具并指定路径起点。选择【钢笔工具】，在选项栏中，选择【路径】选项，单击确定路径起点，如图 7-23 所示。

Step02 绘制曲线。在下一目标点处单击并拖曳鼠标，两个锚点间的线段即为曲线，如图 7-24 所示。

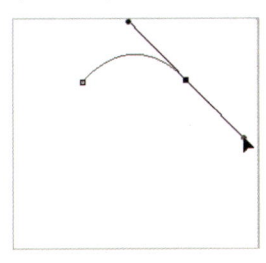

图 7-23　　　　　　图 7-24

Step03 依次绘制锚点。通过相同的操作依次绘制路径的其他锚点，如图 7-25 所示。

Step04 指向路径起点。将鼠标指针放置在路径的起点上，鼠标指针会变成形状，如图 7-26 所示。

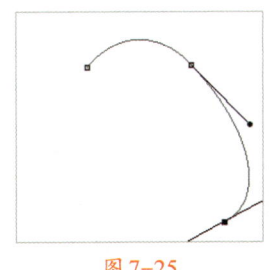
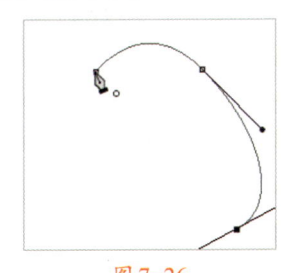

图 7-25　　　　　　图 7-26

Step 05 闭合路径。单击并拖曳鼠标,即可创建一条闭合路径,如图7-27所示。

Step 06 调整路径形状。继续拖曳鼠标,调整路径的形状,如图7-28所示。

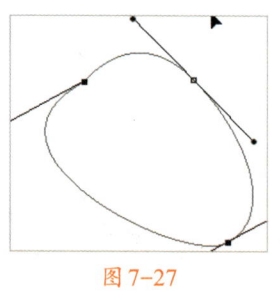
图7-27

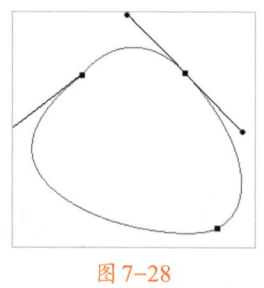
图7-28

### ★重点 7.2.4 实战:绘制角曲线

| 实例门类 | 软件功能 |

使用【钢笔工具】，除了可以绘制平滑曲线,还可以绘制角曲线,绘制过程中,需要转换锚点的类型,具体操作步骤如下。

Step 01 选择工具并指定路径起点。选择【钢笔工具】，在选项栏中,选择【路径】选项,单击确定路径起点,如图7-29所示。

Step 02 绘制曲线。在下一目标点处单击并拖曳鼠标,两个锚点间的线段为曲线,如图7-30所示。

图7-29

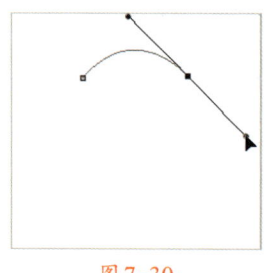
图7-30

Step 03 转换锚点类型。按住【Alt】键切换为【转换点工具】，单击锚点,平滑点转换为角点,如图7-31所示。

Step 04 定义锚点。在下一目标点处单击并拖曳鼠标,定义下一锚点,如图7-32所示。

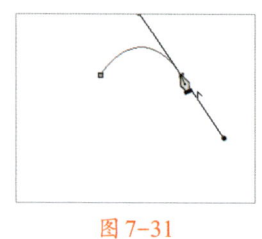
图7-31

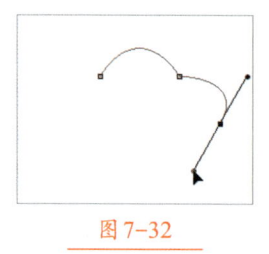
图7-32

Step 05 定义其他锚点。使用相同的方法定义其他锚点,如图7-33所示。

Step 06 继续绘制锚点。继续绘制锚点,如图7-34所示。

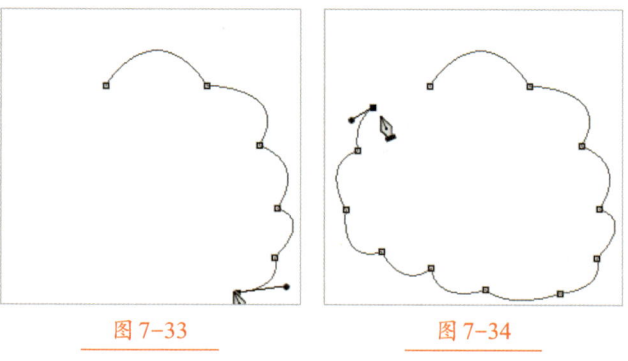
图7-33　　　　　　图7-34

Step 07 指向路径起点。将鼠标指针放置在路径的起点上,鼠标指针会变成 形状,如图7-35所示。

Step 08 闭合路径。单击并拖曳鼠标,闭合路径,如图7-36所示。

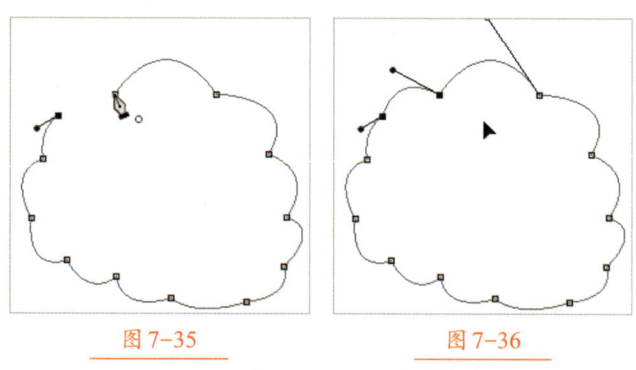
图7-35　　　　　　图7-36

> **技术看板**
>
> 【钢笔工具】可以快速切换为其他路径编辑工具。例如,将【钢笔工具】放置在路径上,【钢笔工具】即可切换为【添加锚点工具】;将【钢笔工具】放置在锚点上,【钢笔工具】将变成【删除锚点工具】；如果此时按住【Alt】键,则【删除锚点工具】又会变成【转换点工具】；在使用【钢笔工具】时,如果按住【Ctrl】键,【钢笔工具】会切换为【直接选择工具】。

### 7.2.5 自由钢笔工具

选择【自由钢笔工具】后,选项栏如图7-37所示。

图7-37

常用选项的作用如表7-5所示。

表7-5 【自由钢笔工具】选项栏中常用选项的作用

| 选项 | 作用 |
|---|---|
| 磁性的 | 勾选该复选框，在绘制路径时，可仿照【磁性套索工具】的用法绘制平滑的路径曲线，对创建具有轮廓的图像的路径很有帮助 |

【自由钢笔工具】的使用方法与【套索工具】非常相似。在画面中单击并拖曳鼠标即可绘制路径，如图7-38所示。

图7-38

## 7.2.6 弯度钢笔工具

使用【弯度钢笔工具】可以更加轻松地绘制平滑曲线和直线，并且在执行操作时，无须切换工具就可以创建、切换、编辑、添加、删除平滑点或角点。具体操作步骤如下。

Step 01 创建锚点。选择【弯度钢笔工具】后，在画面上任意位置单击，创建锚点，如图7-39所示。

图7-39

Step 02 绘制第一段路径。再次单击定义第二个锚点，绘制第一段路径，如图7-40所示。

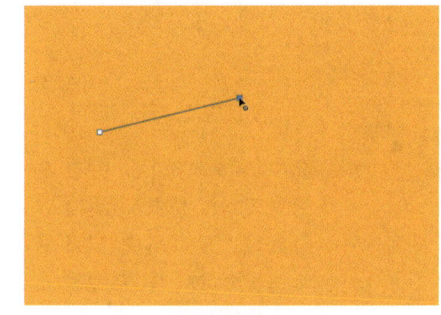

图7-40

Step 03 绘制平滑曲线。继续单击定义第三个锚点，此时，软件会进行相应调整，绘制平滑曲线，如图7-41所示。

图7-41

Step 04 继续绘制。双击锚点，将其转换为角点，继续定义第四个锚点，绘制直线，如图7-42所示。

图7-42

Step 05 完成闭合路径的绘制。继续定义锚点，完成闭合路径的绘制，如图7-43所示。

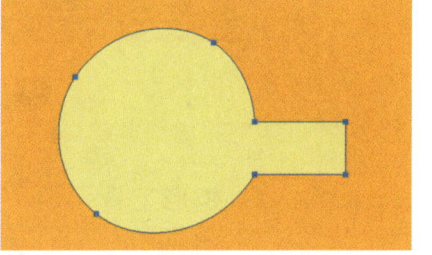

图7-43

### 技术看板

使用【弯曲钢笔工具】绘制时，路径的第一段最初始终显示为一条直线。根据接下来绘制的是曲线还是直线，软件会对它进行相应的调整。如果接下来绘制的是曲线，软件将使第一段曲线与下一段曲线平滑关联。

Step 06 调整路径形状。将鼠标指针放在锚点上，鼠标指针变为形状，拖曳锚点，可以调整路径形状，如图7-44所示。

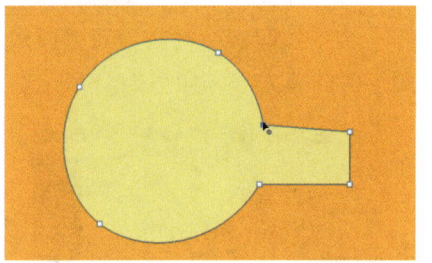

图7-44

Step 07 添加锚点。将鼠标指针放在路径上，鼠标指针变为形状时，单击可以添加锚点，如图7-45所示。

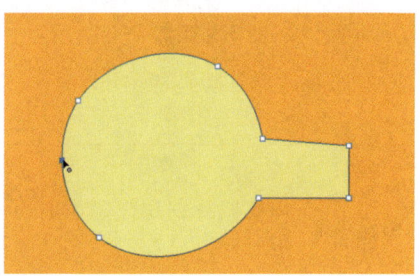

图7-45

## 7.3 形状工具

形状工具包括【矩形工具】▢、【椭圆工具】◯、【多边形工具】⬟、【直线工具】╱和【自定形状工具】✦等，使用这些工具可以绘制出标准的几何图形，也可以绘制自定义形状。

### ★重点 7.3.1 矩形工具

【矩形工具】▢主要用于绘制矩形或正方形，选择【矩形工具】▢后，在画面上拖曳鼠标即可绘制出矩形，如图7-46所示。

图7-46

单击其选项栏中的⚙按钮，打开一个下拉面板，在其中可以设置矩形的创建方法，如图7-47所示。

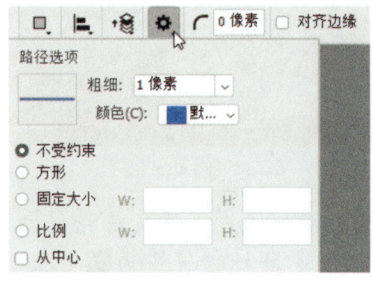

图7-47

各选项的作用如表7-6所示。

表7-6 【矩形工具】设置面板中各选项的作用

| 选项 | 作用 |
| --- | --- |
| 不受约束 | 拖曳鼠标创建任意大小的矩形 |
| 方形 | 拖曳鼠标创建任意大小的正方形 |

续表

| 选项 | 作用 |
| --- | --- |
| 固定大小 | 选中该单选按钮，并在右侧的文本框中输入数值（W为宽度，H为高度），此后单击鼠标时，只创建预设大小的矩形 |
| 比例 | 选中该单选按钮，并在右侧的文本框中输入数值，此后拖曳鼠标时，无论创建多大的矩形，矩形的宽度和高度都保持预设的比例 |
| 从中心 | 以任何方式创建矩形时，在画面中的单击点即为矩形的中心，拖曳鼠标时矩形由中心向外扩展 |

通过【半径】选项，可以设置倒角的幅度，生成圆角矩形。数值越大，产生的圆角效果越明显。【半径】为50像素时，如图7-48所示。

图7-48

【半径】为100像素时，如图7-49所示。

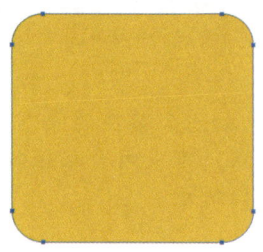

图7-49

【半径】为200像素时，如图7-50所示。

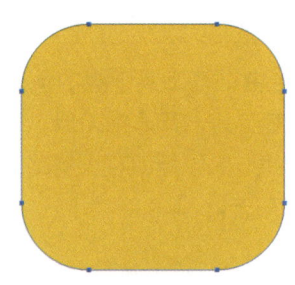

图7-50

### ★重点 7.3.2 椭圆工具

【椭圆工具】◯可以绘制椭圆形或圆形。其使用方法与【矩形工具】▢相同，只是绘制的形状不同，用户可以创建不受约束的椭圆或圆形，也可以创建固定大小或固定比例的椭圆形或圆形，椭圆路径如图7-51所示。

图7-51

圆形路径如图7-52所示。

图7-52

> **技术看板**
>
> 使用【矩形工具】【椭圆工具】绘制形状时,按住【Shift】键可以绘制正方形或正圆形。

### 7.3.3 多边形工具

【多边形工具】用于绘制多边形和星形,通过在选项栏中设置【边】的数值来确定绘制多边形或星形的边数,如图 7-53 所示。

图 7-53

在选项栏中的【设置圆的半径】中输入数值,可以用圆角代替尖角,创建具有平滑拐角的多边形和星形,效果如图 7-54 所示。

图 7-54

单击选项栏中的按钮,打开下拉面板,如图 7-55 所示,在该面板中可以设置绘制多边形还是星形。

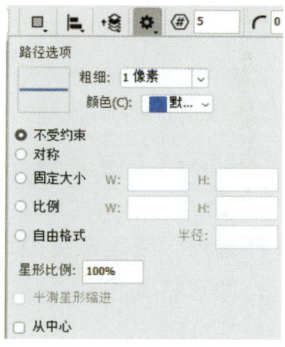

图 7-55

各选项的作用如表 7-7 所示。

表 7-7 【多边形工具】设置面板中各选项的作用

| 选项 | 作用 |
|---|---|
| 半径 | 设置多边形或星形的半径,单击并拖曳鼠标将创建指定半径值的多边形或星形 |
| 星形比例 | 设置星形边缘向中心缩进的量,该值越高,缩进量越大,图 7-56 所示为星形比例 70% 和 20% 的效果<br><br>星形比例70%　　星形比例20%<br>图 7-56 |
| 平滑星形缩进 | 勾选该复选框,可以使星形的边平滑地向中心缩进,如图 7-57 所示<br><br>图 7-57 |

### 7.3.4 直线工具

使用【直线工具】可以创建直线和带有箭头的线段。使用直线工具绘制直线时,先在工具选项栏中的【粗细】选项中设置线的宽度,然后单击并拖曳鼠标,释放鼠标后即可绘制一条直线,如图 7-58 所示。

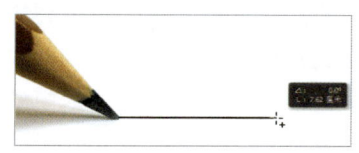

图 7-58

在选项栏中单击按钮,打开下拉面板,如图 7-59 所示,在该面板中可以设置添加的箭头效果。

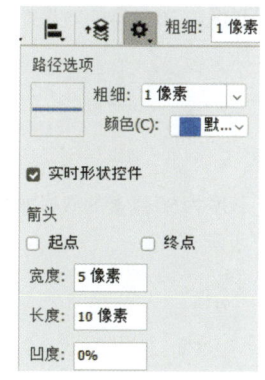

图 7-59

各选项的作用如表 7-8 所示。

表 7-8 【直线工具】设置面板中各选项的作用

| 选项 | 作用 |
|---|---|
| 起点/终点 | 勾选【起点】复选框,可在直线的起点添加箭头,如图 7-60 所示<br><br>图 7-60<br><br>勾选【终点】复选框,可在直线的终点添加箭头。两项都勾选,则直线的起点和终点都会添加箭头,如图 7-61 所示<br><br>图 7-61 |
| 宽度 | 用于设置箭头的宽度。宽度为 20 像素的效果如图 7-62 所示。<br><br>图 7-62<br><br>宽度为 50 像素的效果如图 7-63 所示<br><br>图 7-63 |

续表

| 选项 | 作用 |
| --- | --- |
| 长度 | 用于设置箭头的长度。<br>长度为20像素的效果如图7-64所示。<br><br>图7-64<br><br>长度为50像素的效果如图7-65所示。<br><br>图7-65 |
| 凹度 | 用于设置箭头的凹陷程度，范围为-50%~50%。该值为0%时，箭头尾部平齐；大于0%时，箭头尾部向内凹陷；小于0%时，箭头尾部向外凸出。<br>-50%效果如图7-66所示。<br><br>图7-66<br><br>0%效果如图7-67所示。<br><br>图7-67 |

### 7.3.5 自定形状工具

【自定形状工具】可以创建Photoshop预设形状、自定义的形状或外部提供的形状。

选择【自定形状工具】，在选项栏中，单击形状右侧的按钮，可在下拉面板中选择形状，如图7-68所示。

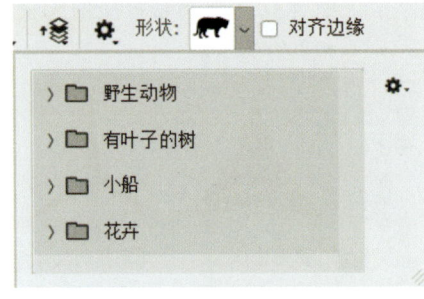

图7-68

### 7.3.6 形状面板

Photoshop 2024新增了【形状】面板，其中集合了所有预设的形状。执行【窗口】→【形状】命令，可以打开【形状】面板，如图7-69所示。

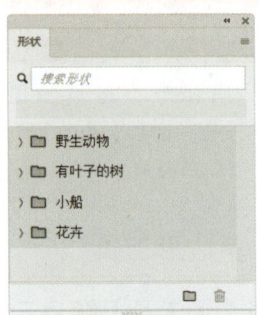

图7-69

打开【形状】面板后，拖曳形状到画布上就可以绘制形状，绘制的形状会自动填充前景色，如图7-70所示。

图7-70

## 7.4 编辑路径

创建或绘制路径和形状后，需要适当地对它们进行修改，以使整体效果看上去更加完美，包括选择与移动锚点和路径、添加与删除锚点等操作，接下来进行详细介绍。

### ★重点 7.4.1 选择与移动锚点和路径

使用工具箱中的【路径选择工具】和【直接选择工具】不仅可以选择路径，还可以移动所选路径的位置。

使用【路径选择工具】单击可以选择整个路径，如图7-71所示。

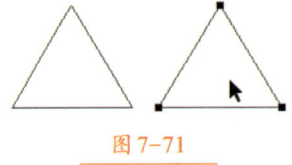

图7-71

使用【直接选择工具】单击一个锚点即可选择该锚点，选中的锚点显示为实心方块，未选中的锚点显示为空心方块，如图7-72所示。

单击一条线段，可以选择该线段，如图7-73所示。

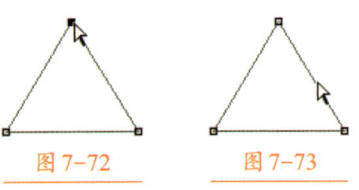

图7-72　　图7-73

选择锚点、线段或路径后，拖曳鼠标，即可将其移动。移动锚点效果如图7-74所示。

移动线段效果如图7-75所示。

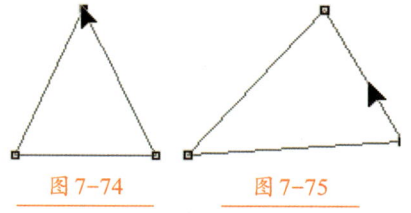

图 7-74　　　　图 7-75

按住【Alt】键单击一条线段，可以选择该线段及线段上的所有锚点。

★ **重点 7.4.2　添加与删除锚点**

添加、删除锚点是对路径中的锚点进行的操作，添加锚点是在路径中添加新的锚点，删除锚点则是将路径中的锚点删除，具体操作步骤如下。

选择工具箱中的【添加锚点工具】，将鼠标指针放在路径上，当鼠标指针变为形状时单击，即可添加一个锚点，如图 7-76 所示。

图 7-76

选择【删除锚点工具】，将鼠标指针放在锚点上，当鼠标指针变为形状时单击，即可删除该锚点，如图 7-77 所示。

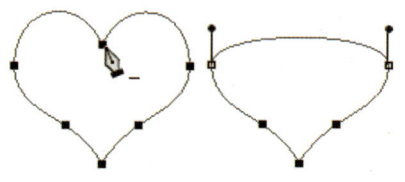

图 7-77

使用【直接选择工具】选择锚点后，按【Delete】键也可以删除锚点，同时删除该锚点两侧的线段，如图 7-78 所示。

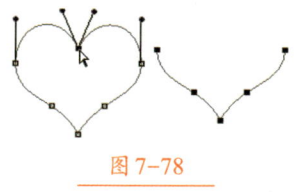

图 7-78

★ **重点 7.4.3　转换锚点类型**

【转换点工具】用于转换锚点的类型，选择该工具后，将鼠标指针放在锚点上，如果当前锚点为角点，单击拖曳鼠标可将其转换为平滑点，如图 7-79 所示。

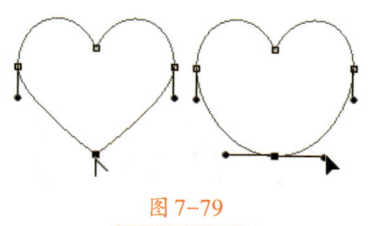

图 7-79

在平滑点上单击，可以将平滑点转换为角点，如图 7-80 所示。

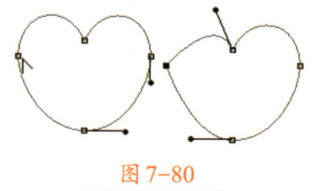

图 7-80

### 7.4.4　路径对齐和分布

选择多个路径后，在选项栏中，单击【路径对齐方式】按钮，在弹出的下拉面板中可以选择相应选项来对路径进行对齐和分布设置，如图 7-81 所示。

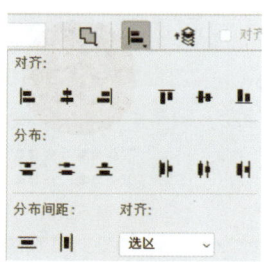

图 7-81

对齐路径效果如图 7-82 所示。

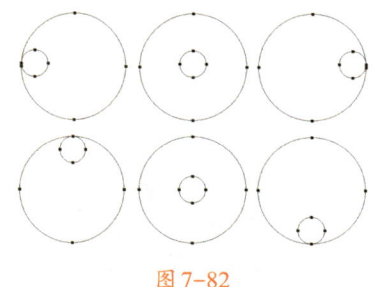

图 7-82

水平分布路径效果如图 7-83 所示。

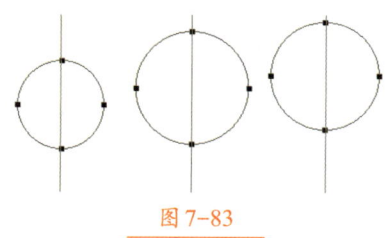

图 7-83

垂直分布路径效果如图 7-84 所示。

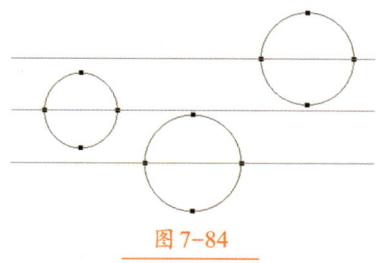

图 7-84

> **技能拓展——对齐到选区和对齐到画布**
>
> 在【路径对齐方式】下拉面板中，选择【对齐】为【选区】选项，将在选择区域中进行对齐和分布；选择【对齐】为【画布】选项，将在画布中进行对齐和分布。例如，选择【对齐】为【画布】并选择【左对齐】选项，可将路径对齐到画布左侧。

★ **重点 7.4.5　调整堆叠顺序**

绘制多个路径后，路径是按绘制先后顺序堆叠放置的，在选项栏中，单击【路径排列方式】按钮，在打开的下拉菜单中，选择并执行命令可以调整路径的堆叠顺序，如图7-85所示。

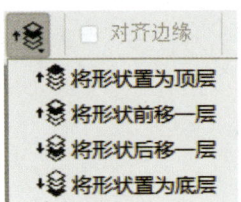

图7-85

效果如图7-86所示。

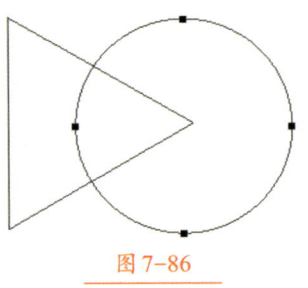

图7-86

### 7.4.6 修改形状

使用形状工具绘制形状后，会自动弹出【属性】面板，如图7-87所示，在【属性】面板中可以修改绘制形状的大小、位置、填色、描边和角半径等属性。

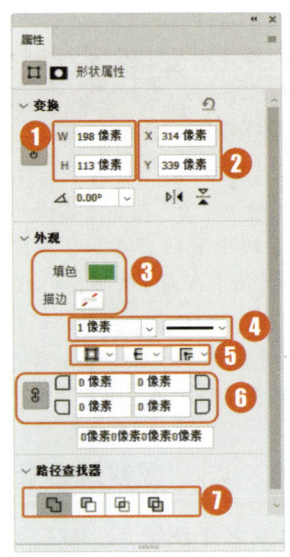

图7-87

各选项的作用如表7-9所示。

表7-9 形状【属性】面板中各选项的作用

| 选项 | 作用 |
| --- | --- |
| ❶ W/H | 可水平和垂直缩放形状，如果要进行等比缩放，可单击【链接形状的宽度和高度】按钮 |
| ❷ X/Y | 可设置形状的水平和垂直位置 |
| ❸ 填色/描边 | 设置形状的填充和描边颜色 |
| ❹ 描边宽度/描边样式 | 设置形状的描边宽度和描边样式，有虚线、实线和圆点3种样式，如图7-88所示 |
|  | 图7-88 |
| ❺ 描边选项 | 单击 按钮，设置描边与路径的对齐方式，单击 按钮，设置描边的端点样式。单击 按钮，设置描边的线段合并类型 |
| ❻ 修改角半径 | 创建矩形或圆角矩形后，可以调整角半径，如图7-89所示。<br>图7-89<br>单击【将角半径值链接到一起】按钮，可以统一调整4个角的角半径值，如图7-90所示<br>图7-90 |
| ❼ 路径运算按钮 | 对两个或多个形状进行运算，生成新的形状 |

### ★重点 7.4.7 存储工作路径/新建路径

绘制的路径会默认保存在工作路径中。如果后期要修改路径，会非常不方便。因此，可以将工作路径拖曳到【创建新路径】按钮上，将工作路径保存为【路径1】，如图7-91和图7-92所示。这样可以将路径分别进行保存，方便后期修改。

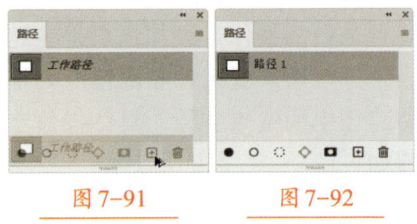

图7-91　　图7-92

单击【路径】面板中的【创建新路径】按钮，可以创建新路径，按住【Alt】键单击该按钮，可以打开【新建路径】对话框，在对话框中可以设置路径名称，如图7-93所示。

图7-93

创建的新路径如图7-94所示。

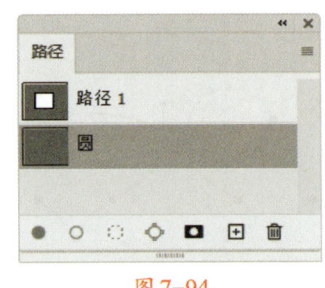

图7-94

### ★重点 7.4.8 选择和隐藏路径

在【路径】面板中单击路径，即可选中目标路径，如图7-95所示。

在【路径】面板中的空白位置单击,可以隐藏路径,如图7-96所示。

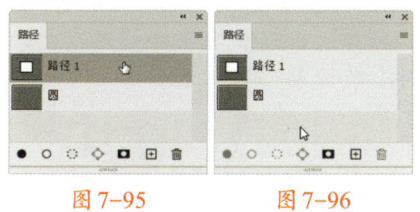

图7-95　　　图7-96

### 7.4.9　复制路径

在【路径】面板中,选中需要复制的路径,将其拖曳到面板底部的【创建新路径】按钮上,即可复制路径,如图7-97和图7-98所示。

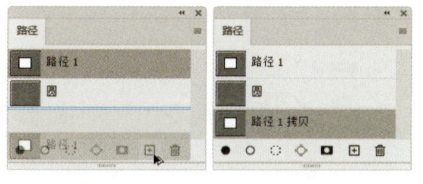

图7-97　　　图7-98

使用【路径选择工具】,在画布上选择路径,按住【Alt】键,鼠标指针会变为形状。

单击并向外拖曳,即可移动并复制选择的路径,如图7-99所示,通过这种方式复制的子路径,在同一路径中。

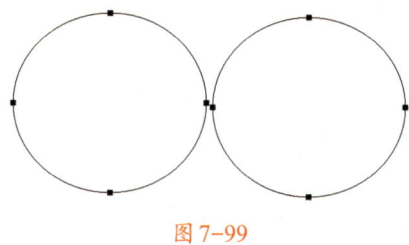

图7-99

### ★重点 7.4.10　删除路径

在【路径】面板中选中路径后,单击【删除当前路径】按钮,如图7-100所示。

图7-100

弹出提示对话框,单击【是】按钮,即可删除路径,如图7-101所示。

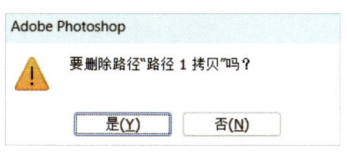

图7-101

使用【路径选择工具】选择路径后,按【Delete】键可以快速删除路径。

### ★重点 7.4.11　路径和选区的转换

除了可以直接使用路径工具创建路径,还可以将创建的选区转换为路径。而且创建的路径也可以转换为选区。

#### 1. 将路径作为选区载入

绘制路径,如图7-102所示。

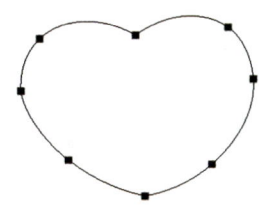

图7-102

单击【路径】面板底部的【将路径作为选区载入】按钮,就可以将路径直接转换为选区,如图7-103和图7-104所示。

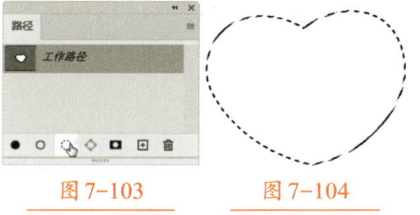

图7-103　　　图7-104

#### 2. 从选区生成工作路径

创建选区后,在【路径】面板中单击【从选区生成工作路径】按钮,即可将创建的选区转换为路径,如图7-105和图7-106所示。

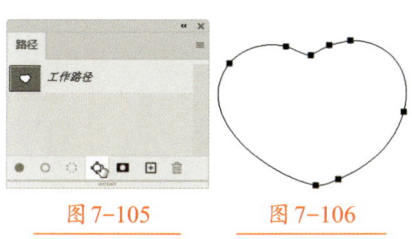

图7-105　　　图7-106

### 7.4.12　填充和描边路径

对于绘制的路径,可以进行填充和描边。具体操作步骤如下。

**Step 01** 打开素材。打开"素材文件\第7章\蓝裙.jpg"文件,如图7-107所示。

图7-107

**Step 02** 选择形状。选择【自定形状工具】,单击选项栏中的【形状】下拉按钮,在下拉面板中选择如图7-108所示的形状。

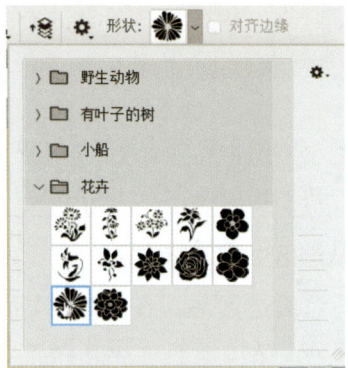

图7-108

Step03 绘制形状。拖曳鼠标绘制形状,如图7-109所示。

图7-109

Step04 选择【填充路径】命令。在【路径】面板中,❶单击右上角的扩展按钮≡,❷在打开的快捷菜单中,选择并执行【填充路径】命令,如图7-110所示。

图7-110

Step05 设置填充路径效果。在【填充路径】对话框中,❶设置使用前景色填充,设置【羽化半径】为

2像素,❷单击【确定】按钮,如图7-111所示。

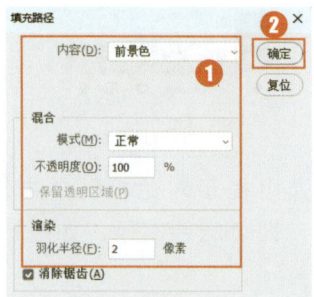

图7-111

Step06 显示填充效果。填充效果如图7-112所示。

图7-112

### 技术看板

在【路径】面板中,单击【用前景色填充路径】按钮●,将直接用前景色填充路径。

Step07 选择画笔。选择【铅笔工具】,在选项栏中设置【大小】为3像素,如图7-113所示。

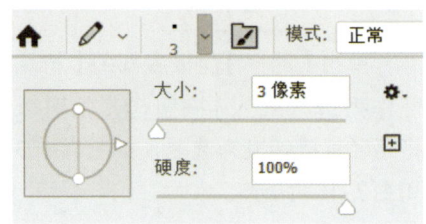

图7-113

Step08 设置前景色并选择命令。设置【前景色】为绿色【1eac43】,在【路径】面板中,单击右上角的扩展按钮≡,在打开的快捷菜单中,选择【描边路径】命令,如图7-114所示。

图7-114

Step09 设置描边路径。在弹出的【描边路径】对话框中,设置【工具】为画笔,如图7-115所示,单击【确定】按钮,效果如图7-116所示。

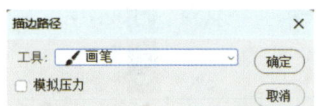

图7-115

图7-116

### 技术看板

在【路径】面板中,单击【用画笔描边路径】按钮○,将直接用当前画笔描边路径。

## 妙招技法

通过对本章知识的学习，相信读者已经掌握了路径和形状的绘制方法。下面结合本章内容，给大家介绍一些实用技巧。

### 技巧01：预判路径走向

选择【钢笔工具】，在选项栏中，单击按钮，在下拉面板中勾选【橡皮带】复选框，此后，在绘制路径时，可以预览将要创建的路径线段，判断路径走向，从而绘制出更加准确的路径。勾选【橡皮带】复选框时，路径绘制过程如图7-117所示。

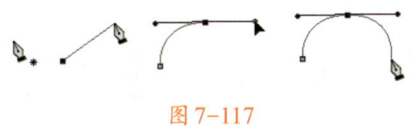

图 7-117

未勾选【橡皮带】复选框时，路径绘制过程如图7-118所示。

图 7-118

### 技巧02：如何绘制精确的形状

选择形状工具后，在画布上单击，会弹出创建形状对话框，可以设置绘制形状的【宽度】【高度】等基本参数，单击【确定】按钮就可以绘制精确的形状。

例如，选择【矩形工具】，在画布上单击，会弹出【创建矩形】对话框，如图7-119所示，可以设置绘制矩形的大小和圆角半径。

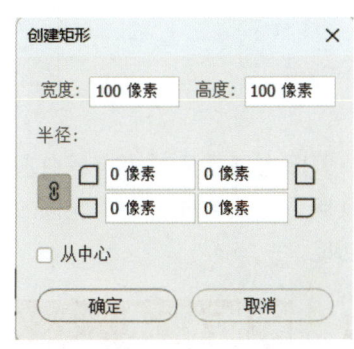

图 7-119

## 本章小结

本章首先讲解了绘图模式和路径的组成，然后详细介绍了如何绘制直线、平滑曲线和角曲线，以及自定义形状中相关路径的创建方法，最后介绍了路径的控制与编辑修改等方面的内容。Photoshop虽然是处理位图的软件，但在处理矢量图形时也毫不逊色。

# 第 8 章 蒙版与通道应用

- 蒙版有什么作用？
- 图层蒙版和矢量蒙版有什么区别？
- 剪贴蒙版的优势是什么？
- 如何释放剪贴蒙版？
- 通道有什么作用？
- 通道有哪些类型？

蒙版主要是通过运用黑白灰来辅助调整图像效果。Photoshop中的蒙版可以控制图像处理的作用范围，灵活使用蒙版，可以合成特殊的图像效果。通道是Photoshop中的高级功能，常用于高级色彩的应用和调整，是非常特殊的功能。

## 8.1 蒙版概述

蒙版就是选框的外部（选框的内部是选区），蒙版对遮盖区域进行保护，让其免于操作，而对非遮盖的区域应用操作。"蒙版"一词来自生活应用，也就是"蒙在上面的板子"的意思。

### 8.1.1 认识蒙版

在Photoshop中，可以使用蒙版将图像的部分区域遮住，从而控制显示内容，这样做并不会删除图像，只是将其隐藏起来，因此，蒙版是一种非破坏性的图像编辑方式。

### 8.1.2 蒙版属性面板

在Photoshop 2024中，创建蒙版后，打开蒙版【属性】面板，可以快速创建图层蒙版和矢量蒙版，并能对蒙版进行密度、羽化和调整等编辑。

在【图层】面板中创建蒙版，如图8-1所示。

执行【窗口】→【属性】命令，打开【属性】面板，如图8-2所示。

图 8-1

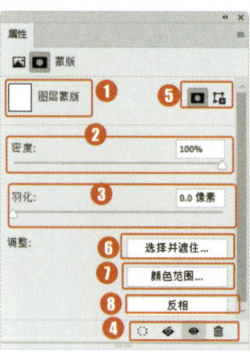

图 8-2

各选项的作用如表8-1所示。

表8-1 蒙版【属性】面板中各选项的作用

| 选项 | 作用 |
| --- | --- |
| ❶蒙版预览框 | 通过预览框可查看蒙版形状，其后显示当前的蒙版类型 |
| ❷密度 | 拖曳滑块可以控制蒙版的不透明度，即蒙版的遮盖强度 |
| ❸羽化 | 拖曳滑块可以柔化蒙版的边缘 |
| ❹快捷按钮 | 单击 按钮可将蒙版载入为选区，单击 按钮可将蒙版效果应用到图层中，单击 按钮可停用或启用蒙版，单击 按钮可删除蒙版 |
| ❺添加蒙版 | 单击 按钮可添加图层蒙版，单击 按钮可添加矢量蒙版 |
| ❻选择并遮住 | 单击该按钮，可以打开【调整蒙版】对话框修改蒙版边缘，并针对不同的背景查看蒙版。这些操作与调整选区边缘基本相同 |

续表

| 选项 | 作用 |
|---|---|
| ❼颜色范围 | 单击该按钮，可打开【色彩范围】对话框，通过在图像中取样并调整颜色容差可修改蒙版范围 |
| ❽反相 | 可反转蒙版的遮盖区域 |

> **技能拓展——蒙版【属性】面板快捷菜单**
> 
> 单击蒙版【属性】面板右上角的扩展按钮，即可弹出快捷菜单，通过其中的命令可以对蒙版选项进行设置，并对蒙版与选区进行编辑。

为图层创建图层蒙版和矢量蒙版对应的快捷菜单中的命令也不相同。

## 8.2 图层蒙版

图层蒙版主要用于合成图像，是一种特殊的蒙版，它附加在目标图层上，起到遮盖图层的作用。此外，在创建调整图层、填充图层或应用智能滤镜时，软件也会自动为其添加图层蒙版，因此，图层蒙版还可以控制颜色调整与滤镜范围。

### ★重点 8.2.1 创建图层蒙版

| 实例门类 | 软件功能 |

在【图层】面板中创建图层蒙版的方法主要有以下几种。

方法一：执行【图层】→【图层蒙版】→【显示全部】命令，创建显示图层内容的白色蒙版，如图8-3所示。

图 8-3

方法二：执行【图层】→【图层蒙版】→【隐藏全部】命令，创建隐藏图层内容的黑色蒙版，如图8-4所示。

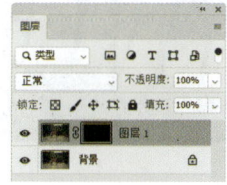

图 8-4

方法三：创建选区，如图8-5所示，单击【图层】面板下方的【添加图层蒙版】按钮，创建只显示选区内图像的蒙版，如图8-6所示。

图 8-5

图 8-6

> **技能拓展——修改蒙版**
> 
> 在快速蒙版、图层蒙版编辑状态下，用白色【画笔工具】涂抹蒙版，会显示涂抹位置图像；用黑色【画笔工具】涂抹，会隐藏涂抹位置图像；用灰色【画笔工具】涂抹，涂抹位置图像呈现半透明显示效果。用【渐变工具】和其他工具更改蒙版颜色，可以实现相同的效果。

### ★重点 8.2.2 链接与取消链接蒙版

创建图层蒙版后，蒙版缩览图和图像缩览图中间有一个链接图标，它表示蒙版与图像处于链接状态，此时进行变换操作，蒙版会与图像一同变换，如图8-7所示。

图 8-7

执行【图层】→【图层蒙版】→【取消链接】命令，或者单击链接图标，可以取消链接，取消后可以单独变换图像和蒙版，如图8-8所示。

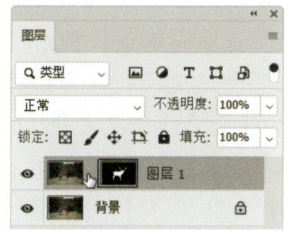

图 8-8

### 8.2.3 停用图层蒙版

创建图层蒙版后，如果需要查看原图像效果，可以暂时停用图层蒙版。停用图层蒙版的方法有以下几种。

方法一：执行【图层】→【图层蒙版】→【停用】命令。

方法二：在蒙版缩览图上右击，在弹出的快捷菜单中选择并执行【停用图层蒙版】命令。

方法三：按住【Shift】键的同时，单击蒙版缩览图，可快速停用该蒙版，再次单击缩览图则启用该蒙版。

方法四：在【图层】面板中选择需要停用的蒙版缩览图，单击【属性】面板底部的【停用/启用蒙版】按钮，如图8-9所示。

图8-9

停用图层蒙版后，图层蒙版缩览图上会出现一个红叉标记，如图8-10所示。

图8-10

执行【图层】→【图层蒙版】→【启用】命令，可以重新启用图层蒙版。

### 8.2.4 删除图层蒙版

不需要创建的图层蒙版时，可将其删除。删除图层蒙版的操作方法有以下几种。

方法一：在【图层】面板中选择需要删除的图层蒙版，并在该蒙版缩览图上右击，在弹出的快捷菜单中选择并执行【删除图层蒙版】命令。

> **技术看板**
>
> 删除图层蒙版后，蒙版效果也不再存在；而应用图层蒙版后，虽然删除了图层蒙版，但蒙版效果依然存在，并合并到图层中。

方法二：执行【图层】→【图层蒙版】→【删除】命令。

方法三：单击蒙版【属性】面板底部的【删除蒙版】按钮。

方法四：在【图层】面板中选择蒙版缩览图，并将其拖曳至面板底部的【删除图层】按钮上。

## 8.3 矢量蒙版

矢量蒙版是由钢笔、自定义形状等矢量工具创建的蒙版，它与分辨率无关。在图层中添加矢量蒙版后，图像可以沿着路径变化出特殊形状。矢量蒙版常用于制作Logo、按钮或其他Web设计元素。下面对其进行详细的介绍。

### ★重点 8.3.1 实战：使用矢量蒙版制作时尚剪影

| 实例门类 | 软件功能 |
|---|---|

在【图层】面板中创建矢量蒙版的方法主要有以下几种。

方法一：执行【图层】→【矢量蒙版】→【显示全部】命令，创建显示图层内容的矢量蒙版。执行【图层】→【矢量蒙版】→【隐藏全部】命令，创建隐藏图层内容的矢量蒙版。

方法二：创建路径后，执行【图层】→【矢量蒙版】→【当前路径】命令，或按住【Ctrl】键，单击【图层】面板中的【添加图层蒙版】按钮，可创建矢量蒙版，路径外的图像会被隐藏。

使用矢量蒙版制作时尚剪影的具体操作步骤如下。

Step 01 打开素材。打开"素材文件\第8章\剪影.jpg"文件，如图8-11所示。

图8-11

Step 02 打开素材。打开"素材文件\第8章\托腮.jpg"文件，如图8-12所示。

图 8-12

Step 03 拖曳图像到文件中。拖曳托腮图像到剪影文件中，如图 8-13 所示。

图 8-13

Step 04 放大图像。按【Ctrl+T】组合键，执行【自由变换】操作，适当放大图像，如图 8-14 所示。

图 8-14

Step 06 绘制路径。选择【钢笔工具】，在选项栏中，选择【路径】选项，拖曳鼠标绘制路径，如图 8-15 所示。

图 8-15

Step 07 添加矢量蒙版。按住【Ctrl】键，单击【图层】面板下方的【添加图层蒙版】按钮，添加矢量蒙版，如图 8-16 所示。

图 8-16

Step 08 显示效果。矢量蒙版效果如图 8-17 所示。

图 8-17

### 技能拓展——修改矢量蒙版

使用路径工具修改矢量图形，即可修改矢量蒙版效果。设置好矢量蒙版后，也可对矢量蒙版进行启用、停用、链接、删除等操作，方法和图层蒙版相似。

## 8.3.2 变换矢量蒙版

单击【图层】面板中的矢量蒙版缩览图，执行【编辑】→【自由变换】命令并进行旋转，如图 8-18 所示。

图 8-18

矢量蒙版可以进行各种变换操作，矢量蒙版与分辨率无关，因此，在进行变换和变形操作时不会产生任何锯齿。

## 8.3.3 矢量蒙版转换为图层蒙版

选择矢量蒙版所在的图层，如图 8-19 所示。

图 8-19

### 技术看板

在【图层】面板中，图层蒙版缩览图是黑白图像，而矢量蒙版缩览图是灰度图像。

执行【图层】→【栅格化】→【矢量蒙版】命令，可将其栅格化，转换为图层蒙版，如图 8-20 所示。

图 8-20

## 8.4 剪贴蒙版

剪贴蒙版可以用一个图层中包含像素的区域来限制它上层图像的显示范围，它的最大优点是可以通过一个图层来控制多个图层的可见内容，而图层蒙版和矢量蒙版都只控制一个图层。

### 8.4.1 剪贴蒙版的图层结构

在剪贴蒙版组中，最下方的图层称为"基底图层"，它的名称带有下划线；位于上方的图层称为"内容图层"，它们的缩览图是缩进的，并带有 ↓ 图标，如图8-21所示。

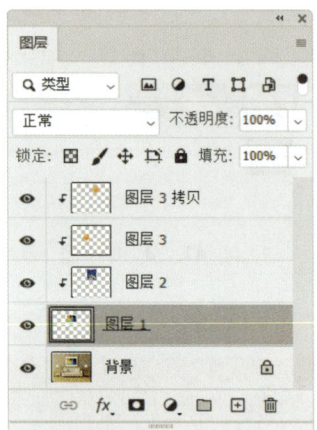

图8-21

效果如图8-22所示。

图8-22

基底图层中的透明区域充当了整个剪贴蒙版组的蒙版，简单来说，它的透明区域就像蒙版一样，可以将内容图层的图像隐藏起来，因此，移动基底图层，就会改变内容图层

的显示区域，如图8-23所示。

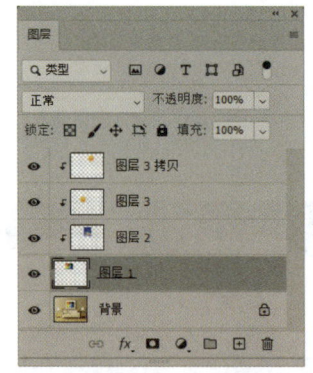

图8-23

效果如图8-24所示。

图8-24

### 8.4.2 调整剪贴蒙版的混合模式

剪贴蒙版组统一使用基底图层的混合模式，当基底图层为【正常】模式时，所有内容图层会按照各自的混合模式与下方的图层混合。调整基底图层的混合模式后，整个剪贴蒙版组中的图层都会使用此模式与下方的图层混合。例如，调整基底图层（图层1）的【混合模式】为【变亮】，如图8-25所示。

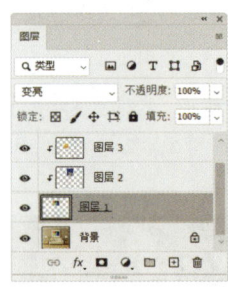

图8-25

图像效果如图8-26所示。

图8-26

> **技术看板**
> 
> 调整内容图层时，仅对其自身产生作用，不会影响其他图层。

### 8.4.3 释放剪贴蒙版

选择基底图层上方的内容图层，如图8-27所示。

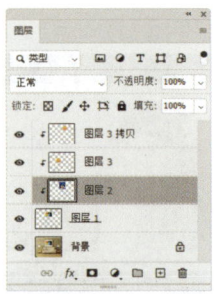

图8-27

执行【图层】→【释放剪贴蒙

版】命令，可以释放全部剪贴蒙版，如图8-28所示。

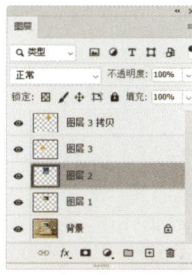

图8-28

> **技术看板**
>
> 按住【Alt】键，将鼠标指针移动到要创建剪贴蒙版的内容图层和基底图层之间，单击即可创建剪贴蒙版。选择基底图层上方的内容图层，执行【图层】→【释放剪贴蒙版】命令，或按【Alt+Ctrl+G】组合键，可快速释放剪贴蒙版。

### 8.4.4 图框工具

【图框工具】⊠的作用与剪贴蒙版类似。绘制图框后，将图像放置在图框中就可以轻松实现图像替换，且图像可以自动缩放，以适应当前的空间。

**1. 图框的创建**

打开素材文件，如图8-29所示；选择【图框工具】，在选项栏中单击⊗按钮，可以单击鼠标绘制椭圆图框，如图8-30所示。此时，图像中图框外的部分将被遮盖。

图8-29

图8-30

单击图框内的图像，可以将其选中。拖曳鼠标可以移动图像，但不会移动图框，如图8-31所示。

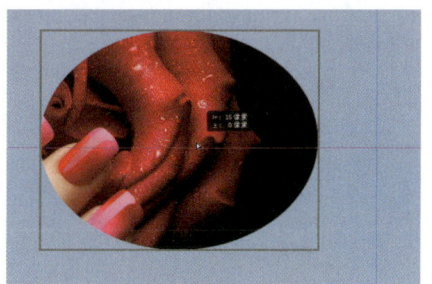

图8-31

单击图像周围的灰色框线，可以同时选中图框和图框内的图像。拖曳鼠标，可以同时移动图框和图框内的图像，如图8-32所示。

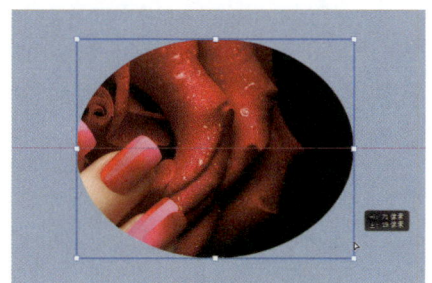

图8-32

**2. 实战：使用图框工具置换图像**

使用图框工具可以快速将原图像置换为新的图像。具体操作步骤如下。

**Step01** 打开素材。打开"素材文件\第8章\太阳镜.jpg"文件，如图8-33所示。

图8-33

**Step02** 绘制形状。选择【钢笔工具】，在选项栏中设置【绘图模式】为形状，【填充】为无。使用【钢笔工具】沿着镜片轮廓进行绘制，如图8-34所示。

图8-34

**Step03** 将形状转换为图框。分别选择【形状1】和【形状2】图层，右击鼠标，选择并执行【转换为图框】命令，将形状转换为图框，如图8-35所示。

图8-35

**Step04** 置入图像。执行【文件】→【置入嵌入对象】命令，置入"素材文件\第8章\秋天.jpg"文件到图框中。完成置入后，图像效果如图8-36所示。

图 8-36

> **技术看板**
>
> 如果要替换图像内容，重新置入图像即可。将形状转换为图框或绘制空白图框后，通过置入图像的方式才能将图像放置在图框中。

## 8.5 通道

通道是Photoshop中的高级功能，其存储颜色信息和选择范围的功能是非常强大的。在通道中可以进行存储选区、单独调整通道的颜色、应用图像及计算等高级操作。下面对通道的类型和【通道】面板进行讲解。

### ★重点 8.5.1 通道的类型

通道是通过灰度图像来保存颜色信息及选区信息的，Photoshop提供了三种类型的通道：颜色通道、Alpha通道和专色通道。下面介绍这几种通道的特征和用途。

#### 1. 颜色通道

颜色通道就像是摄影胶片，它们记录了图像内容和颜色信息，图像的颜色模式不同，颜色通道也不相同。颜色通道是用于描述图像颜色信息的彩色通道，和图像的颜色模式有关。

每个颜色通道都是一副灰度图像，只代表一种颜色的明暗变化。例如，一副图像在RGB颜色模式下，有RGB、红、绿、蓝四个通道，如图8-37所示。

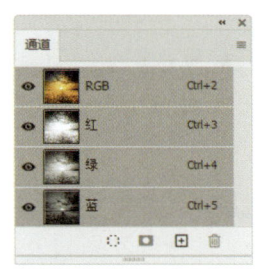

图 8-37

在CMYK颜色模式下，有CMYK、青色、洋红、黄色、黑色五个通道，如图8-38所示。

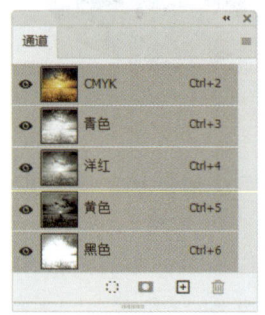

图 8-38

在Lab颜色模式下，有Lab、明度、a、b四个通道，如图8-39所示。

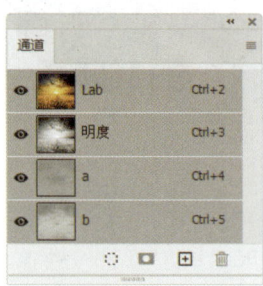

图 8-39

在灰度模式下，图像只有一个通道，用于保存图像的灰度信息，如图8-40所示。

图 8-40

在位图模式下，图像只有一个通道，用于表示图像的黑白两种颜色，如图8-41所示。

图 8-41

在索引颜色模式下，图像只有一个通道，用于保存调色板的位置信息，如图8-42所示。

图 8-42

### 2. Alpha通道

Alpha通道主要有三种用途，一是用于保存选区；二是可以将选区存储为灰度图像，这样就能用画笔、加深、减淡等工具及各种滤镜，通过编辑Alpha通道来修改选区；三是可以从Alpha通道中载入选区。

在Alpha通道中，白色为选区部分，黑色为非选区部分，灰色为具有一定透明效果的选区（选区区域）。用白色涂抹Alpha通道可以扩大选区；用黑色涂抹可以缩小选区；用灰色涂抹可以增加羽化范围。因此，通过对Alpha通道添加不同灰阶值的颜色可修改选区。

### 3. 专色通道

专色通道用于存储印刷用的专色，专色是特殊的预混油墨，如金属金银色油墨、荧光油墨等，它们用于替代或补充普通的印刷色（CMYK）油墨。通常情况下，专色通道是以专色的名称来命名的。每个专色通道以灰度图像形式存储相应专色信息，这与其在屏幕上彩色显示无关。

每一种专色都有其本身固定的色相，所以它解决了印刷中颜色传递准确性的问题。在打印图像时，因为专色色域很宽，超过了RGB、CMYK的表现色域，所以大部分专色使用CMYK四色印刷油墨无法呈现。

### 8.5.2 通道面板

在【通道】面板中可以创建、保存和管理通道。打开图像时，Photoshop会自动创建该图像的颜色信息通道，执行【窗口】→【通道】命令，即可打开【通道】面板，如图8-43所示。

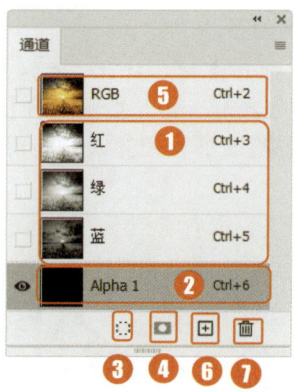

图 8-43

各选项的作用如表8-2所示。

表8-2 【通道】面板中各选项的作用

| 选项 | 作用 |
| --- | --- |
| ❶颜色通道 | 用于记录图像颜色信息的通道 |
| ❷Alpha通道 | 用于保存选区的通道 |
| ❸将通道作为选区载入 | 单击该按钮，可以载入所选通道内的选区 |
| ❹将选区存储为通道 | 单击该按钮，可以将图像中的选区保存在通道内 |
| ❺复合通道 | 面板中最上方的通道是复合通道，在复合通道下可同时预览和编辑颜色通道 |
| ❻创建新通道 | 单击该按钮，可创建Alpha通道 |
| ❼删除当前通道 | 单击该按钮，可删除当前选择的通道。复合通道不能被删除 |

> **技术看板**
>
> 单击【通道】面板右上角的扩展按钮，即可弹出面板快捷菜单，通过其中的命令可以对通道进行设置。

## 8.6 通道基础操作

在对通道有了基本的了解后，下面来学习在编辑图像过程中通道的相关操作，如创建通道，对通道进行复制、删除、分离和合并等。

### 8.6.1 选择通道

通道中包含的是灰度图像，可以像编辑任何图像一样使用绘画工具、修饰工具、选区工具等对它们进行处理。单击目标通道，可将其选中，窗口中会显示所选通道的灰度图像。例如，选中【绿】通道，如图8-44所示。

图 8-44

效果如图8-45所示。

图 8-45

选中【蓝】通道，如图8-46所示。

图8-46

效果如图8-47所示。

图8-47

### ★重点 8.6.2　创建Alpha通道

在【通道】面板中单击【创建新通道】按钮，即可创建一个Alpha通道。也可以通过单击【通道】面板右上方的扩展按钮，在弹出的快捷菜单中选择并执行【新建通道】命令，在弹出的【新建通道】对话框中设置新建通道的名称、色彩指示和颜色，如图8-48所示。

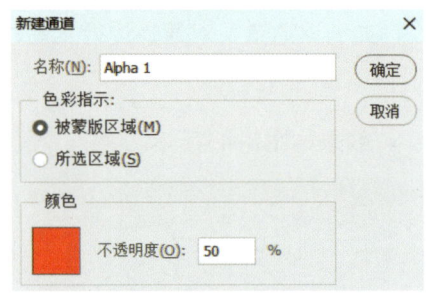

图8-48

创建的Alpha通道如图8-49所示。

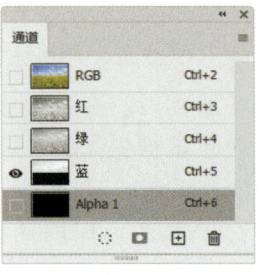

图8-49

### ★重点 8.6.3　实战：创建专色通道

| 实例门类 | 软件功能 |

创建专色通道可以解决印刷色差的问题，使用专色进行印刷，是避免出现色差的最好方法，具体操作步骤如下。

Step 01　打开素材。打开"素材文件\第8章\颜料.jpg"文件，用【魔棒工具】选中黄色背景，如图8-50所示。

图8-50

Step 02　新建专色通道。打开【通道】面板，❶单击扩展按钮，❷选择并执行【新建专色通道】命令，如图8-51所示。

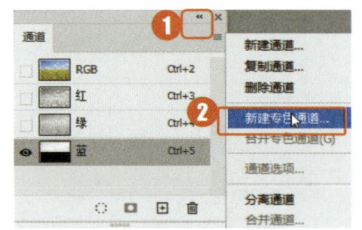

图8-51

Step 03　显示效果。选择区域被默认专色（红色）填充，如图8-52所示。

图8-52

Step 04　单击【颜色】色块。在【新建专色通道】对话框中，单击【颜色】色块，如图8-53所示。

图8-53

### 技术看板

【新建专色通道】对话框中，【密度】选项用于在屏幕上模拟印刷时的专色密度，100%可以模拟完全覆盖下层油墨的油墨（如金属油墨），0%可以模拟完全显示下层油墨的油墨（如透明光墨）。

Step 05　打开颜色库。打开【拾色器（专色）】对话框，单击【颜色库】按钮，如图8-54所示。

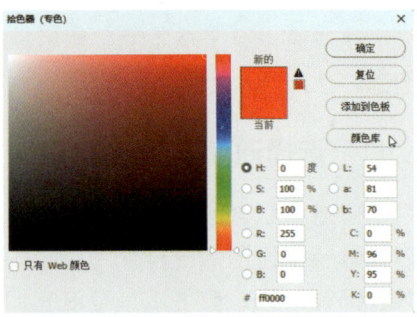

图8-54

Step 06　选择专色色条。在【颜色库】

对话框中，❶选择需要的专色色条，❷单击【确定】按钮，如图8-55所示。

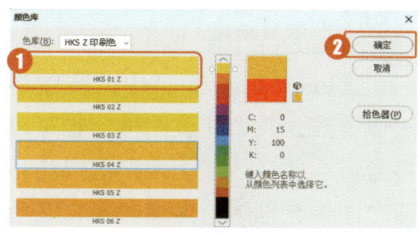

图 8-55

Step 07 确定新建专色通道。在【新建专色通道】对话框中，单击【确定】按钮，如图8-56所示。

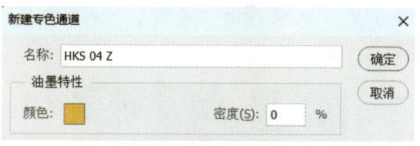

图 8-56

Step 08 显示效果。通过前面的操作，创建专色效果，如图8-57所示。

图 8-57

### 技能拓展——编辑与修改专色

用黑色绘画或编辑工具可添加不透明度为100%的专色；用灰色可添加不透明度较低的专色；用白色可清除专色。双击专色通道缩览图，可打开【专色通道选项】对话框，进行参数设置。

Step 09 查看专色通道。在【通道】面板中，可以查看创建的专色通道，如图8-58所示。

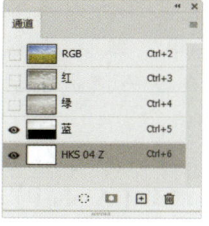

图 8-58

#### 8.6.4 复制通道

在编辑通道之前，可以为通道创建一个备份。复制通道的方法与复制图层类似，单击并拖曳通道至【通道】面板底部的【创建新通道】按钮上，如图8-59所示，即可复制一个通道，如图8-60所示。

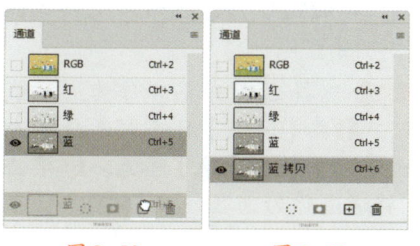

图 8-59　　　　　图 8-60

#### 8.6.5 重命名通道

双击【通道】面板中一个通道的名称，在显示的文本框中可以输入新的名称，如图8-61和图8-62所示。

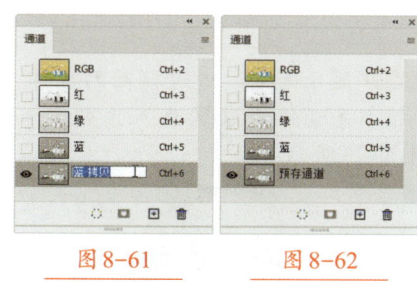

图 8-61　　　　　图 8-62

复合通道和颜色通道不能重命名。

#### 8.6.6 删除通道

在【通道】面板中选择需要删除的通道，单击【删除当前通道】按钮，可将其删除，或者直接将通道拖曳到该按钮上删除，如图8-63所示。

删除通道后的效果如图8-64所示。

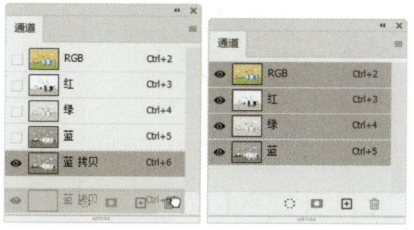

图 8-63　　　　　图 8-64

复合通道不能复制，也不能删除。颜色通道可以复制，如果将其删除，图像就会自动转换为多通道模式。

#### 8.6.7 显示或隐藏通道

通过【通道】面板中的【指示通道可视性】按钮，可以将单个通道暂时隐藏。单击【蓝】通道前面的【指示通道可视性】按钮，如图8-65所示。

图 8-65

此时，图像中有关该通道的信息也被隐藏，如图8-66所示。

图 8-66

再次单击【指示通道可视性】按钮即可显示隐藏的通道。再次单击【蓝】通道前的【指示通道可视性】按钮，如图8-67所示。

图8-67

即可显示【蓝】通道的信息，如图8-68所示。

图8-68

★重点 8.6.8 通道和选区的相互转换

通道和选区是可以相互转换的，可以将选区存储为通道，也可以将通道作为选区载入。

1. 将选区存储为通道

将选区存储为通道的具体操作步骤如下。

Step01 打开素材。打开"素材文件\第8章\紫色头发.jpg"文件，使用【魔棒工具】选中白色背景，如图8-69所示。

图8-69

Step02 将选区存储为通道。在【通道】面板中，单击面板下方的【将选区存储为通道】按钮，如图8-70所示。

Step03 显示存储的通道。将选区存储为一个新的【Alpha1】通道，如图8-71所示。

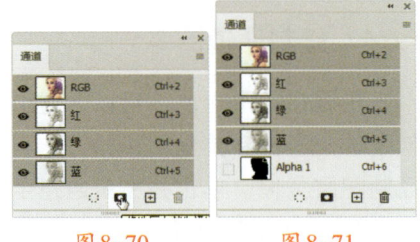

图8-70　　图8-71

2. 将通道作为选区载入

将通道作为选区载入的具体操作步骤如下。

Step01 选择通道并将其作为选区载入。❶在【通道】面板中选择一个通道，如选择【绿】通道，❷单击【将通道作为选区载入】按钮，如图8-72所示。

图8-72

Step02 显示效果。通过前面的操作，【绿】通道作为选区载入，效果如图8-73所示。

图8-73

## 8.6.9 实战：分离与合并通道改变图像色调

**实例门类** 软件功能

在Photoshop 2024中，可以将图像分离为几个灰度图像，也可以将通道合并在一起。用户可以先将两个图像分别进行通道分离，然后选择部分通道合并在一起，得到特殊的图像色调效果，具体操作步骤如下。

Step01 打开素材。打开"素材文件\第8章\花束.jpg"文件，如图8-74所示。

图8-74

Step02 执行【分离通道】命令。❶单击【通道】面板右上角的扩展按钮，❷在弹出的快捷菜单中选择并执行【分离通道】命令，如图8-75所示。

图8-75

Step03 显示分离的灰度图像。在图像窗口中可以看到已将原图像分离为三个单独的灰度图像，如图 8-76 所示。

图 8-76

Step 04 打开素材。打开"素材文件\第 8 章\紫色.jpg"文件，如图 8-77 所示。

图 8-77

Step 05 分离通道。❶单击【通道】面板右上角的扩展按钮，❷在弹出的快捷菜单中选择并执行【分离通道】命令，如图 8-78 所示。

图 8-78

Step 06 显示分离的灰度图像。在图像窗口中可以看到已将原图像分离为三个单独的灰度图像，出现六个灰度图像窗口，单击"风车.jpg_蓝"窗口，如图 8-79 所示。

图 8-79

Step 07 合并通道。单击【通道】面板右上角的扩展按钮，在弹出的快捷菜单中选择并执行【合并通道】命令，打开【合并通道】对话框，❶在【模式】下拉列表中选择【RGB 颜色】选项，❷单击【确定】按钮，如图 8-80 所示。

图 8-80

Step 08 设置合并选项。打开【合并 RGB 通道】对话框，设置【红色】为"紫色.jpg_绿"，如图 8-81 所示。

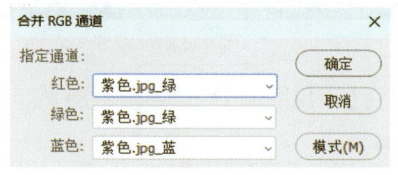

图 8-81

Step 09 设置合并选项。设置【绿色】为"紫色.jpg_蓝"，如图 8-82 所示。

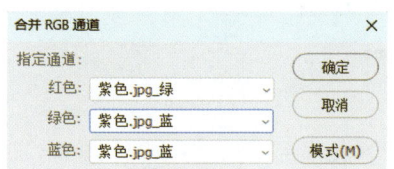

图 8-82

Step 10 设置合并选项。设置【蓝色】为"紫色.jpg_红"，单击【确定】按钮，如图 8-83 所示。

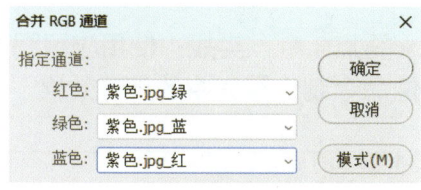

图 8-83

Step 11 显示合并效果。合并通道后，图像色调效果如图 8-84 所示。

图 8-84

### 技术看板

【分离通道】命令生成的灰度图像，只在未改变图像尺寸的情况下才能进行【合并通道】操作，否则不可用。

### 技术看板

【分离通道】命令分离通道的数量取决于当前图像的颜色模式。例如，对 RGB 模式的图像执行分离通道操作，可以得到 R、G 和 B 三个单独的灰度图像。单个通道出现在单独的灰度图像窗口中，窗口的标题栏显示原文件名及通道的缩写或全名。

## 8.7 通道运算

通道运算具有强大的功能，用于混合两个来自一个或多个源图像的通道，并将结果应用于新图像或新通道。

### ★重点 8.7.1 实战：使用应用图像命令制作霞光中的地球效果

| 实例门类 | 软件功能 |

【应用图像】命令将源图像的图层和通道与目标图像的图层和通道混合。使用【应用图像】命令可将两个图像混合，也可在同一图像中选择不同通道进行应用。打开源图像和目标图像，并在目标图像中选择所需图层和通道。目标图像的像素尺寸必须与源图像的像素尺寸一样。

使用【应用图像】命令制作霞光中的地球效果，具体操作步骤如下。

Step 01 打开素材。打开"素材文件\第8章\霞光.jpg"文件，如图8-85所示。

图8-85

Step 02 打开素材。打开"素材文件\第8章\地球.jpg"文件，如图8-86所示。

图8-86

Step 03 应用图像。执行【图像】→【应用图像】命令，在弹出的【应用图像】对话框中，设置【源】为"霞光.jpg"，【混合】为【点光】，单击【确定】按钮，如图8-87所示。

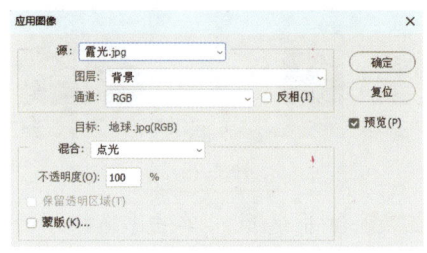

图8-87

Step 04 显示效果。通道混合效果如图8-88所示。

图8-88

【应用图像】对话如图8-89所示。

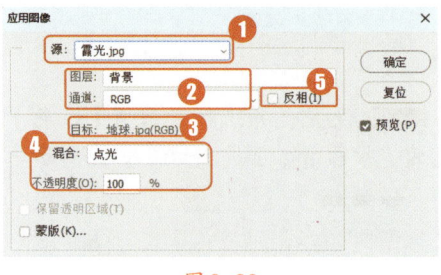

图8-89

各选项的作用如表8-3所示。

表8-3 【应用图像】对话框中各选项的作用

| 选项 | 作用 |
| --- | --- |
| ❶源 | 默认为当前文件，也可以选择使用其他文件来与当前文件混合，但选择的文件必须是打开的，并且与当前文件具有相同尺寸和分辨率 |
| ❷图层和通道 | 【图层】选项用于选择源图像中需要混合的图层，当只有一个图层时，就显示背景图层。【通道】选项用于选择源图像中需要混合的通道，图像的颜色模式不同，通道也会有所不同 |
| ❸目标 | 显示目标图像，以执行【应用图像】命令的图像为目标图像 |
| ❹混合和不透明度 | 【混合】选项用于选择混合模式。【不透明度】选项用于设置【源】中选择的图层或通道的不透明度 |
| ❺反相 | 该选项对源图像和蒙版后的图像都有效。如果想要使用与选择区域相反的区域，可选择该选项 |

### 8.7.2 计算

【计算】命令与【应用图像】命令基本相同，也可将两个图像中的通道混合在一起。与【应用图像】命令不同的是，使用【计算】命令混合出来的图像以黑、白、灰显示，并且通过设置【计算】面板中的结果选项，可将混合的结果新建为通道、文档或选区。

使用【计算】命令混合通道的具体操作步骤如下。

Step01 打开素材。打开"素材文件\第8章\风景.jpg"文件，如图8-90所示。

图8-90

Step02 计算通道。执行【图像】→【计算】命令，在弹出的【计算】对话框中，❶设置【源2】的【通道】为【蓝】，【混合】为【正片叠底】，【结果】为【新建通道】，❷单击【确定】按钮，如图8-91所示。

图8-91

Step03 显示计算效果。通过前面的操作，进行通道计算，效果如图8-92所示。

图8-92

Step04 生成新通道。【通道】面板中，生成了新通道【Alpha 1】，如图8-93所示。

图8-93

【计算】对话框如图8-94所示。

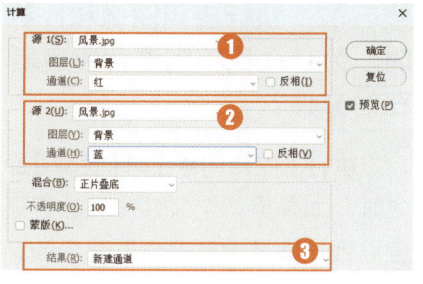

图8-94

各选项的作用如表8-4所示。

表8-4 【计算】对话框中各选项的作用

| 选项 | 作用 |
| --- | --- |
| ❶源1 | 用于选择第一个源图像及其图层和通道 |
| ❷源2 | 用于选择与【源1】混合的第二个源图像及其图层和通道。该文件必须是打开的，并且与【源1】的图像具有相同的尺寸和分辨率 |
| ❸结果 | 可以选择一种计算结果的生成方式。选择【新建通道】，可以将计算结果生成到新的通道中；选择【新建文档】，可得到一个新的黑白图像；选择【新建选区】，可得到一个新的选区 |

# 妙招技法

通过对本章知识的学习，相信读者已经掌握了蒙版和通道的相关知识和基本编辑操作。下面结合本章内容，给大家介绍一些实用技巧。

### 技巧01：载入通道选区

在【通道】面板中，除了通过单击按钮载入选区，还可以通过单击通道快速载入选区，具体操作步骤如下。

Step01 单击通道。在【通道】面板中，按住【Ctrl】键，单击通道，如图8-95所示。

图8-95

Step02 显示载入通道选区效果。载入通道选区的效果如图8-96所示。

图8-96

### 技巧02：执行应用图像和计算时，为什么找不到混合通道所在的文件？

执行【应用图像】和【计算】命令时，如果是两个文件之间进行通道混合，除了需要确保要混合的文件处于打开状态，还需要确保两个文件有相同的尺寸和分辨率，否则将找不到需要混合的文件。

### 技巧03：快速选择通道

按【Ctrl+3】【Ctrl+4】【Ctrl+5】组合键可分别选择红色、绿色和蓝色通道；按【Ctrl+2】组合键可重新回到RGB复合通道，显示彩色图像。

## 本章小结

本章主要讲述了Photoshop 2024中蒙版和通道的应用。蒙版相关内容包括图层蒙版、矢量蒙版及剪贴蒙版的创建与编辑。图层蒙版主要用于合成图像，矢量蒙版常用于制作矢量设计元素，剪贴蒙版最大的优点是可以通过一个图层控制多个图层的可见内容。灵活使用蒙版功能，可以制作出非常神奇的合成效果。通道是Photoshop中的高级功能，本章首先介绍通道的概念、通道分类和【通道】面板，然后详细介绍通道的基本操作、通道与选区的相互转换、分离通道和合并通道，最后讲解了通道的运算。熟练掌握通道知识，将会大大提高特效制作能力。

# 第9章 调整图像颜色与色调

- 颜色模式包括哪些类别？
- Photoshop 2024 可以自动分析图像、自动调整图像颜色吗？
- 色阶和曲线命令有什么区别？
- 如何一次调整多个通道？
- 如何将图像变为灰度图像，并保持颜色模式不变？

颜色和色调让一幅图像有了生命，不同的颜色和色调可以带给人完全不一样的感受。成熟的设计师善于把握颜色给人的感受，懂得调配颜色来表达自己的想法。只有熟练地掌握颜色与色调的用法，才能在使用 Photoshop 2024 时更得心应手。

## 9.1 颜色模式

不同的颜色模式有不同的应用领域和应用优势，通过选择某种颜色模式，即可选用某种特定的颜色模型。颜色模式基于颜色模型，而颜色模型对于印刷中使用的图像来说非常有用。在【图像】→【模式】下拉菜单中可以为图像选择任意一种颜色模式。

### ★重点 9.1.1 灰度模式

灰度模式图像不包含颜色，彩色图像转换为该模式后，颜色信息会被删除。灰度图像中每个像素都有一个0~255的亮度值，0代表黑色，255代表白色，其他值代表黑、白之间过渡的灰色。8位图像中最多有256级灰度，16位和32位图像的级数比8位图像要多得多。

打开图像文件，如图9-1所示。

图 9-1

执行【图像】→【模式】→【灰度】命令，会弹出一个【信息】提示框，询问是否扔掉颜色信息，单击【扔掉】按钮，如图9-2所示。

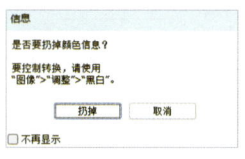

图 9-2

即可将图像转换为灰度图像，如图9-3所示。

图 9-3

### 9.1.2 位图模式

位图模式只有纯黑和纯白两种颜色，没有中间层次，适合制作艺术样式或用于创作单色图形。

彩色图像转换为该模式后，色相和饱和度信息都会被删除，只保留亮度信息。只有灰度模式图像和通道图能直接转换为位图模式。

打开图像，执行【图像】→【模式】→【灰度】命令，先将它转换为灰度模式，再执行【图像】→【模式】→【位图】命令，打开【位图】对话框，如图9-4所示。

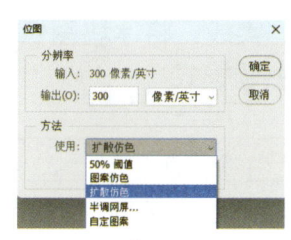

图 9-4

单击【确定】按钮，图像转换后效果如图9-5所示。

图9-5

各选项的作用如表9-1所示。

表9-1 【位图】对话框中各选项的作用

| 选项 | 作用 |
| --- | --- |
| 输出 | 在此文本框中输入数值可设定黑白图像的分辨率。如果要精细控制打印效果，可提高分辨率数值。通常情况下，输出值是输入值的200%~250% |
| 50%阈值 | 以50%为界限，将图像中色阶值大于50%的所有像素全部变成黑色，小于50%的所有像素全部变成白色 |
| 图案仿色 | 使用一些随机的黑白像素点来抖动图像 |
| 扩散仿色 | 通过使用从图像左上角开始的误差扩散过程来转换图像，由于转换过程中的误差原因，会产生颗粒状的纹理 |
| 半调网屏 | 产生一种半色调网版印刷的效果 |
| 自定图案 | 选择图案列表中的图案作为转换后的纹理效果 |

## 9.1.3 实战：将冰块图像转换为双色调模式

| 实例门类 | 软件功能 |
| --- | --- |

双色调模式采用一组曲线来设置各种颜色的油墨，可以得到比单一通道更多的色调层次，在打印时表现更多的细节。如果希望将彩色图像转换为双色调模式，必须先将图像转换为灰度模式，再转换为双色调模式。

**Step 01** 打开素材。打开"素材文件\第9章\冰块.jpg"文件，如图9-6所示。

图9-6

**Step 02** 转换灰度模式。执行【图像】→【模式】→【灰度】命令，先将其转换为灰度模式，如图9-7所示。

图9-7

**Step 03** 设置双色调。执行【图像】→【模式】→【双色调】命令，打开【双色调选项】对话框，设置【类型】为双色调，单击【油墨1】后面的色块，如图9-8所示。

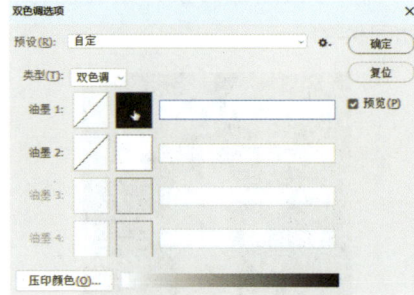

图9-8

**Step 04** 打开颜色库。在【拾色器（墨水1颜色）】对话框中，单击【颜色库】按钮，如图9-9所示。

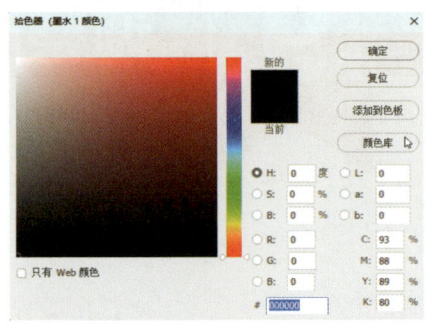

图9-9

**Step 05** 选择色标。在【颜色库】对话框中，❶单击蓝色色标，❷单击【确定】按钮，如图9-10所示。

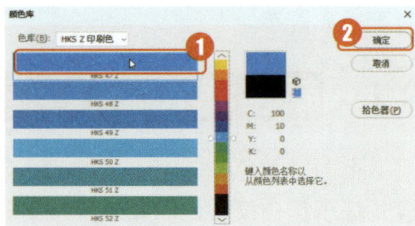

图9-10

**Step 06** 显示效果。单色调效果如图9-11所示。

图9-11

**Step 07** 单击色块。单击【油墨2】后面的色块，如图9-12所示。

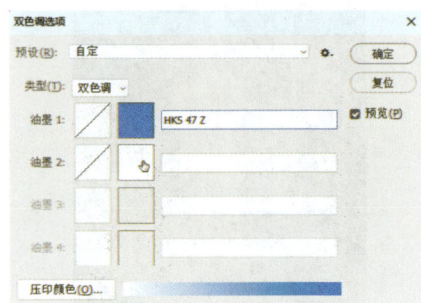

图9-12

Step 08 选择色标。打开【颜色库】对话框，❶单击绿色色标，❷单击【确定】按钮，如图9-13所示。

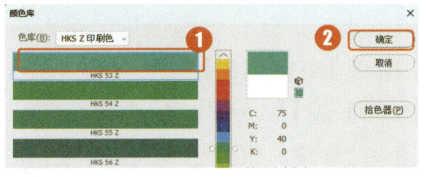

图9-13

Step 09 得到双色调效果。通过前面的操作，得到双色调效果，如图9-14所示。

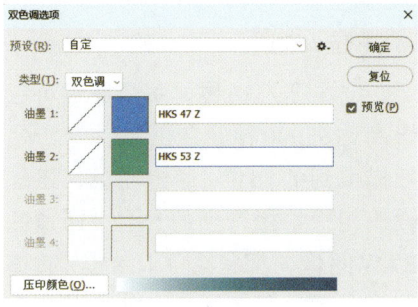

图9-14

Step 10 显示效果。图像效果如图9-15所示。

图9-15

【双色调选项】对话框如图9-16所示。

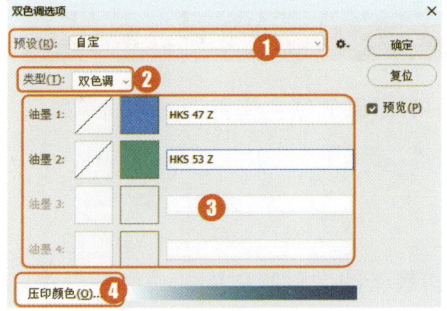

图9-16

各选项的作用如表9-2所示。

表9-2 【双色调选项】对话框中各选项的作用

| 选项 | 作用 |
| --- | --- |
| ❶预设 | 可选择一个预设的调整文件 |
| ❷类型 | 可选择使用几种色调，如单色调、双色调、三色调和四色调 |
| ❸编辑油墨颜色 | 单击左侧的图标可打开【双色调曲线】对话框，调整曲线可以改变油墨的百分比。单击右侧的颜色块，可以选择油墨颜色 |
| ❹压印颜色 | 指相互打印在对方之上的两种无网屏油墨。单击此按钮可以看到每种颜色混合后的结果 |

### 9.1.4 索引模式

索引模式使用最多256种颜色或更少的颜色替代全彩图像中上百万种颜色，这个过程称为索引。当图像转换为索引模式时，Photoshop将构建一个颜色查找表，用以存放并索引图像中的颜色。如果原图像中的某种颜色没有出现在该表中，则软件将选取现有颜色中最接近的一种，或使用现有颜色模拟该颜色。

索引颜色可以在保持图像视觉品质的同时减小文件大小。在这种模式下只能进行有限的编辑。若要进一步编辑，应将图像临时转换为RGB模式。执行【图像】→【模式】→【索引颜色】命令，打开【索引颜色】对话框，如图9-17所示。

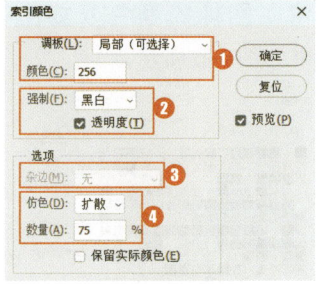

图9-17

各选项的作用如表9-3所示。

表9-3 【索引颜色】对话框中各选项的作用

| 选项 | 作用 |
| --- | --- |
| ❶调板/颜色 | 可以选择转换为索引颜色后使用的调板类型，可输入【颜色】值指定要显示的实际颜色数量 |
| ❷强制 | 可选择将某些颜色强制包括在颜色表中 |
| ❸杂边 | 指定用于填充与图像的透明区域相邻的消除锯齿边缘的背景色 |
| ❹仿色 | 在下拉列表中可以选择是否使用仿色。在【数量】输入框中输入的数值越高，所仿颜色越多 |

### 9.1.5 颜色表

将图像的颜色模式转换为索引模式后，执行【图像】→【模式】→【颜色表】命令，Photoshop会从图像中提取256种典型颜色，索引图像如图9-18所示。

图9-18

索引图像的颜色表如图9-19所示。

图9-19

### 9.1.6 多通道模式

多通道模式是一种减色模式，将RGB图像转换为该模式后，可以得到青色、洋红和黄色通道，如图9-20所示。

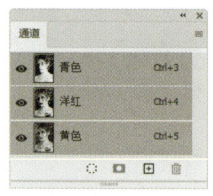

图9-20

图像效果如图9-21所示。

图9-21

此外，如果删除RGB、CMYK、Lab模式的某个颜色通道，如图9-22所示。

图9-22

图像会自动转换为多通道模式，如图9-23所示。该模式包含了多个灰阶通道，每个通道均由256级灰阶组成，该模式通常被用于处理特殊打印需求。

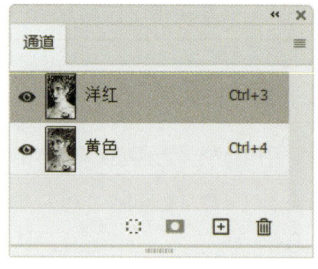

图9-23

### 9.1.7 位深度

位深度也称为像素深度或色深度，即多少位/像素，它是显示器、数码相机、扫描仪等设备使用的术语。Photoshop使用位深度来存储文件中每个颜色通道的颜色信息。存储的位越多，图像中颜色和色调差就越大。打开一个图像后，可以在【图像】→【模式】菜单中选择【8位/通道】【16位/通道】【32位/通道】命令，改变图像的位深度。

#### 1. 8位/通道

位深度为8位，每个通道可支持256种颜色，图像可以有1600万个以上的颜色值。

#### 2. 16位/通道

位深度为16位，每个通道可包含高达65000种颜色信息。无论是扫描得到的16位/通道图像，还是数码相机拍摄得到的16位/通道的RAW图像，都包含了比8位/通道图像更多的颜色信息，色彩渐变更加平滑、色调更加丰富。

#### 3. 32位/通道

32位/通道图像也称为高动态范围（HDR）图像，图像的颜色和色调更胜于16位/通道图像。目前，HDR图像主要应用于影片、特殊效果、3D作品及某些高端图片。

## 9.2 自动调整

在【图像】菜单中，【自动色调】【自动对比度】和【自动颜色】命令可以自动对图像的颜色和色调进行简单的调整，适合对于各种调色工具不太熟悉的初学者使用。

### 9.2.1 自动色调

【自动色调】命令可自动调整图像中的黑场和白场，将每个颜色通道最亮和最暗的像素映射到纯白和纯黑中，中间像素值按比例重新分布，从而增强图像的对比度。打开图像，如图9-24所示。

图 9-24

执行【图像】→【自动色调】命令，或按【Shift+Ctrl+L】组合键，Photoshop 会自动调整图像，如图 9-25 所示。

图 9-25

### 9.2.2 自动对比度

【自动对比度】命令可调整图像的对比度，使高光区域变得更亮，阴影区域变得更暗，适用于色调较灰、明暗对比不强的图像。【自动对比度】命令不会单独调整通道，它只调整色调，而不会改变色

彩平衡，因此不会产生色偏，但也不能用于消除色偏。打开图像，如图 9-26 所示。

图 9-26

执行【图像】→【自动对比度】命令，或按【Alt+Shift+Ctrl+L】组合键，即可为图像自动调整对比度，如图 9-27 所示。

图 9-27

### 9.2.3 自动颜色

【自动颜色】命令可通过搜索图像来标示阴影、中间调和高光，还原图像各部分真实颜色，使其不受环境色影响。例如，原图像偏黄，

如图 9-28 所示。

图 9-28

执行【图像】→【自动颜色】命令，或按【Shift+Ctrl+B】组合键，即可自动调整图像的偏色，如图 9-29 所示。

图 9-29

## 9.3 明暗调整

在 Photoshop 2024 中，使用【亮度/对比度】【色阶】【曲线】【曝光度】【阴影/高光】等命令可以调整图像的明暗效果，下面进行详细介绍。

### 9.3.1 实战：使用亮度/对比度命令调整图像

| 实例门类 | 软件功能 |
|---|---|

【亮度/对比度】命令可调整一些光线不足的图像。它的使用方法非常简单，其操作步骤如下。

Step01 打开素材。打开"素材文件\第9章\花瓶.jpg"文件,如图9-30所示。

图9-30

Step02 设置亮度/对比度。执行【图像】→【调整】→【亮度/对比度】命令,设置【亮度】为39,【对比度】为65,如图9-31所示。

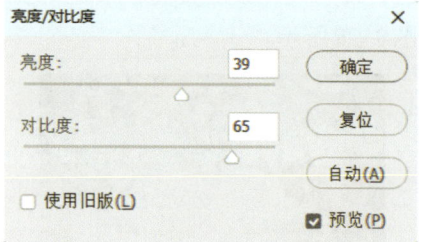

图9-31

Step03 显示效果。图像调整效果如图9-32所示。

图9-32

Step04 使用旧版显示效果。在【亮度/对比度】对话框中,勾选【使用旧版】复选框后,再使用相同参数进行调整,即可得到与Photoshop CS3以前的版本相同的处理结果,如图9-33所示。

图9-33

### 技术看板

【亮度/对比度】命令没有【色阶】【曲线】命令的可控性强,调整时有可能丢失图像的细节,对于印刷输出的设计图,建议使用【色阶】或【曲线】命令调整。

### ★重点 9.3.2 实战：使用色阶命令调整图像对比度

| 实例门类 | 软件功能 |

【色阶】命令是Photoshop中最为重要的调整工具之一,它可以调整图像的阴影、中间调和高光的强度级别,校正色调范围和色彩平衡。简单来说,【色阶】命令不仅可以调整对比度,还可以调整色调。

Step01 打开素材。打开"素材文件\第9章\雾.jpg"文件,如图9-34所示。可以发现图像整体偏灰,对比度不够。

图9-34

Step02 观察色阶。执行【图像】→【调整】→【色阶】命令,或按【Ctrl+L】组合键打开【色阶】对话框,如图9-35所示,可以发现最左侧和最右侧都没有像素,表示图像缺少阴影和高光的细节,简单来说就是暗部不够暗,亮部又不够亮,所以图像整体看起来发灰。

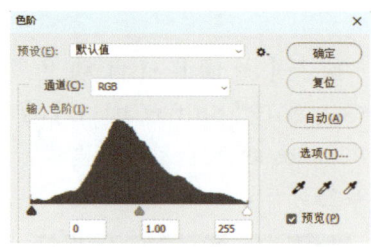

图9-35

Step03 调整色阶。拖曳左侧滑块和右侧滑块到有像素的区域,单击【确定】按钮,如图9-36所示。

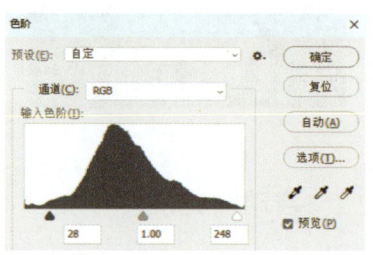

图9-36

Step04 显示效果。通过前面的操作,使图像暗部更暗,亮部更亮,调整对比度后,显示出更多图像细节,效果如图9-37所示。

图9-37

Step05 调整色调。单击【通道】下拉按钮,在下拉列表中选择【蓝】通道。色调的调整与对比度的调整操作相同。拖曳左侧的滑块到有像素的区域，可以减少阴影区域的蓝色；拖曳右侧的滑块到有像素的区域，可以为高光区域添加蓝色；向左侧拖曳中间调的滑块，可以为中间调区域添加蓝色，如图9-38所示。

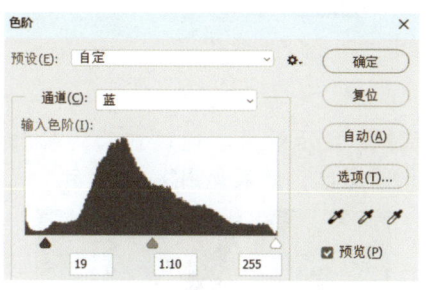

图9-38

Step 06 显示图像效果。单击【确定】按钮，完成图像对比度和色调的调整，效果如图9-39所示。

图9-39

【色阶】对话框如图9-40所示。

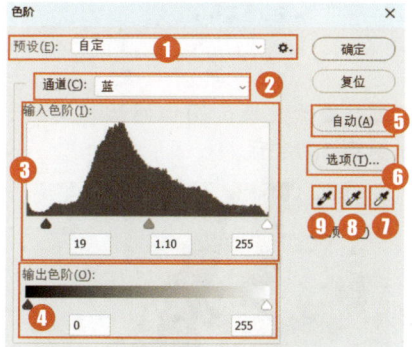

图9-40

各选项的作用如表9-4所示。

表9-4 【色阶】对话框中各选项的作用

| 选项 | 作用 |
|---|---|
| ❶ 预设 | 单击【预设】选项右侧的 ✿. 按钮，在弹出的下拉列表中选择【存储预设】命令，可将当前的调整参数保存为一个预设文件。在使用相同方法处理其他图像时，可用该预设自动完成调整 |
| ❷ 通道 | 单击【通道】下拉按钮，在下拉菜单中可以选择通道，如图9-41所示。通过调整通道的明暗可以影响图像的整体色调<br>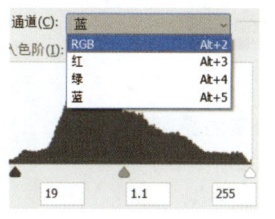<br>图9-41 |
| ❸ 输入色阶 | 用于调整图像的阴影、中间调和高光区域。从左至右的滑块分别表示【阴影】【中间调】和【高光】。向右拖曳【阴影】滑块，可以提亮阴影区域；向左拖曳【高光】滑块，可以压暗高光区域；向左拖曳【中间调】滑块，可以提亮中间调区域；向右拖曳【中间调】滑块，可以压暗中间调区域。也可以在文本框中输入数值来进行调整 |
| ❹ 输出色阶 | 可以限制图像的亮度范围，从而降低对比度，使图像呈现褪色效果。在【输出色阶】栏中，向右拖曳黑色滑块，可以提亮图像；向左拖曳白色滑块，可以压暗图像，如图9-42所示，图像效果如图9-43所示<br> <br>图9-42　　图9-43 |
| ❺ 自动 | 单击该按钮，可应用自动颜色校正，Photoshop会以0.5%的比例自动调整图像色阶，使图像的亮度分布更加均匀 |
| ❻ 选项 | 单击该选项，可以打开【自动颜色校正选项】对话框，在对话框中可以设置黑色像素和白色像素的比例 |
| ❼ 设置白场 | 使用该工具在图像中单击，如图9-44所示。可以将单击点的像素调整为白色，比该点亮度值高的像素也变为白色，如图9-45所示<br><br>图9-44　　图9-45 |

续表

| 选项 | 作用 |
|---|---|
| ❽设置灰场 | 使用该工具在图像中灰阶位置单击,如图9-46所示。图9-46<br>可根据单击点像素的亮度来调整其他中间色调的平均亮度。该工具通常用于校正色偏,如图9-47所示。图9-47 |
| ❾设置黑场 | 使用该工具在图像中单击,如图9-48所示。图9-48<br>可以将单击点的像素调整为黑色,比该点亮度值低的像素也变为黑色,如图9-49所示。图9-49 |

### ★重点 9.3.3 实战：使用曲线命令调整图像明暗

| 实例门类 | 软件功能 |
|---|---|

【曲线】命令是功能强大的图像校正命令,执行该命令可以在图像的整个色调范围内调整不同的色调,还可以对图像中的个别颜色通道进行精确的调整,下面介绍具体的操作步骤。

Step 01 打开素材。打开"素材文件\第9章\拖鞋.jpg"文件,如图9-50所示。

图9-50

Step 02 调整曲线。执行【图像】→【曲线】命令,或按【Ctrl+M】组合键,在【曲线】对话框中,向上方拖曳曲线,如图9-51所示。

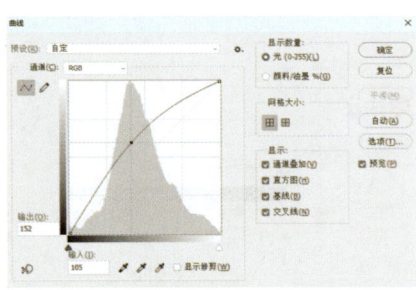

图9-51

Step 03 显示效果。通过前面的操作调亮图像,效果如图9-52所示。

图9-52

Step 04 调整曲线。在【曲线】对话框中,向下方拖曳曲线,如图9-53所示。

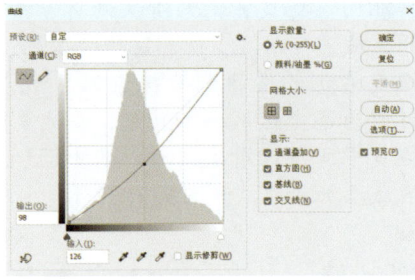

图9-53

Step 05 显示效果。通过前面的操作调暗图像,效果如图9-54所示。

图9-54

Step 06 调整曲线的形状。在【曲线】对话框中,拖曳曲线为"S"形,如图9-55所示。

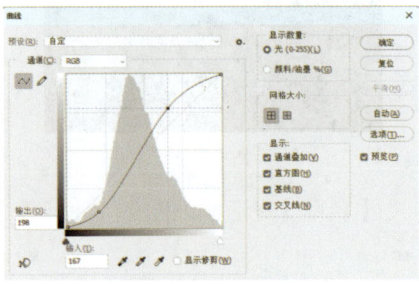

图9-55

Step 07 显示效果。图像对比度增大,如图9-56所示。

图9-56

【曲线】对话框如图9-57所示。

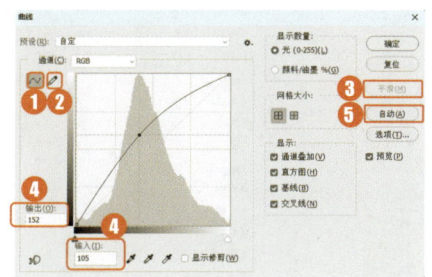

图9-57

常用选项的作用如表9-5所示。

表9-5 【曲线】对话框中常用选项的作用

| 选项 | 作用 |
| --- | --- |
| ❶通过添加点来调整曲线 | 单击该按钮后，在曲线中单击可添加新的控制点，拖曳控制点改变曲线形状，即可调整图像，如图9-58所示，调整后的图像效果如图9-59所示<br><br>图9-58　　图9-59 |
| ❷使用铅笔绘制曲线 | 单击该按钮后，可绘制手绘效果的自由曲线，如图9-60所示。绘制完成后效果如图9-61所示<br><br>图9-60　　图9-61 |
| ❸平滑 | 单击该按钮，可以对铅笔工具绘制的曲线进行平滑处理 |
| ❹输入/输出 | 【输入】选项显示了调整前的像素值，【输出】选项显示了调整后的像素值 |
| ❺自动 | 单击该按钮，可对图像应用【自动颜色】【自动对比度】或【自动色调】校正。具体的校正内容取决于【自动颜色校正选项】对话框中的设置 |

### 技术看板

如果图像为RGB模式，曲线向上弯曲时，可以将色调调亮；曲线向下弯曲时，可以将色调调暗；曲线呈"S"形时，可以增强图像的对比度。如果图像为CMYK模式，调整方向相反。

## 9.3.4 实战：使用曝光度命令调整照片曝光度

**实例门类** 软件功能

在照片的拍摄过程中，经常会因为曝光过度导致图像偏亮，或者因为曝光不够导致图像偏暗，使用【曝光度】命令可以调整图像的曝光度，使图像的曝光度恢复正常。具体操作步骤如下。

**Step 01** 打开素材。打开"素材文件\第9章\紫裙.jpg"文件，如图9-62所示。

图9-62

**Step 02** 调整曝光度。执行【图像】→【调整】→【曝光度】命令，弹出【曝光度】对话框，❶设置【曝光度】为1，【灰度系数校正】为1.5，❷单击【确定】按钮，如图9-63所示。

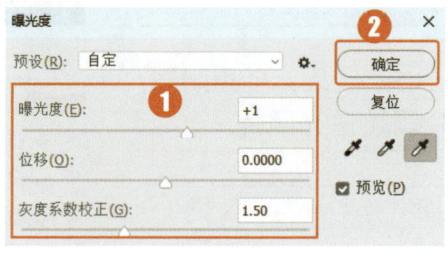

图9-63

Step03 显示效果。通过前面的操作，图像补足曝光度，效果如图9-64所示。

图9-64

【曝光度】对话框中常用选项的作用如表9-6所示。

表9-6 【曝光度】对话框中常用选项的作用

| 选项 | 作用 |
| --- | --- |
| 曝光度 | 设置图像的曝光度，向右拖曳下方的滑块可增大图像的曝光度，向左拖曳滑块可减小图像的曝光度 |
| 位移 | 该选项将使图像中的阴影和中间调变暗或变亮，对高光的影响很小，通过设置【位移】参数可快速调整图像的整体明暗度 |
| 灰度系数校正 | 该选项使用简单的乘方函数调整图像的灰度系数 |

★重点 9.3.5 实战：使用阴影/高光命令调整逆光照片

| 实例门类 | 软件功能 |
| --- | --- |

【阴影/高光】命令可以调整图像的阴影和高光部分，主要用于修正一些因为逆光而导致主体较暗的照片，其具体操作步骤如下：

Step01 打开素材。打开"素材文件\第9章\逆光.jpg"文件，如图9-65所示。

图9-65

Step02 调整阴影/高光选项。执行【图像】→【调整】→【阴影/高光】命令，弹出【阴影/高光】对话框，在【阴影】栏中设置【数量】为70%，如图9-66所示。

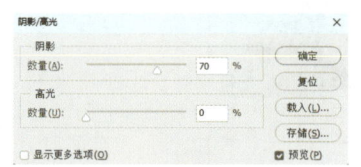

图9-66

Step03 显示效果。调整效果如图9-67所示。

图9-67

Step04 设置阴影/高光。勾选【显示更多选项】复选框，在【阴影】栏中，设置【半径】为70像素，将更多像素定义为阴影，色调变得平滑，消除了不自然的感觉，如图9-68所示。

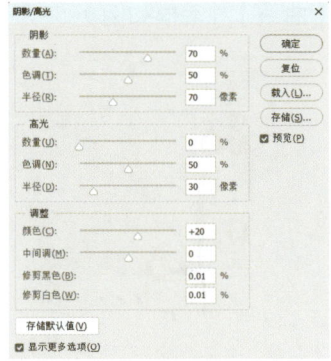

图9-68

Step05 显示效果。调整效果如图9-69所示。

图9-69

Step06 设置颜色值。在【调整】栏中，设置【颜色】为30，【中间调】为5，如图9-70所示。

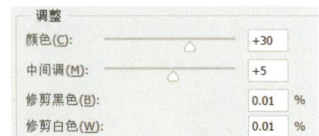

图9-70

Step07 显示效果。通过前面的操作，增加了图像的饱和度和中间调的对比度，效果如图9-71所示。

图9-71

【阴影/高光】对话框如图9-72所示。

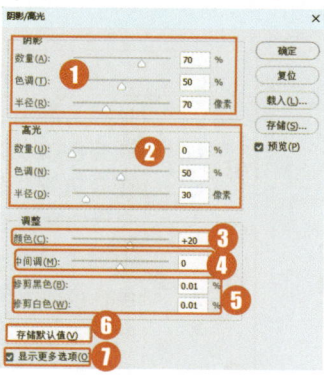

图 9-72

各选项的作用如表 9-7 所示。

表 9-7 【阴影/高光】对话框中各选项的作用

| 选项 | 作用 |
|---|---|
| ❶阴影 | 拖曳【数量】滑块可以控制调整强度，数值越大，阴影区域越亮；【色调】用来控制色调的修改范围，较大的值会影响更多色调，较小的值只对较暗的阴影区域进行校正；【半径】可控制每个像素周围的局部相邻像素的大小，相邻像素决定像素是在阴影中还是在高光中 |

续表

| 选项 | 作用 |
|---|---|
| ❷高光 | 【数量】控制调整强度，数值越大，高光区域越暗；【色调】控制色调的修改范围，较小的值只对较亮的区域进行校正，较大的值会影响更多色调；【半径】可控制每个像素周围局部相邻像素的大小 |
| ❸颜色 | 调整已修改区域的颜色。例如，增大【阴影】栏中的【数量】值使图像中较暗的颜色显示出来以后，再增大【颜色】值，可以使颜色更加鲜艳 |
| ❹中间调 | 调整中间调的对比度 |
| ❺修剪黑色/修剪白色 | 指定在图像中，将多少阴影/高光剪切到新极端阴影（色阶为 0，黑色）和高光（色阶为 255，白色）。该值越大，色调对比度越强 |
| ❻存储默认值 | 单击该按钮，可将当前参数设置存储为预设，再次打开【阴影/高光】对话框时，会显示预设参数 |
| ❼显示更多选项 | 勾选此复选框，可以显示全部选项 |

## 9.4 色彩调整

在 Photoshop 2024 中，不仅能调整图像的明暗，还能根据图像色调对整体色彩进行调整，这些调整色彩的命令包括【自然饱和度】【色相/饱和度】【色彩平衡】等，下面进行详细介绍。

### 9.4.1 实战：使用自然饱和度命令降低自然饱和度

| 实例门类 | 软件功能 |
|---|---|

【自然饱和度】命令可将图像饱和度调整到自然状态，它的特别之处是可在增加饱和度的同时防止颜色过于饱和而出现溢色，具体操作步骤如下。

Step❶ 打开素材。打开"素材文件\第 9 章\花.jpg"文件，如图 9-73 所示。

图 9-73

Step❷ 调整自然饱和度。执行【图像】→【调整】→【自然饱和度】命令，❶设置【自然饱和度】为 -60，❷单击【确定】按钮，如图 9-74 所示。

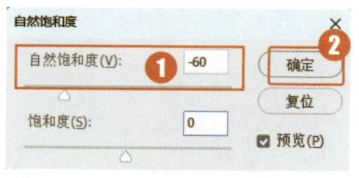

图 9-74

Step❸ 显示效果。通过前面的操作，降低图像自然饱和度，效果如图 9-75 所示。

图 9-75

## 9.4.2 实战：使用色相/饱和度命令调整背景颜色

**实例门类** 软件功能

通过【色相/饱和度】命令，可以对图像的色相、饱和度、明度进行调整。该命令的特点是可以调整整个图像或图像中一种颜色成分的色相、饱和度和明度，下面介绍具体的操作步骤。

Step 01 打开素材。打开"素材文件\第9章\花朵.jpg"文件，如图9-76所示。

图 9-76

Step 02 打开【色相/饱和度】对话框。执行【图像】→【调整】→【色相/饱和度】命令，打开【色相/饱和度】对话框，单击 按钮，如图9-77所示。

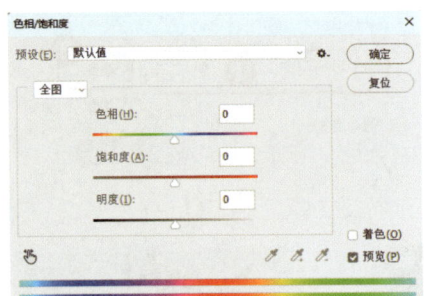

图 9-77

Step 03 调整色相/饱和度。在要调整的背景颜色区域，单击并拖曳鼠标调整饱和度，按住【Ctrl】键的同时单击并拖曳鼠标调整色相，如图9-78所示。

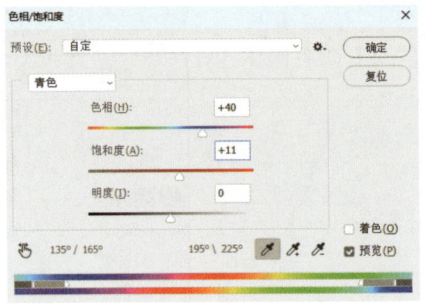

图 9-78

Step 04 显示效果。单击【确定】按钮，通过前面的操作，调整图像背景的色相和饱和度，效果如图9-79所示。

图 9-79

【色相/饱和度】对话框如图9-80所示。

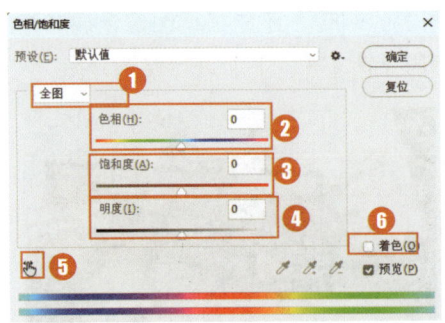

图 9-80

各选项的作用如表9-8所示。

表9-8 【色相/饱和度】对话框中各选项的作用

| 选项 | 作用 |
| --- | --- |
| ❶编辑 | 在下拉列表中可选择要调整的颜色，如红色、蓝色、绿色、黄色等颜色或全图 |

续表

| 选项 | 作用 |
| --- | --- |
| ❷色相 | 色相是色彩的相貌，用于调整图像的颜色。可通过在数值框中输入数值或拖曳滑块来调整 |
| ❸饱和度 | 饱和度是指色彩的鲜艳程度，也称为色彩的纯度 |
| ❹明度 | 明度是指图像的明暗程度，数值越大图像越亮，数值越小图像越暗 |
| ❺图像调整工具 | 选择该工具后，将鼠标指针移动至图像上需调整颜色的区域，单击并拖曳鼠标可以调整所选颜色的饱和度；按住【Ctrl】键的同时单击并拖曳鼠标可以调整所选颜色的色相 |
| ❻着色 | 勾选该复选框后，如果前景色是黑色或白色，图像会转换为红色；如果前景色不是黑色或白色，则图像会转换为当前前景色的色相；图像变为单色以后，可以拖曳【色相】【饱和度】【明度】滑块进行调整 |

### 🔶 技术看板

【色相/饱和度】对话框底部有两个颜色条，上面的代表调整前的颜色，下面的代表调整后的颜色。

如果在【编辑】选项中选择一种颜色，两个颜色条之间会出现三角形小滑块，滑块外的颜色不会被调整。

## 9.4.3 实战：使用色彩平衡命令纠正色偏

**实例门类** 软件功能

【色彩平衡】命令可以分别调整图像阴影区域、中间调区域和高光区域的色彩成分，并混合色彩达到平衡。打开【色彩平衡】对话框，相互对应的两个颜色互为补色，当增加某种颜色时，位于另一侧的补色就会减少。使用【色彩平衡】命令纠正色偏的具体操作步骤如下。

**Step 01** 打开素材。打开"素材文件\第9章\荷花.jpg"文件，图像整体偏红，如图9-81所示。

图9-81

**Step 02** 调整色彩平衡。执行【图像】→【调整】→【色彩平衡】命令，打开【色彩平衡】对话框。因为图像偏红，所以向青色方向和绿色方向拖曳滑块，此时，人物会偏黄，再向蓝色方向拖曳滑块，如图9-82所示。

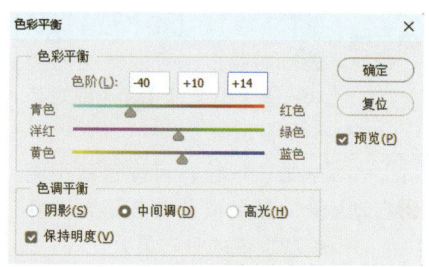

图9-82

**Step 03** 显示效果。中间调偏红状态得到修复，如图9-83所示。

图9-83

**Step 04** 调整色彩平衡。执行【图像】→【调整】→【色彩平衡】命令，打开【色彩平衡】对话框，设置【色调平衡】为【阴影】，使用相同的方式调整滑块，如图9-84所示。

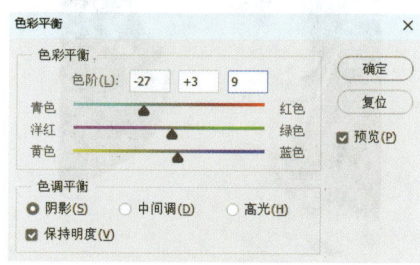

图9-84

**Step 05** 显示效果。阴影偏红状态得到修复，如图9-85所示。

图9-85

**Step 06** 调整色彩平衡。执行【图像】→【调整】→【色彩平衡】命令，打开【色彩平衡】对话框，设置【色调平衡】为【高光】，使用相同的方式调整滑块，如图9-86所示。

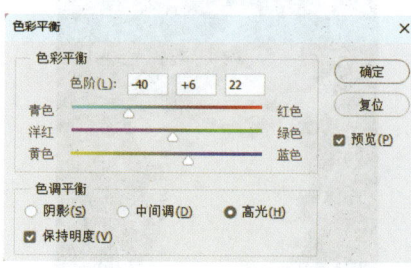

图9-86

**Step 07** 显示效果。高光偏红状态得到修复，如图9-87所示。

图9-87

【色彩平衡】对话框如图9-88所示。

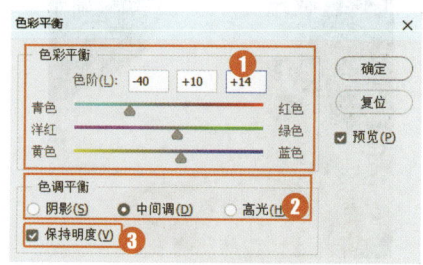

图9-88

各选项的作用如表9-9所示。

表9-9 【色彩平衡】对话框中各选项的作用

| 选项 | 作用 |
| --- | --- |
| ❶色彩平衡 | 向图像中增加一种颜色，同时减少另一侧的补色 |
| ❷色调平衡 | 选择一个色调来进行调整 |
| ❸保持明度 | 防止图像亮度随颜色的更改而改变 |

## 9.4.4 实战：使用黑白命令制作单色图像效果

| 实例门类 | 软件功能 |

使用【黑白】命令可以控制每一种颜色的色调深浅，比如彩色图像转换为黑白图像时，红色与绿色的灰度非常相似，色调的层次感不明显，使用【黑白】命令就可以解决这个问题，可以分别调整这两种颜色的灰度，将它们有效区分开，

具体操作步骤如下。

Step 01 打开素材。打开"素材文件\第9章\彩绘.jpg"文件，如图9-89所示。

图9-89

Step 02 调整黑白效果。执行【图像】→【调整】→【黑白】命令，或按【Alt+Shift+Ctrl+B】组合键快速打开【黑白】对话框。设置【红色】为107%，【黄色】为79%，【绿色】为244%，【青色】为103%，【蓝色】为-41%，【洋红】为259%，如图9-90所示。

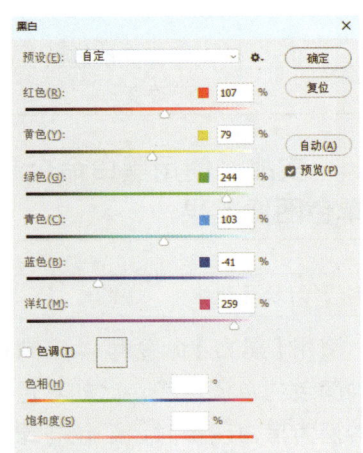

图9-90

Step 03 显示效果。通过前面的操作，得到层次感丰富的黑白图像，如图9-91所示。

图9-91

Step 04 设置色调。在【黑白】对话框中，勾选【色调】复选框，设置【色相】为91°，【饱和度】为17%，如图9-92所示。

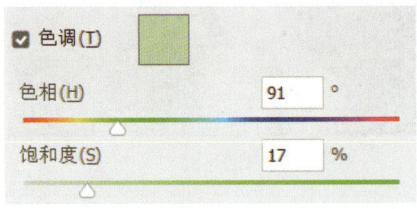

图9-92

Step 05 显示效果。通过前面的操作，得到单色图像，如图9-93所示。

图9-93

【黑白】对话框如图9-94所示。

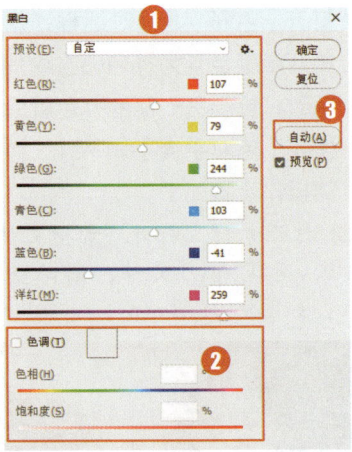

图9-94

各选项的作用如表9-10所示。

表9-10 【黑白】对话框中各选项的作用

| 选项 | 作用 |
| --- | --- |
| ❶颜色调整 | 拖曳各个颜色滑块可调整图像中特定颜色的灰色调，向左拖曳灰色调变暗，向右拖曳灰色调变亮 |
| ❷色调 | 勾选该复选框，可为灰度着色，创建单色效果，可以拖曳【色相】和【饱和度】滑块进行调整，也可以单击颜色块打开【拾色器】对话框对颜色进行调整 |
| ❸自动 | 单击该按钮，可设置基于图像的颜色值的灰度混合，并使灰度值的分布最大化 |

## 9.4.5 实战：使用照片滤镜命令打造炫酷冷色调

实例门类 软件功能

滤镜是相机的一种配件，将它安装在镜头前既可以保护镜头，也可以降低或消除水面和非金属表面的反光。使用【照片滤镜】命令可以模拟彩色滤镜，调整通过镜头的光的色彩平衡和色温，对于调整照片的整体色调特别有用。具体操作步骤如下。

Step 01 打开素材。打开"素材文件\第9章\夜晚.jpeg"文件，如图9-95所示。

图 9-95

Step 02 设置照片滤镜效果。执行【图像】→【调整】→【照片滤镜】命令，打开【照片滤镜】对话框，❶ 设置【滤镜】为【Cooling Filter（LBB）】，【密度】为70%，❷ 单击【确定】按钮，如图9-96所示。

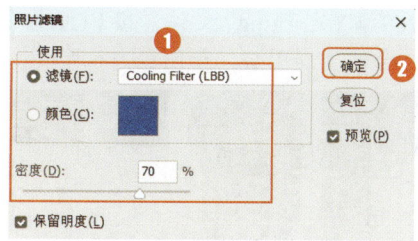

图 9-96

Step 03 显示效果。最终效果如图9-97所示。

图 9-97

【照片滤镜】对话框如图9-98所示。

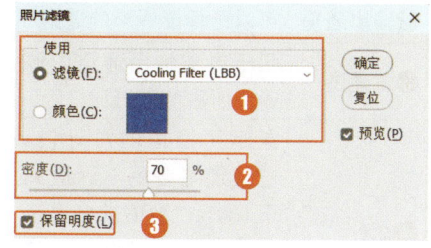

图 9-98

各选项的作用如表9-11所示。

表9-11 【照片滤镜】对话框中各选项的作用

| 选项 | 作用 |
| --- | --- |
| ❶滤镜/颜色 | 在【滤镜】下拉列表中可以选择要使用的滤镜。如果要自定义滤镜颜色，则可单击【颜色】选项右侧的颜色块，打开【拾色器】对话框调整颜色 |
| ❷密度 | 可调整应用到图像的颜色密度，数值越高，颜色的调整强度越大 |
| ❸保留明度 | 勾选该复选框，可以保持图像的明度不变。取消勾选该复选框，则会因为添加滤镜效果而使图像色调变暗 |

### 9.4.6 实战：使用通道混合器命令调整图像色调

实例门类　软件功能

在【通道】面板中，各个颜色通道保存着图像的颜色信息。将颜色通道调亮或调暗，都会改变图像的颜色。使用【通道混合器】命令可以将所选的通道与想要调整的颜色通道采用【相加】或【减去】模式混合，修改该颜色通道中的光线量，影响其颜色含量，从而改变颜色。

> **技能拓展——【相加】和【减去】混合模式**
>
> 【相加】混合模式可以合并两个通道中的像素值；【减去】混合模式可以从混合通道中相应的像素值减去输出通道的像素值，使输出通道变暗。

使用【通道混合器】命令调整图像，具体操作步骤如下。

Step 01 打开素材。打开"素材文件\第9章\樱花.jpg"文件，【通道】面板如图9-99所示。

图 9-99

Step 02 调整通道混合器。执行【图像】→【调整】→【通道混合器】命令，在【通道混合器】对话框中，设置【输出通道】为【红】，在【源通道】栏中，设置【绿色】为21%，如图9-100所示。

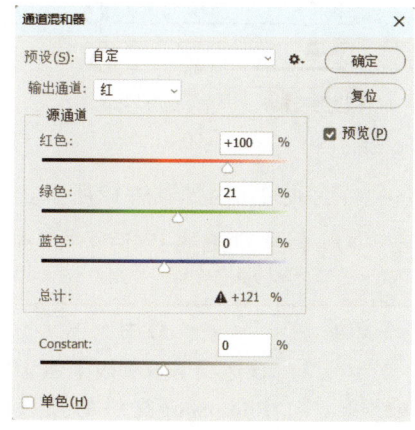

图 9-100

Step 03 通道混合。通过前面的操作，【绿】通道以【相加】模式和【红】通道进行混合，如图9-101所示。

图 9-101

Step 04 显示【通道】面板的效果。在【通道】面板中,【红】通道变亮,从而实现颜色的变化,如图 9-102 所示。

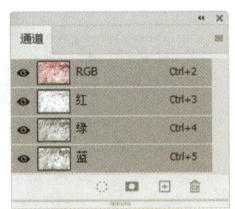

图 9-102

【通道混合器】对话框如图 9-103 所示。

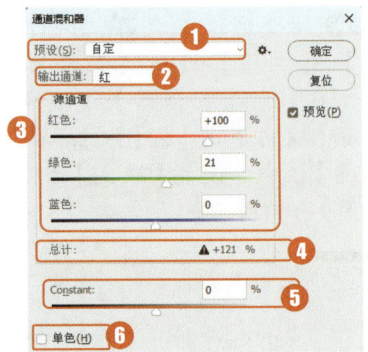

图 9-103

各选项的作用如表 9-12 所示。

表 9-12 【通道混合器】对话框中各选项的作用

| 选项 | 作用 |
| --- | --- |
| ❶预设 | 该选项下拉列表中包含 Photoshop 提供的预设文件 |

续表

| 选项 | 作用 |
| --- | --- |
| ❷输出通道 | 可以选择要调整的通道 |
| ❸源通道 | 用于设置输出通道中源通道所占的百分比 |
| ❹总计 | 显示了通道的总计值。若通道混合后总计值高于100%,数值前会显示一个警告符号⚠。该符号表示混合后的图像可能损失细节 |
| ❺Constant | 用于调整输出通道的灰度值 |
| ❻单色 | 勾选该复选框,可以将彩色图像转换为黑白图像 |

### 9.4.7 实战:使用反相命令制作线条画效果

使用【反相】命令可以将黑色变成白色,还可以把一张彩色图像的每一种颜色都反转成该颜色的补色。下面使用【反相】命令制作线条画效果,具体操作步骤如下。

Step 01 打开素材。打开"素材文件\第 9 章\蜂蜜.jpg"文件,按【Ctrl+J】组合键复制图层,如图 9-104 所示。

图 9-104

Step 02 执行【反相】命令。执行【图像】→【调整】→【反相】命令,或按【Ctrl+I】组合键,得到反相效果,如图 9-105 所示。

图 9-105

### 9.4.8 实战:使用色调分离命令制作艺术画效果

| 实例门类 | 软件功能 |

【色调分离】命令可以按照指定的色阶数减少图像的颜色(或灰度图像中的色调),从而简化图像内容。该命令适合创建大的单色调区域,或者在彩色图像中制作有趣的效果。具体操作步骤如下。

Step 01 打开素材。打开"素材文件\第 9 章\父子.jpg"文件,按【Ctrl+J】组合键复制图层,如图 9-106 所示。

图 9-106

Step 02 设置高斯模糊效果。执行【滤镜】→【模糊】→【高斯模糊】命令,打开【高斯模糊】对话框,❶设置【半径】为2像素,❷单击【确定】按钮,如图 9-107 所示。

图9-107

Step03 显示效果。高斯模糊效果如图9-108所示。

图9-108

### 技术看板

执行【色调分离】命令前，对图像稍作模糊处理，得到的色块数量会变少，但色块面积会变大。

Step04 设置色调分离效果。执行【图像】→【调整】→【色调分离】命令，打开【色调分离】对话框，❶设置【色阶】为4，❷单击【确定】按钮，如图9-109所示。

图9-109

Step05 显示效果。效果如图9-110所示。

图9-110

### 技术看板

在【色调分离】对话框中，【色阶】选项用于设置图像产生色调的色调级。设置的数值越大，产生的效果越接近原图像。

## 9.4.9 实战：使用色调均化命令制作花仙子场景

| 实例门类 | 软件功能 |

【色调均化】命令可以重新分布像素的亮度值，将最亮的值调整为白色，最暗的值调整为黑色，中间的值分布在整个灰度范围中，使它们更均匀地呈现所有范围的亮度级别（0~255）。该命令还可以增加颜色相近的像素间的对比度。图像中没有选区时，将不会弹出选项设置对话框。下面用【色调均化】命令制作花仙子场景，具体操作步骤如下。

Step01 打开素材。打开"素材文件\第9章\花仙子.jpg"文件，按【Ctrl+J】组合键复制图层，如图9-111所示。

图9-111

Step02 创建选区。使用【套索工具】创建自由选区，如图9-112所示。

图9-112

Step03 设置羽化半径。按【Shift+F6】组合键羽化选区，设置【羽化半径】为30像素，如图9-113所示。

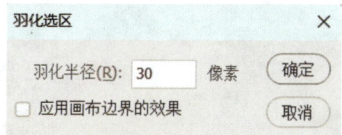

图9-113

Step04 反选选区。按【Ctrl+Shift+I】组合键反选选区，如图9-114所示。

图9-114

Step05 设置色调均化效果。执行【图像】→【调整】→【色调均化】命令，弹出【色调均化】对话框，❶选中【仅色调均化所选区域】单选按钮，❷单击【确定】按钮，如图9-115所示。

图9-115

Step06 显示效果。通过前面的操作，色调均化所选区域，如图9-116所示。

图9-116

Step07 绘制装饰图案。使用【画笔工具】绘制一些装饰图案，最终效果如图9-117所示。

图9-117

## 9.4.10 实战：使用渐变映射命令制作怀旧色调

| 实例门类 | 软件功能 |

【渐变映射】命令的主要功能是将图像灰度范围映射到指定的渐变填充色。例如，指定双色渐变作为映射渐变，图像中阴影像素将映射到渐变填充的一个端点颜色，高光像素将映射到另一个端点颜色，中间调像素将映射到两个端点之间的过渡颜色，具体操作步骤如下。

Step01 打开素材并复制图层。打开"素材文件\第9章\沙滩.jpg"文件，按【Ctrl+J】组合键复制图层，如图9-118所示。

图9-118

Step02 设置渐变映射效果。执行【图像】→【调整】→【渐变映射】命令，在打开的【渐变映射】对话框中，单击渐变色条的右侧部分，如图9-119所示。在打开的【渐变编辑器】对话框中，选择橙色渐变组中的【橙色_01】渐变，如图9-120所示。

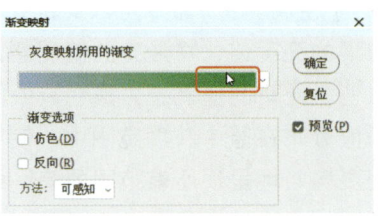

图9-119

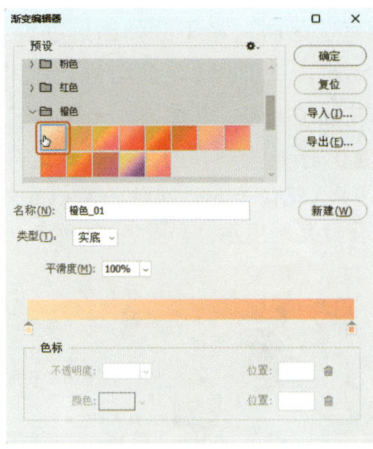

图9-120

Step03 在【渐变映射】对话框中单击【确定】按钮，如图9-121所示。

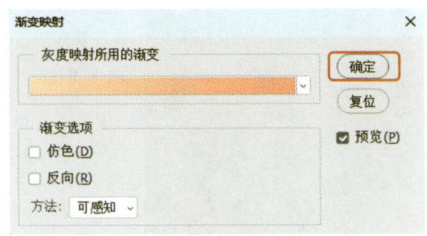

图9-121

Step04 显示效果。效果如图9-122所示。

图9-122

Step05 设置图层混合模式。在【图层】面板中，更改图层【混合模式】为【线性加深】，并降低图层【不透明度】为45%，如图9-123所示。

图9-123

### 技术看板

复制图层后，应用【渐变映射】

命令，并将复制图层的【混合模式】更改为【颜色】，可以避免【渐变映射】命令使图像的亮度发生改变。

创建【渐变映射】调整图层，并将调整图层的【混合模式】更改为【颜色】，也可以防止图像亮度发生改变。

Step 06 显示效果。效果如图9-124所示。

图9-124

【渐变映射】对话框如图9-125所示。

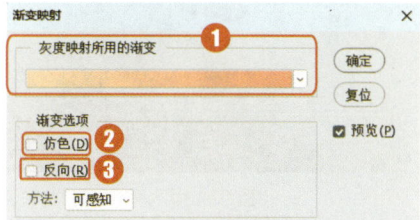

图9-125

各选项的作用如表9-13所示。

表9-13 【渐变映射】对话框中各选项的作用

| 选项 | 作用 |
| --- | --- |
| ❶灰度映射所用的渐变 | 单击渐变色条右侧的下拉按钮，在打开的下拉面板中选择一个预设渐变。如果要创建自定义渐变，则可单击渐变色条，打开【渐变编辑器】对话框进行设置 |

续表

| 选项 | 作用 |
| --- | --- |
| ❷仿色 | 可以添加随机的杂色来平滑渐变填充的外观，减少带宽效应，使渐变效果更加平滑 |
| ❸反向 | 可以反转渐变填充的方向 |

### 9.4.11 实战：使用可选颜色命令调整单一色相

实例门类 软件功能

印刷色是由青色、洋红、黄色、黑色4种油墨混合而成的。【可选颜色】命令通过调整印刷油墨的含量来控制颜色。该命令可以修改某一种颜色的油墨成分，而不影响其他主要颜色，如修改红色中的青色油墨含量，绿色中的青色油墨不受影响。具体操作步骤如下。

Step 01 打开素材。打开"素材文件\第9章\花束.jpg"文件，按【Ctrl+J】组合键复制图层，如图9-126所示。

图9-126

Step 02 调整颜色。执行【图像】→【调整】→【可选颜色】命令，打开【可选颜色】对话框，设置【颜色】为红色（100%，44%，-100%，0%），如图9-127所示。

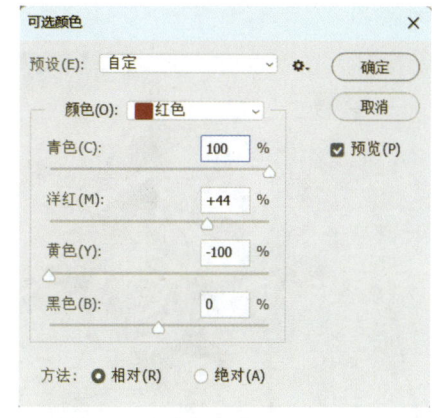

图9-127

Step 03 显示效果。效果如图9-128所示。

图9-128

Step 04 调整颜色。设置【颜色】为中性色（55%，0%，-23%，0%），如图9-129所示。

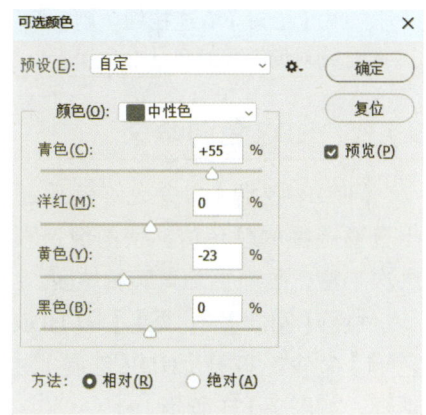

图9-129

Step 05 显示效果。效果如图9-130

图 9-130

【可选颜色】对话框中各选项的作用如表9-14所示。

表9-14 【可选颜色】对话框中各选项的作用

| 选项 | 作用 |
| --- | --- |
| 颜色 | 用于设置图像中要调整的颜色，单击右侧的下拉按钮，在弹出的下拉列表中选择要调整的颜色。通过下方的【青色】【洋红】【黄色】【黑色】滑块对选择的颜色进行调整，参数越小颜色就越淡，参数越大颜色就越浓 |
| 方法 | 用于设置调整方法。选中【相对】单选按钮，可按照总量百分比修改现有的颜色含量；选中【绝对】单选按钮，则采用绝对值调整颜色 |

### 9.4.12 HDR色调命令

【HDR色调】命令允许使用超出普通范围的颜色值，使图像色彩层次丰富，画面更加真实和炫丽。

执行【图像】→【调整】→【HDR色调】命令，打开【HDR色调】对话框，如图9-131所示。

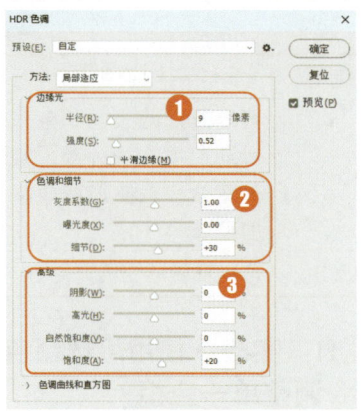

图 9-131

各选项的作用如表9-15所示。

表9-15 【HDR色调】对话框中各选项的作用

| 选项 | 作用 |
| --- | --- |
| ❶边缘光 | 控制调整范围和调整强度 |
| ❷色调和细节 | 调整图像曝光度，以及阴影、高光中的细节。【灰度系数】可使用简单的函数调整图像灰度系数 |
| ❸高级 | 调整图像的饱和度 |

设置【方法】为【局部适应】，单击【确定】按钮，效果如图9-132所示。

图 9-132

### 9.4.13 实战：使用匹配颜色命令统一色调

| 实例门类 | 软件功能 |
| --- | --- |

【匹配颜色】命令可以匹配多个图像之间、多个图层之间及多个颜色选区之间的颜色，还可以通过改变亮度和色彩范围来调整图像中的颜色，具体操作步骤如下。

Step01 打开素材。打开"素材文件\第9章\三女.jpg"文件，如图9-133所示。

图 9-133

Step02 打开素材。打开"素材文件\第9章\单女.jpg"文件，如图9-134所示。

图 9-134

Step03 执行【匹配颜色】命令。执行【图像】→【调整】→【匹配颜色】命令，打开【匹配颜色】对话框，在【源】下拉列表中选择【三女.jpg】选项，如图9-135所示，单击【确定】按钮。

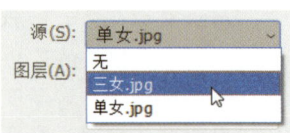

图 9-135

Step04 显示效果。通过前面的操作，"单女"图像的色彩风格被"三女"

图像影响，效果如图9-136所示。

图 9-136

【匹配颜色】对话框如图9-137所示。

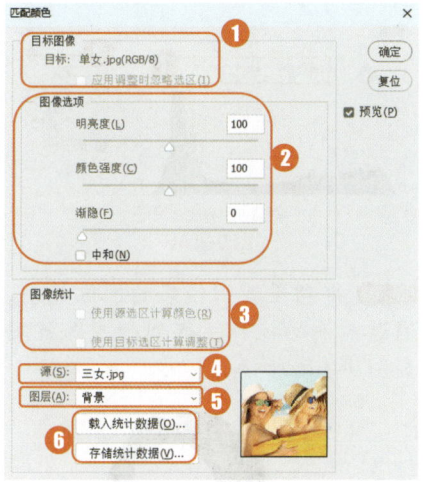

图 9-137

各选项的作用如表9-16所示。

表9-16 【匹配颜色】对话框中各选项的作用

| 选项 | 作用 |
| --- | --- |
| ❶目标图像 | 【目标】中显示了被调整的图像的名称和颜色模式。如果当前图像中包含选区，勾选【应用调整时忽略选区】复选框，可忽略选区，将调整应用于整个图像；取消勾选，则仅影响选中的选区 |

续表

| 选项 | 作用 |
| --- | --- |
| ❷图像选项 | 【明亮度】用于调整图像的亮度；【颜色强度】用于调整颜色的饱和度；【渐隐】用于控制应用于图像的调整量，数值越高，调整强度越弱；勾选【中和】复选框，可以消除图像中出现的色偏 |
| ❸图像统计 | 如果在源图像中创建了选区，勾选【使用源选区计算颜色】复选框，可用选区中的图像匹配当前图像的颜色；取消勾选，则会使用整个图像进行匹配。如果在目标图像中创建了选区，勾选【使用目标选区计算调整】复选框，可使用选区内的图像来计算调整；取消勾选，则使用整个图像计算调整 |
| ❹源 | 可选择要将颜色与目标图像中的颜色相匹配的源图像 |
| ❺图层 | 用于选择需要匹配颜色的图层，如果要将【匹配颜色】命令应用于目标图像中的特定图层，应确保在执行【匹配颜色】命令时该图层处于选中状态 |
| ❻载入统计数据/存储统计数据 | 单击【存储统计数据】按钮，可将当前的设置存储；单击【载入统计数据】按钮，可载入已存储的设置 |

★重点 9.4.14 实战：使用替换颜色命令更改衣帽颜色

| 实例门类 | 软件功能 |
| --- | --- |

使用【替换颜色】命令可以先选中图像中的特定颜色，然后修改其色相、饱和度和明度。该命令包含了颜色选择和颜色调整两种选项，

分别与【色彩范围】【色相/饱和度】命令相似，具体操作步骤如下。

Step 01 打开素材。打开"素材文件\第9章\女孩.jpg"文件，如图9-138所示。

图 9-138

Step 02 设置替换颜色。执行【图像】→【调整】→【替换颜色】命令，弹出【替换颜色】对话框。用吸管工具在图像中单击需要替换的颜色，如图9-139所示。

图 9-139

Step 03 选中部分图像。通过前面的操作，选中部分图像，如图9-140所示。

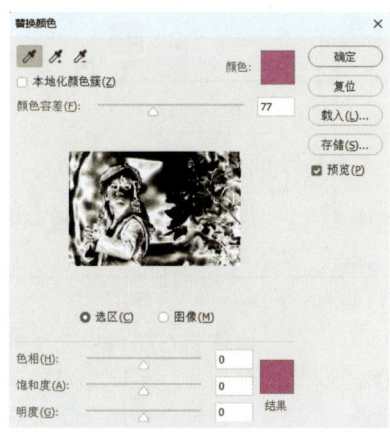

图 9-140

171

Step 04 设置替换内容。设置【颜色容差】为200。在下方的替换栏中，设置【色相】为-45，【饱和度】为0，【明度】为25，如图9-141所示。

图9-141

Step 05 显示效果。通过前面的操作，更改人物衣帽颜色为紫色，如图9-142所示。

图9-142

【替换颜色】对话框如图9-143所示。

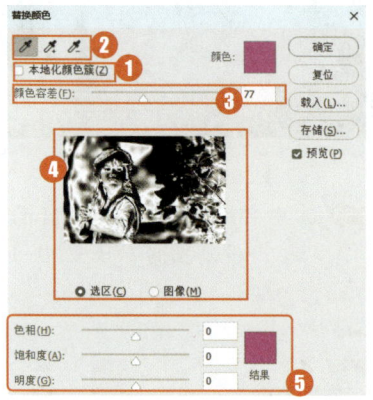

图9-143

各选项的作用如表9-17所示。

表9-17 【替换颜色】对话框中各选项的作用

| 选项 | 作用 |
| --- | --- |
| ❶本地化颜色簇 | 如果要在图像中选择多种颜色，可以先勾选该复选框，再用吸管工具进行颜色取样 |

续表

| 选项 | 作用 |
| --- | --- |
| ❷吸管工具 | 用【吸管工具】在图像中单击，可以选中单击处的颜色；用【添加到取样】工具在图像中单击，可以添加新的颜色；用【从取样中减去】工具在图像中单击，可以减少颜色 |
| ❸颜色容差 | 控制颜色的选择精度。数值越高，选择的颜色范围越广 |
| ❹选区/图像 | 选中【选区】单选按钮，可在预览区中显示蒙版。选中【图像】单选按钮，则预览区中会显示图像内容，不显示选区。其中，黑色代表未选中的区域，白色代表选中的区域，灰色代表部分选中的区域 |
| ❺替换 | 拖曳各个滑块即可调整选中的颜色的色相、饱和度和明度 |

### 9.4.15 实战：使用阈值命令制作抽象画效果

| 实例门类 | 软件功能 |
| --- | --- |

使用【阈值】命令可以将灰度或彩色图像转换为高对比度的黑白图像。指定某个色阶作为阈值，所有比阈值色阶亮的像素转换为白色，反之转换为黑色，该命令适合制作单色照片或模拟手绘效果的线稿。使用【阈值】命令制作抽象画效果的具体操作步骤如下。

Step 01 打开素材。打开"素材文件\第9章\女模特.jpg"文件，如图9-144所示。

图9-144

Step 02 设置阈值参数。执行【图像】→【调整】→【阈值】命令，打开【阈值】对话框，❶设置【阈值色阶】为128，❷单击【确定】按钮，如图9-145所示。

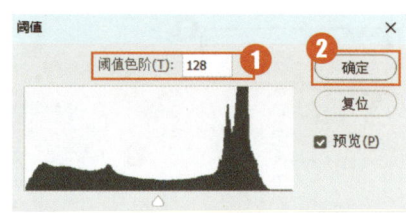

图9-145

Step 03 得到设置阈值后的图像效果。通过前面的操作，得到的图像效果如图9-146所示。

图9-146

Step 04 置入渐变素材，为人物图像添加颜色。置入"素材文件\第9章\渐变.jpg"文件，放大图像并将其放置在人物图像的位置，如图9-147所示，按【Enter】键确认置入，更改图层【混合模式】为【滤色】，效果如图9-148所示。

图 9-147

图 9-148

> **技术看板**
>
> 在【阈值】对话框中，可对【阈值色阶】进行设置，设置后图像中所有亮度值比它小的像素都会变成黑色，所有亮度值比它大的像素都会变成白色。

## 9.4.16 去色命令

使用【去色】命令可以将彩色图像转换为相同颜色模式下的灰度图像。该命令常用于制作黑白图像效果。打开图像，如图 9-149 所示。

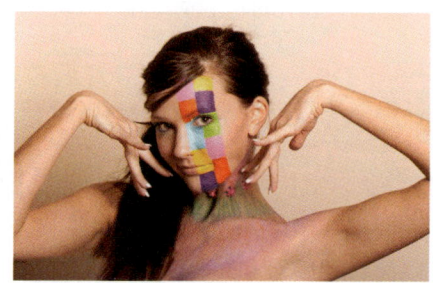

图 9-149

执行【图像】→【调整】→【去色】命令，或按【Ctrl+Shift+U】组合键，效果如图 9-150 所示。

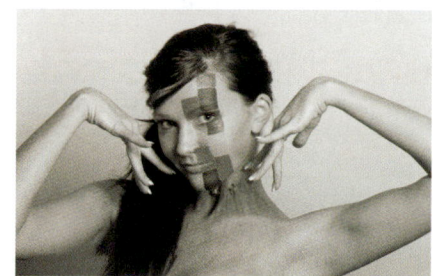

图 9-150

## 9.4.17 使用颜色查找命令打造黄蓝色调

**实例门类** 软件功能

很多数字图像输入输出设备都有自己特定的颜色空间，这会导致颜色在这些设备之间传递时出现不匹配的现象。使用【颜色查找】命令可以让颜色在不同的设备之间精确地传递和再现，具体操作步骤如下。

**Step 01** 打开素材。打开"素材文件\第 9 章\雪景.jpg"文件，按【Ctrl+J】组合键复制图层，如图 9-151 所示。

图 9-151

**Step 02** 执行【颜色查找】命令。执行【图像】→【调整】→【颜色查找】命令，打开【颜色查找】对话框，单击【3DLUT 文件】下拉按钮，在弹出的下拉列表中选择【Crisp_Warm.look】选项，如图 9-152 所示。

图 9-152

**Step 03** 显示效果。图像色调如图 9-153 所示。

图 9-153

**Step 04** 调整图层混合模式。更改图层【混合模式】为【正片叠底】，并降低图层不透明度，如图 9-154 所示。

图 9-154

**Step 05** 显示效果。图像最终效果如图 9-155 所示。

图 9-155

## 妙招技法

通过对本章知识的学习，相信读者已经掌握了 Photoshop 2024 图像和色调调整的基本操作。下面结合本章内容，给大家介绍一些实用技巧。

### 技巧01：观察色轮调整颜色

将一个颜色通道调亮以后，可以在图像中增加这种颜色的含量，调暗则可以减少这种颜色的含量。但是，在颜色通道中，颜色是可以相互影响的。增加一种颜色含量的同时，会减少它的补色的含量；反之，减少一种颜色的含量，就会增加它的补色的含量。

若两种颜色等量混合后呈黑灰色，这两种颜色一定互为补色。色轮的任何直径两端相对的颜色都互为补色，如红色与绿色、黄色与蓝色等，如图9-156所示。

图9-156

有了色轮，在调整颜色通道时，就能了解某颜色和它的补色会产生怎样的相互影响。例如，将蓝色通道调亮，可增加蓝色，并减少它的补色黄色；将蓝色通道调暗，则减少蓝色，同时增加黄色。其他颜色通道也是如此。

### 技巧02：调整通道纠正图像偏色

| 实例门类 | 软件功能 |

在颜色通道中，灰度代表了一种颜色的含量，较亮的区域表示包含大量对应的颜色，较暗的区域表示对应的颜色较少。如果要在图像中增加某种颜色，可以将相应的通道调亮；要减少某种颜色，则将相应的通道调暗。

【色阶】和【曲线】对话框中都有通道选项，可以选择一个通道，调整它的明度，从而调整颜色。通过调整通道调整颜色的具体操作步骤如下。

**Step01** 打开素材。打开"素材文件\第9章\发丝.jpg"文件，图像有些偏黄，如图9-157所示。

图9-157

**Step02** 调整曲线。按【Ctrl+M】组合键，执行【曲线】命令，❶选择黄色的补色通道，即【蓝】通道，❷向上方拖曳曲线，增加蓝色，❸单击【确定】按钮，如图9-158所示。

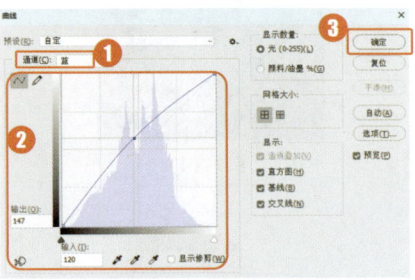

图9-158

**Step03** 校正颜色。通过前面的操作，校正图像偏黄现象，如图9-159所示。

图9-159

**Step04** 显示通道变化。【通道】面板中，【蓝】通道变亮，如图9-160所示。

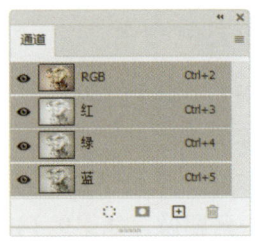

图9-160

## 本章小结

本章系统讲解了图像颜色模式的原理及转换操作，以及各种颜色和色调的调整命令，如【亮度/对比度】【色阶】【曲线】【色相/饱和度】【色彩平衡】【通道混合器】【可选颜色】【匹配颜色】等命令的应用。色彩赋予万物生机，它在 Photoshop 2024 中是非常重要的，希望通过对本章知识的学习，读者能熟练应用各种颜色和色调调整命令对图像的颜色进行处理。

# 第10章 滤镜特效

- 滤镜是什么？
- 滤镜有哪些类别？
- 智能滤镜和普通滤镜的区别是什么？
- 如何加快滤镜运行速度？
- 怎样使用外挂滤镜？

滤镜广泛应用于图像特效制作中，因为它的随机性大大拓展了特效制作的想象空间，本章主要讲解Photoshop 2024中滤镜特效的应用。

## 10.1 初识滤镜

滤镜是制作图像特效的必备工具，可以制作模糊、绘画、浮雕、纹理等特殊效果。下面将对滤镜的基础知识进行介绍，包括各种滤镜的特点与使用方法。

### 10.1.1 什么是滤镜

滤镜原本是一种摄影器材，摄影师将它们安装在照相机镜头前面来改变照片色彩或产生特殊的拍摄效果。

Photoshop 2024中的滤镜遵循一定的程序计算法对图像中的像素的颜色、亮度、饱和度、色调、分布等属性进行计算和变换处理，使图像产生特殊效果。

### 10.1.2 滤镜的用途

Photoshop 2024的内置滤镜主要有以下两种用途。

（1）用于创建具体的图像特效，如生成素描、波浪、纹理等各种效果。此类滤镜的数量最多，而且基本上都是通过【滤镜库】来管理和应用的。

（2）用于编辑图像，如减少杂色、模糊图像等，这些滤镜在【模糊】【锐化】【杂色】等滤镜组中。此外，独立滤镜中的【液化】【消失点】等也属于此类滤镜。

### 10.1.3 滤镜的种类

滤镜分为内置滤镜和外挂滤镜两大类。Photoshop 2024的所有滤镜都在【滤镜】菜单中。其中【滤镜库】【自适应广角】【镜头校正】【液化】【油画】【Camera Raw滤镜】和【消失点】等是特殊滤镜，被单独列出，而其他滤镜都依据其主要功能放置在不同类别的滤镜组中。如果安装了外挂滤镜，它们会出现在【滤镜】菜单底部。

### 10.1.4 滤镜的使用规则

在使用滤镜时，需要注意以下几条规则。

（1）若创建了选区，滤镜只处理选区内的图像，若没有选区，则处理当前图层中的全部图像。

（2）滤镜是以像素为单位进行计算的，因此，使用相同的参数处理不同分辨率的图像，其效果也不同。

（3）使用滤镜处理图层中的图像时，需要选择该图层，并且图层必须是可见的。

（4）滤镜可以处理图层蒙版、快速蒙版和通道。

（5）滤镜必须应用在包含像素的区域，否则不能使用，但【云彩】和外挂滤镜除外。

（6）RGB模式的图像可以应用全部滤镜，一部分滤镜不能应用于CMYK模式的图像，索引和位图模式的图像不能应用任何滤镜。如果想要对位图、索引或CMYK模式的图像应用滤镜，可先将其转换为RGB模式，再使用滤镜进行处理。

### 10.1.5 加快滤镜运行速度

Photoshop 2024中一部分滤镜

在使用时会占用大量的内存，如使用【光照效果】等滤镜编辑高分辨率的图像时，Photoshop 2024 的处理速度会变得很慢。在这种情况下，我们可以先在一小部分图像上试验滤镜效果，找到合适的设置后，再将滤镜应用于整个图像；或者在使用滤镜之前先执行【编辑】→【清理】命令释放内存。

### 10.1.6 查找联机滤镜

执行【滤镜】→【浏览联机滤镜】命令，可以链接到 Adobe 网站，查找需要的滤镜和增效工具，如图 10-1 所示。

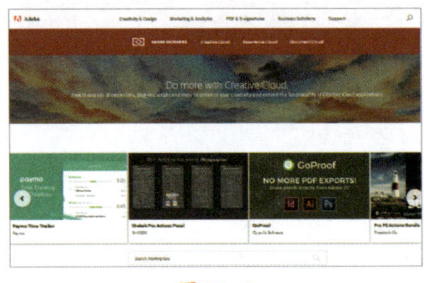

图 10-1

### 10.1.7 查看滤镜的信息

执行【帮助】→【关于增效工具】命令，其子菜单中包含了 Photoshop 2024 中所有滤镜和增效工具的目录，选择任意一个，会显示它的详细信息，如滤镜版本、制作者、所有者等，如图 10-2 所示。

图 10-2

## 10.2 应用滤镜库

在【滤镜库】中可以直观地查看应用滤镜后的图像效果，并且能够设置多个滤镜效果的叠加。此外，还可以调整滤镜效果图层的顺序，使滤镜功能更加强大。

### ★重点 10.2.1 什么是滤镜库

执行【滤镜】→【滤镜库】命令，即可打开【滤镜库】对话框。

【滤镜库】对话框中包括【风格化】【画笔描边】【扭曲】【素描】【纹理】和【艺术效果】6 组滤镜效果。对话框的左侧是预览区，中间是 6 组滤镜，右侧是参数设置区，如图 10-3 所示。

图 10-3

各选项的作用如表 10-1 所示。

表 10-1 【滤镜库】对话框中各选项的作用

| 选项 | 作用 |
|---|---|
| ❶预览区 | 用于预览滤镜效果 |
| ❷缩放区 | 单击 ➕ 按钮，可放大预览区图像的显示比例；单击 ➖ 按钮，则缩小显示比例 |
| ❸显示/隐藏滤镜缩览图 | 单击该按钮，可以隐藏滤镜组，将窗口空间留给预览区，再次单击则显示滤镜组 |
| ❹弹出式菜单 | 单击下拉按钮 ∨，可在弹出的下拉菜单中选择一个滤镜 |
| ❺参数设置区 | 【滤镜库】中共包含 6 组滤镜，单击一个滤镜组前的 ▶ 按钮，可以展开滤镜组；单击滤镜组中的一个滤镜可使用该滤镜，与此同时，右侧的参数设置区内会显示该滤镜的参数选项 |

续表

| 选项 | 作用 |
|---|---|
| ❻当前使用的滤镜 | 显示了当前使用的滤镜 |
| ❼滤镜列表 | 显示当前使用的滤镜列表。单击 👁 图标可以隐藏或显示滤镜 |

### 10.2.2 效果图层

在【滤镜库】中应用一个滤镜后，该滤镜就会出现在对话框右下角的已应用的滤镜列表中，如图 10-4 所示。

图 10-4

单击【新建效果图层】按钮,可添加一个效果图层,如图10-5所示。

> **技能拓展——删除效果图层**
>
> 单击【删除效果图层】按钮,可以删除效果图层。

图10-5

## 10.3 综合滤镜

【自适应广角】【Camera Raw】【镜头校正】【液化】和【消失点】滤镜为独立的滤镜,它们具有丰富的功能,下面分别进行详细介绍。

### 10.3.1 自适应广角滤镜

【自适应广角】滤镜可以轻松拉直全景图像,或者校正用鱼眼或广角镜头拍摄的照片中的弯曲对象。具体操作步骤如下。

**Step 01** 打开素材。打开"素材文件\第10章\鱼眼.jpg"文件,如图10-6所示。

图10-6

**Step 02** 设置自适应广角。执行【滤镜】→【自适应广角】命令,或按【Alt+Shift+Ctrl+A】组合键,打开【自适应广角】对话框,软件会自动进行简单校正,如图10-7所示。

图10-7

**Step 03** 创建约束线。选择【约束工具】,在弯曲的图像上拖曳鼠标,如图10-8所示。

图10-8

**Step 04** 拉直弯曲的图像。释放鼠标后,即可拉直弯曲的图像,如图10-9所示。

图10-9

**Step 05** 校正图像。使用相似的方法,在弯曲图像上多次拖曳鼠标创建约束线,校正图像,如图10-10所示。

图10-10

Step06 裁剪多余图像。使用【裁剪工具】裁掉多余图像，效果如图10-11所示。

图 10-11

【自适应广角】对话框如图10-12所示。

图 10-12

各选项的作用如表10-2所示。

表10-2 【自适应广角】对话框中各选项的作用

| 选项 | 作用 |
| --- | --- |
| ❶工具按钮 | 使用【约束工具】单击图像或拖曳端点，可以添加或编辑约束线。使用【多边形约束工具】单击图像或拖曳端点，可以添加或编辑多边形约束线。使用【移动工具】可以移动对话框中的图像。使用【抓手工具】可移动显示的画面。使用【缩放工具】可以放大图像显示比例 |
| ❷校正 | 在该选项下拉列表中可选择投影模型，包括【鱼眼】【透视】【自动】和【完整球面】 |
| ❸缩放 | 校正图像后，可通过该选项缩放图像，以填满画面空缺 |
| ❹焦距 | 用于指定焦距 |
| ❺裁剪因子 | 用于指定裁剪因子 |
| ❻原照设置 | 勾选该复选框，可以使用照片元数据中的焦距和裁剪因子 |

续表

| 选项 | 作用 |
| --- | --- |
| ❼细节 | 显示鼠标指针下方图像的细节 |
| ❽显示约束 | 勾选该复选框，可显示约束线 |
| ❾显示网格 | 勾选该复选框，可显示网格 |

### 10.3.2 Camera Raw 滤镜

RAW格式对于数码摄影来说是非常有意义的，它是无损记录，而且有非常大的后期处理空间。可以简单地认为，RAW把数码相机内部对原始数据的处理流程搬移到了计算机上。熟练掌握RAW处理，可以很好地控制照片的影调和色彩，并得到高质量的图像。

流行的RAW处理软件有很多，Adobe Camera Raw就是其中之一，作为通用型RAW处理引擎，它很好地和Photoshop 2024结合在了一起。Camera Raw作为一款独立滤镜，可直接处理多种格式的图像。

Camera Raw滤镜集成了一些数码照片处理的命令，包括【白平衡】【色调】【曝光】【清晰度】和【自然饱和度】等。执行【滤镜】→【Camera Raw滤镜】命令，或按【Shift+Ctrl+A】组合键，可以打开【Camera Raw滤镜】对话框，如图10-13所示。

图 10-13

### ★重点 10.3.3 镜头校正滤镜

【镜头校正】滤镜可以修复由数码相机镜头缺陷而导致的照片出现桶形失真、枕形失真、色差及晕影等问题，还可以用于校正倾斜的照片，或修复由相机垂直或水平倾斜而导致的图像透视现象。

### 1. 自动校正照片

执行【滤镜】→【镜头校正】命令，或按【Shift+Ctrl+R】组合键，打开【镜头校正】对话框，如图10-14所示。

图 10-14

【自动校正】选项卡中提供了可自动校正照片问题的各种配置文件。先在【相机制造商】和【相机型号】下拉列表中指定拍摄该数码照片的相机制造商及相机型号；然后在【镜头型号】下拉列表中选择一款镜头；指定这些选项后，Photoshop 2024就会给出与之匹配的镜头配置文件。如果没有出现配置文件，则可单击【联机搜索】按钮在线查找。

以上内容设置完成后，在【校正】栏中选择一个选项，Photoshop 2024就会自动校正照片中出现的几何扭曲、色差或晕影。

【自动缩放图像】用于指定如何处理由于校正枕形失真、旋转或透视而产生的空白区域。选择【边缘扩展】选项，可扩展图像的边缘像素来填充空白区域；选择【透明度】选项，空白区域保持透明；选择【黑色】或【白色】选项，则使用黑色或白色填充空白区域。

> **技能拓展——桶形和枕形失真**
>
> 桶形失真是由镜头引起的成像画面呈桶形膨胀的失真现象，使用广角镜头或变焦镜头的最广角时，容易出现桶形失真；枕形失真与之相反，它会导致画面向中间收缩，使用长焦镜头或变焦镜头的长焦端时，容易出现枕形失真。

### 2. 手动校正照片

在【镜头校正】对话框中选择【自定】选项卡，显示手动设置面板，可以手动调整参数，校正照片。【自定】选项卡如图10-15所示。

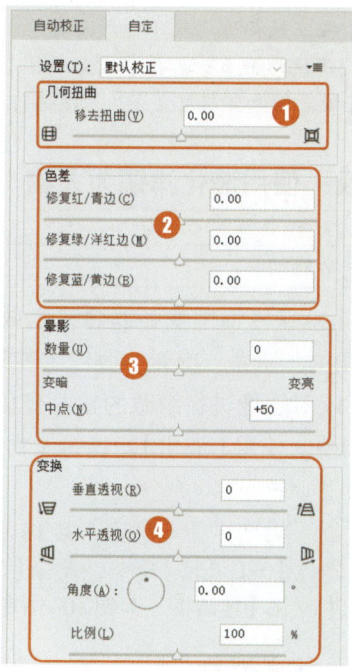

图 10-15

各选项的作用如表10-3所示。

表10-3 【自定】选项卡中各选项的作用

| 选项 | 作用 |
| --- | --- |
| ❶几何扭曲 | 拖曳【移去扭曲】滑块可以拉直从图像中心向外弯曲或向图像中心弯曲的水平和垂直线条，这种变形功能可以校正桶形失真和枕形失真 |
| ❷色差 | 色差是由镜头对不同平面中不同颜色的光进行对焦而产生的，具体表现为背景与前景对象相接的边缘出现红色、蓝色或绿色的异常杂边。通过拖曳各个滑块，可消除各种色差 |
| ❸晕影 | 晕影表现为图像边缘比图像中心暗。【数量】用于设置运用量的多少。【中点】用于指定受【数量】影响区域的宽度，数值大只会影响图像的边缘；数值小则会影响较多的图像区域 |
| ❹变换 | 修复图像倾斜透视现象。【垂直透视】可以使图像中的垂直线平行；【水平透视】可以使水平线平行；【角度】可以旋转图像以针对相机倾斜进行校正；【比例】可以向上或向下调整图像缩放，图像的像素尺寸不会改变 |

> **技术看板**
>
> 在【镜头校正】对话框左侧，选择【移去扭曲工具】并向画面边缘拖曳鼠标可以校正桶形失真，向画面中心拖曳鼠标可以校正枕形失真；选择【拉直工具】并在画面中拖出一条直线，图像会以该直线为基准进行角度校正。

### 10.3.4 实战：使用液化滤镜为人物"烫发"

| 实例门类 | 软件功能 |
|---|---|

【液化】滤镜是修饰图像和创建艺术效果的强大工具，可创建推拉、扭曲、旋转、收缩等变形效果，【液化】滤镜既可以对图像进行细微的扭曲变化，也可以进行大幅度的调整。使用【液化】滤镜为人物"烫发"，具体操作步骤如下。

Step01 打开素材。打开"素材文件\第10章\红心.jpg"文件，执行【滤镜】→【液化】命令，或按【Shift+Ctrl+X】组合键，打开【液化】对话框，如图10-16所示。

图 10-16

Step02 创建卷发。❶选择【顺时针旋转扭曲工具】，❷在右侧设置画笔【大小】为100，【密度】为50，❸在人物头发位置拖曳，如图10-17所示。

图 10-17

Step03 瘦脸。选择【脸部工具】，将鼠标指针放在人物脸部，此时会显示脸部定界框，拖曳鼠标，可以调整脸部轮廓，如图10-18所示。

图 10-18

Step04 完成烫发效果制作。单击【确定】按钮，完成人物烫发效果制作，如图10-19所示。

图 10-19

【液化】对话框中各选项的作用如表10-4所示。

表10-4 【液化】对话框中各选项的作用

| 选项 | 作用 |
|---|---|
| 工具按钮 | 包括执行液化的各种工具，其中【向前变形工具】通过在图像上拖曳，可以向前推动图像而产生变形；【重建工具】通过绘制变形区域，能够部分或全部恢复图像的原始状态；【冻结蒙版工具】将不需要液化的区域创建为冻结的蒙版；【解冻蒙版工具】擦除蒙版区域 |
| 画笔工具选项 | 用于设置当前选择的工具的各种属性 |
| 画笔重建选项 | 通过下拉列表选择重建液化的方式。其中【恢复】可以通过【重建】按钮将未冻结的区域逐步恢复为初始状态；【恢复全部】可以一次性恢复全部未冻结的区域 |

续表

| 选项 | 作用 |
| --- | --- |
| 蒙版选项 | 设置蒙版的创建方式。单击【全部蒙住】按钮冻结整个图像；单击【全部反相】按钮反相冻结区域 |
| 视图选项 | 定义当前图像、蒙版及背景图像的显示方式 |

### 10.3.5 实战：使用消失点滤镜透视复制图像

| 实例门类 | 软件功能 |

使用【消失点】滤镜可以在包含透视平面的图像中进行透视校正。在应用绘画、仿制、拷贝、粘贴及变换等编辑操作时，Photoshop 2024 可以正确确定这些编辑操作的方向，并将它们缩放到透视平面，制作出具有立体效果的图像，具体操作步骤如下。

Step 01 打开素材。打开"素材文件\第 10 章\效果图.jpg"文件，执行【滤镜】→【消失点】命令，或按【Alt+Ctrl+V】组合键，打开【消失点】对话框，选择【创建平面工具】，在图像中单击添加节点，如图 10-20 所示。

图 10-20

Step 02 单击添加节点。多次在图像中单击添加节点，定义透视平面，如图 10-21 所示。

图 10-21

Step 03 调整透视节点。拖曳透视平面，调整透视平面的节点，如图 10-22 所示。

图 10-22

Step 04 单击取样。选择【图章工具】，在对话框顶部设置【修复】为【开】，在透视平面内按住【Alt】键单击进行取样，如图 10-23 所示。

图 10-23

Step 05 涂抹复制取样点。在图像右侧进行涂抹，将取样点的图像涂抹复制至鼠标指针涂抹处，如图 10-24 所示。

图 10-24

Step 06 继续复制图像。继续涂抹，Photoshop 2024 会自动复制图像，并自动调整色调与背景相融合，如

图 10-25 所示。

续表

图 10-25

【消失点】对话框中各工具的作用如表 10-5 所示。

表 10-5 【消失点】对话框中各工具的作用

| 工具 | 作用 |
| --- | --- |
| 编辑平面工具 | 用于选择、编辑、移动平面的节点及调整平面的大小 |
| 创建平面工具 | 用于定义透视平面的 4 个角节点。创建了 4 个角节点后，可以移动、缩放平面或重新确定其形状；按住【Ctrl】键拖曳平面的边节点可以拉出一个垂直平面。在定义透视平面的节点时，如果节点的位置不正确，可按【BackSpace】键将该节点删除 |

| 工具 | 作用 |
| --- | --- |
| 选框工具 | 在平面上单击并拖曳鼠标可以选择平面上的图像。选择图像后，将鼠标指针放在选区内，按住【Alt】键拖曳可以复制图像；按住【Ctrl】键拖曳选区，则可以用源图像填充该区域 |
| 图章工具 | 使用该工具时，按住【Alt】键在图像中单击可以为仿制设置取样点；在其他区域拖曳鼠标可复制图像；按住【Shift】键单击可以将描边扩展到上一次单击处 |
| 画笔工具 | 可在图像上绘制选定的颜色 |
| 变换工具 | 使用该工具时，可以通过移动定界框的控制点来缩放、旋转和移动浮动选区，类似于对矩形选区使用【自由变换】命令 |
| 吸管工具 | 可拾取图像中的颜色作为画笔工具的绘画颜色 |

> **技能拓展——红色、黄色、蓝色透视平面的不同含义**
>
> 创建透视平面时，红色透视平面是无效平面，在红色透视平面中，不能拉出垂直平面；黄色透视平面虽然可以拉出垂直平面和进行其他编辑，但无法正确对齐；只有蓝色透视平面是有效平面，在该平面中，可以进行各种编辑操作。

## 10.4 普通滤镜

Photoshop 2024 中的普通滤镜非常丰富，可以制作各种特殊效果。例如，锐化和模糊滤镜用于锐化和模糊图像，杂色滤镜用于添加或减少图像中的杂色，风格化、扭曲、像素化滤镜可以为图像创建特殊质感的效果。

### ★重点 10.4.1 风格化滤镜组

【风格化】滤镜组中包含了 9 种滤镜，它们的主要作用是移动选区内图像的像素，提高像素的对比度，使之产生绘画和印象派风格效果。

#### 1. 查找边缘

使用【查找边缘】滤镜可以自动搜索图像像素对比度变化剧烈的边界，将高反差区域变亮，低反差区域变暗，其他区域则介于两者之间，将硬边变为线条，而柔边变粗，形成一个清晰的轮廓。原图像如图 10-26 所示。

图 10-26

【查找边缘】滤镜效果如图10-27所示。

图10-27

### 2. 等高线

使用【等高线】滤镜可以查找主要亮度区域的转换，并为每个颜色通道淡淡地勾勒主要亮度区域的转换（一个图像中有4个颜色通道，每个颜色通道使用的颜色值不同，显示的亮度也不同，为了进行区分，可以通过边缘线对不同亮度区域进行边缘勾勒，这个构成边缘线的过程就是转换），以获得类似于等高线图中线条的效果，如图10-28所示。

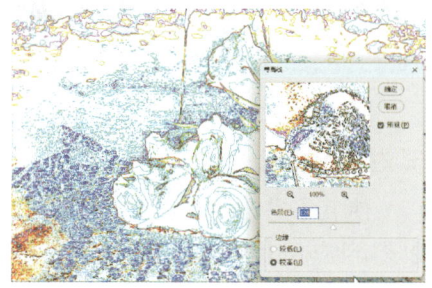

图10-28

### 3. 风

使用【风】滤镜可以在图像上创建犹如被风吹过的效果，可以选择【风】【大风】和【飓风】，如图10-29所示。但该滤镜只在水平方向起作用，要创建其他方向的风吹效果，需要先将图像旋转，再使用此滤镜。

图10-29

### 4. 浮雕效果

使用【浮雕效果】滤镜可以通过勾画图像或选区的轮廓和降低周围色值来生成凸起或凹陷的浮雕效果，如图10-30所示。

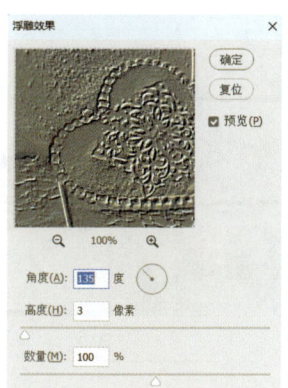

图10-30

### 5. 扩散

使用【扩散】滤镜可以将图像的像素扩散显示，制作图像绘画溶解的艺术效果，如图10-31所示。

图10-31

### 6. 拼贴

使用【拼贴】滤镜可以将图像分割成有规则的方块，并使其偏离原来的位置，产生不规则瓷砖拼接成的图像效果，如图10-32所示。

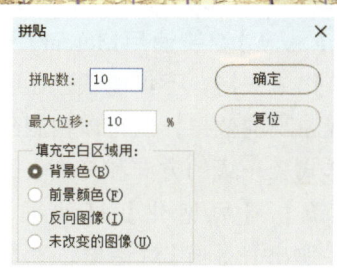

图10-32

### 7. 曝光过度

使用【曝光过度】滤镜可以将图像正片和负片混合，翻转图像的高光部分，模拟摄影中曝光过度的效果，如图10-33所示。

图10-33

### 8. 凸出

使用【凸出】滤镜可以将图像分成一系列大小相同且有机重叠放置的立方体或锥体，产生特殊的3D效果，参数设置和效果如图10-34所示。

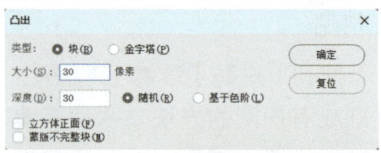

图 10-34

### 9. 油画

【油画】滤镜使用 Mercury 图形引擎作为支持，不仅能快速让图像呈现油画的效果，还可以控制画笔的样式及光线的方向和亮度。执行【滤镜】→【风格化】→【油画】命令，弹出【油画】对话框，参数设置和图像效果如图 10-35 所示。

图 10-35

### ★重点 10.4.2 模糊滤镜组

【模糊】滤镜组中包含了 14 种滤镜，它们可以对图像进行柔和处理，将图像像素的边线制作为模糊状态，使图像表现出速度感或晃动感（其中 3 种必须通过【首选项】对话框进行设置后才能使用，因此此处只讲解其他 11 种滤镜）。

#### 1. 表面模糊

使用【表面模糊】滤镜可以在保存图像边缘的同时，对图像表面添加模糊效果。该滤镜可用于创建特殊效果并消除杂色或颗粒感，如图 10-36 所示。

图 10-36

#### 2. 动感模糊

使用【动感模糊】滤镜可以使图像按照指定方向和指定强度变模糊，该滤镜的效果类似于以固定的曝光时间给一个正在移动的对象拍照。在表现对象的速度感时经常会用到该滤镜，如图 10-37 所示。

图 10-37

### 3. 方框模糊

使用【方框模糊】滤镜可以基于相邻像素的平均颜色来模糊图像，如图 10-38 所示。

图 10-38

### 4. 高斯模糊

使用【高斯模糊】滤镜可以通过控制模糊半径对图像进行模糊处理，使图像产生一种朦胧的效果，如图 10-39 所示。

图 10-39

### 5. 进一步模糊

使用【进一步模糊】滤镜可以得到应用【模糊】滤镜 3~4 次的效果。

### 6. 径向模糊

【径向模糊】滤镜的效果与相机拍摄过程中进行移动或旋转后所拍摄照片产生的模糊效果相似。参数设置如图 10-40 所示，图像效果如图 10-41 所示。

### 10.4.3 模糊画廊滤镜组

使用【模糊画廊】滤镜组，可以通过直观的图像控件快速创建截然不同的模糊效果。每个滤镜都提供了直观的图像控件来应用和控制模糊效果。完成模糊调整后，可以使用散景控件设置整体模糊效果的样式。在使用【模糊画廊】滤镜组时，Photoshop 2024提供完全尺寸的实时预览。

#### 1. 场景模糊

使用【场景模糊】滤镜可以通过一个或多个图钉对图像场景中不同的区域应用模糊效果，如图10-43所示。

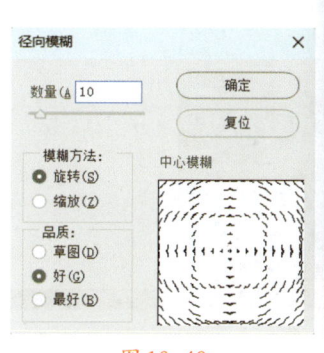

图10-40

图10-41

#### 7. 镜头模糊

使用【镜头模糊】滤镜可以将图像处理为相机拍摄时的光学虚化效果，并且可以设置不同的焦点位置，如图10-42所示。

图10-42

图10-43

#### 2. 光圈模糊

使用【光圈模糊】滤镜可以对图像应用模糊，并创建一个椭圆形的焦点范围，它能模拟柔焦镜头拍摄出的梦幻、朦胧的画面效果，如图10-44所示。

#### 8. 模糊

【模糊】滤镜用于柔化整体或部分图像。

#### 9. 平均

使用【平均】滤镜可以寻找图像或选区的平均颜色，然后用该颜色填充图像或选区。

#### 10. 特殊模糊

【特殊模糊】滤镜提供了半径、阈值和模糊品质等设置选项，可以精确地模糊图像。

#### 11. 形状模糊

使用【形状模糊】滤镜可以根据选择的形状对图像进行模糊处理。选择的形状不同，模糊的效果也不同。

图10-44

### 3. 移轴模糊

使用【移轴模糊】滤镜可以模拟利用移轴镜头拍摄出的缩微效果，如图10-45所示。

图10-45

### 4. 路径模糊

【路径模糊】滤镜不仅可以沿路径创建运动模糊，还可以控制形状和模糊量。Photoshop 2024可以自动合成应用于图像的多路径模糊效果，如图10-46所示。

图10-46

### 5. 旋转模糊

【旋转模糊】滤镜可以在一个或多个点旋转和模糊图像。旋转模糊是等级测量的径向模糊。在Photoshop 2024中，可在设置中心点、模糊大小和形状及其他设置时，查看模糊效果的实时预览，效果如图10-47所示。

图10-47

### ★重点 10.4.4 扭曲滤镜组

【扭曲】滤镜组中包含了9种滤镜，它们可以通过对图像进行移动、扩展或收缩来编辑图像的像素，对图像进行各种形状的变换，如波浪、波纹、水波等形状。在处理图像时，这些滤镜会占用大量内存，如果文件较大，建议在较小的图像上先进行试验。

#### 1. 波浪

使用【波浪】滤镜可以使图像产生强烈波纹起伏的波浪效果，原图效果如图10-48所示，使用滤镜的效果如图10-49所示。

图10-48

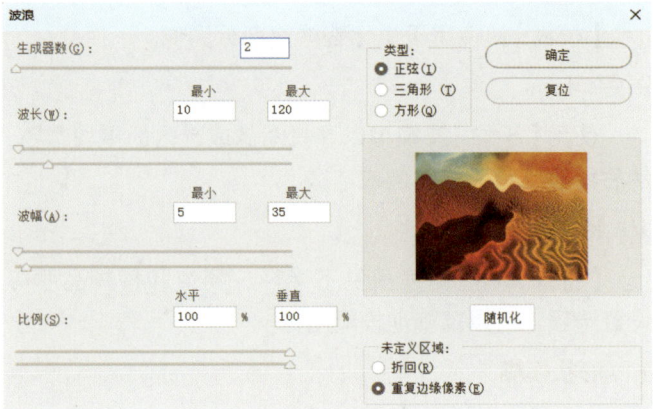

图10-49

### 2. 波纹

与【波浪】滤镜相似，【波纹】滤镜可以使图像产生波纹起伏的效果，但提供的选项较少，只能控制波纹的数量和大小，如图10-50所示。

图10-50

### 3. 极坐标

使用【极坐标】滤镜可以使图像坐标从平面坐标转化为极坐标，或者将极坐标转化为平面坐标。使用该滤镜可创建曲面扭曲效果，如图10-51所示。

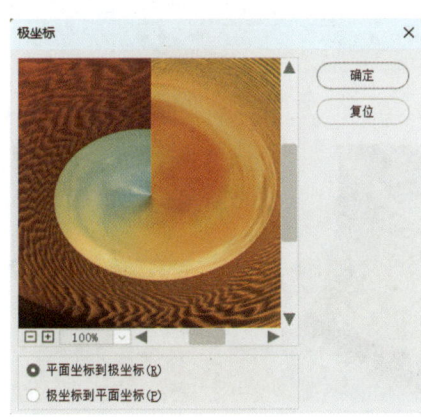

图10-51

### 4. 挤压

使用【挤压】滤镜可以将图像挤压变形，从而产生神奇的效果，如图10-52所示。

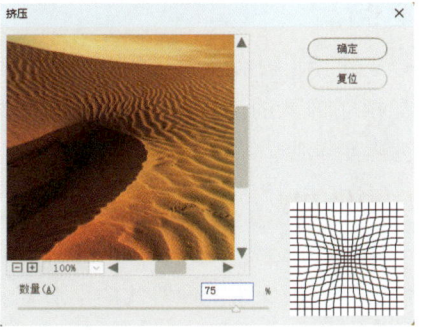

图10-52

### 5. 切变

使用【切变】滤镜可以将图像沿所设置的曲线进行变形，产生扭曲的效果，如图10-53所示。

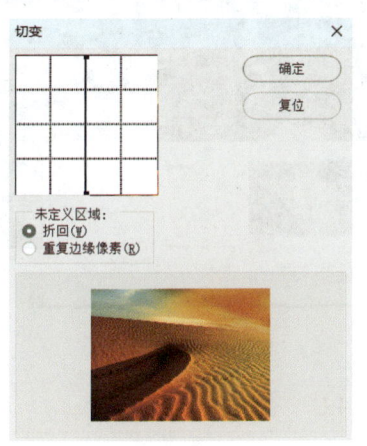

图10-53

### 6. 球面化

使用【球面化】滤镜可以将图像挤压，产生图像包裹在球面或柱面上的立体效果，如图10-54所示。

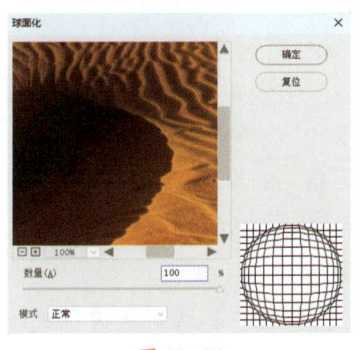

图10-54

### 7. 水波

使用【水波】滤镜可以模拟水池中的波纹，在图像中产生类似于向水池中投入石头后水面产生的涟漪效果，如图10-55所示。

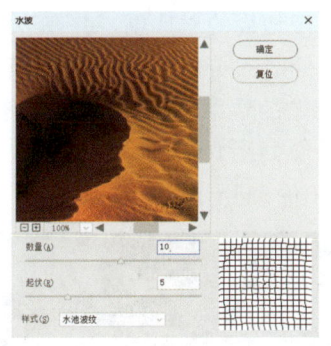

图10-55

### 8. 旋转扭曲

使用【旋转扭曲】滤镜可以对选区内的图像进行旋转，图像中心的旋转程度比图像边缘的旋转程度大，如图10-56所示。

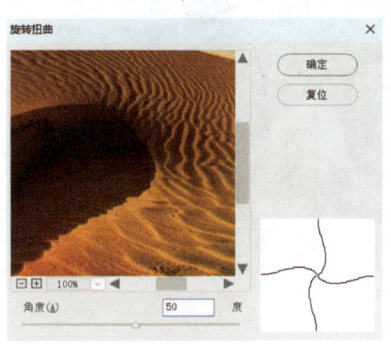

图10-56

### 9. 置换

【置换】滤镜需要使用一个PSD格式的图像作为置换图，然后对置换图进行相关的设置，以确定当前图像如何根据位移图产生弯曲、破碎的效果。

## 10.4.5 锐化滤镜组

【锐化】滤镜组中包含了6种滤镜，它们可以将图像变得更清晰，使画面中的图像更加鲜明，通过提高主像素的颜色对比度使画面更加细腻。

### 1. USM锐化

使用【USM锐化】滤镜可以调整图像边缘的对比度，并在边缘的两侧分别生成一条暗线和一条亮线，使图像的边缘变得更清晰、突出，原图像如图10-57所示，锐化效果如图10-58所示。

图10-57

图10-58

### 2. 防抖

利用智能算法分析和逆转因相机运动产生的模糊轨迹，可以修复因轻微抖动而模糊的照片，显著提升这类特定模糊图像的可用性和清晰度，尤其适合处理静态场景中因手持不稳导致的模糊。

### 3. 进一步锐化

使用【进一步锐化】滤镜可以对图像实现进一步的锐化，使之产生强烈的锐化效果。

### 4. 锐化

使用【锐化】滤镜可以通过增加相邻像素的反差来使模糊的图像变得更清晰。

### 5. 锐化边缘

【锐化边缘】滤镜只锐化图像边缘部分，而保留图像整体的平滑度。

### 6. 智能锐化

使用【智能锐化】滤镜可以通过设置锐化算法来锐化图像，也可以通过设置阴影和高光中的锐化量来使图像产生锐化效果，如图10-59所示。

图10-59

## 10.4.6　视频滤镜组

【视频】滤镜组中包含了2种滤镜，它们可以处理从隔行扫描方式的设备中提取的图像，将普通图像转换为视频设备可以接收的图像，以解决视频图像交换时系统差异的问题。

### 1. NTSC

使用【NTSC】滤镜可以将不同色域的图像转化为电视可接受的颜色模式，以防止过饱和颜色渗过电视扫描行。NTSC即"国际电视标准委员会"的英文缩写。

### 2. 逐行

通过隔行扫描方式显示画面的电视，以及视频设备中捕捉的图像都会出现扫描线，【逐行】滤镜可以移去视频图像中的奇数或偶数隔行线，使从视频中捕捉的运动图像变得平滑。

## ★重点 10.4.7　像素化滤镜组

【像素化】滤镜组中包含了7种滤镜，它们通过平均分配色度值使单元格中颜色相近的像素结成块，用于清晰地定义一个选区，从而使图像产生彩块、晶格、碎片等效果。

### 1. 彩块化

使用【彩块化】滤镜可以使纯色或相近颜色的像素结成相近颜色的像素块，如同手绘效果，也可以使现实主义图像产生类似抽象派的绘画效果，原图如图10-60所示，使用滤镜的效果如图10-61所示。

图10-60

图10-61

### 2. 彩色半调

使用【彩色半调】滤镜可以使图像变为网点状。它先将图像的每一个通道划分出矩形区域，再以大小和矩形区域亮度成比例的圆形替代这些矩形，高光部分生成的圆形较小，阴影部分生成的圆形较大，参数设置如图10-62所示，图像效果如图10-63所示。

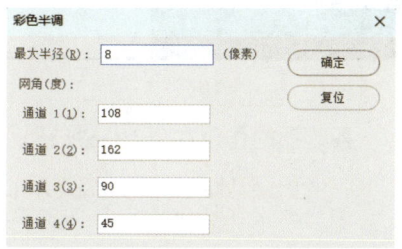

图 10-62

图 10-63

### 3. 点状化

使用【点状化】滤镜可以将图像的颜色分解为随机分布的网点，如同点状化绘画一样，背景色将作为网点之间的画布区域，如图10-64所示。

图 10-64

### 4. 晶格化

使用【晶格化】滤镜可以使图像中相近的像素集中到多边形色块中，产生类似结晶的颗粒效果，如图10-65所示。

图 10-65

### 5. 马赛克

使用【马赛克】滤镜可以使像素结为方形块，再对块中的像素应用平均的颜色，从而生成马赛克效果，如图10-66所示。

图 10-66

### 6. 碎片

使用【碎片】滤镜可以对图像的像素进行4次复制，再将它们平均，并使它们相互偏移，使图像产生一种类似于相机没有对准焦距所拍摄出的模糊效果，如图10-67所示。

图 10-67

### 7. 铜版雕刻

使用【铜版雕刻】滤镜可以在图像中随机生成各种不规则的直线、曲线和斑点，使图像产生金属板效果，如图10-68所示。

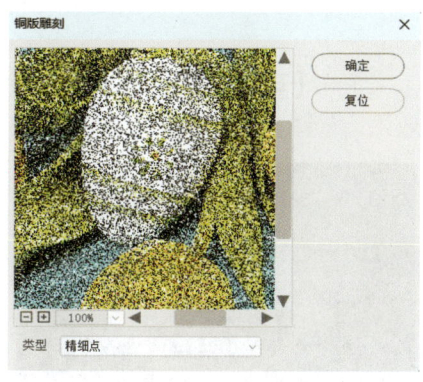

图 10-68

### ★重点 10.4.8 渲染滤镜组

【渲染】滤镜组中包含了8种滤镜，它们可以在图像中创建出灯光、云彩、折射图案及模拟的光反射效果，是非常重要的特效制作滤镜。

### 1. 火焰

使用【火焰】滤镜可以根据图像中的路径，制作逼真的火焰效果。创建路径，如图10-69所示。执行【滤镜】→【渲染】→【火焰】命令，设置火焰效果，如图10-70所示。

图 10-69

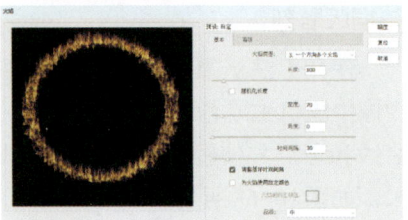

图 10-70

单击【确定】按钮，显示火焰效果，如图 10-71 所示。

图 10-71

### 2. 图片框

使用【图片框】滤镜可以创建相框效果，参数设置如图 10-72 所示，图像效果如图 10-73 所示。

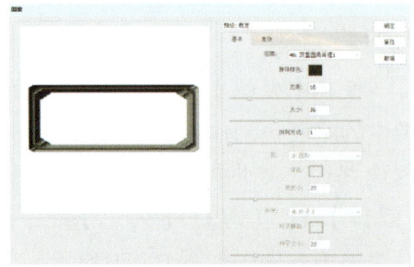

图 10-72

图 10-73

### 3. 树

通过【树】滤镜，可以在图像中添加树，参数设置如图 10-74 所

示，图像效果如图 10-75 所示。

图 10-74

图 10-75

### 4. 分层云彩

与【云彩】滤镜原理相同，但是使用【分层云彩】滤镜时，图像中的某些部分会被反相为云彩图案，原图和效果对比如图 10-76 所示。

图 10-76

### 5. 光照效果

使用【光照效果】滤镜可以在图像上产生不同的光源、光类型，以及不同光特性形成的光照效果，如图 10-77 所示。

图 10-77

各选项的作用如表 10-6 所示。

表 10-6 【光照效果】滤镜中各选项的作用

| 选项 | 作用 |
| --- | --- |
| 使用预设光源 | 【预设】下拉列表中包含预设的各种光源效果，选择即可直接使用 |
| 调整光源 | Photoshop 2024 提供了 3 种光源：【聚光灯】【点光】和【无限光】，在【光照类型】下拉列表中选择光源后，就可以在左侧调整光源的位置和照射范围，在右侧调整光源属性 |
| 设置纹理通道 | 纹理通道通过一个灰度图像来控制光的反射，形成立体效果 |

### 6. 镜头光晕

使用【镜头光晕】滤镜可以模拟光照射到相机镜头所产生的光晕效果，在预览框中拖曳可调整光晕的位置，如图 10-78 所示。

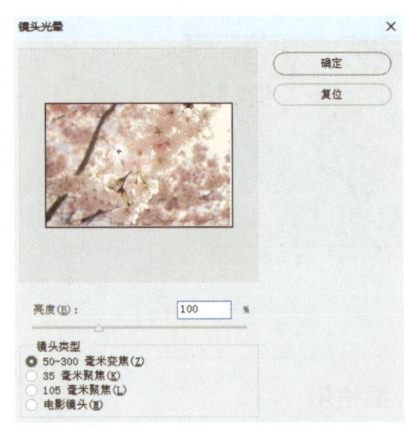

图 10-78

效果如图10-79所示。

图10-79

### 7. 纤维

【纤维】滤镜使用前景色和背景色来创建纤维的外观，如图10-80所示。

图10-80

### 8. 云彩

【云彩】滤镜使用前景色和背景色之间的随机值来生成柔和的云彩图案，如图10-81所示。

图10-81

## 10.4.9 杂色滤镜组

【杂色】滤镜组中包含了5种滤镜，它们用于增加图像中的杂点，使之产生色彩漫散的效果，或者用于去除图像中的杂点，如扫描输入图像的斑点和折痕。

### 1. 减少杂色

使用【减少杂色】滤镜既可以减少图像中的杂色，又可以保留图像的边缘。

### 2. 蒙尘与划痕

使用【蒙尘与划痕】滤镜可以通过更改相应像素来减少杂色，该滤镜对去除扫描图像的杂点和折痕特别有效，原图如图10-82所示，效果如图10-83所示。

图10-82

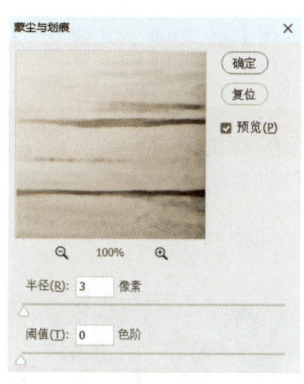

图10-83

### 3. 去斑

使用【去斑】滤镜可以检测图像边缘发生显著颜色变化的区域，并模糊除边缘外的所有选区，消除图像中的斑点，同时保留细节。

### 4. 添加杂色

使用【添加杂色】滤镜可以在图像中应用随机像素，使图像产生颗粒效果，常用于修饰图像中不自然的区域，如图10-84所示。

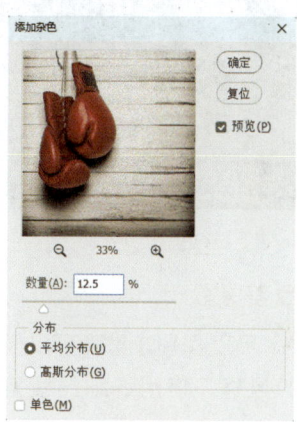

图10-84

### 5. 中间值

使用【中间值】滤镜可以通过混合像素的亮度来减少图像中的杂色，如图10-85所示。

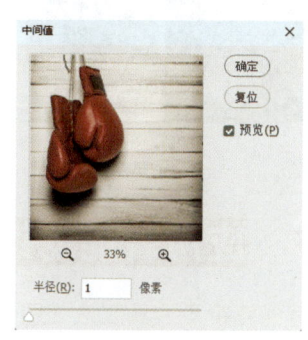

图10-85

## 10.4.10 其他滤镜组

【其他】滤镜组中包含了6种滤镜，其中既有允许自定义滤镜的命令，也有使用滤镜修改蒙版、在图像中使选区发生位移和快速调整颜色的命令。

### 1. HSB/HSL

使用【HSB/HSL】滤镜可以通过描边重新绘制图像，以相反的方向来绘制亮部和暗部区域，效果如图10-86所示。

图10-86

### 2. 高反差保留

【高反差保留】滤镜可以模拟钢笔画的风格，使用纤细的线条在原图像上重绘细节，效果如图10-87所示。

图10-87

### 3. 位移

使用【位移】滤镜可以通过模拟喷枪，使图像产生笔墨喷溅的艺术效果，如图10-88所示。

图10-88

### 4. 自定

使用【自定】滤镜可以用图像的主导色，以成角的、喷溅的颜色线条重绘图像，产生斜纹飞溅的效果，如图10-89所示。

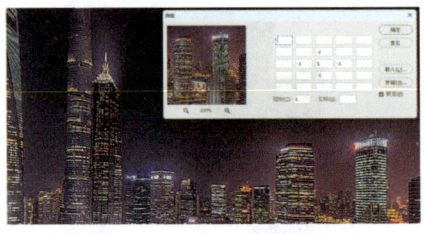

图10-89

### 5. 最大值

使用【最大值】滤镜可以强调图像边缘。设置较高的边缘亮度值时，强化效果类似于白色粉笔；设置较低的边缘亮度值时，强化效果类似于黑色油墨，如图10-90所示。

图10-90

### 6. 最小值

使用【最小值】滤镜可以使图像产生一种很强烈的黑色阴影效果，利用图像的阴影设置不同的画笔长度，阴影用短线条表示，高光用长线条表示，效果如图10-91所示。

图10-91

## 10.5 应用智能滤镜

智能滤镜不会真正改变图像中的任何像素，并且可以随时修改参数或删除。它对图像的处理效果和普通滤镜相同，下面详细介绍智能滤镜的使用方法。

### 10.5.1 智能滤镜的优势

普通滤镜是通过修改像素来生成效果的。如图10-92所示，在【图层】面板中，【背景】图层的像素被修改了，如果将图像保存并关闭，就无法恢复为原来的效果了。

图10-92

智能滤镜是一种非破坏性的滤镜，它将滤镜效果应用于智能对象上，不会修改图像的原始数据，如图10-93所示。

图 10-93

智能滤镜包含一个类似于图层样式的列表，列表中显示了使用的滤镜，只要单击智能滤镜前面的【切换智能滤镜可见性】图标 👁，就可以将滤镜效果隐藏，将智能滤镜拖到 🗑 按钮上，也可以将智能滤镜删除。

### 技术看板

【消失点】命令不能应用智能滤镜。【图像】→【调整】菜单中的【阴影/高光】【HDR 色调】和【变化】命令也可以作为智能滤镜来应用。

### ★重点 10.5.2 实战：应用智能滤镜

| 实例门类 | 软件功能 |

应用智能滤镜的操作步骤如下。

**Step 01** 打开素材。打开"素材文件\第 10 章\女孩.jpg"文件，如图 10-94 所示。

图 10-94

**Step 02** 转换为智能滤镜。执行【滤镜】→【转换为智能滤镜】命令，在弹出的对话框中单击【确定】按钮，如图 10-95 所示。

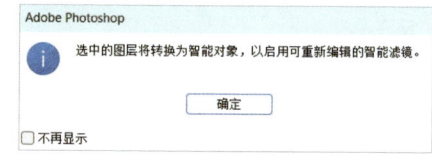

图 10-95

**Step 03** 设置海报边缘滤镜。执行【滤镜】→【滤镜库】→【艺术效果】→【海报边缘】命令，❶设置【边缘厚度】为 2，【边缘强度】为 1，【海报化】为 2，❷单击【确定】按钮，如图 10-96 所示。

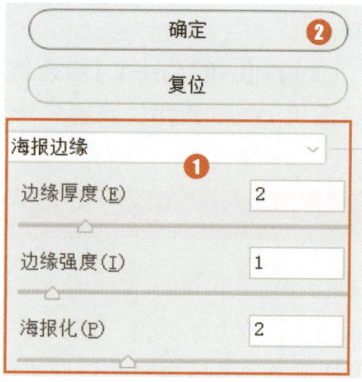

图 10-96

**Step 04** 显示图层面板。应用智能滤镜后，图像效果和【图层】面板如图 10-97 所示。

图 10-97

### 技能拓展——修改智能滤镜

双击智能滤镜旁边的【编辑混合选项】图标 ⇌，如图 10-98 所示，可以修改智能滤镜。

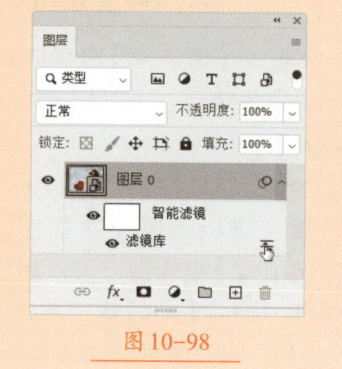

图 10-98

### 10.5.3 移动智能滤镜

在【图层】面板中，将智能滤镜从一个智能对象上拖曳到另一个智能对象上，如图 10-99 所示，可以移动智能滤镜，如图 10-100 所示。

图 10-99

图 10-100

## 妙招技法

通过对本章知识的学习，相信读者已经掌握了滤镜特效的操作和应用，下面结合本章内容，介绍一些实用技巧。

### 技巧01：消失点命令使用技巧

在使用【消失点】命令时，掌握一些使用技巧，可以使操作更加得心应手。

（1）操作过程中，按【Ctrl+Z】组合键，可以还原一次操作；按【Alt+Ctrl+Z】组合键，可以逐步还原操作；按住【Alt】键，单击【复位】按钮，可以恢复默认状态。

（2）如果想保留透视平面，可以用PSD、TIFF或JPEG格式保存图像。

（3）执行【消失点】命令前新建一个图层，图像修改状态会保存在新图层中，原始图像不会发生改变。

（4）在定义透视平面时，按【X】键，可以缩放预览图像。

### 技巧02：滤镜使用技巧

在使用滤镜时，掌握一些技巧可以提高工作效率，具体技巧有以下几种。

（1）当执行完一个滤镜命令后，【滤镜】菜单第一行会出现该滤镜名称，单击它便可以快速应用这一滤镜。

（2）按【Alt+Ctrl+F】组合键可快速应用上一次应用的滤镜。

（3）在任意滤镜对话框中按住【Alt】键，【取消】按钮都会变成【复位】按钮，单击它可以将参数恢复到初始状态。

（4）应用滤镜的过程中要终止处理，可以按【Esc】键。

（5）使用滤镜时通常会打开滤镜库或相应的对话框，在预览框中可以预览滤镜效果。单击+或-按钮可以放大或缩小图像显示比例；单击并拖曳预览框内的图像，可以移动图像；如果想要查看某一区域内的图像，在图像窗口中单击，滤镜预览框中就会显示单击处的图像。

## 本章小结

本章介绍了滤镜的概念和基本原理，还介绍了滤镜命令的具体功能及使用方法，包括滤镜库、镜头校正、Camera Raw滤镜、液化、消失点、风格化、画笔描边、模糊、扭曲、锐化、视频、素描、纹理、像素化、渲染、杂色、智能滤镜等。读者在学习过程中应多加思考，开拓思路，这样才能制作出更加炫目的图像特效。

# 第 3 篇 拓展功能篇

本篇是Photoshop 2024图像处理的技能拓展，包括视频、动画、动作、批处理等知识。通过对本篇内容的学习，读者不仅可以在Photoshop 2024中处理静态图像，还可以处理动态图像。

# 第 11 章 视频 / 动画 / 动作 / 批处理

- ➥ 视频图层和普通图层有什么区别？
- ➥ 如何导入视频文件？
- ➥ 如何导出视频？
- ➥ 如何制作动画？
- ➥ 可以调整动作的播放速度吗？
- ➥ 如何对多个图像文件快速执行相同处理？

视频、动画虽然不是Photoshop 2024的主要功能，但是它在这些方面也有非常出色的表现。动作和批处理能够解放用户的双手，让计算机自动完成大量烦琐、枯燥的重复操作。

## 11.1 视频基础知识

Photoshop 2024可以编辑视频的各个帧和图像序列文件，还可以在视频中应用滤镜、蒙版、变换、图层样式和混合模式，以及使用工具在视频上进行编辑和绘制。下面介绍视频基础知识。

### 11.1.1 视频图层

在Photoshop 2024中打开视频或图像序列文件时，会自动创建视频图层，帧包含在视频图层中。可以使用【画笔工具】和【图章工具】在视频文件的各个帧上进行绘制和仿制，也可以创建选区或应用蒙版以限定对帧的特定区域进行编辑。

此外，还可以像编辑常规图层一样调整视频图层的混合模式、不透明度、位置和图层样式。在【图层】面板中可以为视频图层分组，或者将颜色和色调调整应用于视频图层。视频图层参考的是原始文件，因此，对视频图层进行的编辑不会改变原始视频或图像序列文件。

### ★重点 11.1.2 时间轴面板

执行【窗口】→【时间轴】命令，打开【时间轴】面板，系统默认为时间轴模式。时间轴模式显示了图层的帧持续时间和动画属性，如图11-1所示。

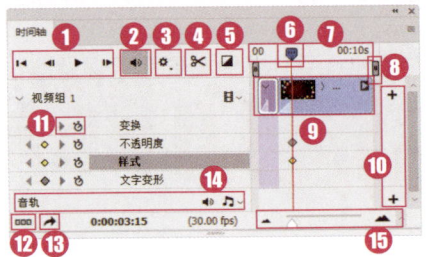

图 11-1

各选项的作用如表 11-1 所示。

表 11-1 【时间轴】面板中各选项的作用

| 选项 | 作用 |
| --- | --- |
| ❶播放控件 | 包含用于控制视频播放的按钮：转到第一帧◄◄、转到上一帧◄、播放▶、转到下一帧▶▶ |
| ❷音频控制按钮 | 单击该按钮可以关闭或开启音频播放 |
| ❸设置回放选项 | 设置分辨率，以及设置是否循环播放 |
| ❹在播放头处拆分 | 单击该按钮，可在当前时间指示器所在位置拆分视频或音频 |
| ❺过渡效果 | 单击该按钮打开下拉菜单，在其中即可为视频添加过渡效果，从而创建专业的淡化和交叉淡化效果 |

续表

| 选项 | 作用 |
| --- | --- |
| ❻当前时间指示器 | 拖曳当前时间指示器可导航或更改当前时间或帧 |
| ❼时间标尺 | 用于在时间轴面板中直观显示动画或视频的播放位置和整体时间长度 |
| ❽设置工作区域结尾 | 如果需要预览或导出部分视频，可拖曳位于顶部轨道两端的标签进行定位 |
| ❾图层持续时间条 | 指定图层在视频中的时间位置，要将图层移动至其他时间位置，可拖曳该时间条 |
| ❿向轨道添加媒体/音频 | 单击轨道右侧的 + 按钮，可以打开一个对话框将视频或音频添加到轨道中 |
| ⓫时间-变化秒表 | 用于开启或关闭图层属性的关键帧记录功能 |
| ⓬转换为帧动画 | 单击该按钮，可将视频时间轴转换为帧动画 |
| ⓭渲染组 | 单击该按钮，可以打开【渲染视频】对话框 |
| ⓮音轨 | 可编辑和调整音频。单击 ◀) 按钮，可让音轨静音或取消静音。在音轨上右击，在打开的下拉菜单中可调节音量或对音频进行淡入淡出设置。单击 ♪ 按钮打开下拉菜单，可选择【新建音轨】或【删除音频剪辑】等命令 |
| ⓯控制时间轴显示比例 | 单击 ▲ 按钮可缩小时间轴；单击 ▲ 按钮可放大时间轴；拖曳滑块可进行自由调整 |

## 11.2 视频的创建

在 Photoshop 2024 中，可以打开多种 QuickTime 视频格式的文件，包括 MPEG-1、MPEG-4、MOV 和 AVI；如果计算机上安装了 Adobe Flash 8.0，则可以支持 QuickTime 的 FLV 格式；如果安装了 MPEG-2 编码器，可以支持 MPEG-2 格式。打开视频文件以后，即可对其进行编辑。

### 11.2.1 打开和导入视频文件

执行【文件】→【打开】命令，在【打开】对话框中选择一个视频文件，单击【打开】按钮，如图 11-2 所示。

即可在 Photoshop 2024 中将其打开，如图 11-3 所示。

图 11-2

图 11-3

在Photoshop 2024中创建或打开一个图像文件后，执行【图层】→【视频图层】→【从文件新建视频图层】命令，也可以将视频导入当前文件中。

### 11.2.2 创建空白视频图层

执行【文件】→【新建】命令，打开【新建文档】对话框，单击【胶片和视频】选项卡，在【空白文档预设】面板中选择一个文件选项，如图11-4所示。

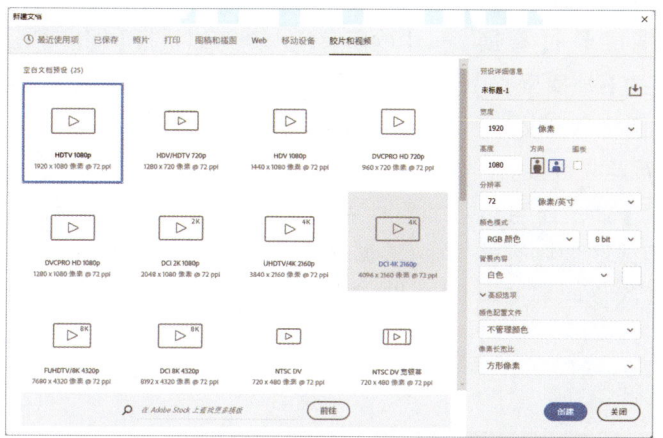

图11-4

创建的空白视频文件中显示了两组参考线，它们表示动作安全区域、标题安全区域。大多数电视剧都通过一个称作"过扫描"的过程切掉图像的外部边缘，因此，图像中重要的细节应包含在外侧参考线之内。此外，一些电视屏幕的边缘图像会发生变形，为了确保所有内容都适合大多数电视的显示区域，需要将文本保留在标题安全区域内，并将所有其他重要元素保留在动作安全区域内，如图11-5所示。

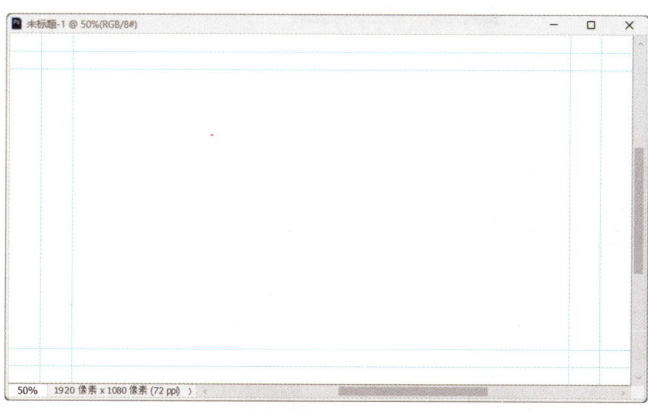

图11-5

### 11.2.3 创建视频图层

执行【图层】→【视频图层】→【新建空白视频图层】命令，可以创建一个空白的视频图层。

### 11.2.4 像素长宽比校正

计算机显示器上的图像是由方形像素组成的，而视频编码设备中的图像由非方形像素组成，这就导致两者之间交换图像时会由于像素不一致而造成图像扭曲。执行【视图】→【像素长宽比校正】命令可校正图像。这样就可以在计算机显示器上准确查看视频格式的文件。

## 11.3 视频的编辑

【时间轴】面板如同视频编辑器，不仅可以对视频进行添加文字、特效、过渡等操作，还可以控制视频的播放速度，下面详细介绍视频的编辑方法。

### 11.3.1 插入、复制和删除空白视频帧

创建空白视频图层以后，在【时间轴】面板中选择它，然后将当前时间指示器拖曳到所需时间处，执行【图层】→【视频图层】→【插入空白帧】命令，即可在当前时间处插入空白视频帧；执行【图层】→【视频图层】→【删除帧】命令，则会删除当前时间处的视频帧；执行【图层】→【视频图层】→【复制帧】命令，可以添加一个处于当前时间的视频帧的副本。

### 11.3.2 实战：从视频中获取静帧图像

| 实例门类 | 软件功能 |

在Photoshop 2024中，可以从视频文件中获取静帧图像，具体操作步骤如下。

Step 01 执行【文件】→【导入】→【视频帧到图层】命令，在弹出的【载入】对话框中选择第11章的素材"拍皮球.mp4"文件，单击【载入】按钮，打开【将视频导入图层】对话框，单击【确定】按钮，如图11-6所示。

图 11-6

### 11.3.3 替换视频图层中的素材

在操作过程中，如果由于某种原因导致视频图层和源文件之间的链接断开，【时间轴】面板中的视频图层上就会显示一个警告图标。出现这种情况时，可在【时间轴】或【图层】面板中选择要重新链接到源文件或替换内容的视频图层，执行【图层】→【视频图层】→【替换素材】命令，在打开的【替换素材】对话框中选择视频或图像序列文件，单击【打开】按钮重新建立链接。

执行【替换素材】命令还可以将视频图层中的视频或图像序列帧替换为不同的视频或图像序列源中的帧。

### 11.3.4 在视频图层中恢复帧

如果要放弃对帧视频图层和空白视频图层所做的修改，可以先在【时间轴】面板中选中视频图层，然后将当前时间指示器移动到特定的视频帧上，再执行【图层】→【视频图层】→【恢复帧】命令恢复特定的帧。如果要恢复视频图层或空白视频图层中的所有帧，则可以执行【图层】→【视频图层】→【恢复所有帧】命令。

> **技术看板**
>
> 如果在不同的应用程序中修改了视频图层的源文件，则需要在 Photoshop 中执行【图层】→【视频图层】→【重新载入帧】命令，在【动画】面板中重新载入和更新当前帧。

Step 02 通过前面的操作，成功将视频帧导入图层中，如图 11-7 所示。

图 11-7

## 11.4 存储与导出视频

在 Photoshop 中编辑视频后，可将其存储为 PSD 文件或 QuickTime 影片。将文件存储为 PSD 格式，不仅可以保留操作过程中所做的修改，而且 Adobe 数字视频程序和许多电影编辑程序都支持该格式的文件。

### ★重点 11.4.1 渲染和保存视频文件

执行【文件】→【导出】→【渲染视频】命令，打开【渲染视频】对话框，在对话框中，将视频存储为 QuickTime 影片，如图 11-8 所示。

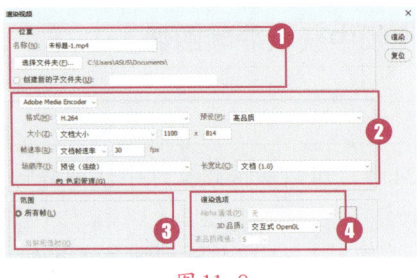

图 11-8

各选项的作用如表 11-2 所示。

表 11-2 【渲染视频】对话框中各选项的作用

| 选项 | 作用 |
| --- | --- |
| ❶位置 | 在该选项组中可以设置视频的名称和存储位置 |
| ❷渲染方式 | 单击第二个选项中的下拉按钮，可以在打开的下拉列表中选择视频格式。选择一种格式后，可在下方的选项中设置文件的大小、帧速率、长宽比等 |
| ❸范围 | 可以选择渲染文件中的所有帧，也可以选择只渲染部分帧 |
| ❹渲染选项 | 在 Alpha 通道选项中可以指定 Alpha 通道的渲染方式，该选项仅使用与支持 Alpha 通道的格式，如 PSD 或 TIFF |

如果还没有对视频进行渲染更新，则最好使用【文件】→【存储命令，将文件存储为 PSD 格式，因为该格式的文件可以保留用户所做的编辑，并且该格式的文件可以在 Premiere Pro 和 After Effects 等 Adobe 应用程序中播放，或在其他应用程序中作为静态文件。

### 11.4.2 导出视频预览

如果将显示设备通过 Fire Wire 链接到计算机上，就可以在该设备上预览视频文件。如果要在预览之前设置输出选项，可执行【文件】→【导出】→【视频预览】命令。如果想要在设备上查看文件，但不想设置输出选项，可执行【文件】→【导出】→【将视频预览发送到设备】命令。

## 11.5 动画的制作

动画是在一段时间内显示的一系列图像或帧，当每一帧较前一帧都有轻微的变化时，连续、快速地显示这些帧就会产生运动或其他变化的视觉效果。下面介绍动画的制作方法。

### 11.5.1 帧模式时间轴面板

执行【窗口】→【时间轴】命令，打开【时间轴】面板，单击 按钮，切换为帧模式。面板中会显示动画中的每个帧的缩览图，如图11-9所示。

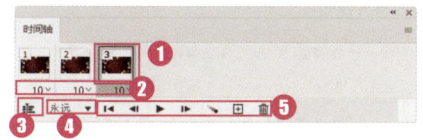

图11-9

各选项的作用如表11-3所示。

表11-3 帧模式【时间轴】面板中各选项的作用

| 选项 | 作用 |
| --- | --- |
| ❶当前帧 | 显示了当前选择的帧 |
| ❷选择帧延迟时间 | 设置帧在回放过程中的持续时间 |
| ❸转换为视频时间轴 | 单击该按钮，面板中会显示视频编辑选项 |
| ❹循环选项 | 设置动画在作为GIF文件导出时的播放次数 |
| ❺面板底部工具 | 单击 按钮，可选择序列中的第一个帧作为当前帧；单击 按钮，可选择当前帧的前一帧；单击 按钮可播放动画，再次单击该按钮可停止播放；单击 按钮可选择当前帧的下一帧；单击 按钮，打开【过渡】对话框，可以在两个现有帧之间添加一系列帧，并让新帧之间的图层属性均匀变化；单击 按钮可向面板中添加帧；单击 按钮可删除选择的帧 |

### ★重点 11.5.2 实战：制作跷跷板小动画

| 实例门类 | 软件功能 |
| --- | --- |

使用【时间轴】面板可以制作出跷跷板小动画，具体操作步骤如下。

Step 01 打开素材。打开"素材文件\第11章\跷跷板.jpg"文件，如图11-10所示。

图11-10

Step 02 转化图层。按住【Alt】键，双击背景图层，将背景图层转化为普通图层，如图11-11所示。

图11-11

Step 03 重命名图层。重命名图层为"动画"，如图11-12所示。

图11-12

Step 04 删除选中区域。使用【魔棒工具】 选中白色背景，按【Delete】键删除，如图11-13所示。

图11-13

Step 05 填充渐变。选择【渐变工具】 ，在选项栏中选择【径向渐变】 ，拖曳鼠标填充渐变，如图11-14所示。

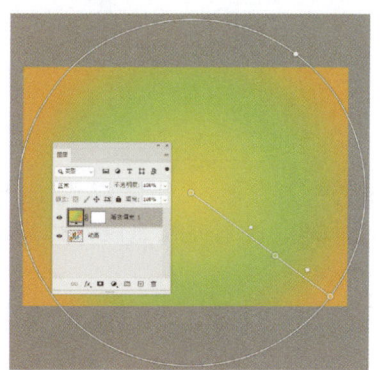

图11-14

Step 06 重命名图层并调整图层顺序。将渐变图层重命名为【闪烁】并拖曳到【动画】图层的下方，如图11-15所示。

图11-15

Step 07 改变渐变。复制【闪烁】图层，将复制的图层重命名为【底色】，改变渐变，如图11-16所示。

图 11-16

Step 08 创建动画。执行【窗口】→【时间轴】命令，打开【时间轴】面板。在【时间轴】面板中，单击【创建帧动画】按钮，如图11-17所示。

图 11-17

Step 09 创建帧1。打开帧模式【时间轴】面板，并创建帧1，如图11-18所示。

图 11-18

Step 10 复制帧。单击【复制所选帧】按钮两次，复制两个帧，如图11-19所示。

图 11-19

Step 11 复制图层。复制【动画】图层，并命名为【右跷】，如图11-20所示。

图 11-20

Step 12 旋转图像。按【Ctrl+T】组合键，执行【自由变换】命令，旋转图像，如图11-21所示。

图 11-21

Step 13 隐藏图层。隐藏【动画】图层，如图11-22所示。

图 11-22

Step 14 显示效果。帧3效果如图11-23所示。

图 11-23

Step 15 复制图层。复制【右跷】图层，重命名为【中跷】，如图11-24所示。

图 11-24

Step 16 旋转图像。按【Ctrl+T】组合键，执行【自由变换】命令，旋转图像，如图11-25所示。

图 11-25

Step 17 选择帧。在【时间轴】面板中，选择帧1，如图11-26所示。

图 11-26

Step 18 隐藏图层。隐藏【中跷】和

第3篇 拓展功能篇

【右跷】图层，如图11-27所示。

图11-30

Step⑫ 隐藏图层。隐藏【中跷】和【动画】图层，如图11-31所示。

单击【选择帧延迟时间】下拉按钮，如图11-34所示。

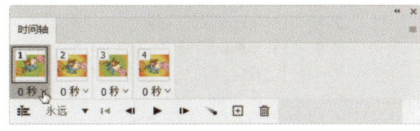

图11-34

Step㉖ 选择时间。选择帧延迟时间为0.5秒，如图11-35所示。

图11-27

Step⑲ 选择帧。在【时间轴】面板中，选择帧2，如图11-28所示。

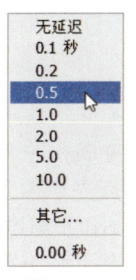

图11-35

图11-31

Step㉗ 设置帧效果。❶将4个帧延迟时间都设置为0.5秒，❷设置循环为【永远】，❸单击【播放动画】按钮▶即可播放动画，如图11-36所示。

图11-28

Step⑳ 隐藏图层。隐藏【右跷】【动画】和【闪烁】图层，如图11-29所示。

Step㉓ 拖曳帧。按住【Alt】键，拖曳帧2到帧3右侧，如图11-32所示。

图11-32

图11-36

Step㉔ 复制帧。释放鼠标后，复制生成帧4，如图11-33所示。

Step㉘ 播放动画。通过前面的操作播放动画，动画播放效果如图11-37所示。

图11-29

图11-33

图11-37

Step㉑ 选择帧。在【时间轴】面板中，选择帧3，如图11-30所示。

Step㉕ 设置帧延迟时间。选择帧1，

## 11.6 动作基础知识

在Photoshop 2024中，可以将图像的处理过程通过动作记录下来，对其他图像进行相同的处理时，执行该动作就可以自动完成操作。通过动作可以减少重复操作，实现图像处理自动化。下面详细介绍动作基础知识。

### ★重点 11.6.1 动作面板

【动作】面板不仅可以记录、播放、编辑和删除动作，还可以存储和载入动作文件。执行【窗口】→【动作】命令，打开【动作】面板，如图11-38所示。

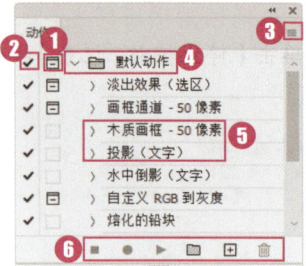

图 11-38

各选项的作用如表 11-4 所示。

表 11-4 【动作】面板中各选项的作用

| 选项 | 作用 |
| --- | --- |
| ❶切换对话框开/关 | 设置动作在运行过程中是否显示参数对话框。若动作左侧显示图标，则表示该动作运行时所用命令具有对话框 |
| ❷切换项目开/关 | 设置控制动作或动作中的命令是否被跳过。若某一个命令的左侧显示✔图标，则表示此命令允许正常执行。若显示图标，则表示此命令被跳过 |
| ❸面板扩展按钮 | 单击面板扩展按钮，打开扩展菜单，在该菜单中可对面板模式进行选择，并可执行动作创建、记录、删除等基本菜单命令，可对动作进行载入、复位、替换、存储等操作，还可快捷查找不同类型的动作选项 |
| ❹动作组 | 一系列动作的集合 |
| ❺动作 | 一系列操作命令的集合 |
| ❻快捷按钮 | 单击■按钮，停止播放和记录动作；单击●按钮，录制动作；单击▶按钮，播放动作；单击▢按钮，创建一个新组；单击⊞按钮，创建一个新的动作；单击🗑按钮，删除动作组、动作和命令 |

## ★重点 11.6.2 实战：使用预设动作制作聚拢效果

| 实例门类 | 软件功能 |
| --- | --- |

【动作】面板中提供了多种预设动作，使用这些动作可以快速地制作文字效果、边框效果、纹理效果和图像效果等。具体操作步骤如下。

Step 01 打开素材并复制图层。打开"素材文件\第11章\红玫瑰.jpg"文件，复制背景图层，如图11-39所示。

图 11-39

Step 02 选择动作。在【动作】面板中，单击扩展按钮≡，在弹出的扩展菜单中选择【图像效果】选项，选择【水平颜色渐隐】动作，如图11-40所示。

Step 03 播放动作。❶单击左侧的下拉按钮展开动作。可以看到动作操作步骤，❷单击【播放选定的动作】按钮▶，如图11-41所示。

图 11-40　　图 11-41

Step 04 应用动作。Photoshop 2024将自动对图像应用【水平颜色渐隐】动作，效果如图11-42所示。

图 11-42

Step 05 图层面板效果。【图层】面板效果如图11-43所示。

Step 06 历史记录面板效果。在【历史记录】面板中，可以看到操作步骤，如图11-44所示。

图 11-43　　图 11-44

## ★重点 11.6.3 实战：创建并记录动作

| 实例门类 | 软件功能 |
| --- | --- |

在Photoshop 2024中不仅可以应用预设动作制作特殊效果，而且可以根据需要创建新的动作。创建动作的具体步骤如下。

Step 01 打开素材并复制图层。打开"素材文件\第11章\海星.jpg"文件，如图11-45所示，复制背景图层。

图 11-45

Step 02 创建新动作。在【动作】面板中，单击【创建新动作】按钮，如图11-46所示。

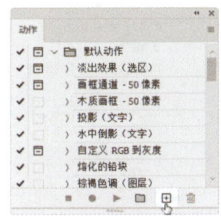

图11-46

Step 03 设置新建动作内容。弹出【新建动作】对话框，❶设置【名称】【组】【功能键】和【颜色】等参数，❷单击【记录】按钮，如图11-47所示。

图11-47

Step 04 录制动作。在【动作】面板中新建一个动作【圆形图像】，【开始记录】按钮变为红色，表示正在录制动作，如图11-48所示。

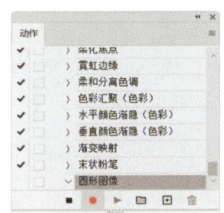

图11-48

Step 05 复制图层。执行【图层】→【复制图层】命令，在【复制图层】对话框中，❶设置复制背景为【反相】，❷单击【确定】按钮，如图11-49所示。

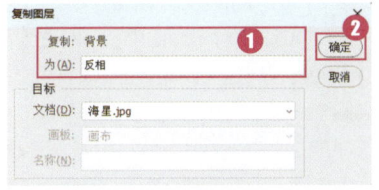

图11-49

Step 06 设置球面化滤镜。执行【滤镜】→【扭曲】→【球面化】命令，打开【球面化】对话框，❶设置【数量】为100%，❷单击【确定】按钮，如图11-50所示。

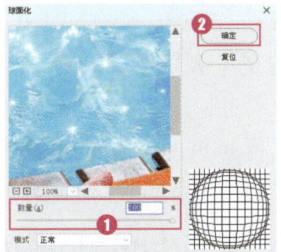

图11-50

Step 07 反相图像。执行【图像】→【调整】→【反相】命令，反相图像，效果如图11-51所示。

图11-51

Step 08 更改图层混合模式。更改图层【混合模式】为【颜色减淡】，如图11-52所示。

图11-52

Step 09 显示效果。图像效果如图11-53所示。

图11-53

Step 10 停止记录动作。在【动作】面板中单击【停止播放/记录】按钮，如图11-54所示。

图11-54

Step 11 打开素材。打开"素材文件\第11章\黑发.jpg"文件，如图11-55所示。

图11-55

Step 12 播放选定的动作。❶选择前面录制的【圆形图像】动作，❷单击【播放选定的动作】按钮，如图11-56所示。

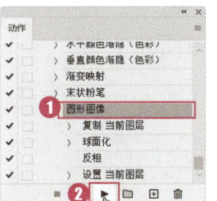

图11-56

Step 13 应用录制的动作。通过前面的操作，为图像应用录制的【圆形图像】动作，效果如图11-57所示。

图11-57

### 11.6.4 创建动作组

在创建新动作之前，需要创建一个新的组来放置新动作，以方便动作的管理。其创建方法与创建新动作方法类似。

在【动作】面板中单击【创建新组】按钮，如图11-58所示。

图11-58

打开【新建组】对话框，❶在【名称】文本框中输入名称，❷单击【确定】按钮，如图11-59所示。

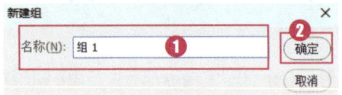

图11-59

通过前面的操作，在【动作】面板中创建了一个动作组【组1】，如图11-60所示。

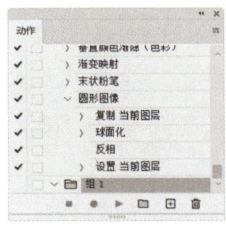

图11-60

### 11.6.5 重排、复制与删除动作

在【动作】面板中，将动作或命令拖曳至同一动作或另一动作中的新位置，即可重新排列动作或命令。

将动作或命令拖曳至【创建新动作】按钮上，可将其复制。按住【Alt】键移动动作或命令，可快速复制动作或命令。

将动作或命令拖曳至【动作】面板中的【删除】按钮上，可将其删除。

执行扩展菜单中的【清除全部动作】命令，可删除所有动作。

### 11.6.6 在动作中添加新菜单命令

完成动作录制后，还可以在动作中添加新命令，具体操作步骤如下。

**Step01** 开始记录动作。❶选择动作中的任意命令，如选择【球面化】命令，❷单击【开始记录】按钮，如图11-61所示。

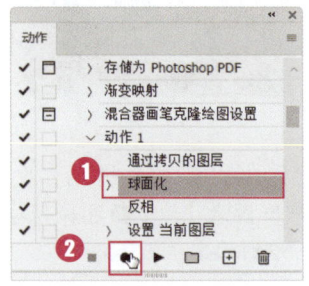

图11-61

**Step02** 设置色相/饱和度。执行【图像】→【调整】→【色相/饱和度】命令，打开【色相/饱和度】对话框，进行如图11-62所示的设置。

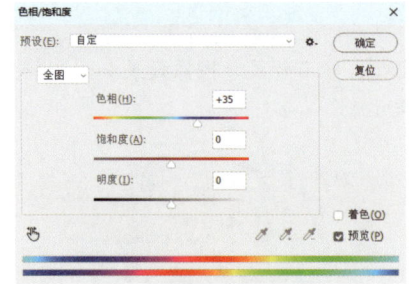

图11-62

**Step03** 显示效果。单击【停止播放/记录】按钮停止录制，即可将【色相/饱和度】命令添加到【球面化】命令后面，如图11-63所示。

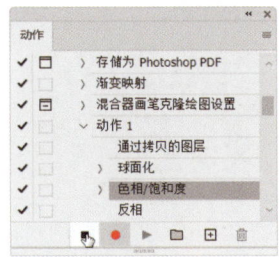

图11-63

### 11.6.7 在动作中插入非菜单操作

在记录动作的过程中，无法对【绘画工具】【调色工具】及【视图】和【窗口】菜单下的命令进行记录，可以使用【动作】面板扩展菜单中的【插入菜单项目】命令，将这些不能记录的操作插入动作中，具体操作步骤如下。

**Step01** 插入菜单项目。在动作执行过程中，单击【动作】面板右上角的扩展按钮，在弹出的扩展菜单中，选择【插入菜单项目】命令，如图11-64所示。

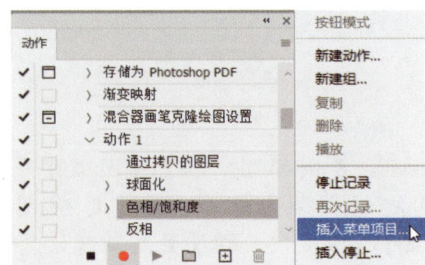

图11-64

**Step02** 打开对话框。在打开的【插入菜单项目】对话框中，单击【确定】按钮，如图11-65所示。

图11-65

**Step03** 记录到动作中。选择工具箱中的【铅笔工具】，该操作会记

录到动作中，如图11-66所示。

图11-66

### 11.6.8 在动作中插入路径

使用【插入路径】命令可将路径插入动作中，具体操作步骤如下。

**Step 01** 绘制任意路径。在图像中绘制任意路径，如图11-67所示。

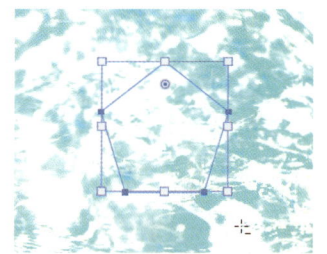

图11-67

**Step 02** 执行插入路径命令。单击【动作】面板中的【开始记录】按钮●，执行面板扩展菜单中的【插入路径】命令，如图11-68所示。

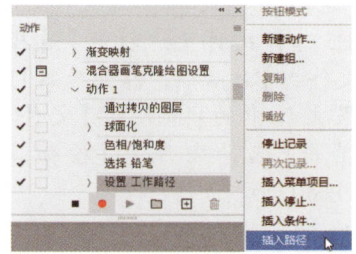

图11-68

**Step 03** 将路径插入动作。通过前面的操作，即可将路径插入动作中，如图11-69所示。

图11-69

**Step 04** 显示效果。为其他图像播放动作时，该路径会被插入图像中，图像效果如图11-70所示。

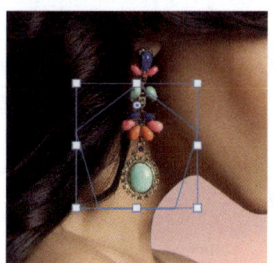

图11-70

> **技术看板**
>
> 如果要记录多个【插入路径】命令，需要在记录每个命令后，执行【路径】面板扩展菜单中的【存储路径】命令。否则，后面的路径将替换前面的路径。

### 11.6.9 在动作中插入停止

用户可以在动作中插入停止，以便在播放动作过程中，执行无法记录的操作（例如，使用绘图工具完成绘图操作后，单击【动作】面板中的【播放选定的动作】按钮▶可以继续完成未完成的动作）；也可以在动作停止时显示一条简短消息，提醒用户在继续执行下面的动

作之前需要完成的任务。

**Step 01** 选择并执行插入停止命令。选择需要插入停止的命令，单击【动作】面板右上角的≡按钮，在弹出的扩展菜单中选择并执行【插入停止】命令，如图11-71所示。

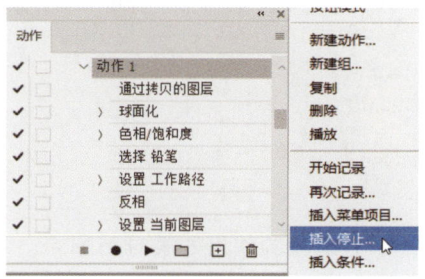

图11-71

**Step 02** 确定设置。弹出【记录停止】对话框。在对话框的【信息】文本框中输入文字，完成设置后，单击【确定】按钮即可，如图11-72所示。

图11-72

**Step 03** 显示效果。通过前面的操作，即可将停止插入动作中，【动作】面板效果如图11-73所示。

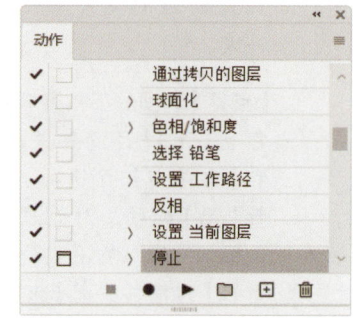

图11-73

## 11.7 批处理

【批处理】可以将动作应用于多个图像，同时完成大量相同的、重复性的操作，以节省时间，提高工作效率，实现图像处理自动化。

## 11.7.1 批处理对话框

执行【文件】→【自动】→【批处理】命令，打开【批处理】对话框，如图11-74所示。

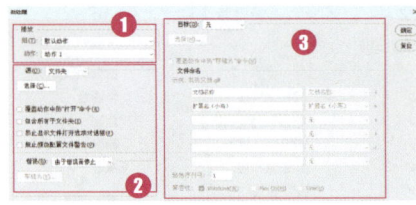

图11-74

各选项的作用如表11-5所示。

表11-5 【批处理】对话框中各选项的作用

| 选项 | 作用 |
| --- | --- |
| ❶播放的动作 | 在进行批处理前，先要选择应用的动作。分别在【组】和【动作】两个选项的下拉列表中进行选择 |
| ❷批处理源文件 | 在【源】选项组中可以设置文件的来源为【文件夹】【导入】【打开的文件】或在Bridge中浏览的图像文件。如果设置的源文件的位置为文件夹，则可以选择批处理的文件所在文件夹 |
| ❸批处理目标文件 | 【目标】选项的下拉列表中包含【无】【存储并关闭】和【文件夹】3个选项。选择【无】选项，对处理后的图像文件不做任何操作；选择【存储并关闭】选项，将文件存储在当前位置，并覆盖原来的文件；选择【文件夹】选项，将处理后的文件存储到另一位置。在【文件命名】选项组中可以设置存储文件的名称 |

## ★重点 11.7.2 实战：使用批处理命令处理图像

**实例门类** 软件功能

使用【批处理】命令处理图像，先要在【动作】面板中设置动作，然后通过【批处理】对话框进行设置，具体操作步骤如下。

**Step01** 载入图像效果动作组。执行【窗口】→【动作】命令，打开【动作】面板，单击【动作】面板右上角的扩展按钮，选择【图像效果】命令，载入图像效果动作组，如图11-75所示。

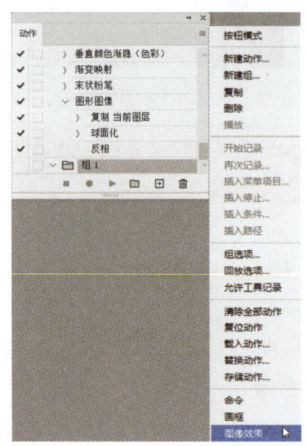

图11-75

**Step02** 执行批处理命令。执行【文件】→【自动】→【批处理】命令，打开【批处理】对话框，在【组】下拉列表中选择【图像效果】动作组；在【动作】下拉列表中选择【鳞片】动作选项，如图11-76所示。

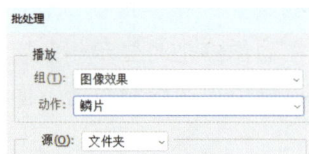

图11-76

**Step03** 设置选项。❶在【源】栏中选择【文件夹】选项，❷单击【选择】按钮，如图11-77所示。

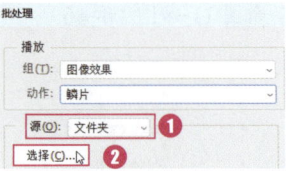

图11-77

**Step04** 选择文件夹。打开【选择批处理文件夹】对话框，❶选择第11章素材文件中的"批处理"文件夹，❷单击【选择文件夹】按钮，如图11-78所示。

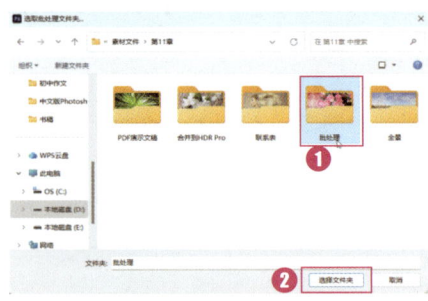

图11-78

**Step05** 单击按钮。❶在【目标】栏中选择【文件夹】选项，❷单击【选择】按钮，如图11-79所示。

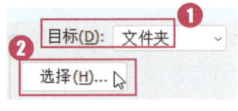

图11-79

**Step06** 选择文件夹。打开【选择目标文件夹】对话框，❶选择第11章结果文件中的【批处理】文件夹，❷单击【选择文件夹】按钮，如图11-80所示。

图11-80

**Step07** 设置参数。在【批处理】对话框中设置好参数后，单击【确定】

按钮，如图11-81所示。

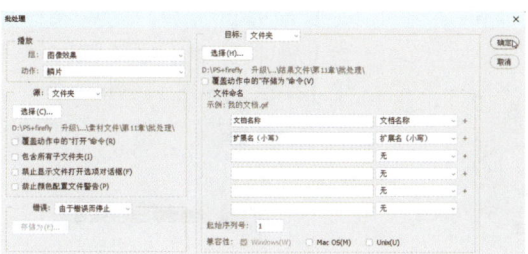

图11-81

Step 08 设置存储内容。处理完"1.jpg"文件后，将弹出【存储为】对话框，❶用户可以重新选择存储位置、存储格式并重命名，❷单击【保存】按钮，如图11-82所示。

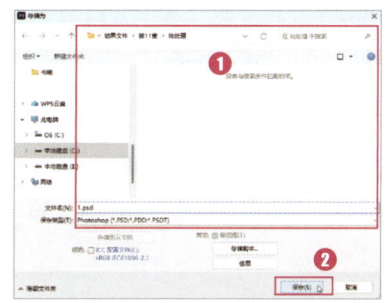

图11-82

Step 09 确定存储。弹出【Photoshop格式选项】对话框，单击【确定】按钮，如图11-83所示。

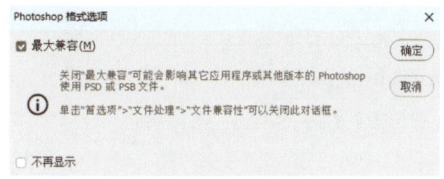

图11-83

Step 10 对比效果。Photoshop 2024将继续自动处理图像，处理前效果如图11-84所示。

图11-84

Step 11 显示效果。处理后效果如图11-85所示。

图11-85

## 11.8 脚本

使用【脚本】命令可以对图像进行拼合、导出复合图层，实现另一种自动图像处理，不用自己编写脚本，直接使用Photoshop 2024提供的脚本进行操作即可。

### 11.8.1 图像处理器

使用【图像处理器】命令可以将一组文件中不同的文件以特定的格式、大小保存或执行相同操作后保存，执行【文件】→【脚本】→【图像处理器】命令，打开【图像处理器】对话框，如图11-86所示。

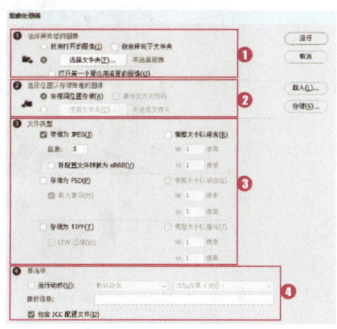

图11-86

各选项的作用如表11-6所示。

表11-6 【图像处理器】对话框中各选项的作用

| 选项 | 作用 |
| --- | --- |
| ❶选择要处理的图像 | 在该选项组中，可以选择需要处理的图像或图像所在的文件夹 |
| ❷选择位置以存储处理的图像 | 在该选项组中，可选择将处理后的图像存储在相同位置或另存在其他文件夹中 |
| ❸文件类型 | 在该选项组中，可以将处理后的图像分别以JPEG、PSD和TIFF文件格式进行保存，还可以根据需要对图像大小进行限制 |
| ❹首选项 | 可对图像应用动作，应用的动作可在下拉列表中进行选择 |

### 11.8.2 实战：将图层导出文件

| 实例门类 | 软件功能 |

在Photoshop 2024中，可以将图层作为独立的文件导出，具体操作步骤如下。

**Step 01** 打开素材。打开"素材文件\第11章\黑猫.psd"文件，如图11-87所示。

图11-87

**Step 02** 显示图层。在【图层】面板中，共有3个图层，如图11-88所示。

图11-88

**Step 03** 设置存储位置和文件类型。执行【文件】→【导出】→【将图层导出到文件】命令，打开【将图层导出到文件】对话框，❶设置存储位置和文件类型，❷单击【运行】按钮，如图11-89所示。

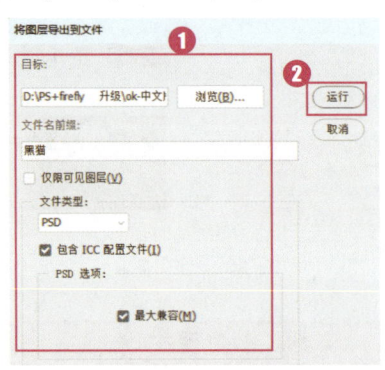

图11-89

**Step 04** 弹出对话框。Photoshop 2024将自动导出图层，完成操作后，弹出【脚本警告】对话框，单击【确定】按钮，如图11-90所示。

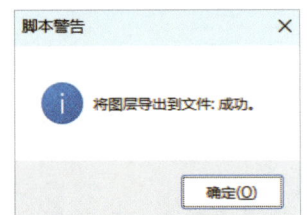

图11-90

**Step 05** 查看文件。打开目标文件夹，查看每个图层导出为指定类型文件的效果，如图11-91所示。

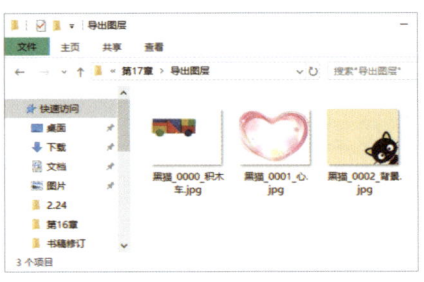

图11-91

## 11.9 其他文件自动化功能

除了动作、批处理和脚本功能，Photoshop 2024中还有一些其他文件自动化功能，包括制作PDF演示文稿、裁剪并拉直照片等。

### 11.9.1 实战：裁剪并拉直照片

| 实例门类 | 软件功能 |

【裁剪并拉直照片】命令是一项自动化功能，用户可以同时扫描多张图像，然后通过该命令创建单独的图像文件，具体操作步骤如下。

**Step 01** 打开素材。打开"素材文件\第11章\三联画.jpg"文件，如图11-92所示。

图11-92

**Step 02** 拆分图像文件。执行【文件】→【自动】→【裁剪并拉直照片】命令，软件自动进行操作，拆分出3个图像文件，如图11-93所示。

图11-93

Step 03 垂直拼贴。执行【窗口】→【排列】→【全部垂直拼贴】命令，展示裁切出的单独的图像文件，同时，原文件得到保留，效果如图11-94所示。

图11-94

### ★重点 11.9.2 实战：使用Photomerge命令创建全景图

| 实例门类 | 软件功能 |

在拍摄照片时，由于相机的限制通常不能拍摄出范围太广的照片，用户可以拍摄几张照片后进行拼接，具体操作步骤如下。

Step 01 执行Photomerge命令。执行【文件】→【自动】→【Photomerge】命令，打开【Photomerge】对话框，如图11-95所示。

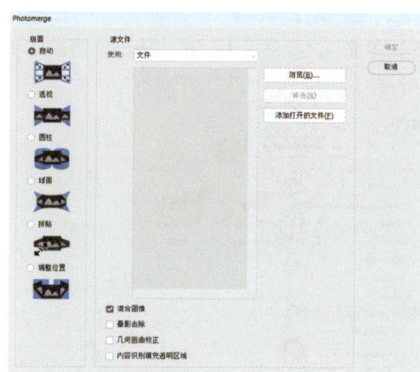

图11-95

Step 02 打开文件夹。设置【使用】为【文件夹】，单击【浏览】按钮。打开【打开】对话框，选择"素材文件\第11章\全景"文件夹，单击【确定】按钮，如图11-96所示。

图11-96

Step 03 导入照片。导入照片到列表框中，单击【确定】按钮，如图11-97所示。

图11-97

Step 04 完成全景照片的拼合。软件自动分析照片并进行拼合，完成全景照片的制作，如图11-98所示。

图11-98

### 11.9.3 实战：将多张照片合并为HDR图像

对在同一场景中拍摄的照片使用【合并到HDR Pro】功能，可以将不同的曝光度转换为HDR。

| 实例门类 | 软件功能 |

Step 01 打开合并到HDR Pro对话框。执行【文件】→【自动】→【合并到HDR Pro】命令，打开【合并到HDR Pro】对话框，如图11-99所示。

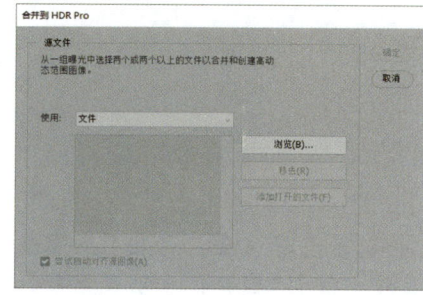

图11-99

Step 02 设置文件夹。在打开的【合并到HDR Pro】对话框中，❶设置【使用】为【文件夹】，❷单击【浏览】按钮，如图11-100所示。

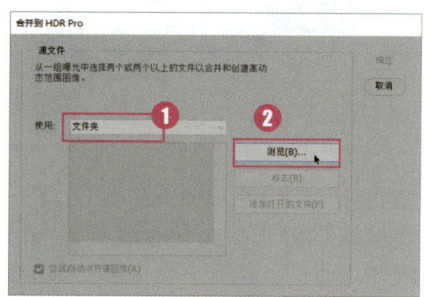

图11-100

Step 03 指定目标文件夹。在打开的【选择文件夹】对话框中，❶选择目标文件夹，❷单击【选择文件夹】按钮，如图11-101所示。

图11-101

Step 04 显示效果。通过前面的操作，将文件添加到列表框中，单击【确定】按钮，如图11-102所示。

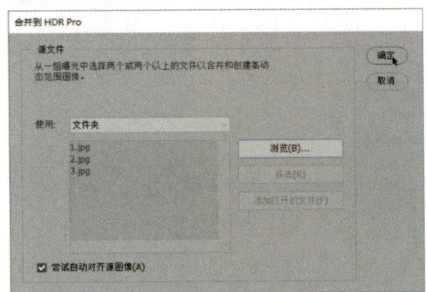

图 11-102

**Step 05** 设置曝光值。弹出【手动设置曝光值】对话框，手动设置每张照片的曝光值，单击【确定】按钮，如图 11-103 所示。

图 11-103

**Step 06** 合并图像。Photoshop 2024 会自动处理图像，在打开的【合并到 HDR Pro】对话框中会显示合并的源图像、合并结果的预览图像。在对话框中设置参数，让细节得到充分展示，如图 11-104 所示。

图 11-104

**Step 07** 完成 HDR 图像制作。单击【确定】按钮，完成 HDR 图像制作，效果如图 11-105 所示。

图 11-105

### 11.9.4 实战：制作 PDF 演示文稿

| 实例门类 | 软件功能 |

使用【PDF 演示文稿】命令可以制作 PDF 演示文稿，具体操作步骤如下。

**Step 01** 打开 PDF 演示文稿对话框。执行【文件】→【自动】→【PDF 演示文稿】命令，打开【PDF 演示文稿】对话框，单击【浏览】按钮，如图 11-106 所示。

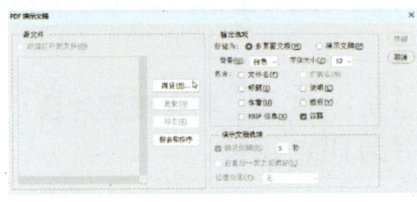

图 11-106

**Step 02** 选择素材。在【打开】对话框中，❶选择"素材文件\第 11 章\PDF 演示文稿\1.jpg、2.jpg、3.jpg、4.jpg"文件，❷单击【打开】按钮，将文件添加到 PDF 文档中，如图 11-107 所示。

图 11-107

**Step 03** 设置输出选项。在【PDF 演示文稿】对话框的【输出选项】栏中，❶设置【存储为】为【演示文稿】，【背景】为【黑色】。❷在【演示文稿选项】栏中，设置【换片间隔】为 2 秒，【过渡效果】为【溶解】，如图 11-108 所示。

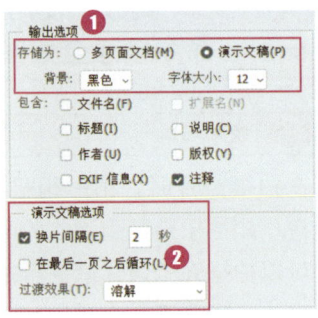

图 11-108

**Step 04** 指定保存路径和名称。在【PDF 演示文稿】对话框中，单击【存储】按钮，打开【另存为】对话框，❶设置文件保存路径和名称，❷单击【保存】按钮，如图 11-109 所示。

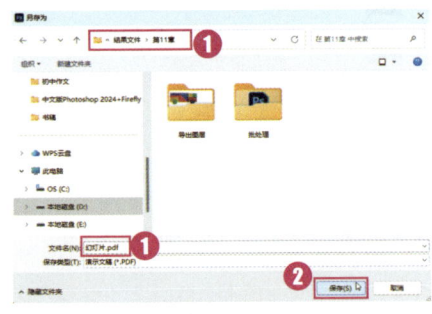

图 11-109

Step 05 设置基础信息。打开【存储Adobe PDF】对话框，在【一般】选项卡中，可以设置一些基础信息，如图11-110所示。

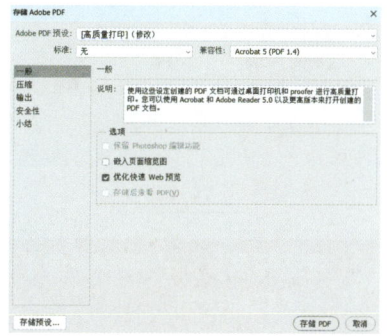

图11-110

Step 06 设置压缩选项。在【压缩】选项卡中，可以设置文件的压缩参数，如图11-111所示。

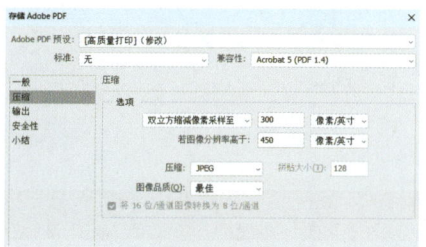

图11-111

Step 07 设置密码。在【安全性】选项卡中，可以对文件进行加密。❶勾选【要求打开文档的口令】复选框，❷在【文档打开口令】文本框中输入密码，❸单击【存储PDF】按钮，如图11-112所示。

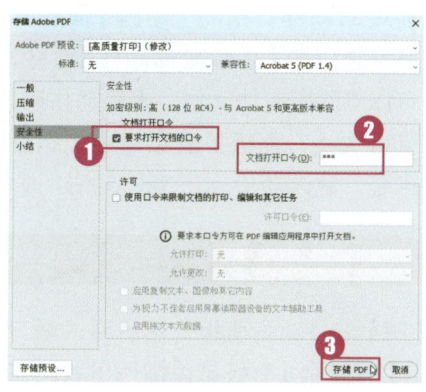

图11-112

Step 08 再次输入密码。在打开的【确认密码】对话框中，❶再次输入密码进行确认，❷单击【确定】按钮，Photoshop 2024将会自动创建文件，如图11-113所示。

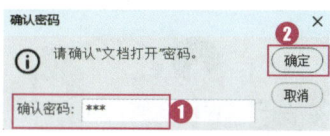

图11-113

Step 09 查看并打开文件。在目标文件夹中，可以看到保存的PDF文件，双击打开文件，如图11-114所示。

图11-114

Step 10 输入口令。打开【口令】对话框，❶在【请输入密码】文本框中输入密码，❷单击【确定】按钮，如图11-115所示。

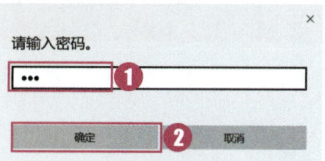

图11-115

Step 11 显示效果。通过前面的操作，在Adobe Reader中打开演示文稿，并以溶解的切换方式播放演示文稿，如图11-116所示。

图11-116

Step 12 显示效果。最终效果如图11-117所示。

图11-117

## 11.9.5 实战：制作联系表

**实例门类** 软件功能

使用【联系表】命令可为文件夹中的图片制作缩览图，具体操作步骤如下。

Step 01 保存图像。将需要创建缩览图的图像保存在【联系表】文件夹中，如图11-118所示。

图11-118

Step 02 执行命令。执行【文件】→【自动】→【联系表】命令，在打开的【联系表Ⅱ】对话框中，选择【使用】为【文件夹】，单击【选取】按钮，如图11-119所示。

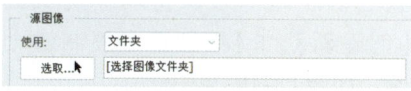

图11-119

Step 03 选择文件夹。选择"素材文件\第11章\联系表"文件夹，如图11-120所示。

图11-120

Step 04 设置内容。在【文档】栏中，

❶设置【宽度】和【高度】均为10，【分辨率】为72像素/厘米；❷在【缩览图】栏中，设置【位置】为【先横向】，【列数】为4，【行数】为2，如图11-121所示。

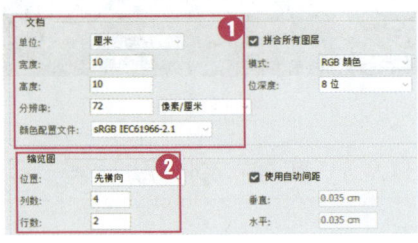

图 11-121

**Step05** 创建缩览图。完成设置后，在【联系表Ⅱ】对话框中，单击【确定】按钮，Photoshop 2024将自动创建图像缩览图，如图11-122所示。

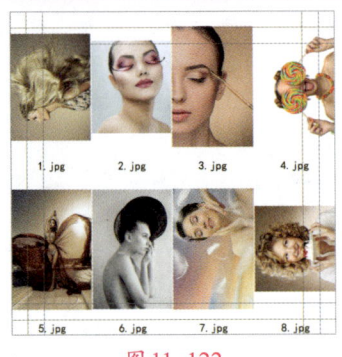

图 11-122

### 11.9.6 限制图像

【限制图像】命令可以按比例缩放图像并将其限制在指定的宽高范围内。

执行【文件】→【自动】→【限制图像】命令，打开【限制图像】对话框，在对话框中的【宽度】和【高度】文本框中可以输入图像的像素值，勾选【不放大】复选框后，图像像素只能进行缩小而不能进行放大，完成设置后，单击【确定】按钮即可，如图11-123所示。

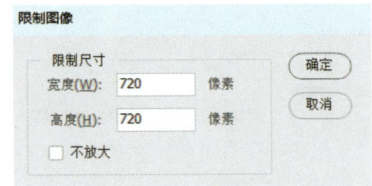

图 11-123

> **技能拓展——【限制图像】命令的实际作用**
>
> 应用【限制图像】命令后，图像会按照用户指定的宽度或高度进行等比例缩放，【限制图像】命令可以改变图像的整体像素数量，而不会改变图像的分辨率，用户可以结合动作命令，对大量图片进行统一尺寸修改。

# 妙招技法

通过对本章知识的学习，相信读者已经掌握了视频、动画的制作，以及动作的应用和文件批处理的基础知识。下面结合本章内容，给大家介绍一些实用技巧。

### 技巧01：如何快速创建功能相似的动作

创建动作时，如果动作中的步骤差别不大，可以将动作拖曳到【创建新动作】按钮 上复制该动作，如图11-124所示。

释放鼠标后即可完成复制，如图11-125所示。随后更改其中不同的步骤即可。

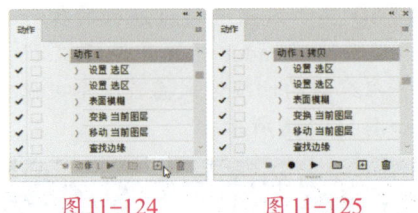

图 11-124　　　　图 11-125

### 技巧02：如何删除动作

在【动作】面板中，将动作拖曳到【删除】按钮 上，即可删除选定的动作。执行【动作】面板扩展菜单中的【清除全部动作】命令，可以删除所有的动作。删除动作后，可再次执行面板扩展菜单中的相应命令，载入动作。

# 本章小结

本章详细讲解了视频、动画、动作和批处理功能。首先介绍了视频图层和【时间轴】动画面板，然后深入学习了视频图层的创建与编辑、动画的制作，最后介绍了动作和批处理等功能。利用【时间轴】面板可以制作出自己喜欢的动画效果。利用动作和批处理功能可以避免重复操作，提高工作效率。认真学习并熟练掌握这些功能是非常重要的。

# 第4篇 AI绘画与设计篇

本篇主要讲解Firefly工具的智能化图像处理应用技能，Firefly具有强大的文字自动生成图像及特效文字设计功能，通过Firefly的AI功能，可以大大提高图像处理与绘画的效率。本篇包括Firefly以文生图功能详解、Firefly生成式填充及文字效果应用等内容。

## 第12章 AI智能绘画：Firefly 以文生图功能详解

- Firefly Image 2 的基础操作
- Firefly Image 2 新增功能
- 如何使用"效果"生成不同风格的图像

在Firefly Image 2中使用以文生图功能，可以快速生成图像，大大提高作图效率。Firefly提供了一些预设的风格、样式、色调、灯光、视角等选项，可以帮助用户快速生成图像。

## 12.1 Firefly Image 2 的基础操作

Firefly Image 2的基础操作包括使用社区作品生成图像、设置图像的纵横比、设置图像的内容类型。下面将详细介绍Firefly Image 2的基础操作。

### ★新功能 12.1.1 使用社区作品生成3D鹦鹉

除了直接输入提示词生成图像，用户还可以进入社区寻找更多的创作灵感，通过修改样图中的提示词，生成所需的图像。图12-1所示是使用社区中的鹦鹉样图修改提示词后生成的图像。

具体操作步骤如下。

**Step 01** 进入图库。在浏览器地址栏中输入"firefly.adobe.com"进入Firefly Image 2主页，单击导航栏中的【社区】超链接，如图12-2所示。

图 12-1

图 12-2

Step 02 单击样图。进入社区后,浏览样图,在要选择的样图上单击,如图12-3所示。

图 12-3

Step 03 生成图像。执行操作后即可使用社区中其他用户发布的作品提示词生成对应的图像,在下方的文本框中可以看到提示词,如图12-4所示。

图 12-4

Step 04 修改提示词。根据需要修改提示词,如在提示词"3D渲染小鹦鹉"前面添加"两只",单击【生成】按钮,如图12-5所示。

图 12-5

Step 05 图像效果。这时,图像中的鹦鹉变成了两只,如图12-6所示。如果对图像效果不满意,可以再次单击【生成】按钮,生成类似的图像。

图 12-6

Step 06 查看图像效果。在要预览的图像上单击,放大预览图像,效果如图12-7所示。

图 12-7

## ★新功能 12.1.2  设置图像的纵横比

在Firefly中可以使用1:1的比例生成正方形的图像;使用4:3的比例生成横向的图像;使用3:4的比例生成纵向的图像;使用16:9的比例生成宽屏的图像。图12-8所示为4种不同纵横比的图像。

图 12-8

具体操作步骤如下。

Step 01 输入提示词。进入Firefly Image 2主页,在文本框中输入提示词"一只可爱的小狗戴着红色冬帽,红色毛衣和红色围巾,开心微笑,全部白色毛,红蓝绿背景",单击文本框中的【生成】按钮,如图12-9所示。

图12-9

### 技能拓展——其他进入文字生成图像页面的方式

单击主页中【文字生成图像】栏中的【生成】按钮,如图12-10所示,也可以进入文字生成图像页面。

图12-10

Step 02 选择内容类型。在页面右侧的【内容类型】选项栏中单击【艺术】按钮,单击文本框中的【生成】按钮,生成4张纵横比为4:3的图像,如图12-11所示。

图12-11

Step 03 选择纵横比。在页面右侧的【纵横比】选项栏中,单击下拉按钮 ∨,在弹出的下拉列表中选择【纵向(3:4)】选项,如图12-12所示。

Step 04 生成图像。单击文本框中的【生成】按钮,生成4张纵横比

图12-12

为3:4的图像,如图12-13所示。

图12-13

Step 05 选择纵横比。在页面右侧的【纵横比】选项栏中,单击下拉按钮 ∨,在弹出的下拉列表中选择【正方形(1:1)】选项,如图12-14所示。

Step 06 生成图像。单击文本框中的【生成】按钮,生成4张正方形的图像,如图12-15所示。

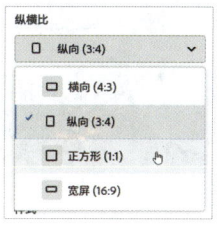

图12-14

图12-15

Step 07 选择纵横比。在页面右侧的【纵横比】选项栏中,单击下拉按钮 ∨,在弹出的下拉列表中选择【宽屏(16:9)】选项,如图12-16所示。

Step 08 生成图像。单击文本框中的【生成】按钮,生成4张宽屏的图像,如图12-17所示。

图12-16

图12-17

### ★重点 12.1.3 设置图像的内容类型

Firefly中图像的内容类型有两种,"照片"接近真实的效果,"艺术"接近绘画的效果,图12-18所示为使用相同的提示词生成"照片"和"艺术"内容类型图

像的对比效果。

照片

艺术

图12-18

图12-19

**Step 01** 生成"照片"内容类型图像。进入Firefly Image 2主页，在文本框中输入提示词"插图，未来派形象的女人，金属装饰保护她的脸，错综复杂和精致，空灵，深白色和浅靛，面部轮廓特写"，在页面右侧的【内容类型】选项栏中，单击【照片】按钮，单击文本框中的【生成】按钮，生成如图12-19所示的图像。

**Step 02** 生成"艺术"内容类型图像。在页面右侧的【内容类型】选项栏中，单击【艺术】按钮，单击文本框中的【生成】按钮，生成如图12-20所示的图像。

图12-20

## 12.2 Firefly Image 2 的新增功能

Firefly Image 2 的新增功能包括提示词建议与反向提示、使用参考图像匹配样式、自定义照片设置，下面将逐个介绍。

### ★新功能 12.2.1 提示词建议与反向提示

在Firefly Image 2中输入提示词时，系统会根据用户输入的内容，给出5组画面细节、风格、情感、氛围方面的优化建议，让生成的图像内容更丰富，如图12-21所示。

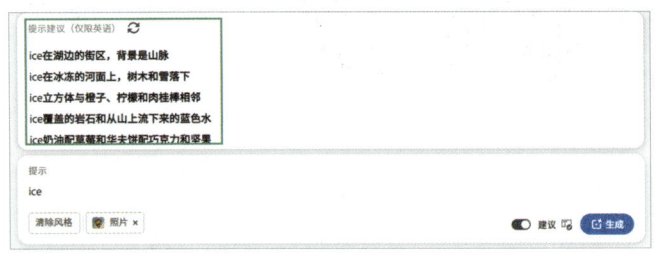

图12-21

Firefly Image 2还在【高级设置】选项栏中增加了反向提示功能，让用户可以主动排除图像中不需要的元素。

在文本框中输入提示词"桌上盒子里五颜六色的方形蛋糕"，单击文本框中的【生成】按钮，可以看到生成的图像中一些蛋糕上面有草莓，如图12-22所示。

图12-22

在【高级设置】选项栏的【从图像中排除】文本框中输入需要排除的提示词"草莓"，如图12-23所示。

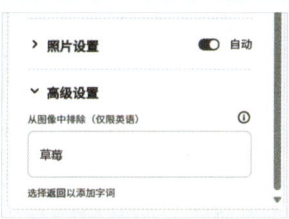

图 12-23

单击文本框中的【生成】按钮,可以看到,图像中不再有草莓,如图 12-24 所示。

图 12-24

### ★新功能 12.2.2 使用参考图像匹配样式

Firefly Image 2 页面右侧新增的参考图像匹配功能支持用户上传参考图像,从而生成与之风格、形式相似的新图像。Firefly Image 2 提供了一个参考图像库,里面包含了丙烯、水彩、铅笔、3D、写实、数字艺术、几何图案、平铺纹理等多种类型的图像,用户可以直接挑选使用,准确快捷地生成想要的图像。图 12-25 所示为使用参考图像库中的图像快速匹配出的图像。

图 12-25

具体操作步骤如下。

**Step 01** 输入提示词。进入 Firefly Image 2 主页,在文本框中输入提示词"生成一张孔雀的插图,由漂亮的羽毛构成",单击文本框中的【生成】按钮,如图 12-26 所示。

图 12-26

**Step 02** 生成图像。进入文字生成图像页面后,生成 4 张图像,如图 12-27 所示。

图 12-27

**Step 03** 选择参考图像。在页面右侧的【匹配】选项栏中,单击【参考图像库】按钮,如图 12-28 所示。选择参考图像库中要匹配的图像,如图 12-29 所示。

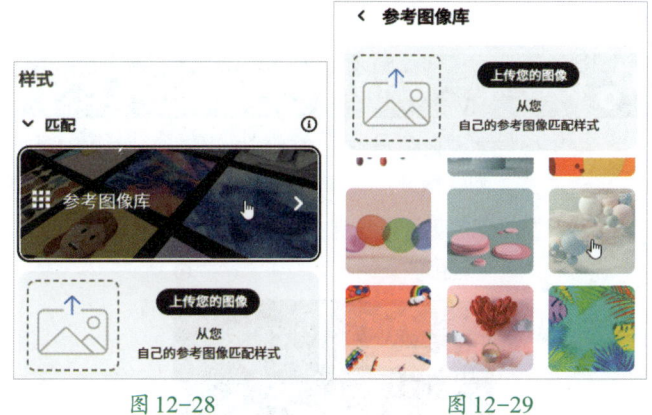

图 12-28　　　　　　图 12-29

**Step 04** 生成图像。单击文本框中的【生成】按钮,生成如图 12-30 所示的 4 张绘画风格的图像。

图12-30

Step 05 查看图像效果。在要预览的图像上单击，放大预览图像，效果如图12-31所示。

图12-31

### 技能拓展——使用自定义的图像匹配样式

除了使用参考图像库中的图像匹配样式，还可以用自己的参考图像匹配样式。在如图12-32所示的区域中单击，即可在打开的对话框中选择自己的图像进行匹配。

图12-32

## ★新功能 12.2.3　自定义照片设置

如果在生成图像的时候，选择的【内容类型】是"照片"，那么右侧的工具栏底部会显示【照片设置】选项栏，在该选项栏中可以调节照片的光圈、快门速度和视角。图12-33所示为使用自定义照片设置后生成的图像效果。

图12-33

具体操作步骤如下。

Step 01 输入提示词。进入Firefly Image 2主页，在文本框中输入提示词"风景画，青山绿水，像仙境一般，梦幻，岛上有间木屋，屋外种了几棵桃树，开满了桃花"，单击文本框中的【生成】按钮，如图12-34所示。

图12-34

Step 02 生成图像。进入文字生成图像页面后，生成4张图像，如图12-35所示。

图12-35

Step 03 设置纵横比并选择内容类型。在页面右侧的【纵横比】选项栏中，单击下拉按钮，在弹出的下拉列表中选择【宽屏（16:9）】选项，如图12-36所示。在【内容类型】选项栏中单击【照片】按钮,如图12-37所示。

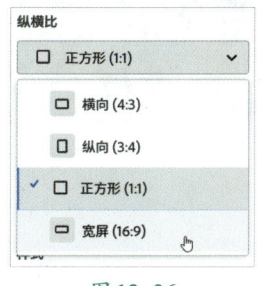

图12-36

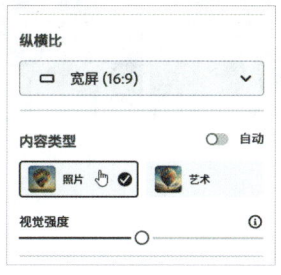

图12-37

> 技术看板
>
> 【光圈】可以设置特定光圈值来控制图像中的背景模糊程度;【快门速度】可以控制图像的清晰度;【视角】可以在生成内容中使用特定的相机镜头。

**Step 06** 生成图像。单击文本框中的【生成】按钮,生成如图12-40所示的4张图像。

图12-40

**Step 04** 生成图像。单击文本框中的【生成】按钮,生成如图12-38所示的4张宽屏图像。

图12-38

**Step 07** 查看图像效果。在要预览的图像上单击,放大预览图像,效果如图12-41所示。

图12-41

**Step 05** 设置照片参数。在页面右侧的【照片设置】选项栏中设置【光圈】为f/8,【快门速度】为1/2000s,【视角】为14mm,如图12-39所示。

图12-39

## 12.3 使用风格样式生成不同风格的图像

　　Firefly中提供了大量的风格样式,使用这些风格样式可以快速创作出各种风格的图像。各种类别风格中使用得最多的风格,会出现在【热门】选项卡中。下面我们将逐个介绍Firefly中的风格样式。

## ★新功能 12.3.1　实战：使用动作样式生成酷帅少年

| 实例门类 | 软件功能 |
|---|---|

【动作】样式包括艺术装饰、新艺术风格、巴洛克、包豪斯建筑学派、建构主义、立体主义、赛博朋克等，可以打造出独特的图像质感。下面以【赛博朋克】风格为例，介绍【动作】样式的使用，图12-42所示为使用【赛博朋克】风格的图像效果。

图 12-42

具体操作步骤如下。

Step01 输入提示词。进入Firefly Image 2主页，在文本框中输入提示词"白衣少年，超逼真，面向镜头，城市背景艺术"，单击文本框中的【生成】按钮，如图12-43所示。

图 12-43

Step02 生成图像。进入文字生成图像页面后，生成4张图像，如图12-44所示。

图 12-44

Step03 设置纵横比并选择内容类型。在页面右侧的【纵横比】选项栏中，单击下拉按钮，在弹出的下拉列表中选择【纵向（3:4）】选项，如图12-45所示。在【内容类型】选项栏中，单击【艺术】按钮，如图12-46所示。

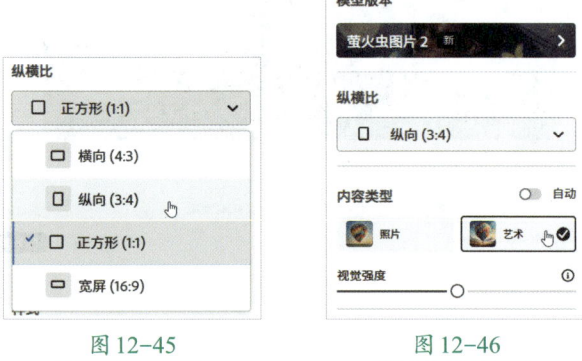

图 12-45　　　　图 12-46

Step04 选择风格。在页面右侧的【效果】选项栏的【动作】选项卡中选择【赛博朋克】风格，如图12-47所示。

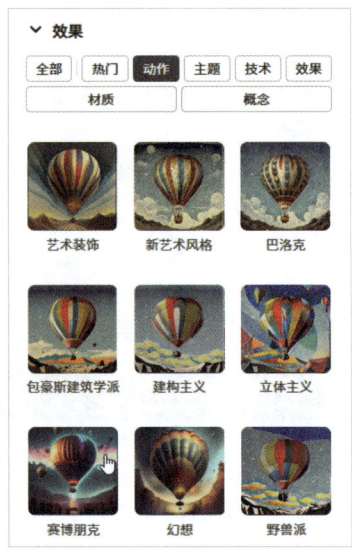

图 12-47

Step 05 生成图像。单击文本框中的【生成】按钮,生成如图12-48所示的4张赛博朋克风格的图像。

图12-48

Step 06 查看图像效果。在要预览的图像上单击,放大预览图像,效果如图12-49所示。

图12-49

### ★新功能 12.3.2 实战：使用主题样式生成森林中的精灵

| 实例门类 | 软件功能 |

【主题】样式包括3d、动漫、漫画、电影效果、连环漫画书、概念艺术等,可以制作出不同的主题效果。下面以【连环漫画书】风格为例,介绍【主题】样式的使用方法,图12-50所示为使用【连环漫画书】风格的图像效果。

图12-50

具体操作步骤如下。

Step 01 输入提示词。进入Firefly Image 2主页,在文本框中输入提示词"森林中空中飞舞的精灵,嗅着森林地面的花朵,一股泉水,写实主义,电影拍摄,电影照明,模拟色彩,特写",单击文本框中的【生成】按钮,如图12-51所示。

图12-51

Step 02 生成图像。进入文字生成图像页面后,生成4张图像,如图12-52所示。

图12-52

Step 03 选择风格。在页面右侧的【效果】选项栏的【主题】选项卡中选择【连环漫画书】风格,如图12-53所示。

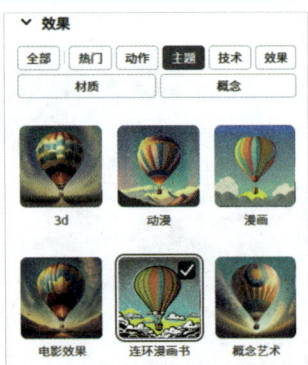

图 12-53

Step 04 生成图像。单击文本框中的【生成】按钮，生成如图 12-54 所示的 4 张连环漫画书风格的图像。

图 12-54

Step 05 查看图像效果。在要预览的图像上单击，放大预览图像，效果如图 12-55 所示。

图 12-55

★新功能 12.3.3　实战：使用技术样式生成宇宙飞船绘画

| 实例门类 | 软件功能 |
|---|---|

【技术】样式包括丙烯酸绘画、粗线、线条画、油画、绘画等，可以制作出不同绘画材料的效果。下面以【绘画】风格为例，介绍【技术】样式的使用方法，图 12-56 所示为使用【绘画】风格的图像效果。

图 12-56

具体操作步骤如下。

Step 01 输入提示词。进入 Firefly Image 2 主页，在文本框中输入提示词"宇宙飞船，艺术，超现实，柔和的背景与云"，单击文本框中的【生成】按钮，如图 12-57 所示。

图 12-57

Step 02 生成图像。进入文字生成图像页面后，生成 4 张图像，如图 12-58 所示。

图 12-58

Step 03 选择风格。在页面右侧的【效果】选项栏的【技术】选项卡中选择【绘画】风格，如图 12-59 所示。

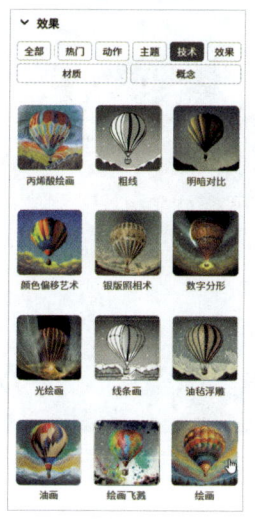

图 12-59

Step 04 生成图像。单击文本框中的【生成】按钮,生成如图 12-60 所示的 4 张绘画风格的图像。

图 12-60

Step 05 查看图像效果。在要预览的图像上单击,放大预览图像,效果如图 12-61 所示。

图 12-61

## ★新功能 12.3.4 实战:使用效果样式生成照片的散景背景

| 实例门类 | 软件功能 |
| --- | --- |

【效果】样式包括老照片、生物发光、散景效果、色彩爆炸、黑暗、渐隐图像等,可以制作出一些特殊的图像效果。下面以【散景效果】风格为例,介绍【效果】样式的使用方法,图 12-62 所示为使用【散景效果】风格的图像效果。

图 12-62

具体操作步骤如下。

Step 01 输入提示词。进入 Firefly Image 2 主页,在文本框中输入提示词"城市中穿着简约浅蓝衣服的女性的高级时尚特写肖像,多云的日落,照片逼真",单击文本框中的【生成】按钮,如图 12-63 所示。

图 12-63

Step 02 生成图像。进入文字生成图像页面后,生成 4 张图像,如图 12-64 所示。

图 12-64

Step 03 设置纵横比并选择内容类型。在页面右侧的【纵横比】选项栏中，单击下拉按钮，在弹出的下拉列表中选择【纵向（3:4）】选项，如图12-65所示。在【内容类型】选项栏中，单击【艺术】按钮，如图12-66所示。

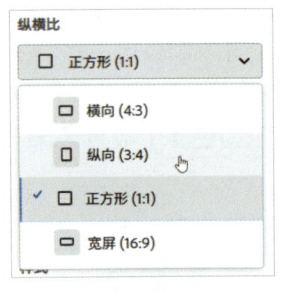

图12-65

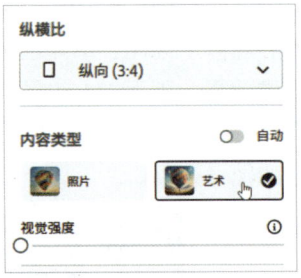

图12-66

Step 04 选择风格。在页面右侧的【效果】选项栏的【效果】选项卡中选择【散景效果】风格，如图12-67所示。

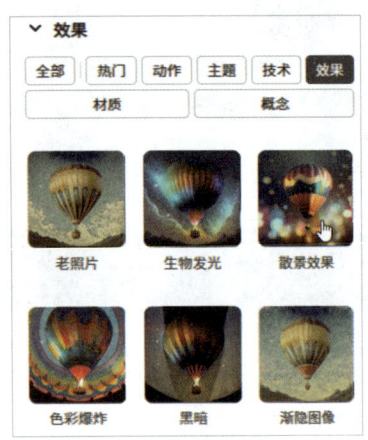

图12-67

Step 05 生成图像。单击文本框中的【生成】按钮，生成如图12-68所示的4张散景效果风格的图像。

图12-68

Step 06 查看图像效果。在要预览的图像上单击，放大预览图像，效果如图12-69所示。

图12-69

★新功能 12.3.5　实战：使用材质样式生成绵羊的皮毛

| 实例门类 | 软件功能 |
| --- | --- |

【材质】样式包括3d图案、炭笔、黏土动画、织物、皮毛、扭索饰图案等，可以制作出不同的材质效果。下面以【皮毛】风格为例，介绍【材质】样式的使用方法，图12-70所示为使用【皮毛】风格的图像效果。

图12-70

具体操作步骤如下。

Step 01 输入提示词。进入Firefly Image 2主页，在文本框中输入提示词"像云一样的绵羊"，单击文本框中的【生成】按钮，如图12-71所示。

图12-71

Step 02 生成图像。进入文字生成图像页面后，生成4张图像，如图12-72所示。

图12-72

Step 03 选择风格。在页面右侧的【效果】选项栏的【材质】选项卡中选择【皮毛】风格，如图12-73所示。

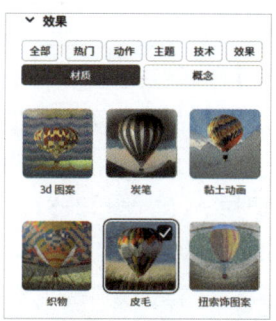

图12-73

Step 04 生成图像。单击文本框中的【生成】按钮，可以看到图12-74中的绵羊被赋予了皮毛的材质效果。

图12-74

Step 05 查看图像效果。在要预览的图像上单击，放大预览图像，可以看到绵羊逼真的皮毛效果，如图12-75所示。

图12-75

### ★新功能 12.3.6 实战：使用概念样式生成怀旧彩色玻璃叶子

| 实例门类 | 软件功能 |
| --- | --- |

【概念】样式包括漂亮、波希米亚风、混乱、神圣、折衷主义、未来派、庸俗、怀旧等，可以创作出不同的图像风格。下面以【怀旧】风格为例，介绍【概念】样式的使用方法，图12-76所示为使用【怀旧】风格的图像效果。

图12-76

具体操作步骤如下。

Step 01 输入提示词。进入Firefly Image 2主页，在文本框中输入提示词"桌子上，一片五颜六色的彩色玻璃组成的叶子"，单击文本框中的【生成】按钮，如图12-77所示。

图12-77

Step 02 生成图像。进入文字生成图像页面后，生成4张图像，如图12-78所示。

图 12-78

Step 03 选择风格。在页面右侧的【效果】选项栏的【概念】选项卡中选择【怀旧】风格，如图12-79所示。

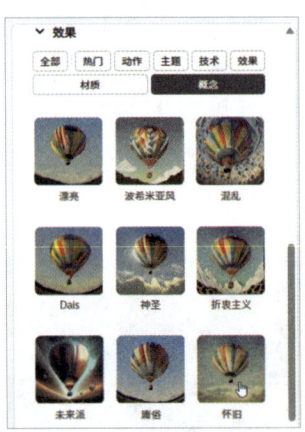

图 12-79

Step 04 生成图像。单击文本框中的【生成】按钮，生成如图12-80所示的4张怀旧风格的图像。

图 12-80

Step 05 查看图像效果。在要预览的图像上单击，放大预览图像，效果如图12-81所示。

图 12-81

★ 新功能 12.3.7　实战：使用颜色和调和样式生成淡雅色彩图像

| 实例门类 | 软件功能 |

【颜色和调和】样式包括黑白、冷色调、金色、单色、素雅颜色、淡雅颜色等，可以创作出不同的图像色彩与色调。下面以【淡雅颜色】风格为例，介绍【颜色和调和】样式的使用方法，图12-82所示为使用【淡雅颜色】风格的图像效果。

图 12-82

具体操作步骤如下。

Step 01 输入提示词。进入Firefly Image 2主页，在文本框中输入提示词"一只可爱的企鹅穿着黄色的蓬松的夹克，背着绿色书包，走在上学的路上"，单击文本框中的【生成】按钮，如图12-83所示。

图 12-83

Step 02 生成图像。进入文字生成图像页面后，生成4张图像，如图12-84所示。

图 12-84

Step 03 设置纵横比并选择风格。在页面右侧的【纵横比】选项栏中，单击下拉按钮，在弹出的下拉列表中选择【纵向（3:4）】选项，如图12-85所示。单击【颜色和调和】右侧的下拉按钮，在弹出的下拉列表中选择【淡雅颜色】风格，如图12-86所示。

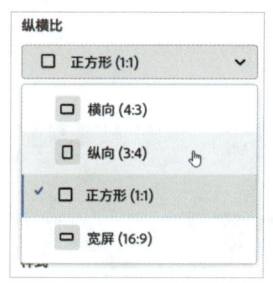  

图 12-85　　　　　图 12-86

Step 04 生成图像。单击文本框中的【生成】按钮，生成如图12-87所示的4张淡雅颜色风格的图像。

图 12-87

Step 05 查看图像效果。在要预览的图像上单击，放大预览图像，效果如图12-88所示。

图 12-88

### 技能拓展——【颜色和调和】样式的拓展运用

【颜色和调和】样式能快速、准确地调出不同的色调。如【黑白】风格可以快速调出单色或灰度风格，【暖色调】风格可以快速调出温暖的色彩，如红色、橙色和黄色。

## ★新功能 12.3.8　实战：使用光照样式生成超现实光线图像

| 实例门类 | 软件功能 |

【光照】样式可以创作出不同的画面氛围，包括黄金时段、刺眼的光线、低光照、多重曝光、超现实光线等。下面以【超现实光线】风格为例，介绍【光照】样式的使用方法，图12-89所示为使用【超现实光线】风格的图像效果。

图 12-89

具体操作步骤如下。

Step 01 输入提示词。进入Firefly Image 2主页，在文本

框中输入提示词"一片大海,海边有条高速公路",单击文本框中的【生成】按钮,如图12-90所示。

图12-90

Step 02 生成图像。进入文字生成图像页面后,生成4张图像,如图12-91所示。

图12-91

Step 03 设置纵横比并选择风格。在页面右侧的【纵横比】选项栏中,单击下拉按钮,在弹出的下拉列表中选择【宽屏(16:9)】选项,如图12-92所示。单击【光照】右侧的下拉按钮,在弹出的下拉列表中选择【超现实光线】风格,如图12-93所示。

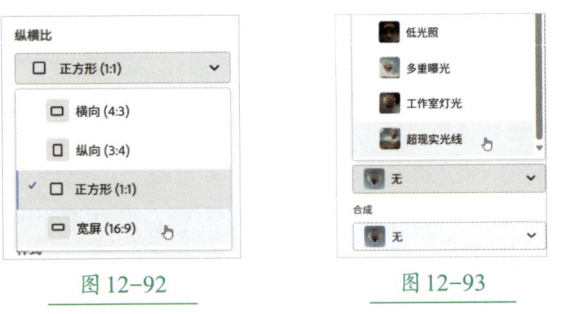

图12-92　　　　　　　图12-93

Step 04 生成图像。单击文本框中的【生成】按钮,生成如图12-94所示的4张超现实光线风格的图像。

图12-94

Step 05 查看图像效果。在要预览的图像上单击,放大预览图像,效果如图12-95所示。

图12-95

★新功能 12.3.9　实战:使用合成样式生成香蕉喝果汁图像

| 实例门类 | 软件功能 |

【合成】样式包括特写、微距摄影、浅景深、俯拍、仰拍、广角等。下面以【浅景深】风格为例,介绍【合成】样式的使用方法,图12-96所示为使用【浅景深】风格的图像效果。

图12-96

具体操作步骤如下。

Step 01 输入提示词。进入Firefly Image 2主页,在文本框中输入提示词"戴着墨镜的香蕉在沙滩上享受阳光,在躺椅上喝果汁",单击文本框中的【生成】按钮,如图12-97所示。

图12-97

Step 02 生成图像。进入文字生成图像页面后,生成4张图像，如图12-98所示。

图12-98

Step 03 设置纵横比并选择内容类型。在页面右侧的【纵横比】选项栏中，单击下拉按钮ⅴ，在弹出的下拉列表中选择【宽屏（16:9）】选项，如图12-99所示。在【内容类型】选项栏中，单击【艺术】按钮，如图12-100所示。

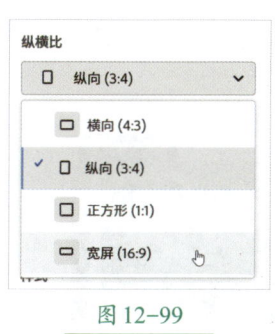

图12-99　　　　　　图12-100

Step 04 选择风格。在页面右侧的【效果】选项栏的【主题】选项卡中选择【三维】风格，如图12-101所示。

图12-101

Step 05 生成图像。单击文本框中的【生成】按钮，生成如图12-102所示的4张三维风格的图像。

图12-102

Step 06 选择风格。单击【合成】右侧的下拉按钮ⅴ，在弹出的下拉列表中选择【浅景深】风格，如图12-103所示。

图12-103

Step 07 生成图像。单击文本框中的【生成】按钮，生成如图12-104所示的4张浅景深风格的图像。

图12-104

Step 08 查看图像效果。在要预览的图像上单击，放大预览图像，效果如图12-105所示。

图 12-105

## 妙招技法

通过对本章知识的学习，相信读者已经了解并掌握了在Firefly中用文字生成图像的操作方法。下面结合本章内容，给大家介绍一些实用技巧。

### 技巧01：清除风格或删除单个风格

在Firefly中用文字生成图像时，如果想要删除某个风格，可以在文本框下方单击要删除的风格右侧的 ✕ 按钮，如图12-106所示。删除后再单击文本框中的【生成】按钮，如图12-107所示，即可生成删除该风格后的新图像。

图 12-106

图 12-107

单击文本框左下方的【清除风格】按钮，如图12-108所示，可以同时清除所有风格，如图12-109所示。

图 12-108　　　　　　图 12-109

### 技巧02：收藏和查看生成的图像

单击要收藏的图像右上角的【保存至收藏夹】按钮，即可收藏图像，如图12-110所示。

图 12-110

单击主页导航栏中的【收藏夹】超链接，如图12-111所示，即可进入收藏夹查看收藏的图像，如图12-112所示。

图 12-111

图 12-112

## 本章小结

　　Firefly 是目前最流行的 AI 绘画工具之一，本章介绍了 Firefly Image 2 的基础操作、新增功能、不同风格图像的生成方法，掌握这部分知识，可以快速生成所需的图像。

# 第13章 AI图像处理：Firefly生成式填充与文字效果应用

- 怎样使用Firefly Image 2的生成式填充提升工作效率？
- 如何使用文字样本生成文字？
- 如何使用示例提示生成文字？
- 如何输入提示词生成文字？

　　Firefly中的生成式填充可以快速移除对象或绘制新对象，提升工作效率。文字效果在广告、标志、网页、平面设计等多个领域有着重要的作用，利用Firefly中的文字效果功能，可以对文字进行艺术处理，快速生成各种文字效果。

## 13.1 Firefly Image 2的生成式填充

　　Firefly中的生成式填充具有强大的功能，其生成的新对象非常逼真，能与周围的环境完美地融合在一起。

### ★新功能 13.1.1 实战：更换灯塔的背景

| 实例门类 | 软件功能 |

　　在Firefly中更换背景，可以先将背景删除，再使用文字生成图像功能快速生成所需的背景。图13-1所示是更换灯塔背景前后的对比效果。

图13-1

　　具体操作步骤如下。

Step 01 选择样图。进入Firefly Image 2主页，在【生成式填充】的样图上单击，如图13-2所示。在如图13-3所示的灯塔样图上单击。

第4篇　AI绘画与设计篇

图 13-2

图 13-3

**Step 02** 删除背景。进入生成式填充页面，如图13-4所示。单击【背景】按钮，即可删除背景，如图13-5所示。

图 13-4

图 13-5

**Step 03** 输入文字。在文本框中输入文字"暴雨闪电"，单击【生成】按钮，如图13-6所示。

图 13-6

**Step 04** 生成背景。在生成的三幅图像中选择第二幅图像，可以看到背景被替换成了暴雨闪电的效果，如图13-7所示。单击【保留】按钮，保留图像。

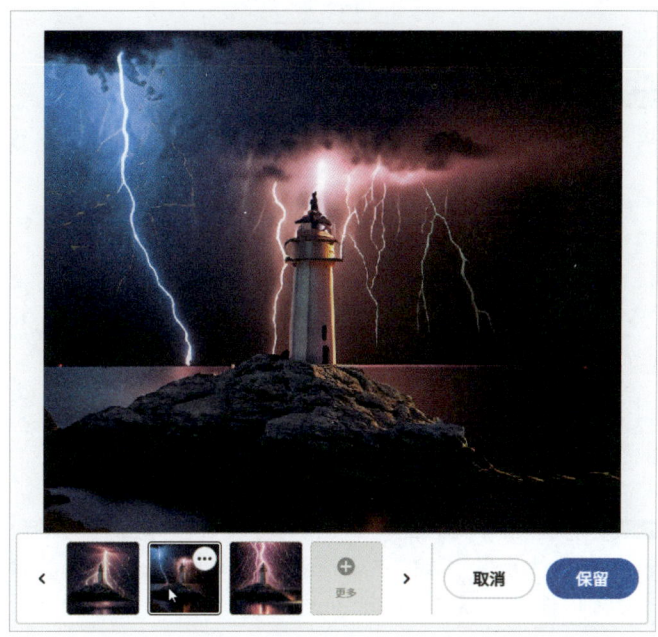

图 13-7

### 技术看板

单击生成式填充页面右上角的【下载】按钮，可以下载图像。

### ★新功能 13.1.2　实战：删除图像中的多余内容

| 实例门类 | 软件功能 |

在Firefly中涂抹图像中要删除的内容，再单击【删除】按钮，可快速删除多余内容。涂抹时注意将要删除的图像内容全部涂抹到，图13-8所示是删除钢笔前后的对比效果。

233

图 13-8

具体操作步骤如下。

Step 01 单击样图。进入 Firefly Image 2 主页，在【生成式填充】的样图上单击，如图 13-9 所示。

图 13-9

Step 02 打开图像。单击【上传图像】按钮，如图 13-10 所示。在【打开】对话框中选择要打开的图像，这里选择"素材文件\第13章\桌子.jpg"文件，如图 13-11 所示。

图 13-10

图 13-11

Step 03 进入生成式填充页面。单击【打开】对话框中的【打开】按钮，进入生成式填充页面，如图 13-12 所示。

图 13-12

Step 04 设置画笔参数。单击【设置】按钮，在打开的面板中设置画笔参数，如图 13-13 所示。

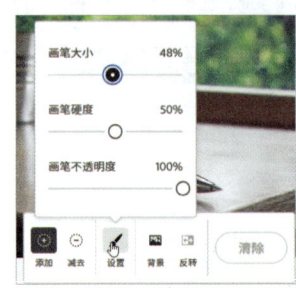

图 13-13

### 技术看板

【画笔大小】选项可以设置画笔的大小；【画笔硬度】选项可以设置画笔的柔和度、边缘模糊程度；【画笔不透明度】选项可以设置画笔的不透明程度。

Step 05 涂抹要删除的图像内容。在生成式填充页面中，单击页面左侧的【删除】按钮，按住鼠标左键，在钢笔上涂抹，如图 13-14 所示。单击页面下方的【删除】按钮，得到如图 13-15 所示的图像效果。

图 13-14

图 13-15

★ 新功能 13.1.3　实战：在草原上生成一座房子

| 实例门类 | 软件功能 |
|---|---|

在 Firefly 中生成的新图像内容非常逼真，能与周围的环境完美地融合在一起。图 13-16 所示是在草原上生成一座房子的前后对比效果。

图 13-16

具体操作步骤如下。

Step 01　进入生成式填充页面。进入 Firefly Image 2 主页，在【生成式填充】的样图上单击，单击【上传图像】按钮，打开"素材文件\第13章\草原.jpg"文件，进入生成式填充页面，如图 13-17 所示。

图 13-17

Step 02　涂抹要添加图像内容的区域。按住鼠标左键，在要添加图像内容的区域涂抹，如图 13-18 所示。

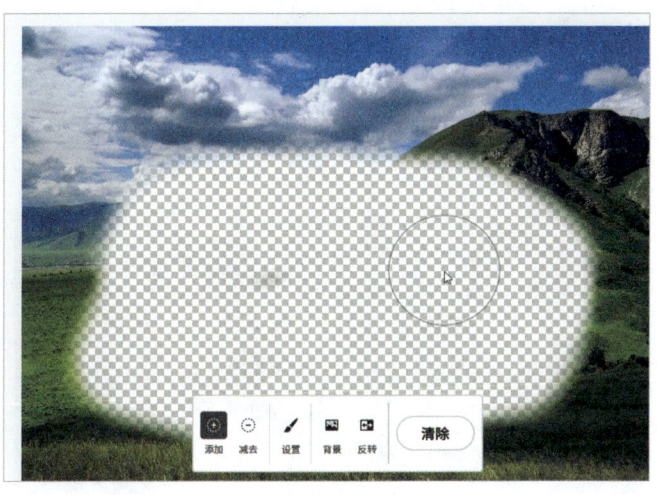

图 13-18

Step 03　输入文字。在文本框中输入文字"一座房子"，单击【生成】按钮，如图 13-19 所示。

图 13-19

Step 04　生成房子。在生成的三幅图像中选择第二幅图像，如图 13-20 所示。单击【保留】按钮，保留图像。

图 13-20

## ★新功能 13.1.4  实战：给人物添加帽子

| 实例门类 | 软件功能 |
|---|---|

在Firefly中可以对图像进行局部内容更换，更换后的图像内容能与原图像完美地融合在一起。图13-21所示是给人物添加帽子前后的对比效果。

图 13-21

具体操作步骤如下。

**Step 01** 进入生成式填充页面。进入Firefly Image 2主页，在【生成式填充】的样图上单击，单击【上传图像】按钮，打开"素材文件\第13章\美女.jpg"文件，进入生成式填充页面，如图13-22所示。

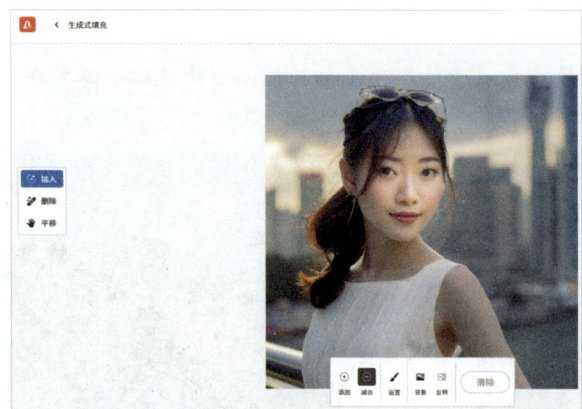

图 13-22

**Step 02** 涂抹要更换图像内容的区域。按住鼠标左键，在人物的头顶区域涂抹，如图13-23所示。

图 13-23

**Step 03** 输入文字。在文本框中输入文字"遮阳帽"，单击【生成】按钮，如图13-24所示。

图 13-24

**Step 04** 生成帽子。在生成的三幅图像中选择第二幅图像，如图13-25所示。单击【保留】按钮，保留图像。

图 13-25

## ★新功能 13.1.5  实战：更换人物服装

| 实例门类 | 软件功能 |
|---|---|

在Firefly中更换人物服装，可以先在要更换的服装上涂抹，再使用文字生成图像功能，生成所需的服装。图13-26所示是更换人物服装前后的对比效果。

图 13-26

具体操作步骤如下。

Step 01 进入生成式填充页面。进入 Firefly Image 2 主页，在【生成式填充】的样图上单击，单击【上传图像】按钮，打开"素材文件\第13章\街拍美女.jpg"文件，进入生成式填充页面，如图 13-27 所示。

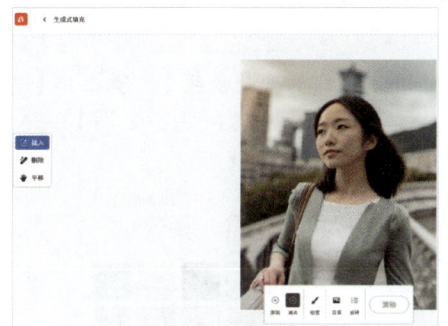

图 13-27

Step 02 涂抹服装。按住鼠标左键，在外套区域涂抹，如图 13-28 所示。

图 13-28

Step 03 输入文字。在文本框中输入文字"一件白绿相间的衣服"，单击【生成】按钮，如图 13-29 所示。

图 13-29

Step 04 生成新的服装。在生成的三幅图像中选择第三幅图像，得到如图 13-30 所示的图像效果。单击【保留】按钮，保留图像。

图 13-30

## 13.2 一键生成文字效果

Firefly 中的一键生成文字效果包括使用文字样本生成文字、使用示例提示生成文字、输入提示词生成文字 3 种方式，下面将通过实例逐个介绍。

### ★新功能 13.2.1 实战：使用文字样本生成文字

| 实例门类 | 软件功能 |

本节将介绍使用 Firefly 中的文字样本快速生成虎皮文字、霓虹文字、孔雀羽毛文字、浮木文字等特效文字的方法。

#### 1. 制作虎皮文字

在 Firefly 中使用文字样本可以一键生成虎皮文字，效果如图 13-31 所示。

图 13-31

具体操作步骤如下。

**Step 01** 单击文字样本。进入文字效果页面，在【逼真虎皮】文字样本上单击，如图13-32所示。

图13-32

**Step 02** 生成文字。在文本框左侧【文本】栏中输入"tiger"，在右侧【提示】栏中输入"逼真虎皮"，单击【生成】按钮，如图13-33所示。

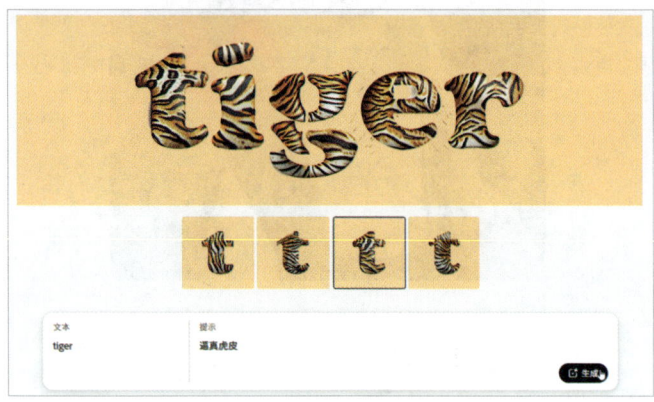

图13-33

### 2. 制作霓虹文字

在Firefly中使用文字样本可以一键生成五彩缤纷的霓虹文字，效果如图13-34所示。

图13-34

具体操作步骤如下。

**Step 01** 单击文字样本。进入文字效果页面，在【霓虹】文字样本上单击，如图13-35所示。

图13-35

**Step 02** 更改背景色。单击【颜色】选项栏中【背景色】中的灰色色块，更改背景色为灰色，如图13-36所示。

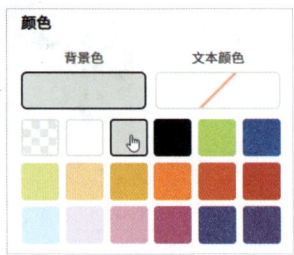

图13-36

**Step 03** 生成文字。在文本框左侧【文本】栏中输入"neon"，在右侧【提示】栏中输入"五彩缤纷的圣诞灯"，单击【生成】按钮，生成文字，如图13-37所示。

图13-37

### 3. 制作孔雀羽毛文字

在Firefly中使用文字样本可以一键生成孔雀羽毛文字，效果如图13-38所示。

图13-38

具体操作步骤如下。

Step 01 单击文字样本。进入文字效果页面，在【孔雀羽毛】文字样本上单击，如图13-39所示。

图 13-39

Step 02 匹配形状。在【匹配形状】选项栏中选择【紧致】选项，将文字设置为紧致效果，如图13-40所示。

> **技术看板**
>
> 【匹配形状】有紧致、中等、松散3种，表示文字与周围元素的紧凑性。【紧致】可在视觉上创造出一种紧凑集中的文字外观；选择【松散】选项时，文字会以宽松的方式排列，文字与效果元素的间距比较大；【中等】介于紧致与松散之间。

Step 03 更改字体。在【字体】选项栏中选择要采用的字体，更改字体，如图13-41所示。

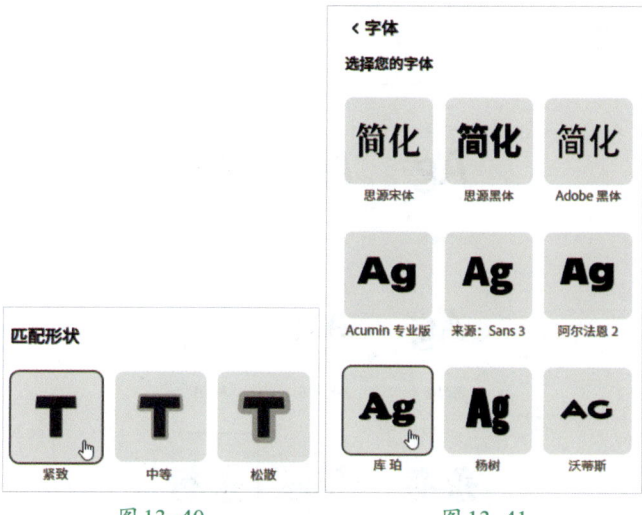

图 13-40　　　　　　图 13-41

Step 04 更改背景色。单击【颜色】选项栏中【背景色】中的浅蓝色色块，更改背景色为浅蓝色，如图13-42所示。

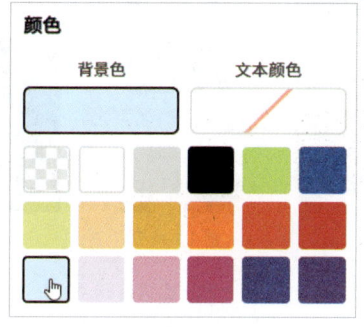

图 13-42

Step 05 生成文字。在文本框左侧【文本】栏中输入"bird"，在右侧【提示】栏中输入"孔雀羽毛"，单击【生成】按钮，如图13-43所示。

图 13-43

### 4. 制作浮木文字

在Firefly中使用文字样本可以一键生成浮木文字，效果如图13-44所示。

图 13-44

具体操作步骤如下。

Step 01 单击文字样本。进入文字效果页面，在【扭曲的浮木】文字样本上单击，如图13-45所示。

图 13-45

**Step 02** 匹配形状。在【匹配形状】选项栏中选择【紧致】选项，将文字设置为紧致效果，如图 13-46 所示。

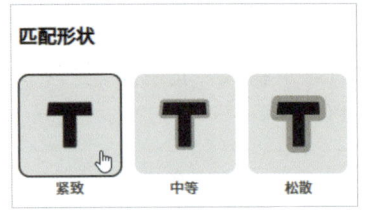

图 13-46

**Step 03** 更改背景色。单击【颜色】选项栏中【背景色】中的灰色色块，更改背景色为灰色，如图 13-47 所示。

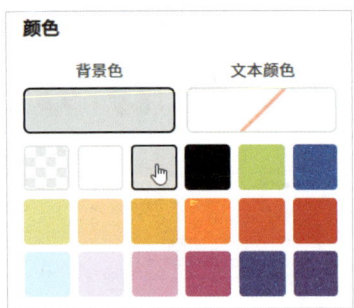

图 13-47

**Step 04** 生成文字。在文本框左侧【文本】栏中输入"wood"，在右侧【提示】栏中输入"扭曲的浮木"，单击【生成】按钮，如图 13-48 所示。

图 13-48

### 5. 制作毛茸茸毛皮文字

在 Firefly 中使用文字样本可以一键生成毛茸茸毛皮文字，效果如图 13-49 所示。

图 13-49

具体操作步骤如下。

**Step 01** 单击文字样本。进入文字效果页面，在【色彩缤纷的毛茸茸毛皮】文字样本上单击，如图 13-50 所示。

图 13-50

**Step 02** 更改字体。在【字体】选项栏中选择要采用的字体，更改字体，如图 13-51 所示。

图 13-51

Step 03 更改背景色。单击【颜色】选项栏中【背景色】中的灰色色块,更改背景色为灰色,如图 13-52 所示。

图 13-52

Step 04 生成文字。在文本框左侧【文本】栏中输入"毛茸茸",在右侧【提示】栏中输入"色彩缤纷的毛茸茸毛皮",单击【生成】按钮,如图 13-53 所示。

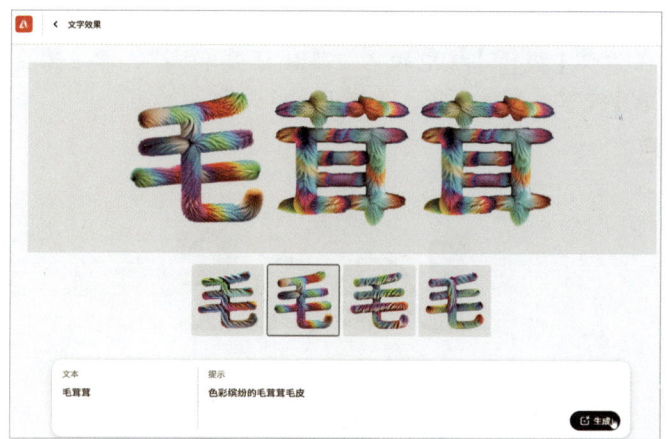

图 13-53

## ★新功能 13.2.2 实战:使用示例提示生成文字

| 实例门类 | 软件功能 |
|---|---|

【示例提示】功能可以生成不同的文字效果,【自然】示例的文字样式追求自然的外观和感觉,字母形状会模仿树叶、花朵、藤蔓等自然元素;【材质与纹理】示例可以模仿各种材质的外观;【食品】示例可以生成与食品相关的图案和装饰。

### 1. 制作玻璃文字

在 Firefly 中使用示例提示可以一键生成逼真的玻璃文字,效果如图 13-54 所示。

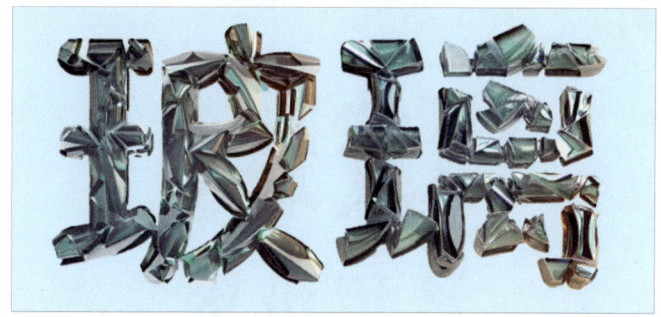

图 13-54

具体操作步骤如下。

Step 01 单击文字样本。进入文字效果页面,单击【材质与纹理】中的【碎玻璃】文字样本,如图 13-55 所示。

图 13-55

Step 02 更改背景色。单击【颜色】选项栏中【背景色】中的浅蓝色色块,更改背景色为浅蓝色,如图 13-56 所示。

Step 03 更改字体。在【字体】选项栏中选择要采用的字体,更改字体,如图 13-57 所示。

图 13-56    图 13-57

Step 04 生成文字。在文本框左侧【文本】栏中输入"玻璃",在右侧【提示】栏中输入"玻璃碎片",单击【生成】按钮,生成文字,如图 13-58 所示。

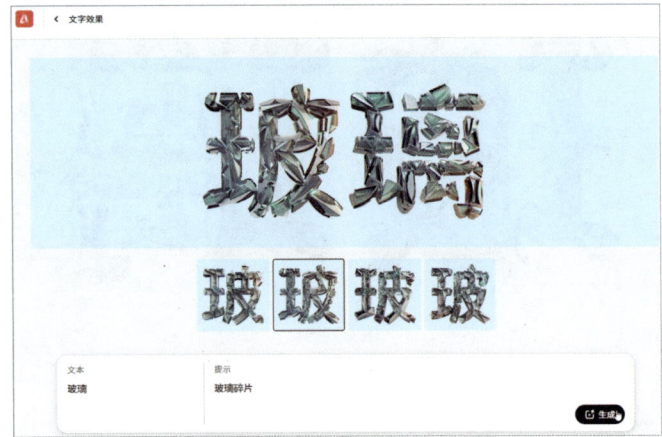

图13-58

### 2. 制作丛林藤蔓文字

在Firefly中使用示例提示可以一键生成逼真的丛林藤蔓文字，效果如图13-59所示。

图13-59

具体操作步骤如下。

Step 01 单击文字样本。进入文字效果页面，单击【自然】中的【丛林藤蔓】文字样本，如图13-60所示。

Step 02 匹配形状。在【匹配形状】选项栏中选择【紧致】选项，将文字设置为紧致效果，如图13-61所示。

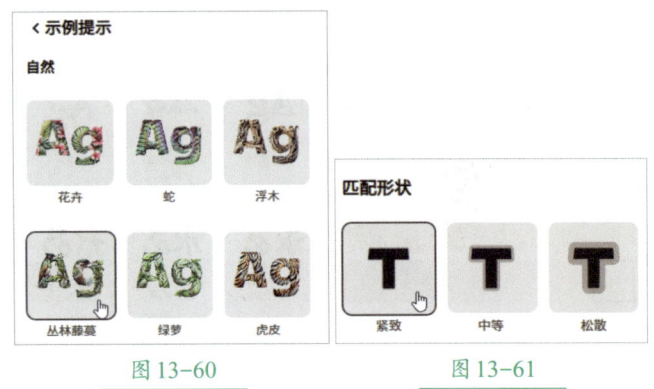

图13-60　　　　图13-61

Step 03 更改字体。在【字体】选项栏中选择要采用的字体，更改字体，如图13-62所示。

Step 04 更改背景色。单击【颜色】选项栏中【背景色】中的灰色色块，更改背景色为灰色，如图13-63所示。

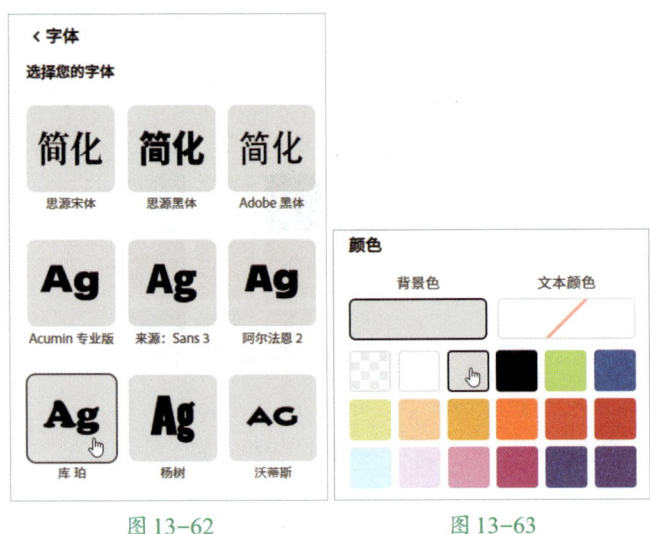

图13-62　　　　图13-63

Step 05 生成文字。在文本框左侧【文本】栏中输入"leaf"，在右侧【提示】栏中输入"丛林藤蔓和鸟"，单击【生成】按钮，生成文字，如图13-64所示。

图13-64

### 3. 制作姜饼文字

在Firefly中使用示例提示可以一键生成逼真的姜饼文字，效果如图13-65所示。

图13-65

具体操作步骤如下。

Step 01 单击文字样本。进入文字效果页面，单击【食品饮料】中的【姜饼】文字样本，如图13-66所示。

图13-66

Step 02 更改背景色。单击【颜色】选项栏中【背景色】中的黄色色块，更改背景色为黄色，如图13-67所示。

Step 03 更改字体。在【字体】选项栏中选择要采用的字体，更改字体，如图13-68所示。

图13-67

图13-68

Step 04 生成文字。在文本框左侧【文本】栏中输入"cookie"，在右侧【提示】栏中输入"姜饼装饰"，单击【生成】按钮，如图13-69所示。

图13-69

★ 新功能 13.2.3 实战：输入提示词生成文字

| 实例门类 | 软件功能 |

与文字生成图像的方法相同，在Firefly中可以直接输入提示词，生成文字。其操作方法是在文本框左侧输入文字内容，在右侧输入要生成的文字样式的提示词。

### 1. 制作海水纹文字

在Firefly中输入提示词可以一键生成逼真的海水纹文字，效果如图13-70所示。

图13-70

具体操作步骤如下。

Step 01 生成文字。进入文字效果页面，在文本框左侧【文本】栏中输入"SEA"，在右侧【提示】栏中输入"海水纹"，单击【生成】按钮，如图13-71所示。

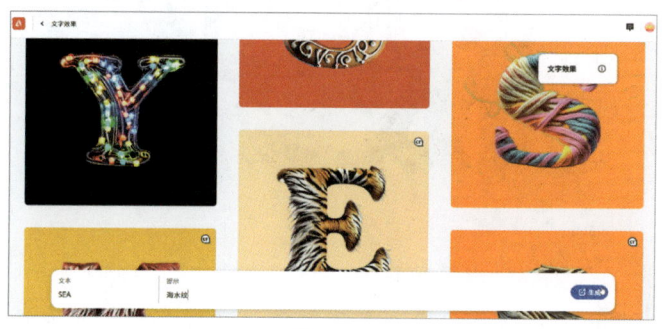

图13-71

Step 02 更改背景色。单击【颜色】选项栏中【背景色】中的浅蓝色色块，更改背景色为浅蓝色，如图13-72所示。

Step 03 更改字体。在【字体】选项栏中选择要采用的字体，更改字体，如图13-73所示。

图13-72    图13-73

Step 04 生成文字。在文字效果下方的文本框中单击【生成】按钮，生成海水纹文字，如图13-74所示。

图 13-74

### 2. 制作极光文字

在 Firefly 中输入提示词可以一键生成逼真的极光文字，效果如图 13-75 所示。

图 13-75

具体操作步骤如下。

Step 01 生成文字。进入文字效果页面，在文本框左侧【文本】栏中输入"极光"，在右侧【提示】栏中输入"极光"，单击【生成】按钮，如图 13-76 所示。

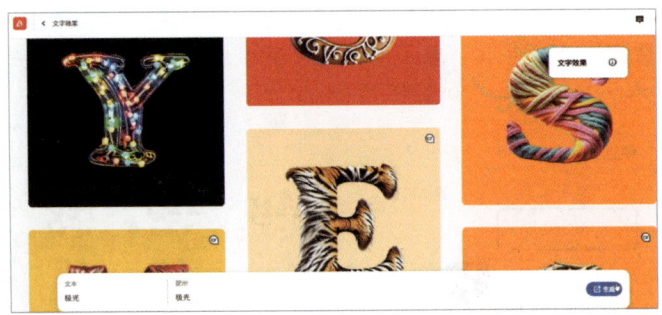

图 13-76

Step 02 更改字体。在【字体】选项栏中选择要采用的字体，更改字体，如图 13-77 所示。

Step 03 匹配形状。在【匹配形状】选项栏中选择【松散】选项，将文字设置为松散效果，如图 13-78 所示。

图 13-77　　　　　　图 13-78

Step 04 更改背景色。单击【颜色】选项栏中【背景色】中的灰色色块，更改背景色为灰色，如图 13-79 所示。

图 13-79

Step 05 生成文字。在文字效果下方的文本框中单击【生成】按钮，生成极光文字，如图 13-80 所示。

图 13-80

### 3. 制作琥珀文字

在 Firefly 中输入提示词可以一键生成逼真的琥珀文字，效果如图 13-81 所示。

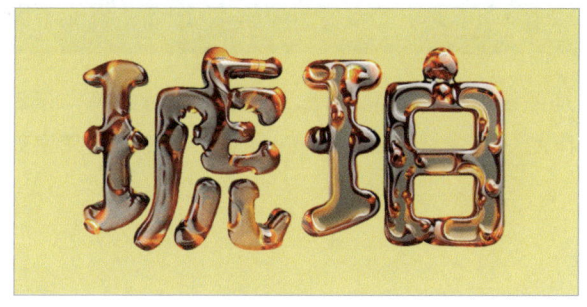

图 13-81

具体操作步骤如下。

Step 01 生成文字。进入文字效果页面，在文本框左侧【文本】栏中输入"琥珀"，在右侧【提示】栏中输入"琥珀"，单击【生成】按钮，如图 13-82 所示。

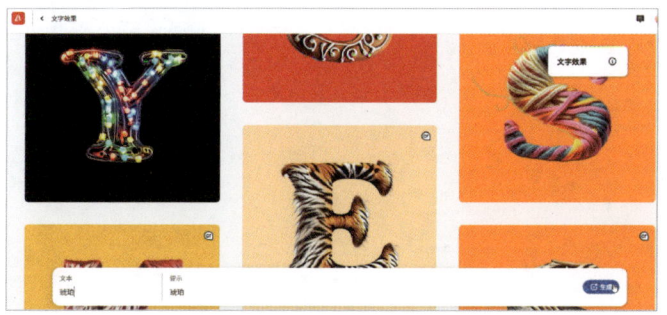

图 13-82

Step 02 更改字体。在【字体】选项栏中选择要采用的字体，更改字体，如图 13-83 所示。

Step 03 更改背景色。单击【颜色】选项栏中【背景色】中的浅黄色色块，更改背景色为浅黄色，如图 13-84 所示。

图 13-83　　　　　图 13-84

Step 04 生成文字。在文字效果下方的文本框中单击【生成】按钮，生成琥珀文字，如图 13-85 所示。

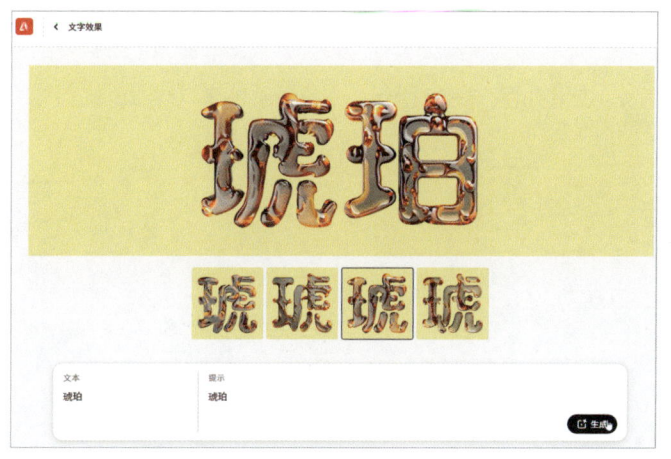

图 13-85

## 妙招技法

通过对本章知识的学习，相信读者已经了解并掌握了在 Firefly 中使用生成式填充及一键生成文字效果的方法。下面结合本章内容，给大家介绍一些实用技巧。

### 技巧 01：在生成式填充中生成更多效果

与文字生成图像一样，在生成式填充中，如果用户对生成的图像不满意，可以单击页面下方的【更多】按钮，重新生成更多的图像。如果还是对生成的图像不满意，可以多次单击【更多】按钮，直到生成满意的图像为止。

### 技巧 02：下载文字样本

在生成文字的页面中单击右上角的【下载】按钮，在弹出的下拉菜单中选择并执行【下载】命令，可以下载文字样本，如图 13-86 所示。如果选择并执行【保存至库】命令，Firefly 的所有用户都可以在文字样本库中看到并使用此文字样本。

图 13-86

## 本章小结

　　本章介绍了Firefly Image 2的生成式填充的基本操作，如添加绘画区域、设置画笔、删除画面背景等，读者学习之后可以熟练掌握生成式填充的功能，创作出更多精彩的AI作品。本章还介绍了在Firefly中一键生成文字效果的方法，可以帮助读者快速创作出专业、个性化的文字效果。

# 第 5 篇 实战应用篇

本篇主要结合Photoshop的常见应用领域，列举相关典型案例，给读者讲解Photoshop 2024中图像处理与设计的实战技能，包括图像特效与图像合成艺术、数码照片后期处理、包装设计、平面广告设计、网店页面与游戏界面设计等综合案例。通过对本篇内容的学习，读者可以提升实战技能和对Photoshop 2024的综合应用水平。

## 第 14 章 实战：图像特效与图像合成艺术

- 制作双重曝光效果
- 将照片转换为漫画效果
- 合成奇幻星际场景
- 合成飞翔的小神童

特效总是带给人特殊的视觉体验，给人一种神秘感，其实它的制作过程并没有看起来那么复杂，在Photoshop 2024中可以轻松打造它。超现实的图像合成作品能够带给人强烈的视觉震撼，创意在图像合成艺术中是非常重要的，有了好的创意，还需要相应的工具来实现，而Photoshop 2024就为大家提供了实现创意的平台，让创意得以在图像中呈现出来。

## 14.1 制作双重曝光效果

**实例门类** 自由变换+查看新建存储文件+图像旋转类

双重曝光是一种特殊的摄影方式，可以将两张甚至多张照片叠加在一起，以实现图像虚幻效果。进入数码时代后，要实现双重曝光效果就更加简单了。只需将拍摄好的照片导入图像处理软件中，就可以制作双重曝光效果。下面就在Photoshop 2024中制作双重曝光效果，最终效果如图14-1所示。

图 14-1

具体操作步骤如下。

Step01 新建文件。按【Ctrl+N】组合键新建文件,设置【宽度】为1080毫米,【高度】为720毫米,【分辨率】为72像素/英寸,如图14-2所示,单击【确定】按钮。

图 14-2

Step02 置入素材。执行【文件】→【置入嵌入对象】命令,置入"素材文件\第14章\女孩.jpg"文件,如图14-3所示。

图 14-3

Step03 把人物从背景中抠取出来。执行【选择】→【主体】命令,将人物选中,如图14-4所示。

图 14-4

Step04 添加图层蒙版。单击【图层】面板中的【添加图层蒙版】按钮,效果如图14-5所示。

图 14-5

Step05 单击缩略图。单击【图层】面板中【女孩】图层的蒙版缩略图,如图14-6所示。

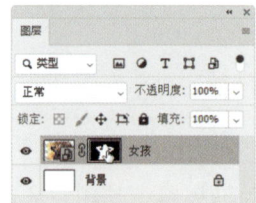

图 14-6

Step06 显示手部图像。选择【画笔工具】,设置前景色为白色,在手部涂抹,显示完整的手部图像,如图14-7所示。

图 14-7

Step07 置入素材。置入"素材文件\第14章\鸟.jpg"文件和"素材文件\第14章\霞浦.jpg"文件,如图14-8所示。

图 14-8

Step08 变换图像方向。选中【霞浦】图层,按【Ctrl+T】组合键执行【自由变换】命令,右击,在弹出的快捷菜单中选择【水平翻转】命令,按【Enter】键确认变换,效果如图14-9所示。

图 14-9

Step09 融合鸟和霞浦素材。选中【霞浦】图层,单击【图层】面板中的【添加图层蒙版】按钮,添加蒙版,如图14-10所示。

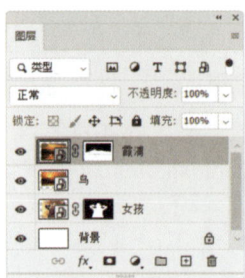

图 14-10

Step⑩ 显示下方的图像。单击选中蒙版，使用黑色柔角画笔在蒙版上涂抹，显示出下方的图像，如图14-11所示。

图14-11

Step⑪ 复制蒙版。选中【霞浦】和【鸟】图层，按【Ctrl+G】组合键将【霞浦】图层和【鸟】图层编组，得到【组1】图层组，选中【女孩】图层的图层蒙版，按住【Alt】键，将蒙版拖曳复制到【组1】图层组，如图14-12所示。

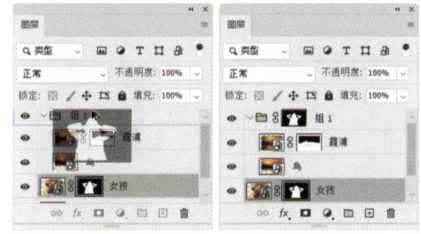

图14-12

Step⑫ 修改蒙版显示图像。选中【霞浦】和【鸟】图层，按【Ctrl+T】组合键执行【自由变换】命令，适当移动图像的位置，效果如图14-13所示。

图14-13

Step⑬ 添加素材。置入"素材文件\第14章\舞蹈.jpg"文件，如图14-14所示；右击【舞蹈】图层，在弹出的快捷菜单中选择【栅格化图层】命令，栅格化图层。

图14-14

Step⑭ 删除白色背景。使用【魔棒工具】单击选中舞蹈素材的白色背景，按【Delete】键删除白色背景，按【Ctrl+D】组合键取消选区，如图14-15所示。

图14-15

Step⑮ 调整图像效果。将【舞蹈】图层拖曳至【组1】图层组内，并将其置于【霞浦】图层上方。按【Ctrl+T】组合键执行【自由变换】命令，适当缩小图像，并将其放置到适当的位置，如图14-16所示。

图14-16

Step⑯ 设置图层的不透明度。设置【舞蹈】图层的不透明度为60%，如图14-17所示。

图14-17

Step⑰ 添加渐变映射效果，渲染图像氛围。单击【图层】面板底部的【创建新的调整或填充图层】按钮，创建【渐变映射】调整图层，单击【属性】面板中的【点按可编辑渐变】，打开【渐变编辑器】对话框，分别设置渐变颜色为【#ffa837】【#ff9308】【#ff6633】【#b0de24】，如图14-18所示。

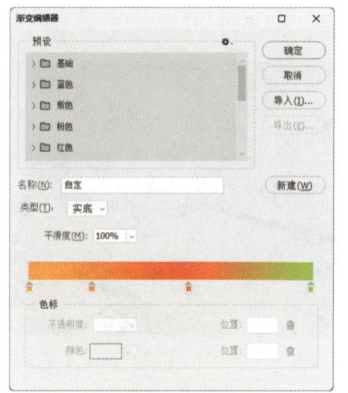

图14-18

Step⑱ 设置图层混合模式。设置【舞蹈】图层的【混合模式】为【柔光】，效果如图14-19所示。

图14-19

Step⑲ 盖印图层。隐藏背景图层，按【Ctrl+Shift+Alt+E】组合键盖印可见图层，得到【图层1】，如图14-20所示。

Step⑳ 设置背景图层颜色。选中【背景】图层，设置前景色为【#ffe5ce】，按【Alt+Delete】组合键填充前景色，效果如图14-21所示。

行【滤镜】→【纹理】→【纹理化】命令，在打开的【纹理化】对话框中，设置【纹理】为【砂岩】，【缩放】为55%，【凸现】为3，单击【确定】按钮，最终效果如图14-22所示。

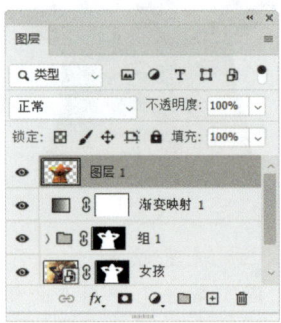

图 14-20

图 14-21

Step㉑ 添加滤镜效果。选中背景，执

图 14-22

## 14.2 将照片转换为漫画效果

| 实例门类 | 自由变换+图层样式设计类 |

在 Photoshop 中利用滤镜功能可以将普通照片制作成漫画效果。最终效果如图14-23所示。

图 14-23

具体操作步骤如下。

Step① 打开素材。打开"素材文件\第14章\花.jpg"文件，如图14-24所示。

图 14-24

Step② 选择花。执行【选择】→【天空】命令，将天空选中。按【Ctrl+Shift+I】组合键反选选区，如图14-25所示。

图 14-25

Step③ 复制图像。按【Ctrl+J】组合键复制选区内的图像到新的图层，如图14-26所示。

图 14-26

Step④ 添加滤镜效果。执行【滤镜】→【滤镜库】命令，打开【滤镜库】对话框，选择【画笔描边】滤镜组中的【强化的边缘】滤镜，并设置参数，如图14-27所示。设置参数时需要注意预览效果。

图 14-27

Step⑤ 添加滤镜效果。单击底部的 按钮，添加滤镜，将其更改为【艺术效果】滤镜组中的【绘画涂抹】滤镜，并设置参数，如图14-28所示。

Step⑥ 显示效果。通过前面的操作将图像转换为绘画效果，如图14-29所示。

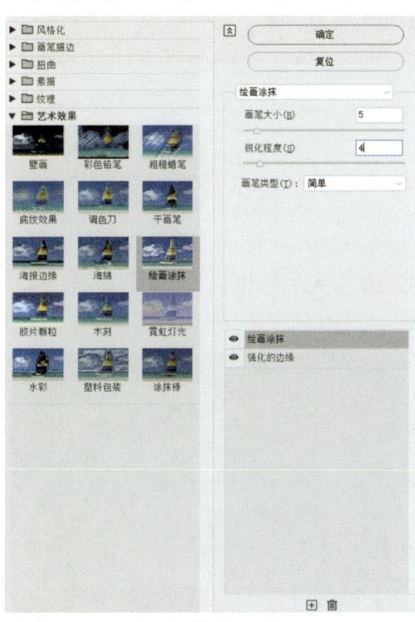

图 14-28

图 14-29

Step07 调整饱和度。新建【色相/饱和度】调整图层，在【属性】面板中设置饱和度参数增加图像饱和度，效果如图 14-30 所示。

图 14-30

Step08 打开素材。打开"素材文件\第14章\天空.jpg"文件，如图 14-31 所示。

图 14-31

Step09 选中多余图像。使用【套索工具】选中树木和人物，如图 14-32 所示。

图 14-32

Step10 删除多余图像。执行【编辑】→【内容识别填充】命令，删除多余的树木和人物，如图 14-33 所示。按【Ctrl+D】组合键取消选区。

图 14-33

Step11 移动素材。按【Ctrl+E】组合键，向下合并图层。选择【移动工具】，将天空图像移到【花】图层下方，如图 14-34 所示。

图 14-34

Step12 调整天空颜色。新建【色相/饱和度】调整图层，在【属性】面板中设置色相、饱和度和明度参数，调整天空颜色，如图 14-35 所示。

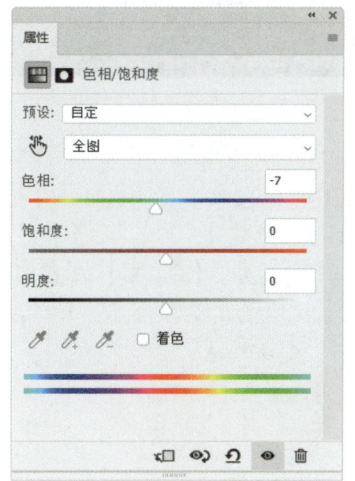

图 14-35

Step13 调整天空位置。按【Ctrl+T】组合键执行【自由变换】命令，调整天空的位置和大小，完成将照片转换为漫画效果的制作，效果如图 14-36 所示。

图 14-36

## 14.3 合成奇幻星际场景

| 实例门类 | 图层+蒙版设计类 |

本案例合成奇幻星际场景。先使用【扭曲】滤镜制作扭曲空间的效果，然后添加人物和行星素材。在制作过程中要注意光影和环境光的绘制，最终效果如图14-37所示。

图14-37

具体操作步骤如下。

**Step 01** 新建文件。按【Ctrl+N】组合键执行【新建】命令，设置【宽度】为1200像素，【高度】为1200像素，【分辨率】为72像素/英寸，如图14-38所示。

图14-38

**Step 02** 打开素材。打开"素材文件\第14章\云.jpg"文件，将其拖曳到当前文件中，按【Ctrl+T】组合键执行【自由变换】命令，使其覆盖整个画布，如图14-39所示。

图14-39

**Step 03** 扭曲图像。选择【裁剪工具】，裁剪画布外多余图像。执行【滤镜】→【扭曲】→【极坐标】命令，在打开的【极坐标】对话框中选中【平面坐标到极坐标】单选按钮，如图14-40所示。

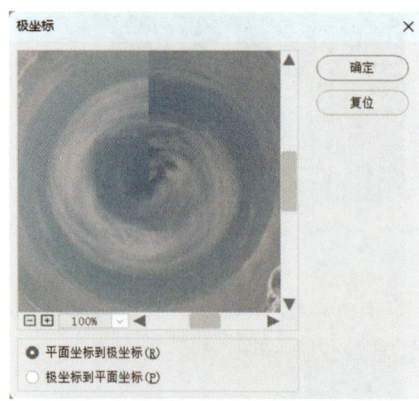

图14-40

**Step 04** 显示图像。单击【确定】按钮，图像效果如图14-41所示。

图14-41

**Step 05** 放大图像。按【Ctrl+T】组合键，按住【Alt】键向外拖曳，放大图像，如图14-42所示。

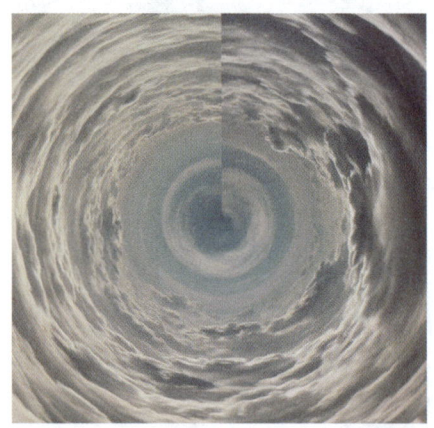

图14-42

**Step 06** 创建选区。选择【套索工具】，单击选项栏中的【添加到选区】按钮，在如图14-43所示的位置绘制选区。在下方的浮动工具栏中单击【创成式填充】按钮。

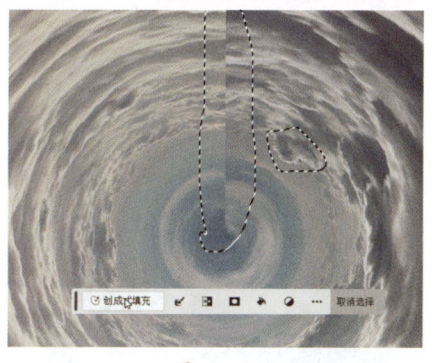

图 14-43

Step 07 生成图像。单击【生成】按钮，即可生成相应的图像内容，且与原图像无缝衔接，如图 14-44 所示。

图 14-44

Step 08 合并图层。按【Ctrl+E】组合键合并图层，如图 14-45 所示。

图 14-45

Step 09 打开素材。打开"素材文件\第 14 章\海边.jpg"文件，使用【多边形套索工具】选取适当的桥部分图像，如图 14-46 所示。

图 14-46

Step 10 拖曳图像并透视变换图像。拖曳选区图像到当前文件中，按【Ctrl+T】组合键调整大小和位置。执行【编辑】→【变换】→【透视】命令，透视变换图像，如图 14-47 所示。

图 14-47

Step 11 压暗图像。新建【色阶】调整图层并创建剪贴蒙版，在【属性】面板中拖曳【输出色阶】中的白色滑块，压暗图像，如图 14-48 所示。

图 14-48

Step 12 修改蒙版。选择【色阶】调整图层蒙版缩览图，使用黑色柔角画笔工具，设置【画笔大小】为 900 像素，在图像中间单击，提亮中间部分图像，如图 14-49 所示。

图 14-49

Step 13 创建选区。切换到"海边"文件中。使用【对象选择工具】选中人物，如图 14-50 所示。

图 14-50

Step 14 拖曳图像。拖曳选区图像到当前文件中，并调整图像大小和位置，如图 14-51 所示。

图 14-51

Step 15 新建图层。新建图层并创建剪贴蒙版。使用灰色柔角画笔在人物周围绘制，制作雾气效果，如图14-52所示。

图14-52

Step⑯ 创建选区。选择【人物】图层，按住【Ctrl】键单击【图层】面板底部的 按钮，新建【阴影】图层。使用【多边形套索工具】创建选区，如图14-53所示。

图14-53

Step⑰ 填充选区。使用黑色柔角画笔并降低画笔不透明度，在选区中绘制，填充黑色，如图14-54所示。

图14-54

Step⑱ 模糊图像。按【Ctrl+D】组合键取消选区。执行【滤镜】→【模糊】→【高斯模糊】命令，在打开的对话框中设置【半径】为4像素，模糊图像，如图14-55所示。

图14-55

Step⑲ 调整不透明度。降低【阴影】图层的不透明度，如图14-56所示。

图14-56

Step⑳ 打开素材。打开"素材文件\第14章\行星1.jpg"文件。使用【椭圆选框工具】选择行星，如图14-57所示。

图14-57

Step㉑ 拖曳图像。拖曳选区图像到当前文件中，并调整大小和位置，如图14-58所示。

图14-58

Step㉒ 添加其他行星图像。打开"素材文件\第14章\行星2.jpg"文件和"行星3.jpg"文件。使用【对象选择工具】选择行星并拖曳到当前文件中，如图14-59所示。

图14-59

Step㉓ 绘制阴影。新建【阴影2】图层。使用黑色柔角画笔并降低画笔不透明度，绘制行星阴影，如图14-60所示。

图14-60

Step㉔ 降低图层不透明度。降低【阴影2】图层的不透明度，使效果更加自然，如图14-61所示。

图14-61

Step㉕ 绘制环境光。新建【环境光】图层。选择【画笔工具】，按住

【Alt】键吸取行星颜色，绘制环境光，如图14-62所示。

图14-62

Step 26 设置图层混合模式并降低不透明度。设置【环境光】图层【混合模式】为【正片叠底】并降低图层的不透明度，使环境光效果更加自然，如图14-63所示。

图14-63

Step 27 模糊图像。分别选择【行星2】和【行星3】图层。执行【滤镜】→【模糊】→【高斯模糊】命令模糊图像，制作近实远虚的效果，如图14-64所示。注意模糊半径不需要设置得特别大。

图14-64

Step 28 新建渐变映射调整图层。新建【渐变映射】调整图层，在【属性】面板中选择一种渐变颜色，如图14-65所示。

图14-65

Step 29 降低图层不透明度。降低图层的不透明度，效果如图14-66所示。

图14-66

Step 30 置入素材。置入"素材文件\第14章\光.jpg"文件，调整大小和位置。按【Ctrl+T】组合键执行【自由变换】命令，右击，在弹出的快捷菜单中选择并执行【变形】命令，变形图像，如图14-67所示。

图14-67

Step 31 设置图层混合模式。设置【光】图层【混合模式】为【滤色】，效果如图14-68所示。

图14-68

Step 32 复制图层。按【Ctrl+J】组合键复制【光】图层，将其放在左侧，如图14-69所示。

图14-69

Step 33 调整图层顺序。选择【光】和【光 拷贝】图层，拖曳到【人物】图层下方，完成奇幻星际场景制作，最终效果如图14-70所示。

图14-70

## 14.4 飞翔的小神童

**实例门类** | 图层样式＋图层顺序设计类

本案例制作多种元素合成特效。元素合成是照片后期处理的重要方法，它以贡献单一部分来丰富整体画面的方式呈现构想，并且通常先处理单一元素，结合图层蒙版、图层混合模式、画笔等功能，可以得到浑然一体的逼真图像效果，最终效果如图14-71所示。

图14-71

具体操作步骤如下。

**Step 01** 打开素材。打开"素材文件\第14章\风景.jpg"文件，如图14-72所示。

图14-72

**Step 02** 打开素材并创建选区。打开"素材文件\第14章\风车.jpg"文件，选择【魔棒工具】，在选项栏中设置【容差】为5，在图像白色区域单击，创建选区，如图14-73所示。

图14-73

**Step 03** 反选选区。按【Ctrl+Shift+I】组合键反选选区，按【Ctrl+C】组合键复制选区图像，如图14-74所示。

图14-74

**Step 04** 粘贴并调整图像。切换到"风景"文件中，按【Ctrl+V】组合键粘贴图像，将该图层命名为【风车】，按【Ctrl+T】组合键自由变换图像，移动到适当位置，效果如图14-75所示。

图14-75

**Step 05** 选择工具创建选区。打开"素材文件\第14章\铅笔.jpg"文件，选择【魔棒工具】，在选项栏中设置【容差】为5，在图像白色区域单击，按【Ctrl+Shift+I】组合键反选选区，按【Ctrl+C】组合键复制选区图像，如图14-76所示。

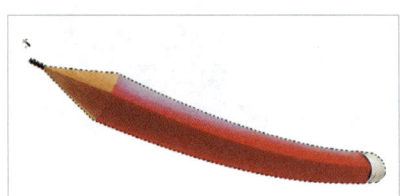

图14-76

**Step 06** 粘贴并调整图像。在"风景"文件中按【Ctrl+V】组合键粘贴图像，将该图层命名为【铅笔】，按【Ctrl+T】组合键自由变换图像，移动到适当位置，如图14-77所示。

图14-77

**Step 07** 打开素材并创建选区。打开"素材文件\第14章\宝宝.jpg"文件，执行【选择】→【主体】命令，选中人物，如图14-78所示。

图14-78

**Step 08** 粘贴并调整图像。在"风景"文件中按【Ctrl+V】组合键粘贴图像，将该图层命名为【宝宝】，按【Ctrl+T】组合键打开自由变换框，右击，在弹出的快捷菜单中选择并执行【水平翻转】命令，如图14-79所示。

图 14-79

Step09 新建图层。在【宝宝】图层下方新建图层，命令为【阴影】，如图14-80所示。

图 14-80

Step10 绘制阴影。选择【画笔工具】，在选项栏中设置【画笔样式】为柔边圆，【大小】为58px，【不透明度】为20%。在人物下方进行涂抹，制作出阴影效果，如图14-81所示。

图 14-81

Step11 绘制选区。选择【套索工具】，绘制如图14-82所示的选区。在下方的浮动工具栏中单击【创成式填充】按钮。

图 14-82

Step12 生成花朵素材。在文本框中输入文字"白色花朵"，单击【生成】按钮，即可生成相应的图像内容，如图14-83所示。

图 14-83

Step13 打开素材并复制图像。打开"素材文件\第14章\数字.jpg"文件，选择【魔棒工具】，在选项栏中设置【容差】为5，在图像白色区域单击，创建选区。按【Ctrl+Shift+I】组合键反选选区，按【Ctrl+C】组合键复制选区图像，如图14-84所示。

图 14-84

Step14 粘贴图像。在"风景"文件中按【Ctrl+V】组合键粘贴图像，将该图层命名为【文字】，图像效果如图14-85所示。

图 14-85

Step15 调整文字。将【文字】图层拖曳到【铅笔】图层下方并调整位置。图像效果如图14-86所示。

图 14-86

Step16 打开素材。打开"素材文件\第14章\光圈.jpg"文件，将图像拖曳到"风景"文件中，将图层命名为【光圈】，如图14-87所示。

图 14-87

Step17 更改图层混合模式并打开自由变换框。更改【光圈】图层【混合模式】为【变亮】，按【Ctrl+T】组合键打开自由变换框，如图14-88所示。

图 14-88

**Step 18** 调整图像。调整自由变换框，变换图像大小、位置和角度，将【光圈】图层拖曳到【风车】图层下方，如图 14-89 所示。

图 14-89

**Step 19** 显示效果。适当调整光圈的角度和位置，图像效果如图 14-90 所示。

图 14-90

**Step 20** 调整图像并调整图层顺序。按【Ctrl+J】组合键复制【光圈】图层，打开并调整自由变换框，变换图像大小、位置和角度，将【光圈 拷贝】图层拖曳到【文字】图层下方，如图 14-91 所示。

图 14-91

**Step 21** 显示效果。图像最终效果如图 14-92 所示。

图 14-92

## 本章小结

　　本章主要介绍了图像合成艺术的创意和制作方法，以及特效图像的制作。Photoshop 2024 的图像合成功能非常强大，通过图层、蒙版、混合模式等功能，可以合成各种场景，包括现实中的真实场景和现实中不存在的幻想场景；通过多种功能的应用，包括图层、通道和滤镜等，可以制作出非常奇特的图像特效。读者要充分发挥自己的想象力，结合 Photoshop 2024 强大的功能，创作出更加酷炫、有意义的作品。

# 第15章 实战：数码照片后期处理

- 修饰与修复数码照片
- 调校数码照片的光影
- 人像照片后期处理
- 风光照片后期处理

数码照片后期处理是Photoshop 2024的一个重要应用领域。Photoshop 2024不仅可以修复照片问题，还可以将一张平淡的照片改造得更加富有意境。

## 15.1 修饰与修复数码照片

| 实例门类 | 数码照片处理设计类 |

照片处理是生活中应用得最为广泛的一种技术，本章将讲解如何使用Photoshop 2024进行照片的修饰与修复。通过对本节内容的学习，读者可以轻松掌握照片修饰与修复的一些常用方法和技巧，从而制作出具有完美视觉效果的图像，如图15-1所示。

图 15-1

### 15.1.1 去除照片中的杂物突出主题

在拍摄照片时，有时为了构图的需要不得不将一些不必要的元素纳入画面中，使得画面变得杂乱。这时可以利用Photoshop 2024中的相关工具去除画面中不必要的元素，使画面变得简洁，具体操作步骤如下。

Step 01 打开素材。打开"素材文件\第15章\自行车.jpg"文件，如图15-2所示。

Step 02 创建选区。使用【套索工具】，拖曳鼠标创建针对要移除的图像的选区，如图15-3所示。

图 15-2

图 15-3

Step 03 去除选区里的图像。在浮动工具栏中单击【创成式填充】按钮，如图15-4所示，单击【生成】按钮，如图15-5所示。执行操作后，即可去除选区里的图像，如图15-6所示。

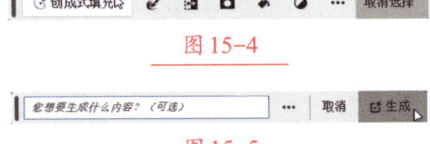

图15-4

图15-5

图15-6

## 15.1.2 修复妆容

如果照片中出现妆容某个部分不完整的情况，可以使用Photoshop 2024完美修复，具体操作步骤如下。

Step 01 打开素材并复制图层。打开"素材文件\第15章\妆容.jpg"文件，如图15-7所示。

图15-7

Step 02 创建选区。使用【磁性套索工具】，在图像中人物嘴部通过拖曳鼠标创建选区，如图15-8所示。

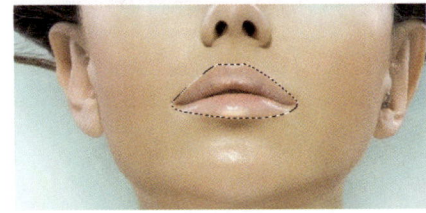

图15-8

Step 03 羽化选区。按【Shift+F6】组合键，弹出【羽化选区】对话框，设置【羽化半径】为5像素，如图15-9所示。

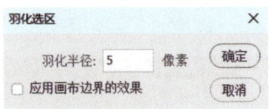

图15-9

Step 04 复制图层。按【Ctrl+J】组合键复制图层，得到【图层1】，如图15-10所示。

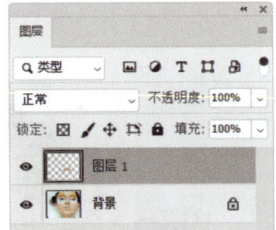

图15-10

Step 05 设置前景色。按住【Ctrl】键的同时单击【图层1】，将【图层1】中的图像载入选区。设置【前景色】为红色【#e12a20】，如图15-11所示，单击【确定】按钮。

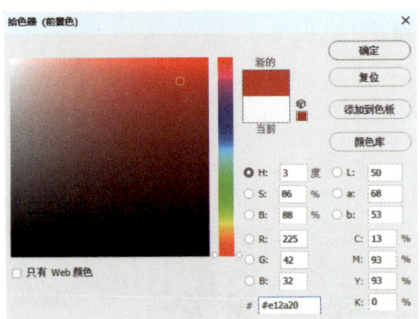

图15-11

Step 06 填充前景色。按【Alt+Delete】组合键填充前景色，按【Ctrl+D】组合键取消选区，如图15-12所示。

图15-12

Step 07 设置图层混合模式。设置【图层1】的【混合模式】为【柔光】，如图15-13所示。

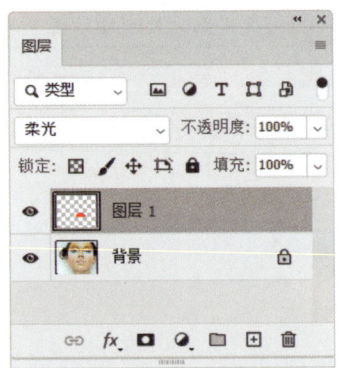

图15-13

Step 08 显示效果。效果如图15-14所示。

图15-14

## 15.2 调校数码照片的光影

| 实例门类 | 数码照片光影调校类 |

在拍摄数码照片的过程中，往往会通过光线和色调来打造画面的纵深感。如果拍摄的照片具有正确的光影，则整张照片非常美观；如果拍摄的照片在光影上存在缺陷，则可运用 Photoshop 2024 中的相关命令或工具进行处理，处理完成后的效果如图 15-15 所示。

图 15-15

### 15.2.1 处理数码照片的曝光问题

通过【阴影/高光】【色阶】等命令，可以处理照片曝光过度的问题。

具体操作步骤如下。

**Step 01** 打开素材并复制图层。打开"素材文件\第15章\曝光.jpg"文件，按【Ctrl+J】组合键复制【背景】图层为【图层1】，如图15-16所示。

图 15-16

**Step 02** 设置阴影/高光的参数。为了调整照片的曝光，执行【图像】→【调整】→【阴影/高光】命令，打开【阴影/高光】对话框，❶设置【阴影】的数量为20%，【高光】的数量为25%，❷单击【确定】按钮，如图15-17所示。

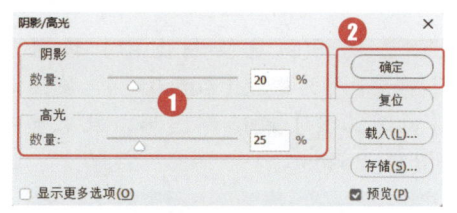

图 15-17

**Step 03** 显示效果。调整后效果如图 15-18 所示。

图 15-18

**Step 04** 创建调整图层。单击【创建新的填充或调整图层】按钮，在弹出的快捷菜单中选择并执行【色阶】命令，创建新的调整图层，如图 15-19 所示。

图 15-19

**Step 05** 设置色阶参数。在【属性】面板中，设置左侧白场值为45，右侧黑场值为238，如图15-20所示。

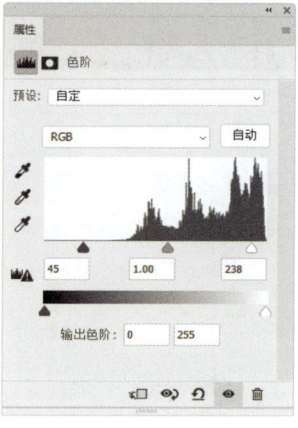

图 15-20

Step 06 显示效果。调整后效果如图15-21所示。

图 15-21

## 15.2.2 重组数码照片的光影效果

本例先通过曲线调整图层，降低整体图像亮度，然后结合【画笔工具】【椭圆选框工具】【羽化选区】和【混合模式】，制作出晨光光照效果，具体操作步骤如下。

Step 01 打开素材并创建调整图层。打开"素材文件\第15章\光影.jpg"文件，如图15-22所示，执行【图层】→【新建调整图层】→【曲线】命令，创建【曲线】调整图层。

图 15-22

Step 02 调整曲线形状。调整曲线形状，如图15-23所示。

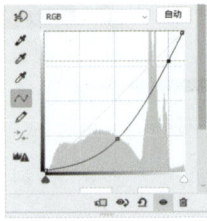

图 15-23

Step 03 显示效果。通过前面的操作，降低图像的亮度，如图15-24所示。

图 15-24

Step 04 新建图层。新建图层，命名为【橙光】，如图15-25所示。

图 15-25

Step 05 使用画笔绘制图形。设置【前景色】为橙色【#d6a051】，使用【画笔工具】绘制图形，效果如图15-26所示。

图 15-26

Step 06 设置图层混合模式。更改【橙光】图层【混合模式】为【滤色】，如图15-27所示。

图 15-27

Step 07 显示效果。效果如图15-28所示。

图 15-28

Step 08 新建图层。新建图层，命名为【红光】，如图15-29所示。

图 15-29

Step 09 使用画笔绘制图形。设置【前景色】为红色【#ed5570】，使用【画笔工具】绘制图形，效果如图15-30所示。

图 15-30

Step 10 设置图层混合模式。更改【红光】图层【混合模式】为【滤色】，如图15-31所示。

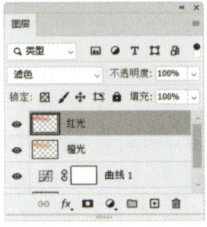

图 15-31

Step⑪ 显示效果。效果如图15-32所示。

图15-32

Step⑫ 创建曲线调整图层。执行【图层】→【新建调整图层】→【曲线】命令，创建【曲线】调整图层，如图15-33所示。

Step⑬ 调整通道曲线。调整【RGB】通道曲线，如图15-34所示。

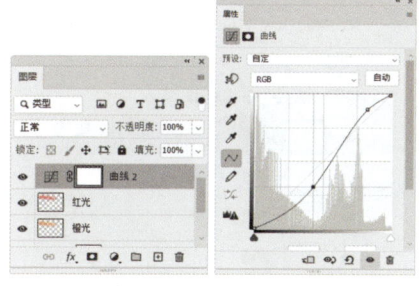

图15-33　　图15-34

Step⑭ 调整通道曲线。调整【蓝】通道曲线，如图15-35所示。

Step⑮ 调整通道曲线。调整【绿】通道曲线，如图15-36所示。

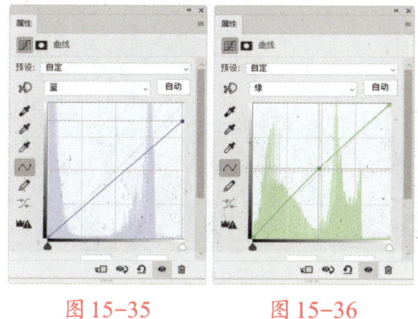

图15-35　　图15-36

Step⑯ 显示效果。效果如图15-37所示。

图15-37

Step⑰ 新建图层。新建图层，命名为【底圆】，如图15-38所示。

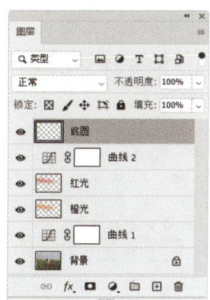

图15-38

Step⑱ 创建选区。使用【椭圆选框工具】创建选区，按【Shift+F6】组合键，执行【羽化选区】命令，在【羽化选区】对话框中，❶设置【羽化半径】为50像素，❷单击【确定】按钮，如图15-39所示。

图15-39

Step⑲ 为选区填充颜色。为选区填充橙黄色【#F7A228】，如图15-40所示。

图15-40

Step⑳ 设置图层混合模式。更改【底圆】图层【混合模式】为【滤色】，如图15-41所示。

图15-41

Step㉑ 显示效果。图像效果如图15-42所示。

图15-42

Step㉒ 新建图层。新建图层，命名为【中圆】，如图15-43所示。

图15-43

Step㉓ 为选区填充颜色。使用【椭圆选框工具】创建选区，将选区羽化25像素后，填充橙黄色【#F7A228】，如图15-44所示。

263

图 15-44

Step24 设置图层混合模式。更改【中圆】图层【混合模式】为【滤色】，如图 15-45 所示。

图 15-45

Step25 显示效果。图像效果如图 15-46 所示。

图 15-46

Step26 新建图层。新建图层，命名为【小圆】，如图 15-47 所示。

图 15-47

Step27 创建选区。使用【椭圆选框工具】创建选区，将选区羽化 20 像素后，填充淡黄色【#FFF2A3】，如图 15-48 所示。

图 15-48

Step28 设置图层混合模式。更改【小圆】图层【混合模式】为【滤色】，如图 15-49 所示。

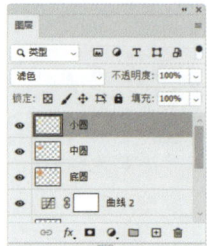

图 15-49

Step29 显示效果。图像效果如图 15-50 所示。

图 15-50

Step30 新建图层。新建图层，命名为【边圆】，如图 15-51 所示。

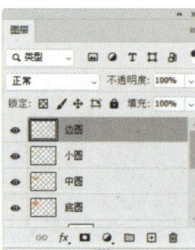

图 15-51

Step31 创建选区并填充颜色。使用【椭圆选框工具】创建选区，将选区羽化 25 像素后，填充橙黄色【#F7A228】，如图 15-52 所示。

图 15-52

Step32 设置图层混合模式。更改【边圆】图层【混合模式】为【滤色】，如图 15-53 所示。

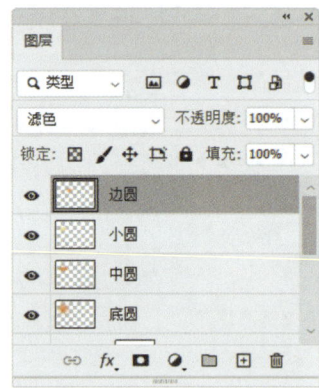

图 15-53

Step33 显示效果。图像效果如图 15-54 所示。

图 15-54

## 15.3 人像照片后期处理

| 实例门类 | 人像数码照片后期处理设计类 |

随着相机的普及，拍照已经成为人们记录生活的一种常用方式，日常生活中拍摄得最多的就是人像照片。但由于拍摄时会受各种因素的影响，拍摄出的照片存在着各种瑕疵。本节将针对人像照片的修饰与美容进行详细讲解，让读者快速掌握这一技术，使人像照片更加美观，修饰与美容后的效果如图15-55所示。

图 15-55

### 15.3.1 美化人物皮肤

本例主要讲解美化人物皮肤的方法，首先在照片通道中创建选区，然后在【图层】面板复制该选区内容为新图层，并对该图层执行【高斯模糊】命令，最后通过【污点修复画笔工具】去除较大的斑点。具体操作步骤如下。

**Step 01** 打开素材。打开"素材文件\第15章\雀斑美女.jpg"文件，如图15-56所示。

图 15-56

**Step 02** 创建选区。在【通道】面板中按住【Ctrl】键单击【蓝】通道，载入选区，如图15-57所示。

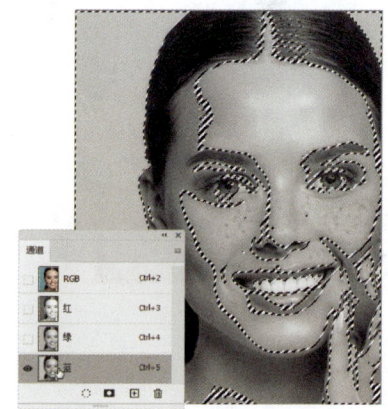

图 15-57

**Step 03** 选择通道。单击【RGB】通道，将其选中，如图15-58所示。

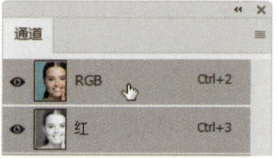

图 15-58

**Step 04** 复制图层。在【图层】面板中，按【Ctrl+J】组合键复制【背景】图层为【图层1】，如图15-59所示。

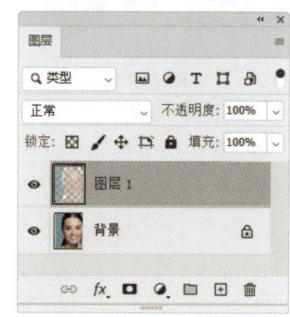

图 15-59

**Step 05** 执行高斯模糊命令。为了去除人物脸部的斑点，执行【滤镜】→【模糊】→【高斯模糊】命令，在【高斯模糊】对话框中，设置【半径】为2.6像素，如图15-60所示。

265

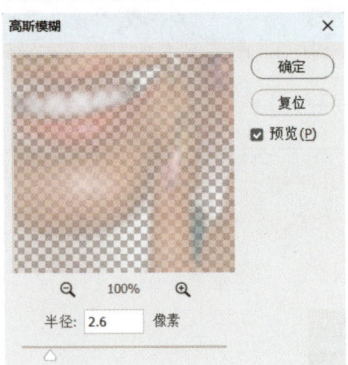

图 15-60

Step 06 模糊皮肤。单击【确定】按钮，得到如图 15-61 所示的效果。

图 15-61

Step 07 添加图层蒙版。单击【图层】面板下方的【添加图层蒙版】按钮，添加图层蒙版，如图 15-62 所示。

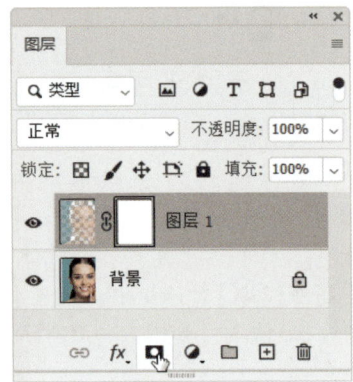

图 15-62

Step 08 显示清晰的五官。设置【前景色】为黑色。选择【画笔工具】，在五官处涂抹，如图 15-63 所示。

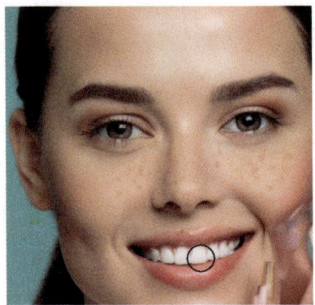

图 15-63

Step 09 合并图层。按【Ctrl+E】组合键，向下合并图层，如图 15-64 所示。

图 15-64

Step 10 单击去斑。选择【污点修复画笔工具】，设置【画笔大小】为 60，在斑点上单击，去斑后的效果如图 15-65 所示。

图 15-65

## 15.3.2 打造 S 形身材

使用 Photoshop 2024 中的液化功能可以轻松为人物瘦身，打造完美的 S 形身材，具体操作步骤如下。

Step 01 打开素材并复制图层。打开"素材文件\第 15 章\微胖美女.jpg"文件，如图 15-66 所示，按【Ctrl+J】组合键复制【背景】图层为【图层 1】。

图 15-66

Step 02 执行液化命令。执行【滤镜】→【液化】命令，在弹出的【液化】对话框中选择【向前变形工具】，在对话框右侧的【画笔工具选项】栏中设置【大小】为 250，如图 15-67 所示。

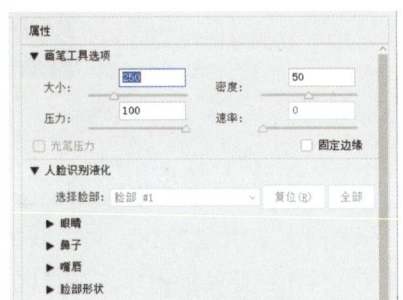

图 15-67

Step 03 移动鼠标指针位置。将鼠标指针移动到人物手臂处，如图 15-68 所示。

图 15-68

Step 04 去除手臂的赘肉。在人物的手臂处按住鼠标左键向右拖曳，使手臂的赘肉消失，如图 15-69 所示。

图 15-69

Step 05 修瘦手臂。按【[】键和【]】键调整画笔大小至合适大小，使用【向前变形工具】将手臂修瘦，如图 15-70 所示。

图 15-70

Step 06 修瘦身体各部分。使用【向前变形工具】将人物的胸部、腰部等身体部分修瘦，如图 15-71 所示。

图 15-71

Step 07 修瘦腿部。使用【向前变形工具】将人物的腿部修瘦，如图 15-72 所示。

图 15-72

Step 08 修瘦脸部。调整画笔大小，使用【向前变形工具】将人物的脸部修瘦，如图 15-73 所示。

图 15-73

Step 09 显示效果。使用【向前变形工具】对人物整体及细节进行调整，完成后单击【确定】按钮，人物身材调整后的效果如图 15-74 所示。

图 15-74

## 15.4 风光照片后期处理

实例门类　色彩设计类

外出旅游，看到美丽的大自然时，我们常用相机将其记录下来，把美丽的风光定格在相机里。但是拍摄的风光照片不可能每张都效果完美，在不同时间、地点和季节所拍摄的风光照片，会有不同的优势和劣势。本节将详细讲解风光照片后期处理的技术及技巧，使有缺陷的风光照片更加漂亮、唯美，经过后期处理的效果如图 15-75 所示。

图 15-75

## 15.4.1 调整风光照片的颜色

本例首先打开素材文件，然后添加色相/饱和度调整图层，最后通过在图像中选取需要调整颜色的区域并在色相/饱和度属性面板中调整颜色选项，调整所选区域的颜色。具体操作步骤如下。

Step01 打开素材。打开"素材文件\第15章\建筑.jpg"文件，如图15-76所示。

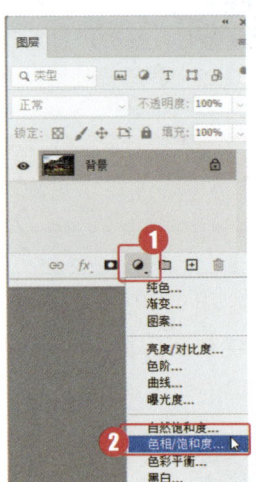

图15-76

Step02 创建新的调整图层。❶单击【图层】面板下方的【创建新的填充或调整图层】按钮，❷在弹出的菜单中选择【色相/饱和度】命令，如图15-77所示。

图15-77

Step03 定位颜色。新建【色相/饱和度】调整图层并打开【属性】面板。单击按钮，再单击画面中红色区域，如图15-78所示，定位红色。

图15-78

Step04 调整颜色。拖曳滑块，调整色相、饱和度及明度，如图15-79所示。

图15-79

Step05 定位颜色。单击画面中绿色区域，定位颜色，如图15-80所示。

图15-80

Step06 调整颜色。拖曳滑块，调整色相、饱和度及明度，如图15-81所示。

图15-81

Step07 提亮图像。新建【曲线】调整图层，向上拖曳曲线，如图15-82所示。

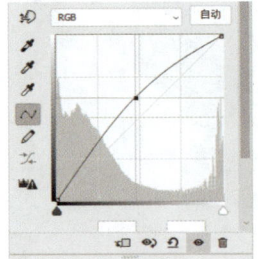

图15-82

Step08 显示效果。最终效果如图15-83所示。

图15-83

## 15.4.2 为水面合成倒影

本例首先打开素材文件并复制远景部分，然后垂直翻转图像，最后通过蒙版使复制图像融合到照片中成为倒影，具体操作步骤如下。

Step01 打开素材。打开"素材文件\第15章\合成倒影.jpg"文件，如图15-84所示。

图15-84

Step02 创建选区。使用【矩形选框工具】在远景处创建选区，如

图15-85所示。

图15-85

**Step 03** 设置羽化半径。按【Shift+F6】组合键打开【羽化选区】对话框，设置【羽化半径】为20像素，如图15-86所示。

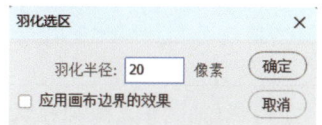

图15-86

**Step 04** 复制图层。按【Ctrl+J】组合键复制选区为【图层1】，如图15-87所示。

图15-87

**Step 05** 垂直翻转图像。按【Ctrl+T】组合键打开【自由变换】定界框，并在定界框中右击，在弹出的快捷菜单中选择【垂直翻转】命令，如图15-88所示。

图15-88

**Step 06** 移动图像。选择【移动工具】，将翻转后的图像移动到适当位置，如图15-89所示。

图15-89

**Step 07** 设置图层混合模式。为了使效果逼真，设置图层【混合模式】为【柔光】，如图15-90所示。

图15-90

**Step 08** 显示效果。效果如图15-91所示。

图15-91

**Step 09** 添加图层蒙版。选择【图层1】，单击【添加图层蒙版】按钮添加图层蒙版，如图15-92所示。

图15-92

**Step 10** 隐藏边缘效果。设置【前景色】为黑色，选择【画笔工具】，在倒影下方的边缘处涂抹，隐藏边缘，使倒影完全融合到图像中，最终效果如图15-93所示。

图15-93

## 本章小结

受各种条件的影响，日常拍摄出来的数码照片或多或少会存在一些问题，这就需要通过技术手段在后期对照片进行调整和修饰，使其看起来更加完美和富有吸引力。数码照片后期处理技术迅猛发展，本章主要介绍了数码照片处理的基本方法，包括修饰与修复数码照片、调校数码照片的光影、人像照片后期处理、风光照片后期处理等，掌握了这些方法和技术，有助于读者为平淡的照片增添意韵，体验创作的乐趣。

# 第16章 实战：包装设计

- 糖果包装设计
- 月饼包装设计

包装设计在商品推广和销售中是非常重要的，包装设计必须人性化，成功的包装设计可以提升商品的档次，而失败的包装设计不仅影响商品的形象，还会影响商品的使用体验。本章通过两个案例讲解Photoshop 2024在包装设计中的实战应用。

## 16.1 糖果包装设计

| 实例门类 | 形状+艺术字设计类 |

食品包装要根据食品的特征和包装材质进行整体设计，在本例中糖果包装材质是软塑料纸，所以在制作效果图时，需要根据材质制作出光影效果。同时，要考虑食品的特征，因为制作的是巧克力糖果，所以主色采用的是深咖色和橙黄色，整体效果如图16-1所示。

图16-1

具体操作步骤如下。

**Step01** 新建文件。执行【文件】→【新建】命令，设置【宽度】和【高度】均为10厘米，【分辨率】为200像素/英寸，如图16-2所示，单击【创建】按钮。

图16-2

**Step02** 填充背景颜色。为背景填充黑色，效果如图16-3所示。

图16-3

**Step03** 新建图层并绘制轮廓填充颜色。新建图层，命名为【黄底】。使用【钢笔工具】，绘制包装轮廓，载入选区后填充黄色【#fff100】，如图16-4所示。

图16-4

**Step04** 绘制形状。设置【前景色】为橙色【#efd200】，选择【矩形工具】，在选项栏中选择【形状】选项，设置【半径】为40像素，拖曳鼠标绘制形状，如图16-5所示。

图16-5

**Step05** 旋转形状。按【Ctrl+T】组合键，执行【自由变换】命令，适当旋转形状，如图16-6所示。

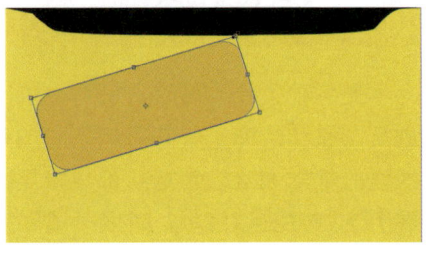

图16-6

Step 06 新建并命名图层。新建图层，命名为【折痕】，如图16-7所示。

图16-7

Step 07 绘制直线。设置【前景色】为灰色【#bfc0c1】，选择【直线工具】，在选项栏中选择【像素】选项，设置【粗细】为3像素，拖曳鼠标绘制两条灰色折痕，如图16-8所示。

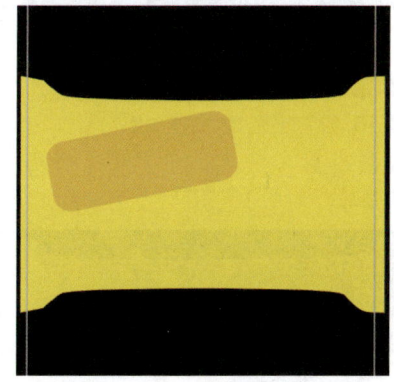

图16-8

Step 08 调整图层顺序。移动【折痕】图层到【黄底】图层上方，如图16-9所示。

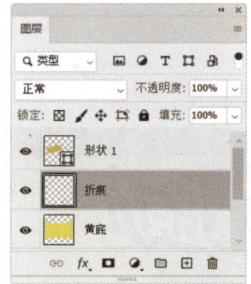

图16-9

Step 09 创建剪贴蒙版。执行【图层】→【创建剪贴蒙版】命令，创建剪贴蒙版，如图16-10所示。

图16-10

Step 10 新建并命名图层。新建图层，命名为【阴影】，如图16-11所示。

图16-11

Step 11 绘制阴影。选择黑色【画笔工具】，并将流量降低，在包装上方绘制阴影，如图16-12所示。

图16-12

Step 12 绘制棱角线。降低画笔不透明度，按【[】键缩小画笔，在边角位置绘制一些棱角线，效果如图16-13所示。

图16-13

Step 13 新建并命名图层。新建图层，命名为【高光】，如图16-14所示。

图16-14

Step 14 绘制高光。选择白色【画笔工具】，并将流量降低，在包装四周绘制高光，如图16-15所示。

图16-15

Step 15 打开素材。打开"素材文件\第16章\液体.tif"文件，拖曳到当前文件中，命名为【液体】，如图16-16所示。

图16-16

Step 16 设置图层混合模式。更改【液体】图层【混合模式】为【正片叠底】，如图16-17所示。

图16-17

Step⑰ 显示效果。图像效果如图16-18所示。

图16-18

Step⑱ 打开素材。打开"素材文件\第16章\巧克力.tif"文件，拖曳到当前文件中，命名为【巧克力】，如图16-19所示。

图16-19

Step⑲ 设置图层样式。双击【巧克力】图层，在打开的【图层样式】对话框中，勾选【投影】复选框，设置【不透明度】为75%，【角度】为120度，【距离】为5像素，【扩展】为0%，【大小】为5像素，勾选【使用全局光】复选框，如图16-20所示。

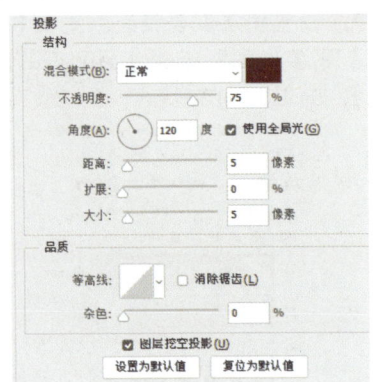

图16-20

Step⑳ 显示效果。投影效果如图16-21所示。

图16-21

Step㉑ 输入文字。选择【横排文字工具】，在图像中输入白色文字"儿童"，在选项栏中设置【字体】为黑体，【字体大小】为32点，如图16-22所示。

图16-22

Step㉒ 变换文字形状。执行【编辑】→【变换】→【斜切】命令，拖曳控制点变换文字形状，如图16-23所示。

图16-23

Step㉓ 设置图层样式。双击文字图层，在打开的【图层样式】对话框中，勾选【描边】复选框，设置【大小】为15像素，【颜色】为深红色【#680000】，如图16-24所示。

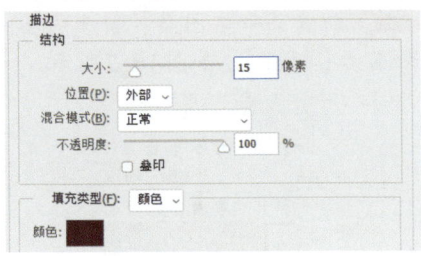

图16-24

Step㉔ 显示效果。描边效果如图16-25所示。

图16-25

Step㉕ 打开素材。打开"素材文件\第16章\巧克力文字.tif"文件，拖曳到当前文件中，命名为【巧克力文字】，如图16-26所示。

图16-26

Step㉖ 设置图层样式。使用相同的方法添加描边图层样式，效果如图16-27所示。

图16-27

Step 27 创建文字。选择【横排文字工具】，在图像中输入深红色【#680000】字母，在选项栏中设置【字体】为方正粗倩简体，【字体大小】为3.5点，如图16-28所示。

图16-28

Step 28 旋转文字。按【Ctrl+T】组合键，执行【自由变换】命令，适当旋转文字，如图16-29所示。

图16-29

Step 29 设置文字效果。选择【横排文字工具】，在图像中输入深红色【#680000】文字"净含量：10克"，在选项栏中设置【字体】为方正粗倩简体，【字体大小】为4.8点，如图16-30所示。

图16-30

Step 30 旋转文字。使用相同的方法旋转文字，效果如图16-31所示。

图16-31

Step 31 选择背景。打开"素材文件\第16章\天使.jpg"文件，选择【魔棒工具】，在选项栏中设置【容差】为32，勾选【连续】复选框，在白色背景处单击选中背景，如图16-32所示。

Step 32 反选选区。按【Shift+Ctrl+I】组合键，反选选区，如图16-33所示。

图16-32　　　　图16-33

Step 33 复制图像并命名。将图像复制到包装文件中，命名为【天使】，如图16-34所示。

图16-34

Step 34 缩小图像。按【Ctrl+T】组合键，执行【自由变换】命令，适当缩小图像，如图16-35所示。

图16-35

Step 35 水平翻转图像。执行【编辑】→【变换】→【水平翻转】命令，水平翻转图像，效果如图16-36所示。

图16-36

Step 36 设置颜色查找内容。执行【图层】→【新建调整图层】→【颜色查找】命令，在【属性】面板中设置【3DLUT文件】为【Fuji ETERNA 250D Fuji 3510】，如图16-37所示。

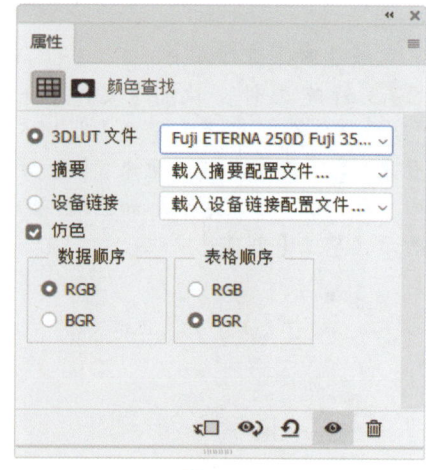

图16-37

Step 37 显示效果。图像效果如图16-38所示。

图16-38

## 16.2 月饼包装设计

| 实例门类 | 照片+图层混合模式+图层样式设计类 |

中秋节是中国的传统节日，中秋节的传统庆祝方式是吃月饼和赏月。因此，月饼包装设计风格与中国传统元素是分不开的，这些传统元素包括年画、祥云、嫦娥等，根据画面需要进行搭配，突出档次和韵味对月饼包装设计非常重要，最终效果如图16-39所示。

图16-39

具体操作步骤如下。

**Step 01** 新建文件。执行【文件】→【新建】命令，设置【宽度】为24.5厘米，【高度】为19.5厘米，【分辨率】为150像素/英寸，如图16-40所示，单击【创建】按钮。

图16-40

**Step 02** 新建并命名图层。新建图层，命名为【底色】。填充任意颜色，如图16-41所示。

图16-41

**Step 03** 设置图层样式。双击【底色】图层，在打开的【图层样式】对话框中，勾选【渐变叠加】复选框，设置【样式】为线性，【角度】为90度，【缩放】为100%，如图16-42所示。

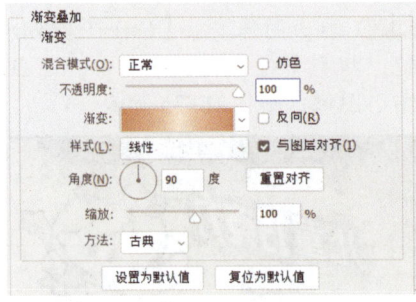

图16-42

**Step 04** 设置颜色。单击渐变色条，在【渐变编辑器】对话框中，设置【渐变色标】为【#e2aa73】【#e9be95】【#f1d4b7】【#f9eadb】【#f1d4b7】【#e9be95】【#e2aa73】，如图16-43所示。

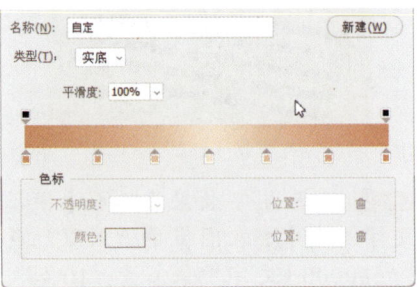

图16-43

**Step 05** 绘制形状。设置【前景色】为深红色【#cd000d】，选择【矩形工具】，在选项栏中选择【形状】选项，设置【半径】为60像素，拖曳鼠标绘制形状，如图16-44所示。

图16-44

Step 06 设置图层样式。双击形状图层，在打开的【图层样式】对话框中，勾选【投影】复选框，设置【不透明度】为75%，【角度】为120度，【距离】为0像素，【扩展】为2%，【大小】为8像素，勾选【使用全局光】复选框，如图16-45所示。

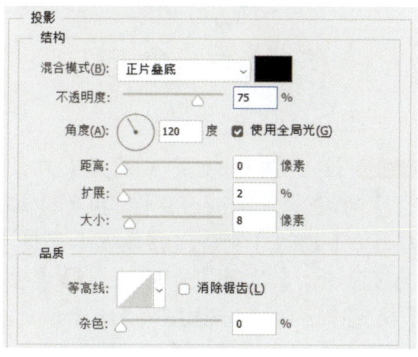

图 16-45

Step 07 打开素材。打开"素材文件\第16章\文字装饰.tif"文件，拖曳到当前文件中，如图16-46所示。

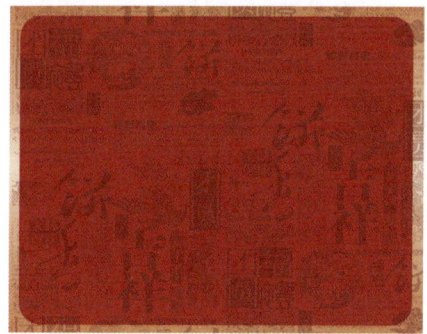

图 16-46

Step 08 创建剪贴蒙版。执行【图层】→【创建剪贴蒙版】命令，创建剪贴蒙版，如图16-47所示。

图 16-47

Step 09 绘制形状。设置【前景色】为深黄色【#facd89】，选择【矩形工具】，在选项栏中选择【形状】选项，设置【半径】为60像素，拖曳鼠标绘制形状，如图16-48所示。

图 16-48

Step 10 设置图层样式。双击形状图层，在打开的【图层样式】对话框中，勾选【投影】复选框，设置【不透明度】为75%，【角度】为120度，【距离】为3像素，【扩展】为0%，【大小】为19像素，勾选【使用全局光】复选框，如图16-49所示。

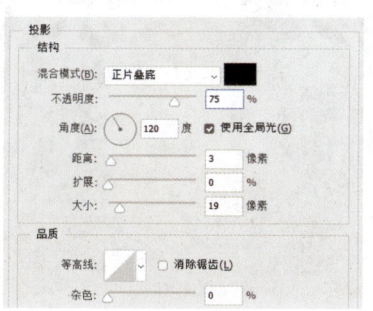

图 16-49

Step 11 显示效果。投影效果如图16-50所示。

图 16-50

Step 12 打开素材。打开"素材文件\第16章\花瓣图形.tif"文件，拖曳到当前文件中，如图16-51所示。

图 16-51

Step 13 设置图层样式。双击图层，在打开的【图层样式】对话框中，勾选【内发光】复选框，设置【混合模式】为【正片叠底】，【颜色】为黑色，【不透明度】为19%，【源】为边缘，【阻塞】为0%，【大小】为128像素，【范围】为50%，【抖动】为0%，如图16-52所示。

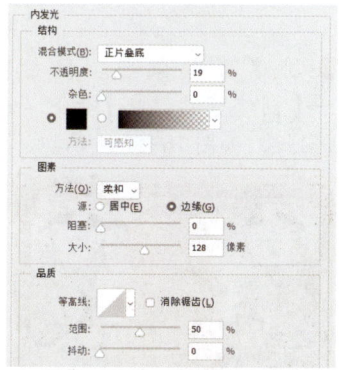

图 16-52

Step 14 显示效果。内发光效果如图16-53所示。

图 16-53

Step 15 创建剪贴蒙版。执行【图层】→【创建剪贴蒙版】命令，创建剪贴蒙版，如图16-54所示。

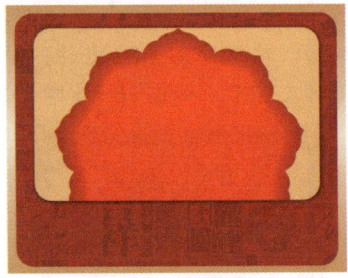

图 16-54

Step 16 打开素材。打开"素材文件\第 16 章\仙童.tif"文件，拖曳到当前文件中，如图 16-55 所示。

图 16-55

Step 17 创建剪贴蒙版。执行【图层】→【创建剪贴蒙版】命令，创建剪贴蒙版，如图 16-56 所示。

图 16-56

Step 18 打开素材。打开"素材文件\第 16 章\如意吉祥.tif"文件，拖曳到当前文件中，如图 16-57 所示。

图 16-57

Step 19 设置图层样式。双击图层，在【图层样式】对话框中，勾选【外发光】复选框，设置【混合模式】为【正常】，【颜色】为黄色【#ffee95】，【不透明度】为 47%，【扩展】为 0%，【大小】为 27 像素，【范围】为 50%，【抖动】为 0%，如图 16-58 所示。

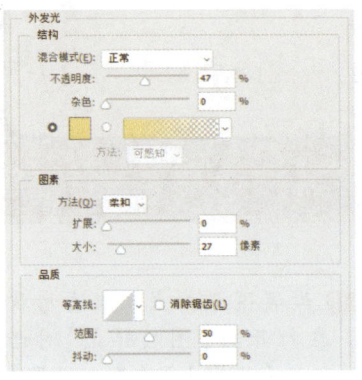

图 16-58

Step 20 显示效果。外发光效果如图 16-59 所示。

图 16-59

Step 21 载入图层选区。按住【Ctrl】键单击【形状 2】图层缩览图，载入图层选区，如图 16-60 所示。

图 16-60

Step 22 新建图层。新建【圆角矩形描边】图层，如图 16-61 所示。

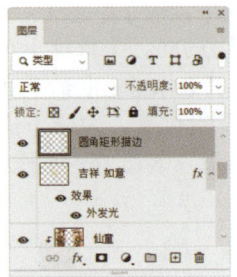

图 16-61

Step 23 设置描边效果。设置【前景色】为橙色【#facc89】，执行【编辑】→【描边】命令，❶设置【宽度】为 3 像素，【位置】为居外，❷单击【确定】按钮，如图 16-62 所示。

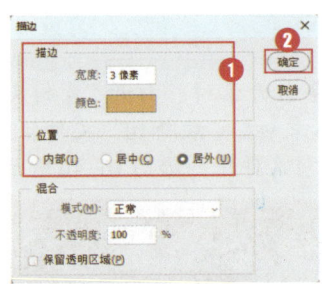

图 16-62

Step 24 设置图层样式。双击图层，在【图层样式】对话框中，勾选【投影】复选框，设置【颜色】为深红色【#894f23】，【不透明度】为 100%，【角度】为 120 度，【距离】为 3 像素，【扩展】为 21%，【大小】为 15 像素，勾选【使用全局光】复选框，如图 16-63 所示。

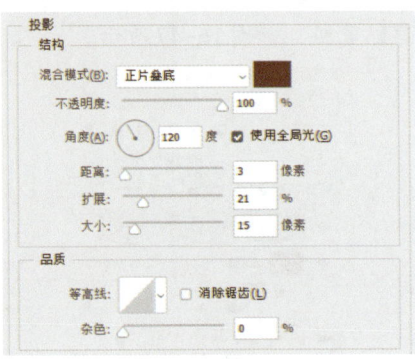

图 16-63

Step 25 显示效果。投影效果如图16-64所示。

图16-64

Step 26 打开素材。打开"素材文件\第16章\图案.tif"文件,拖曳到当前文件中,如图16-65所示。

图16-65

Step 27 设置图层样式。双击图层,在【图层样式】对话框中,勾选【描边】复选框,设置【大小】为3像素,【颜色】为深红色(#460000),如图16-66所示。

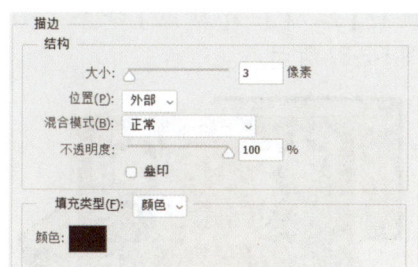

图16-66

Step 28 显示效果。描边效果如图16-67所示。

图16-67

Step 29 创建选区。新建【边框】图层,使用【矩形选框工具】创建选区,填充红色,如图16-68所示。

图16-68

Step 30 创建选区。使用【椭圆选框工具】创建正圆选区,如图16-69所示。

图16-69

Step 31 删除图像。按【Delete】键删除图像,如图16-70所示。

图16-70

Step 32 删除图像。使用相同的方法删除其他拐角图像,效果如图16-71所示。

图16-71

Step 33 设置图层样式。双击图层,在【图层样式】对话框中,勾选【内阴影】复选框,设置【混合模式】为【正片叠底】,【颜色】为黑色,【角度】为120度,【距离】为0像素,【阻塞】为23%,【大小】为59像素,如图16-72所示。

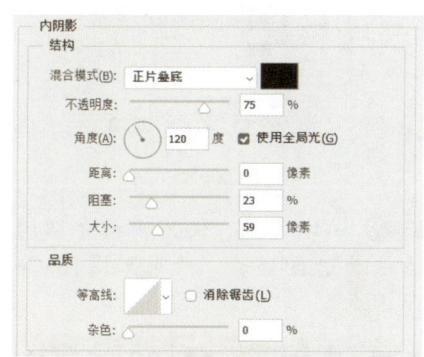

图16-72

Step 34 显示效果。内阴影效果如图16-73所示。

图16-73

Step 35 载入图层选区。按住【Ctrl】

键单击【边框】图层缩览图，载入图层选区，如图16-74所示。

图16-74

**Step 36** 新建并命名图层。新建图层，命名为【边框描边】，如图16-75所示。

图16-75

**Step 37** 描边选区。使用前面介绍的方法为选区描边，效果如图16-76所示。

图16-76

**Step 38** 设置图层样式。双击图层，在【图层样式】对话框中，勾选【斜面和浮雕】复选框，设置【样式】为枕状浮雕，【方法】为平滑，【深度】为161%，【方向】为下，【大小】为5像素，【软化】为0像素，【角

度】为120度，【光泽等高线】为锥形-反转，【高度】为30度，【高光模式】为滤色，【颜色】为白色，【不透明度】为91%，【阴影模式】为【正片叠底】，【颜色】为浅黄色【#ccbfa8】，【不透明度】为85%，如图16-77所示。

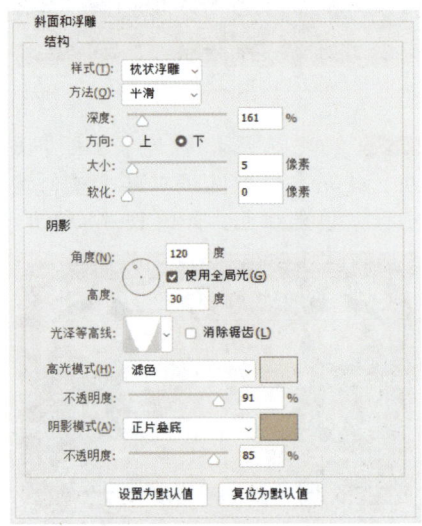

图16-77

**Step 39** 设置图层样式。在【图层样式】对话框中，勾选【投影】复选框，设置【颜色】为深红色【#894f23】，【不透明度】为100%，【角度】为120度，【距离】为3像素，【扩展】为21%，【大小】为15像素，勾选【使用全局光】复选框，如图16-78所示。

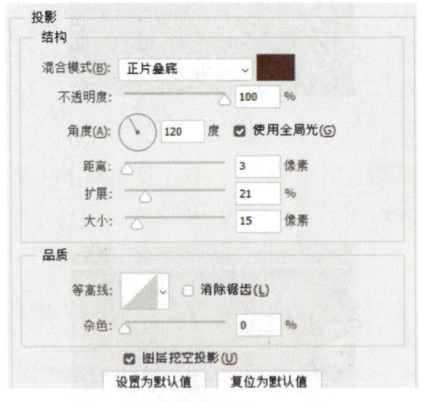

图16-78

**Step 40** 设置文字效果。使用【横排文字工具】输入文字"广式月饼"，在选项栏中，设置【字体】为汉仪水滴体繁，【字体大小】为84点，如图16-79所示。

图16-79

**Step 41** 复制图层样式。复制【边框描边】图层的图层样式到文字图层，效果如图16-80所示。

图16-80

**Step 42** 复制粘贴图像。按【Ctrl+A】组合键全选图像，执行【编辑】→【合并拷贝】命令，打开"素材文件\第16章\月饼盒.jpg"文件，执行【编辑】→【粘贴】命令，如图16-81所示。

图16-81

**Step 43** 生成图层。【图层】面板中自动生成【图层1】，如图16-82所示。

图 16-82

Step44 扭曲图像。执行【编辑】→【变换】→【扭曲】命令，扭曲变换图像，如图 16-83 所示。

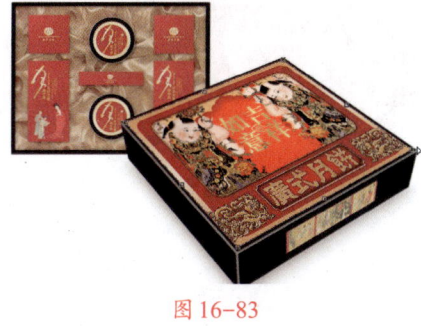

图 16-83

## 本章小结

本章主要介绍了包装设计的基本方法，包括糖果包装设计和月饼包装设计两个经典案例。包装设计除了要保证外观美观，还要考虑商品的使用，不能增加商品的使用难度。

# 第 17 章 实战：平面广告设计

➡ 宣传单设计
➡ 海报设计

平面广告设计是 Photoshop 2024 的主要应用领域，它包含的范围很广，包括名片/卡券设计、宣传单设计、海报设计等，它们看似区别不大，却有各自独特的设计要求，下面就带领大家了解、认识与学习平面广告设计的操作过程。

## 17.1 宣传单设计

| 实例门类 | 渐变＋蒙版＋艺术字设计类 |

宣传单广泛应用于各行各业中，包括店铺宣传单、促销宣传单、招生宣传单等，本案例制作夏季饮品宣传单，整体设计以青色为主色调，给人清爽、凉快的感觉。最终效果如图 17-1 所示。

图 17-1

具体操作步骤如下。

**Step01** 新建文件。执行【文件】→【新建】命令，设置【宽度】为 2480 像素，【高度】为 3508 像素，【分辨率】为 300 像素/英寸，如图 17-2 所示，单击【创建】按钮。

图 17-2

**Step02** 新建图层。设置【前景色】为蓝色【#a5d8db】。新建图层，按【Alt+Delete】组合键填充前景色，如图 17-3 所示。

图 17-3

**Step03** 置入素材。置入"素材文件\第 17 章\冰块.png"文件，如图 17-4 所示。

图 17-4

**Step04** 置入素材。置入"素材文件\第 17 章\奶茶.png"文件，如图 17-5 所示。

图 17-5

Step 05 调整图像大小和图层顺序。按【Ctrl+T】组合键执行【自由变换】命令，缩小图像，将其放在适当位置。将【奶茶】图层放在【冰块】图层下方，如图 17-6 所示。

图 17-6

Step 06 置入素材。置入"素材文件\第 17 章\柠檬.png"文件，如图 17-7 所示。

图 17-7

Step 07 调整图像大小和图层顺序。按【Ctrl+T】组合键执行【自由变换】命令，缩小图像，将其放在右侧。将【柠檬】图层放在【奶茶】图层下方，如图 17-8 所示。

图 17-8

Step 08 复制图层。选择【柠檬】图层，按【Ctrl+J】组合键复制 2 个拷贝图层，如图 17-9 所示。

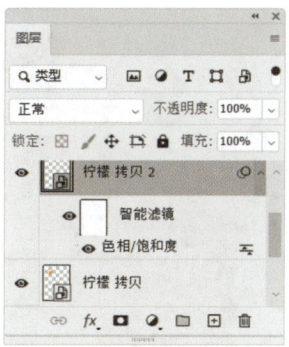

图 17-9

Step 09 调整图像位置。移动柠檬图像的位置，如图 17-10 所示。

图 17-10

Step 10 调整柠檬图像颜色。选择左上角的柠檬图像，按【Ctrl+U】组合键打开【色相/饱和度】对话框，设置色相、饱和度和明度参数，调整柠檬图像颜色，如图 17-11 所示。

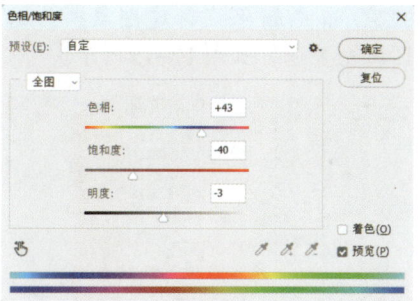

图 17-11

Step 11 缩小奶茶图像。选择【奶茶】图层，按【Ctrl+T】组合键执行【自由变换】命令，缩小图像，如图 17-12 所示。

图 17-12

Step 12 输入文字。使用【直排文字工具】，输入白色文字，设置【字体】为思源宋体，如图 17-13 所示。

图 17-13

Step 13 创建选区。使用【矩形选框工具】在文字上创建选区，如图 17-14 所示。

Step⑭ 填充颜色。新建图层，为选区填充黄色，如图17-15所示。

图17-14　　　图17-15

Step⑮ 创建剪贴蒙版。在图层上右击鼠标，在弹出的快捷菜单中选择【创建剪贴蒙版】命令，创建剪贴蒙版，使填充的黄色只作用于文字上，如图17-16所示。

图17-16

Step⑯ 输入文字。使用【直排文字工具】，输入白色文字，设置【字体】为思源宋体，如图17-17所示。

Step⑰ 绘制矩形框。使用【矩形工具】绘制矩形，在选项栏中设置【填充】为无，【描边】为白色，【粗细】为3像素，如图17-18所示。

图17-17　　　图17-18

Step⑱ 输入文字。使用【横排文字工具】，输入白色文字，设置【字体】为思源宋体，并旋转文字，如图17-19所示。

图17-19

Step⑲ 绘制形状。选择【钢笔工具】，在选项栏中设置绘图模式为【形状】，【填充】为黄色，在文字下方绘制形状，如图17-20所示。

图17-20

Step⑳ 添加图层蒙版。选择【冰块】图层，单击【图层】面板底部的按钮，添加图层蒙版，如图17-21所示。

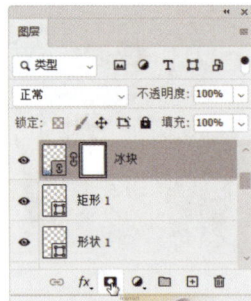

图17-21

Step㉑ 修改蒙版。使用黑色柔角画笔，并降低画笔不透明度，在图像上涂抹，使其与下方图像融合，如图17-22所示。

图17-22

Step㉒ 绘制椭圆形状。使用【椭圆工具】绘制白色椭圆形状，如图17-23所示。

图17-23

Step㉓ 复制椭圆形状。按【Ctrl+J】组合键复制椭圆形状。按【Ctrl+T】组合键执行【自由变换】命令，按住【Alt】键以当前中心点为基准等比例缩小形状，如图17-24所示。

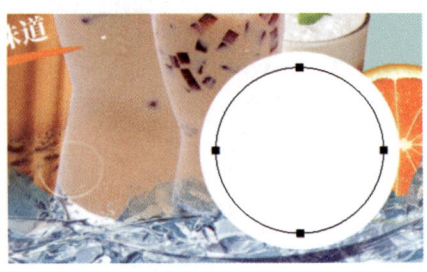

图17-24

Step㉔ 设置描边效果。选择【椭圆工具】，在选项栏中设置【填充】为无，【描边】为蓝色，【大小】为10像素，【描边样式】为虚线，如图17-25所示。

图 17-25

图 17-26

图 17-27

Step25 输入文字。使用【横排文字工具】，输入蓝色文字，设置【字体】为思源宋体，如图 17-26 所示。

Step26 调整椭圆形状大小，完成宣传单制作。选择【椭圆1】图层，按【Ctrl+T】组合键执行【自由变换】命令。按住【Alt】键以当前中心点为基准等比例缩放形状，完成饮料宣传单制作，效果如图 17-27 所示。

## 17.2 海报设计

| 实例门类 | 图层混合模式+艺术字设计类 |

海报是一种常见的平面设计，常常张贴于人们易于看到的地方，也可以在媒体上刊登、播放。本案例制作植树节公益宣传海报，整体以绿色为主色调，突出植树的主题，效果如图 17-28 所示。

图 17-28

具体操作步骤如下。

Step01 新建文件。执行【文件】→【新建】命令，设置【宽度】为 3543 像素，【高度】为 4324 像素，【分辨率】为 150 像素/英寸，如图 17-29 所示，单击【创建】按钮。

图 17-29

Step02 设置渐变色。选择【渐变工具】，打开【渐变编辑器】对话框，设置渐变色为【#9cbe74】和【#638342】，如图 17-30 所示。

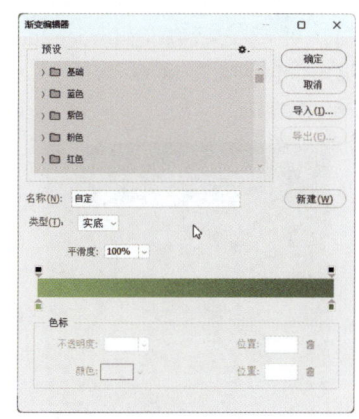

图 17-30

Step03 填充渐变色。设置渐变方式为【径向渐变】。新建【图层1】，从上至下拖曳鼠标填充渐变色，如

图17-31所示。

图17-31

Step 04 创建选区。使用【多边形套索工具】创建选区，如图17-32所示。

图17-32

Step 05 新建图层并填充。新建【图层2】，并填充浅绿色【#cee2ad】，按【Ctrl+D】组合键取消选区，如图17-33所示。

图17-33

Step 06 添加投影效果。双击【图层2】，打开【图层样式】对话框，勾选【投影】复选框，设置【颜色】为灰绿色，【混合模式】为【正片叠底】，【角度】为90度，【距离】为0像素，【扩展】为19%，【大小】为68像素，如图17-34所示。

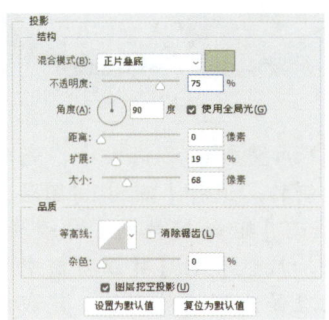

图17-34

Step 07 显示效果。单击【确定】按钮，效果如图17-35所示。

图17-35

Step 08 绘制矩形选框。选择【矩形选框工具】，绘制矩形选框，在下方的浮动工具栏中单击【创成式填充】按钮，如图17-36所示。

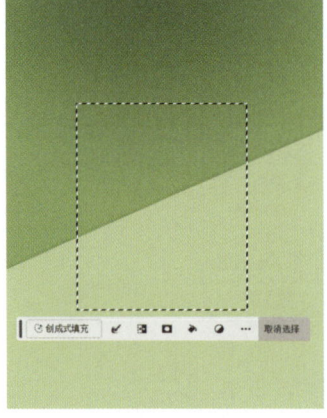

图17-36

Step 09 输入文字。在文本框中输入文字"一棵大树种在浅绿色花盆里"，单击【生成】按钮，如图17-37所示。

图17-37

Step 10 生成图像。在画布中生成相应的图像，如图17-38所示。

图17-38

Step 11 新建图层并填充黑色。在【图层】面板顶部新建图层并填充黑色，设置图层【混合模式】为【滤色】，如图17-39所示。

图17-39

Step 12 添加镜头光晕效果。执行【滤镜】→【渲染】→【镜头光晕】命令，设置参数，如图17-40所示。

图17-40

Step⑬ 移动图像位置。单击【确定】按钮，返回文件中，调整镜头光晕图像位置，如图17-41所示。

图17-41

Step⑭ 置入文字素材。置入"素材文件\第17章\文字.png"文件，如图17-42所示。

图17-42

Step⑮ 添加外发光效果。双击【文字】图层，打开【图层样式】对话框，勾选【外发光】复选框。设置【颜色】为浅黄色【#edf483】，【混合模式】为【滤色】，【方法】为柔和，【扩展】为0%，【大小】为21像素，如图17-43所示。

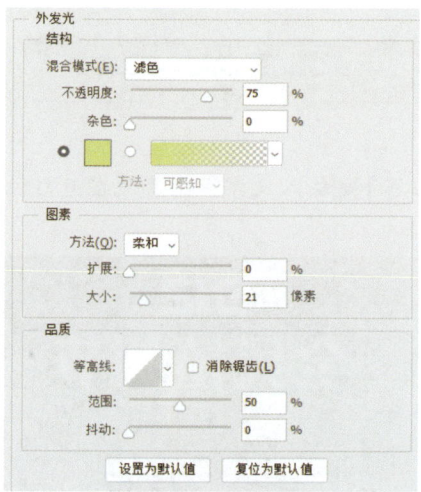

图17-43

Step⑯ 显示效果。单击【确定】按钮，返回文件，效果如图17-44所示。

图17-44

Step⑰ 输入数字。使用【横排文字工具】输入白色数字，设置【字体】为庞门正道标题体，如图17-45所示。

图17-45

Step⑱ 复制图层样式。按住【Alt】键拖曳【文字】图层样式到数字图层上，添加外发光效果，如图17-46所示。

图17-46

Step⑲ 输入段落文字并设置行距。使用【横排文字工具】输入段落文字，并打开【字符】面板，设置合适的行距，如图17-47所示。

图17-47

Step⑳ 调整段落效果。单击选项栏中的按钮，居中对齐文字，并拖曳文本框调整文字效果，如图17-48所示。

图17-48

Step㉑ 输入段落文字。使用相同的方法输入段落文字并调整段落效果，如图17-49所示。

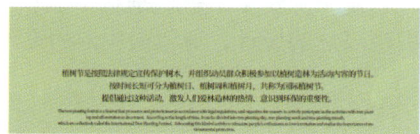

图17-49

Step㉒ 输入英文字母。使用【横排文字工具】输入大写英文字母，设置行距和字距，如图17-50所示。

图17-50

**Step 23** 输入文字。继续使用【横排文字工具】T输入文字，将其放在适当位置，完成植树节海报制作，最终效果如图17-51所示。

图17-51

## 本章小结

　　本章主要介绍了平面广告设计的基本方法，包括宣传单设计、海报设计两个经典案例。平面广告设计需要突出产品主题，减少过多的辅助干扰元素。设计版面时，要避免版面被切割得太细碎，内容过多，或者缺乏重心。什么都想表达的设计，通常是失败的设计。

# 第18章 实战：网店页面与游戏界面设计

- 店铺客服区设计
- 主图和推广图设计
- 双十一网店活动海报设计
- 游戏主界面设计

想要在网店中完美展现出商品的特质，吸引顾客的眼球，除了需要学习专业的拍摄技法，还需要掌握一些后期处理技法。文字与图片是构成网页的两个最基本的元素。可以简单地理解为文字就是网页的内容，图片影响网页的美观度。网店页面设计和其他设计一样，也需要关注整体版面的美观与和谐。同样的，文字、图片、版面也是决定游戏界面美观与否的重要因素。

## 18.1 店铺客服区设计

| 实例门类 | 页面排版＋文字设计类 |

本案例设计店铺客服区。店铺客服区设计分为简洁型（文字为主）和图片型。图片型客服区以图片为主，文字为辅，可以添加可爱的图片，带给顾客亲切的沟通体验。本案例首先制作花边背景，然后添加卡通人物图片，最后制作文字内容。效果如图18-1所示。

图 18-1

具体操作步骤如下。

**Step 01** 新建文件。按【Ctrl+N】组合键，执行【新建】命令，设置【宽度】为1212像素，【高度】为250像素，【分辨率】为72像素/英寸，如图18-2所示，单击【创建】按钮。

图 18-2

**Step 02** 全选图像。按【Ctrl+A】组合键全选图像，如图18-3所示。

图 18-3

**Step 03** 创建边界选区。执行【选择】→【修改】→【边界】命令，打开【边界选区】对话框，设置【宽度】为20像素，单击【确定】按钮，如图18-4所示。

图 18-4

**Step 04** 显示效果。效果如图18-5所示。

图 18-5

Step 05 进入快速蒙版状态。按【Q】键，进入快速蒙版状态，如图18-6所示。

图18-6

Step 06 创建波浪效果。执行【滤镜】→【扭曲】→【波浪】命令，打开【波浪】对话框，设置【生成器数】为1，【波长】最小为10，最大为50，【波幅】最小为5，最大为18，水平和垂直【比例】均为100%，选择【类型】为三角形，【未定义区域】为折回，如图18-7所示。

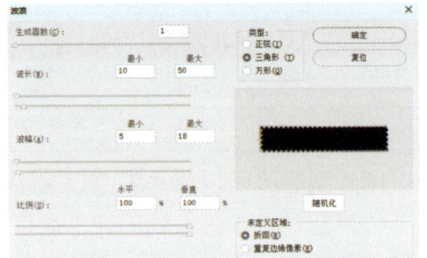

图18-7

Step 07 显示效果。单击【确定】按钮，效果如图18-8所示。

图18-8

Step 08 退出快速蒙版状态。再次按【Q】键，退出快速蒙版状态，如图18-9所示。

图18-9

Step 09 创建花边。新建图层，填充浅红色【#fb8f8c】，如图18-10所示。

图18-10

Step 10 添加文字。使用【横排文字工具】输入文字，设置【字体】为微软雅黑，【字体大小】为24点，【颜色】为深红色【#ca0308】，如图18-11所示。

图18-11

Step 11 打开素材。打开"素材文件\第18章\卡通客服.tif"文件，如图18-12所示。

图18-12

Step 12 拖曳卡通客服素材。将其中一个卡通客服素材拖曳到当前文件中，如图18-13所示。

图18-13

Step 13 绘制圆角矩形。设置【前景色】为深红色【#ca0308】，新建图层，选择【矩形工具】，在选项栏中选择【像素】选项，设置【半径】为5像素，拖曳鼠标绘制圆角矩形，如图18-14所示。

图18-14

Step 14 添加旺旺素材。打开"素材文件\第18章\旺旺.tif"文件，拖曳到当前文件中，如图18-15所示。

图18-15

Step 15 添加文字。使用【横排文字工具】输入文字，设置【字体】为微软雅黑，【字体大小】为12点，【颜色】为白色【#ffffff】，如图18-16所示。

图18-16

Step 16 复制内容。复制内容，移动到右侧适当位置，并更改文字，添加卡通客服素材，效果如图18-17所示。

图18-17

**Step 17** 继续复制内容。继续复制内容，移动到右侧适当位置，并更改文字，添加卡通客服素材，如图18-18所示。

图18-18

**Step 18** 设置直线。选择【直线工具】，在选项栏中选择【形状】选项，设置【填充】颜色为无，【描边】为深红色【#ca0308】，【粗细】为1像素，描边【样式】为虚线，如图18-19所示。

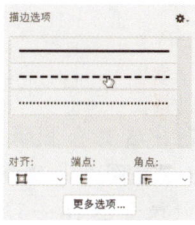

图18-19

**Step 19** 绘制直线。拖曳鼠标绘制直线，效果如图18-20所示。

图18-20

**Step 20** 复制直线。按住【Alt】键，拖曳鼠标复制直线，如图18-21所示。

图18-21

**Step 21** 添加文字。使用【横排文字工具】输入文字，设置【字体】为黑体，【字体大小】为50点，【颜色】为粉红色【#fb8f8c】，如图18-22所示。

图18-22

**Step 22** 创建选区。新建图层，使用【矩形选框工具】创建选区，填充深红色【#ca0308】，如图18-23所示。

图18-23

**Step 23** 添加白色文字。使用【横排文字工具】输入白色文字，如图18-24所示。

图18-24

**Step 24** 添加浅红色文字。使用【横排文字工具】输入文字，设置【字体】为方正粗圆简体，【字体大小】为48点，【颜色】为浅红色【#fb8f8c】，如图18-25所示。

图18-25

**Step 25** 复制文字。选择"客服中心"文字，按住【Alt】键移动复制文字，如图18-26所示。

图18-26

**Step 26** 翻转文字。执行【编辑】→【变换】→【垂直翻转】命令，垂直翻转文字，如图18-27所示。

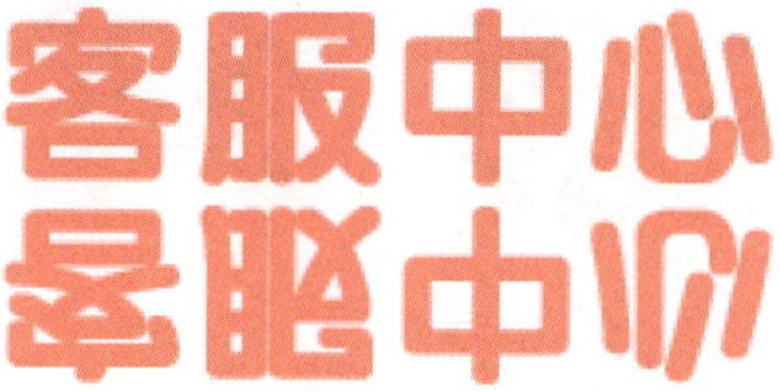

图18-27

**Step 27** 添加图层蒙版。为文字图层添加图层蒙版。使用黑白【渐变工具】修改蒙版，如图18-28所示。

图18-28

Step 28 显示效果。效果如图18-29所示。

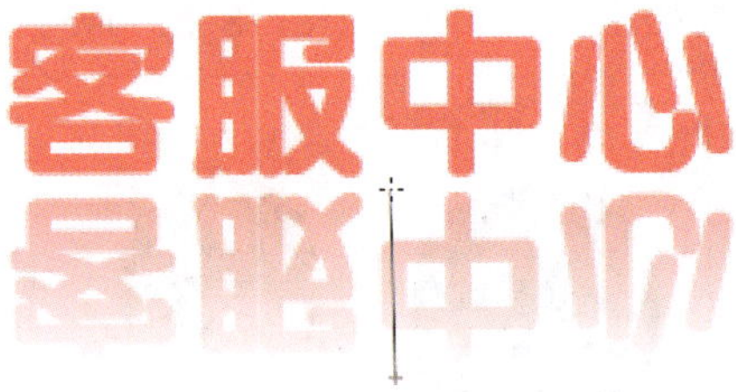

图18-29

## 18.2 主图和推广图设计

| 实例门类 | 选区+图层样式+艺术字设计类 |

质感类展示设计通常突出商品的材质，通过商品外观吸引顾客。为了拉近商品与顾客之间的距离，可以将商品置于使用场景中展示。本案例场景化主图设计的效果如图18-30所示，首先制作质感商品展示效果，然后制作主体文字，最后制作小标语。

图18-30

具体操作步骤如下。

Step 01 新建文件。打开Photoshop，按【Ctrl+N】组合键执行【新建】命令，在【新建】对话框中设置【宽度】为800像素，【高度】为800像素，【分辨率】为72像素/英寸，如图18-31所示，单击【创建】按钮。

图18-31

Step 02 添加素材。按【Ctrl+O】组合键，打开"素材文件\第18章\房间.jpg"文件。选择【移动工具】，将素材拖曳到主图文件中，如图18-32所示。

图18-32

Step 03 绘制图形。选择【钢笔工具】，在选项栏中选择【像素】，设置前景色RGB值为213、170、115，新建图层，绘制如图18-33所示的图形。

图18-33

Step 04 绘制光晕效果。选择【画笔工具】，选择柔边画笔。新建图层，设置【前景色】为白色，在主图底部单击，效果如图18-34所示。

图18-34

Step 05 设置图层混合模式。在【图层】面板中设置图层【混合模式】为【叠加】，效果如图18-35所示。

图18-35

Step 06 添加素材。按【Ctrl+O】组合键，打开"素材文件\第18章\豆浆机.psd"文件。选择【移动工具】，将素材拖曳到主图文件中，如图18-36所示。

图18-36

Step 07 添加素材。按【Ctrl+O】组合键，打开"素材文件\第18章\豆子.psd"文件。选择【移动工具】，将素材拖曳到主图文件中豆浆机的下层，如图18-37所示。

图18-37

Step 08 输入文字。选择【横排文字工具】，在图像上输入文字，设置【字体】为造字工房力黑，如图18-38所示。

图18-38

Step 09 设置描边。保持图层的选中状态，执行【图层】→【图层样式】→【描边】命令，打开【图层样式】对话框，设置【描边】为橘色，其他参数设置如图18-39所示。

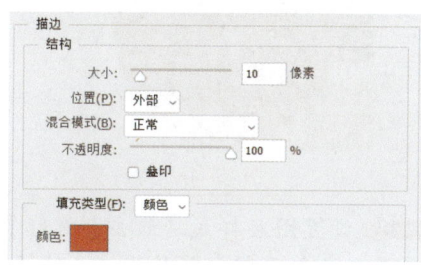

图18-39

Step 10 设置渐变叠加。在对话框左侧勾选【渐变叠加】复选框，设置渐变色为黄色、白色、黄色，【角度】为-32度，如图18-40所示。

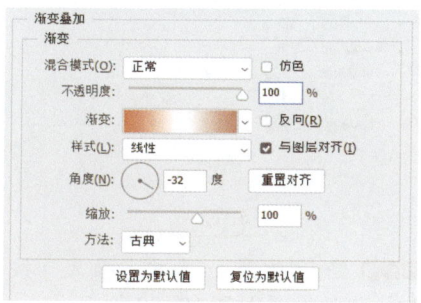

图18-40

Step 11 显示效果。单击【确定】按钮，文字效果如图18-41所示。

图18-41

Step 12 输入文字。选择【横排文字工具】，设置【前景色】为浅黄色【#fff3ec】。在图像上输入文字，设置【字体】为方正综艺简体，如图18-42所示。

图18-42

Step 13 设置描边。保持图层的选中状态，执行【图层】→【图层样式】→【描边】命令，打开【图层样式】对话框，设置【描边】为橘色，其他参数设置如图18-43所示。

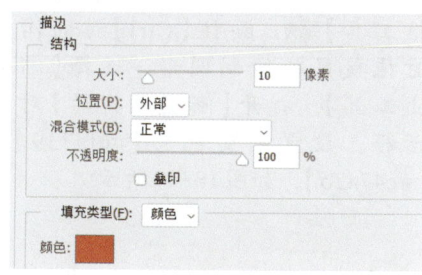

图18-43

Step 14 显示效果。单击【确定】按钮，文字效果如图18-44所示。

图18-44

Step 15 绘制图形。选择【钢笔工具】，在选项栏中选择【像素】，设置前景色RGB值为225、111、39，新建图层，在文字的左上角绘制如图18-45所示的图形。

图18-45

Step 16 复制并翻转图形。按【Ctrl+J】组合键复制图形，按【Ctrl+T】组合键，在图形上右击，在弹出的快捷菜单中选择【垂直翻转】命令，再次右击后选择【水平翻转】命令，按【Enter】键确认后将图形移到文字的右下角，如图18-46所示。

图18-46

Step 17 设置渐变色。选择【椭圆选框工具】 ，按住【Ctrl】键的同时拖曳鼠标绘制圆形。选择【渐变工具】，打开【渐变编辑器】对话框，设置渐变色为【#efa739】【#e47a2b】，如图18-47所示。

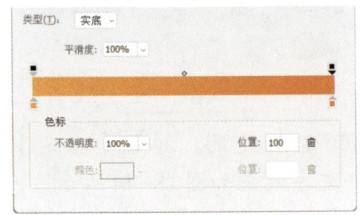

图18-47

Step 18 填充渐变色。设置渐变方式为【线性渐变】。新建【圆形】图层，从左至右拖曳鼠标填充渐变色，

按【Ctrl+D】组合键取消选区，如图18-48所示。

图18-48

Step 19 设置图层样式。双击【圆形】图层，在打开的【图层样式】对话框中，勾选【描边】复选框，设置【大小】为4像素，【颜色】为白色，如图18-49所示。

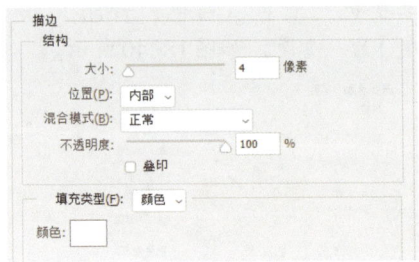

图18-49

Step 20 显示效果。单击【确定】按钮，描边效果如图18-50所示。

图18-50

Step 21 输入文字。选择【横排文字工具】 ，设置【前景色】为白色。在圆形上输入文字，设置上方文字的【字体】为黑体，下方文字的【字体】为方正综艺简体，本案例最终效果如图18-51所示。

图18-51

## 18.3 双十一网店活动海报设计

| 实例门类 | 文字效果+图层样式设计类 |

双十一购物狂欢节是指每年11月11日的网络促销日，源于淘宝商城（天猫）2009年11月11日举办的促销活动，当时参与的商家数量和促销力度有限，但营业额远超预期，于是11月11日成为天猫举办大规模促销活动的固定日期。本案例首先制作广告底图，然后制作重点文字，最后添加说明文字和装饰，如图18-52所示。

图18-52

具体操作步骤如下。

**Step 01** 新建文件。打开Photoshop，按【Ctrl+N】组合键执行【新建】命令，在【新建】对话框中设置【宽度】为950像素，【高度】为410像素，【分辨率】为72像素/英寸，如图18-53所示。

图18-53

**Step 02** 填充背景色并绘制矩形。设置前景色的RGB值为214、23、45，按【Alt+Delete】组合键填充背景为红色。选择【矩形工具】，在选项栏中选择【像素】，设置前景色的RGB值为255、33、74，新建图层，拖曳鼠标绘制如图18-54所示的矩形。

图18-54

**Step 03** 绘制矩形。选择【矩形工具】，在选项栏中选择【形状】，设置前景色的RGB值为214、23、45，新建图层，绘制如图18-55所示的矩形。

图18-55

**Step 04** 选择透视命令。按【Ctrl+T】组合键，在矩形上右击，在弹出的快捷菜单中选择【透视】命令，如图18-56所示。

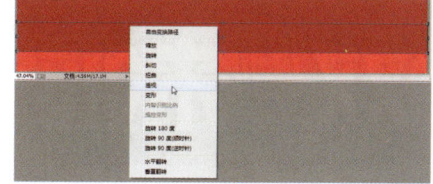

图18-56

**Step 05** 透视图形。向左拖曳右下角的控制点，使其与左下角的控制点重合，如图18-57所示，按【Enter】键确认。

图18-57

**Step 06** 添加素材。按【Ctrl+O】组合键，打开"素材文件\第18章\圆.psd"文件。选择【移动工具】，将素材拖到海报文件中，如图18-58所示。

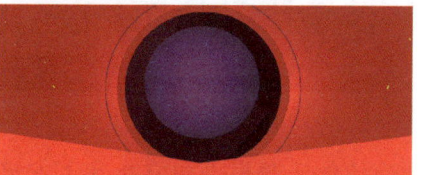

图18-58

**Step 07** 绘制文字路径。按【Ctrl+R】组合键，显示标尺，拖曳出两条水平辅助线。选择【钢笔工具】，在选项栏中选择【路径】，绘制如图18-59所示的文字路径。

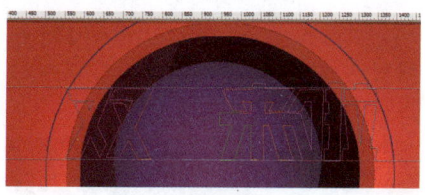

图18-59

**Step 08** 用前景色填充。新建图层，设置【前景色】为白色，切换到【路径】面板，单击【路径】面板下方的【用前景色填充路径】按钮，得到如图18-60所示的效果。

图18-60

**Step 09** 绘制矩形。选择【矩形工具】，在选项栏中选择【像素】，新建图层，设置前景色的RGB值为252、222、26，拖曳鼠标绘制如图18-61所示的矩形。

图18-61

**Step 10** 选择斜切命令。按【Ctrl+T】组合键，在矩形上右击，在弹出的快捷菜单中选择【斜切】命令，如图18-62所示。

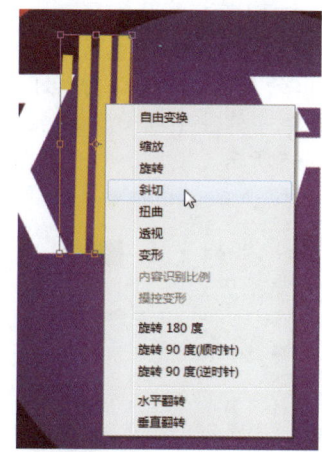

图18-62

**Step 11** 倾斜矩形。拖曳上方中间的控制点，将矩形倾斜一定角度，如图18-63所示，按【Enter】键确认。

图 18-63

Step⑿ 复制矩形。选择【移动工具】，将鼠标指针置于矩形上，按住【Alt】键的同时拖曳，复制矩形，如图 18-64 所示。

图 18-64

Step⒀ 设置投影参数。按【Ctrl+E】组合键，将图形化的文字"双11来啦"合并。单击【图层】面板下方的【添加图层样式】按钮 fx.，在弹出的下拉菜单中选择【投影】命令，在弹出的【图层样式】对话框中设置参数，单击【确定】按钮，如图 18-65 所示。

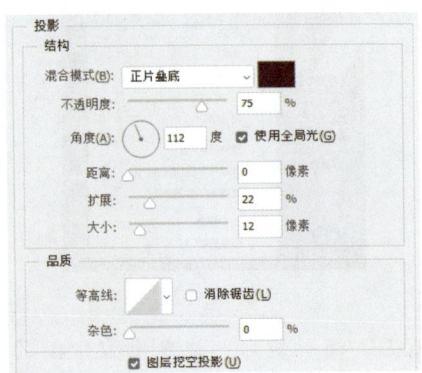

图 18-65

Step⒁ 显示效果。此时，投影效果如图 18-66 所示，文字变得非常有立体感。

图 18-66

Step⒂ 绘制矩形。选择【矩形工具】，在选项栏中选择【像素】，新建图层，设置前景色的 RGB 值为 0、160、233，拖曳鼠标绘制如图 18-67 所示的矩形。

图 18-67

Step⒃ 选择斜切命令。按【Ctrl+T】组合键，在矩形上右击，在弹出的快捷菜单中选择【斜切】命令，如图 18-68 所示。

图 18-68

Step⒄ 倾斜矩形。向右拖曳上方中间的控制点，将矩形倾斜一定角度，得到平行四边形，如图 18-69 所示，按【Enter】键确认。

图 18-69

Step⒅ 载入选区。按住【Ctrl】键的同时单击平行四边形，将其载入选区，如图 18-70 所示。

图 18-70

Step⒆ 设置描边参数。在平行四边形下方新建图层，执行【编辑】→【描边】命令，打开【描边】对话框，设置【宽度】为 2 像素，【颜色】为黄色，如图 18-71 所示。

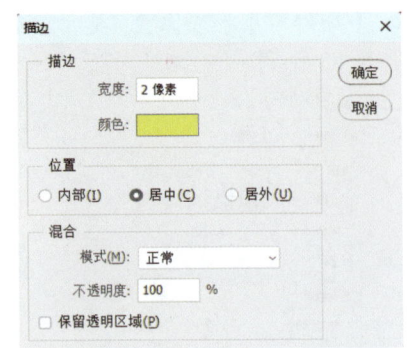

图 18-71

Step⒇ 显示效果。单击【确定】按钮，得到如图 18-72 所示的效果。

图 18-72

Step㉑ 调整线条的宽度。选择【移动工具】，移动线条。按【Ctrl+T】组合键，调整线条的宽度，如图 18-73 所示，按【Enter】键确认。

图 18-73

Step㉒ 输入文字。选择【横排文字工具】，设置【前景色】为白色。输入文字，设置【字体】为方正综艺简体，按【Ctrl+Enter】组合键，完成文字的输入，如图 18-74 所示。

图 18-74

Step㉓ 设置投影参数。单击【图层】面板下方的【添加图层样式】按钮 fx.，在弹出的下拉菜单中选择【投影】命令，在弹出的【图层样式】对话框中设置参数，如图 18-75 所示。

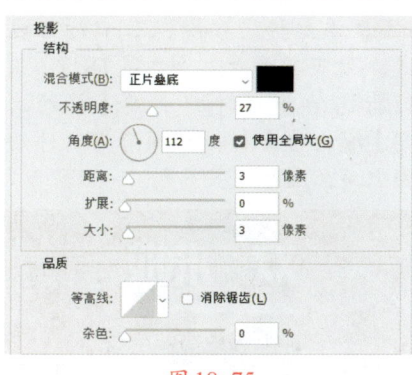

图18-75

Step24 显示效果。单击【确定】按钮，此时，投影效果如图18-76所示。

图18-76

Step25 输入文字。选择【横排文字工具】T，设置【前景色】为白色。分别输入文字，设置【字体】为黑体，如图18-77所示。

图18-77

Step26 选择透视命令。新建图层并绘制一个矩形，按【Ctrl+T】组合键，在矩形上右击，在弹出的快捷菜单中选择【透视】命令，如图18-78所示。

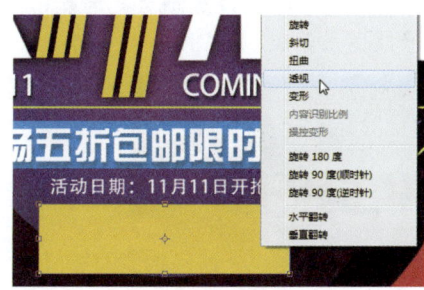

图18-78

Step27 调整形状。向左拖曳右下角的控制点，使其与左下角的控制点重合，如图18-79所示，按【Enter】键确认。

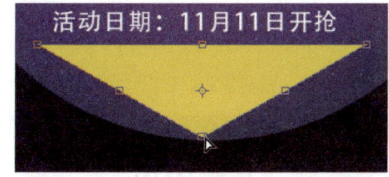

图18-79

Step28 绘制圆角矩形。新建图层，选择【矩形工具】□，在选项栏中选择【像素】，设置【半径】为7像素。设置【前景色】为黑色，绘制一个圆角矩形，如图18-80所示。

图18-80

Step29 输入文字。选择【横排文字工具】T，设置【前景色】为红色。输入文字，设置【字体】为黑体，按【Ctrl+Enter】组合键，完成文字的输入，如图18-81所示。

图18-81

Step30 添加素材。按【Ctrl+O】组合键，打开"素材文件\第18章\海报素材.psd"文件。选择【移动工具】，将素材拖曳到海报文件中，如图18-82所示。

图18-82

Step31 绘制路径。选择【钢笔工具】，在选项栏中选择【路径】，绘制路径，将鼠标指针置于路径左端，捕捉到路径时单击，如图18-83所示。

图18-83

Step32 输入文字。选择【横排文字工具】T，设置【前景色】为白色。输入文字，设置【字体】为黑体，如图18-84所示，按【Ctrl+Enter】组合键，完成文字的输入。

图18-84

Step33 绘制图形。选择【钢笔工具】，在选项栏中选择【像素】，新建图层，绘制如图18-85所示的图形。

图18-85

Step 34 绘制三角形。选择【多边形套索工具】，绘制三角形，填充为蓝色与黄色，按【Ctrl+D】组合键取消选区，如图18-86所示。

图 18-86

Step 35 绘制斜角四边形。选择【多边形套索工具】，绘制多个斜角四边形，在绘制过程中，按住【Shift】键可绘制水平和垂直的线。将绘制的斜角四边形填充为蓝色、紫色、黄色，按【Ctrl+D】组合键取消选区，如图18-87所示。

图 18-87

Step 36 添加标志。按【Ctrl+O】组合键，打开"素材文件\第18章\双11标志.psd"文件。选择【移动工具】，将素材拖曳到海报文件的左上角，最终效果如图18-88所示。

图 18-88

## 18.4 游戏主界面设计

| 实例门类 | 形状+剪贴蒙版+艺术字设计类 |

本案例制作游戏主界面。游戏主界面是指进入游戏时，第一眼看到的总体界面，它包含游戏的导航栏、网站公告和联系方式等。本例游戏主界面采用通栏底图样式，使用高饱和度的颜色作点缀，使游戏主界面充满活力，栏目分类清晰，内容丰富而不拥挤，效果如图18-89所示。

图 18-89

具体操作步骤如下。

Step 01 新建文件。执行【文件】→【新建】命令，设置【宽度】为1920像素，【高度】为1270像素，【分辨率】为72像素/英寸，如图18-90所示，单击【创建】按钮。

图 18-90

Step 02 打开素材。打开"素材文件\第18章\底图.jpg"文件，拖曳到当前文件中，命名图层为【底图】，如图18-91所示。

图 18-91

Step 03 修改图层蒙版。单击【添加图层蒙版】按钮，添加图层蒙版。选择【渐变工具】，设置渐变色为黑白，从上往下拖曳鼠标，修改图层蒙版，如图18-92所示。

图 18-92

Step 04 打开素材。打开"素材文件\第18章\人物.tif"文件，拖曳到当前文件中，水平翻转图像，移动到右侧适当位置，如图18-93所示。

图 18-93

Step 05 设置图层样式。双击图层，在打开的【图层样式】对话框中，勾选【投影】复选框，设置【不透明度】为32%，【角度】为120度，【距离】为11像素，【扩展】为0%，【大小】为9像素，勾选【使用全局光】复选框，如图18-94所示。

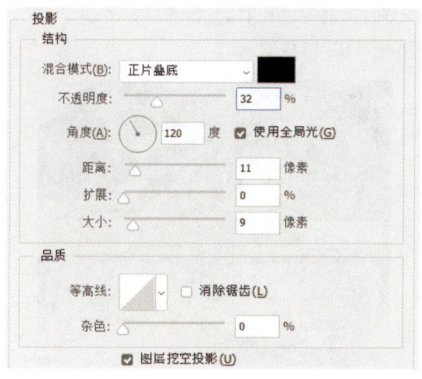

图 18-94

Step 06 打开素材。打开"素材文件\第18章\logo.tif"文件，拖曳到当前文件中，移动到适当位置，如图18-95所示。

图 18-95

Step 07 输入文字并设置参数。用【横排文字工具】输入文字"世间传说 谁辨真伪"，在选项栏中设置【字体】为叶根友蚕燕隶书，【字体大小】为47点，如图18-96所示。

图 18-96

Step 08 设置图层样式。双击文字图层，在【图层样式】对话框中，勾选【外发光】复选框，设置【混合模式】为【滤色】，【颜色】为黄色【#ffffbe】，【扩展】为0%，【大小】为7像素，如图18-97所示。

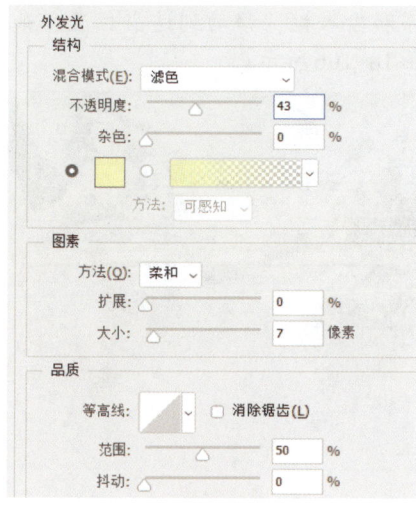

图 18-97

Step 09 设置图层样式。在【图层样式】对话框中，勾选【投影】复选框，设置【不透明度】为75%，【角度】为120度，【距离】为5像素，【扩展】为0%，【大小】为5像素，勾选【使用全局光】复选框，如图18-98所示。

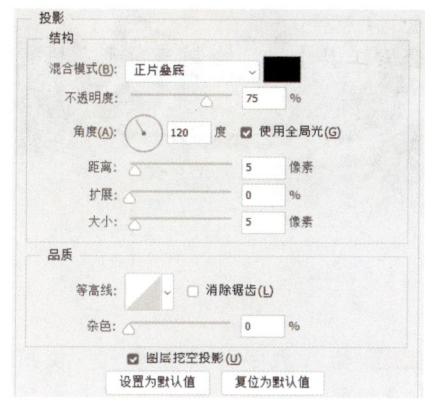

图 18-98

Step 10 显示效果。文字效果如图18-99所示。

图 18-99

Step 11 新建并命名图层组。新建图层组，命名为【顶栏】，如图18-100所示。

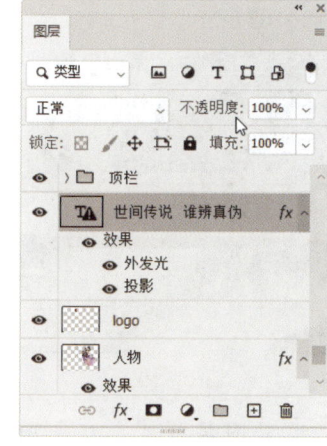

图 18-100

Step 12 打开素材。打开"素材文件\第18章\顶栏底.tif"文件，拖曳到当前文件中，如图18-101所示。

图 18-101

Step13 输入文字并设置参数。使用【横排文字工具】T输入黑色文字"会员名称:",在选项栏中,设置【字体】为宋体,【字体大小】为20点,如图18-102所示。

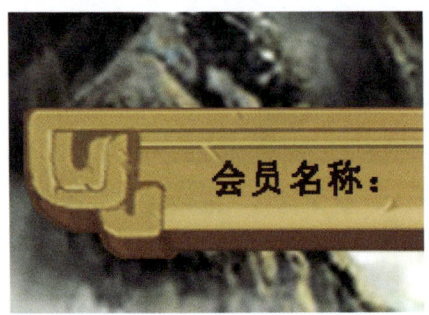

图 18-102

Step14 新建图层。新建【会员名称输入框】图层,使用【矩形选框工具】创建矩形选区,填充白色,如图18-103所示。

图 18-103

Step15 设置图层样式。双击图层,在【图层样式】对话框中,勾选【描边】复选框,设置【大小】为5像素,【颜色】为土黄色【#ab7803】,如图18-104所示。

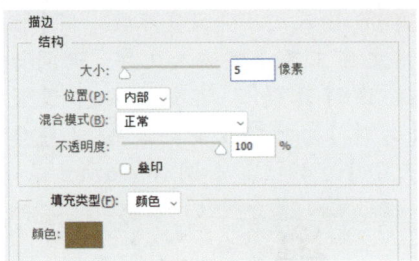

图 18-104

Step16 显示效果。描边效果如图18-105所示。

图 18-105

Step17 复制文字和输入框。复制文字和输入框,移动到适当位置,如图18-106所示。

图 18-106

Step18 更改文字内容。更改文字内容,并进行适当调整,效果如图18-107所示。

图 18-107

Step19 新建图层并命名。新建图层,命名为【随机码】,如图18-108所示。

图 18-108

Step20 创建选区并填充。使用【矩形选框工具】创建矩形选区,填充深灰色【#626262】,如图18-109所示。

图 18-109

Step21 打开素材。打开"素材文件\第18章\登录注册框.tif"文件,拖曳到当前文件中,移动到适当位置,如图18-110所示。

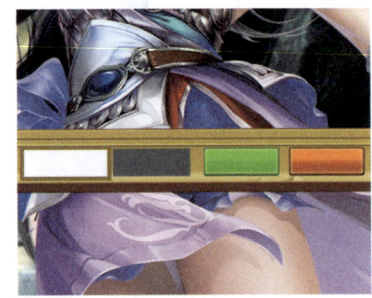

图 18-110

Step22 复制文字。复制前面的文字,更改文字内容为"登录"和"注册",更改文字颜色为白色,如图18-111所示。

图 18-111

Step23 设置图层样式。双击【登录】

文字图层，在【图层样式】对话框中，勾选【描边】复选框，设置【大小】为1像素，【颜色】为绿色【#487c09】，如图18-112所示。

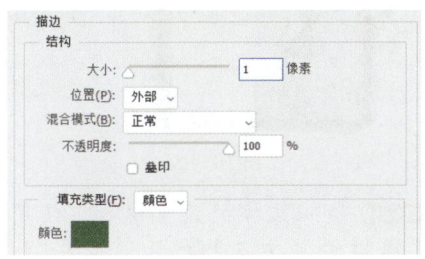

图18-112

**Step 24** 设置图层样式。双击【注册】文字图层，在【图层样式】对话框中，勾选【描边】复选框，设置【大小】为1像素，【颜色】为深红色【#8a2902】，如图18-113所示。

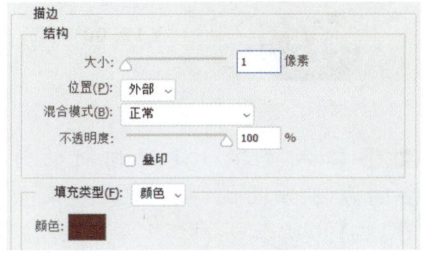

图18-113

**Step 25** 复制文字并更改内容。复制黑色文字，更改文字内容为"忘记密码"，如图18-114所示。

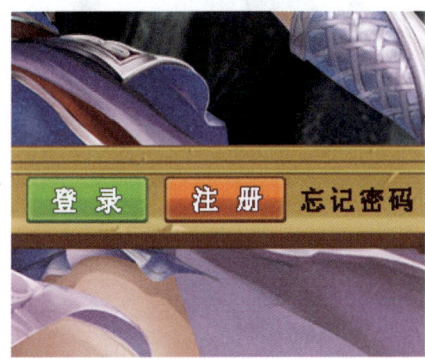

图18-114

**Step 26** 新建图层组并命名。新建图层组，命名为【左栏】，如图18-115所示。

图18-115

**Step 27** 打开素材。打开"素材文件\第18章\左栏底图.tif"文件，拖曳到当前文件中，移动到适当位置，如图18-116所示。

图18-116

**Step 28** 绘制形状。选择【矩形工具】，在选项栏中选择【形状】选项，设置【填充】为浅黄色【#ded4b8】，【半径】为15像素，拖曳鼠标绘制形状，如图18-117所示。

图18-117

**Step 29** 打开素材。打开"素材文件\第18章\木纹.tif"文件，拖曳到当前文件中，移动到适当位置，如图18-118所示。

图18-118

**Step 30** 创建剪贴蒙版。执行【图层】→【创建剪贴蒙版】命令，创建剪贴蒙版，效果如图18-119所示。

图18-119

**Step 31** 绘制形状。选择【矩形工具】，在选项栏中，选择【形状】选项，设置【填充】为浅黄色【#ded4b8】，【半径】为15像素，拖曳鼠标绘制形状，如图18-120所示。

图18-120

**Step 32** 复制形状。按住【Alt】键向下方拖曳复制形状，如图18-121所示。

图 18-121

Step33 创建剪贴蒙版。执行【图层】→【创建剪贴蒙版】命令，创建剪贴蒙版，效果如图 18-122 所示。

图 18-122

Step34 新建图层绘制形状。新建图层，命名为【橙底】，使用【矩形工具】创建圆角矩形形状，载入选区后填充橙色【#eec87b】，如图 18-123 所示。

图 18-123

Step35 新建图层创建选区并填充颜色。使用相同的方法创建【蓝底】和【绿底】图层，创建选区后，分别填充蓝色【#9ecbe9】和绿色【#8cc84d】，如图 18-124 所示。

图 18-124

Step36 选中图层。同时选中【绿底】【蓝底】和【橙底】图层，如图 18-125 所示。

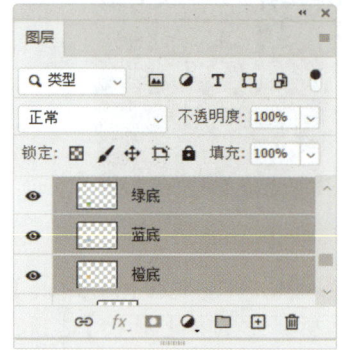

图 18-125

Step37 创建剪贴蒙版。执行【图层】→【创建剪贴蒙版】命令，效果如图 18-126 所示。

图 18-126

Step38 打开素材。打开"素材文件\第18章\图标.tif"文件，拖曳到当前文件中，移动到适当位置，如图 18-127 所示。

图 18-127

Step39 输入文字并设置参数。使用【横排文字工具】输入文字"初级工具南瓜（7天）"和"￥18.00"，在选项栏中，设置【字体】为宋体，【字体大小】分别为17和20点，【颜色】分别为黑色和深红色【#6f0000】，如图 18-128 所示。

图 18-128

Step40 输入文字。使用相同的方法输入下方的文字，图像效果如图 18-129 所示。

图 18-129

Step41 新建图层组。新建【右栏】图层组，如图 18-130 所示。

图 18-130

Step42 打开素材。打开"素材文件\第18章\吊栏.tif"文件，拖曳到当前文件中，移动到适当位置，如图18-131所示。

图18-131

Step43 新建图层并填充渐变色。新建图层，命名为【栏目】。选择【渐变工具】，设置【前景色】为浅绿色【#bcea17】，【背景色】为深绿色【#75ab14】，从上至下拖曳鼠标填充渐变色，如图18-132所示。

图18-132

Step44 设置图层样式。双击图层，在【图层样式】对话框中，勾选【描边】复选框，设置【大小】为2像素，【颜色】为深绿色【#3d5d10】，如图18-133所示。

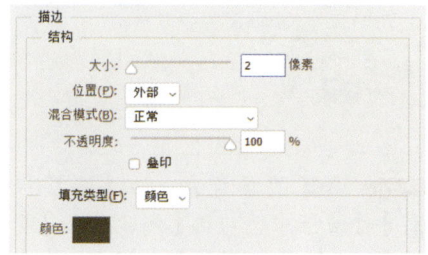

图18-133

Step45 显示效果。描边效果如图18-134所示。

图18-134

Step46 创建文字。使用【横排文字工具】输入文字"会员中心"，在选项栏中，设置【字体】为华康海报体，【字体大小】为23点，如图18-135所示。

图18-135

Step47 设置图层样式。双击图层，在【图层样式】对话框中，勾选【描边】复选框，设置【大小】为2像素，【颜色】为黑色，如图18-136所示。

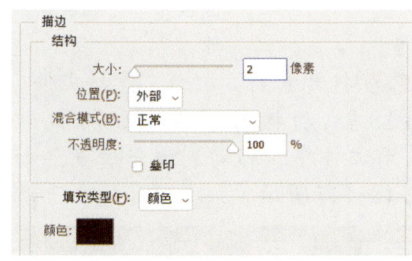

图18-136

Step48 设置图层样式。在【图层样式】对话框中，勾选【渐变叠加】复选框，设置【样式】为线性，【角度】为90度，【缩放】为100%，单击渐变色条设置【渐变色标】为橙色【#ffa91b】、黄色【#fff914】，如图18-137所示。

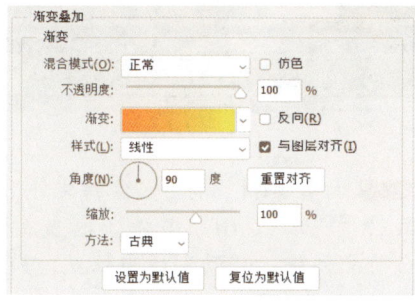

图18-137

Step49 设置图层样式。在【图层样式】对话框中，勾选【投影】复选框，设置【不透明度】为50%，【角度】为120度，【距离】为1像素，【扩展】为0%，【大小】为5像素，勾选【使用全局光】复选框，如图18-138所示。

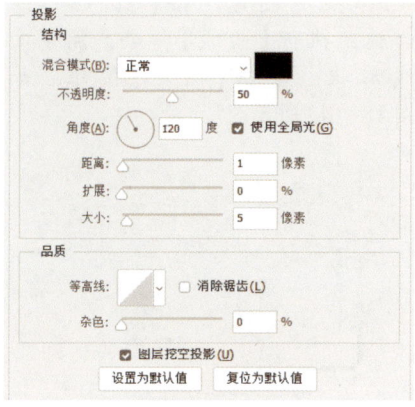

图18-138

Step50 显示效果。添加图层样式后，文字效果如图18-139所示。

图18-139

Step51 复制图层。复制多个文字图层，更改文字内容，如图18-140所示。

图 18-140

**Step 52** 打开素材。打开"素材文件\第 18 章\木纹.tif"文件，拖曳到当前文件中，移动到适当位置，如图 18-141 所示。

图 18-141

**Step 53** 提亮图像。按【Ctrl+M】组合键，执行【曲线】命令，调整曲线形状，单击【确定】按钮，如图 18-142 所示。

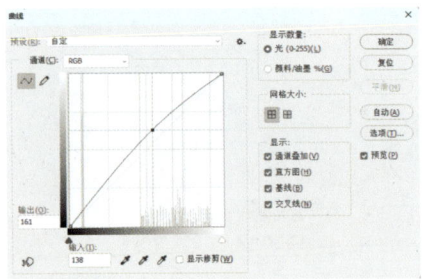

图 18-142

**Step 54** 打开素材。打开"素材文件\第 18 章\绿叶.tif"文件，拖曳到当前文件中，移动到适当位置，如图 18-143 所示。

图 18-143

**Step 55** 复制图层。复制【绿叶】图层并移动到右侧适当位置，水平翻转图像，如图 18-144 所示。

图 18-144

**Step 56** 新建图层。新建图层，命名为【黄底】，如图 18-145 所示。

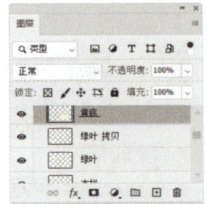

图 18-145

**Step 57** 创建选区。使用【矩形选框工具】创建选区，填充浅黄色【#fcfde2】，如图 18-146 所示。

图 18-146

**Step 58** 打开素材。打开"素材文件\第 18 章\动物.jpg"文件，拖曳到当前文件中，移动到适当位置，如图 18-147 所示。

图 18-147

**Step 59** 创建剪贴蒙版。执行【图层】→【创建剪贴蒙版】命令，创建剪贴蒙版，效果如图 18-148 所示。

图 18-148

**Step 60** 输入文字。使用【横排文字工具】输入白色文字"精美礼物"，在选项栏中，设置【字体】为华康海报体，【字体大小】为 60 点，如图 18-149 所示。

图 18-149

**Step 61** 设置图层样式。双击文字图层，在【图层样式】对话框中，勾选【描边】复选框，设置【大小】为 4 像素，【颜色】为蓝色【#1060ce】，如图 18-150 所示。

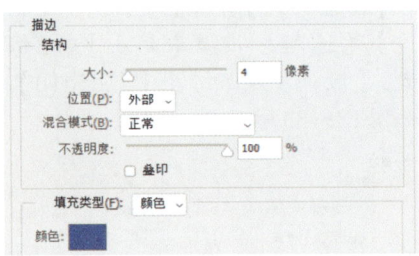

图 18-150

**Step 62** 设置图层样式。在【图层样式】对话框中，勾选【渐变叠加】复选框，设置【样式】为线性，【角度】为 90 度，【缩放】为 100%，单击渐变色条，在【渐变编辑器】对话框中，设置【渐变色标】为橙色【#ff6e02】、黄色【#ffff00】，如图18-151所示。

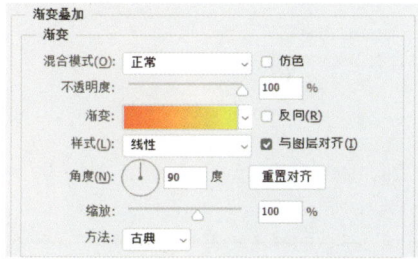

图18-151

Step 63 显示效果。文字效果如图18-152所示。

图18-152

Step 64 输入文字。继续输入文字"免费道具"，添加相同的图层样式，如图18-153所示。

图18-153

Step 65 打开素材。打开"素材文件\第18章\底横栏.tif"文件，拖曳到当前文件中，移动到适当位置，如图18-154所示。

图18-154

Step 66 创建选区。新建图层，命名为【底部黄底】。使用【矩形选框工具】创建选区，填充浅黄色【#fcfde2】，如图18-155所示。

图18-155

Step 67 打开素材。打开"素材文件\第18章\标识.tif"文件，拖曳到当前文件中，移动到适当位置，如图18-156所示。

图18-156

Step 68 输入文字。使用【横排文字工具】输入黑色文字，在选项栏中，设置【字体】为宋体，【字体大小】为17点，如图18-157所示。

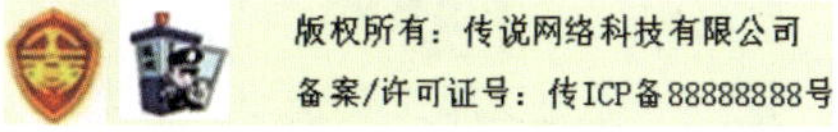

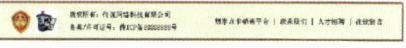

图18-157

Step 69 输入文字。在右侧继续输入文字，调整位置，如图18-158所示。

图18-158

Step 70 显示效果。最终效果如图18-159所示。

图18-159

## 本章小结

本章介绍了网店页面设计和游戏界面设计的操作过程，分别介绍了店铺客服区设计、主图和推广图设计、双十一网店活动海报设计、游戏主界面设计。在实际工作中，读者面对的任务可能比这些案例更复杂，只要读者将工作进行细分，并采用最好的解决方式来分批完成，就能实现预期的效果。

# 附录 1　Photoshop 2024 工具与快捷键索引

## 工具快捷键

| 工具名称 | 快捷键 | 工具名称 | 快捷键 |
| --- | --- | --- | --- |
| 移动工具 | V | 画板工具 | V |
| 矩形选框工具 | M | 椭圆选框工具 | M |
| 套索工具 | L | 多边形套索工具 | L |
| 磁性套索工具 | L | 对象选择工具 | W |
| 快速选择工具 | W | 魔棒工具 | W |
| 吸管工具 | I | 颜色取样器工具 | I |
| 标尺工具 | I | 注释工具 | I |
| 透视裁剪工具 | C | 裁剪工具 | C |
| 切片选择工具 | C | 切片工具 | C |
| 修复画笔工具 | J | 污点修复画笔工具 | J |
| 修补工具 | J | 内容感知移动工具 | J |
| 画笔工具 | B | 红眼工具 | J |
| 颜色替换工具 | B | 铅笔工具 | B |
| 仿制图章工具 | S | 混合器画笔工具 | B |
| 历史记录画笔工具 | Y | 图案图章工具 | S |
| 橡皮擦工具 | E | 历史记录艺术画笔工具 | Y |
| 魔术橡皮擦工具 | E | 背景橡皮擦工具 | E |
| 油漆桶工具 | G | 渐变工具 | G |
| 加深工具 | O | 减淡工具 | O |
| 钢笔工具 | P | 海绵工具 | O |
| 图框工具 | K | 弯度钢笔工具 | P |
| 横排文字工具 | T | 自由钢笔工具 | P |
| 横排文字蒙版工具 | T | 直排文字工具 | T |
| 路径选择工具 | A | 直排文字蒙版工具 | T |
| 矩形工具 | U | 直接选择工具 | A |
| 椭圆工具 | U | 多边形工具 | U |
| 直线工具 | U | 自定形状工具 | U |

续表

| 工具名称 | 快捷键 | 工具名称 | 快捷键 |
| --- | --- | --- | --- |
| 抓手工具 | H | 旋转视图工具 | R |
| 缩放工具 | Z | 删除锚点工具 | |
| 添加锚点工具 | | 前景色/背景色互换 | X |
| 转换点工具 | | 切换屏幕模式 | F |
| 默认前景色/背景色 | D | 切换标准/快速蒙版模式 | Q |
| 临时使用吸管工具 | Alt | 临时使用抓手工具 | 空格 |
| 临时使用移动工具 | Ctrl | 增加画笔大小 | ] |
| 减小画笔大小 | [ | 增加画笔硬度 | Shift+] |
| 减小画笔硬度 | Shift+[ | 选择下一个画笔 | . |
| 选择上一个画笔 | , | 选择最后一个画笔 | Shift+. |
| 选择第一个画笔 | Shift+, | | |

# 附录 2 Photoshop 2024 命令与快捷键索引

## 1.【文件】菜单快捷键

| 文件命令 | 快捷键 | 文件命令 | 快捷键 |
| --- | --- | --- | --- |
| 新建… | Ctrl+N | 打开… | Ctrl+O |
| 在 Bridge 中浏览… | Alt+Ctrl+O<br>Shift+Ctrl+O | 打开为… | Alt+Shift+Ctrl+O |
| 关闭 | Ctrl+W | 关闭全部 | Alt+Ctrl+W |
| 关闭并转到 Bridge… | Shift+Ctrl+W | 存储 | Ctrl+S |
| 存储为… | Shift+Ctrl+S<br>Alt+Ctrl+S | 存储为 Web 所用格式… | Alt+Shift+Ctrl+S |
| 恢复 | F12 | 文件简介… | Alt+Shift+Ctrl+I |
| 打印… | Ctrl+P | 打印一份 | Alt+Shift+Ctrl+P |
| 退出 | Ctrl+Q | | |

## 2.【编辑】菜单快捷键

| 编辑命令 | 快捷键 | 编辑命令 | 快捷键 |
| --- | --- | --- | --- |
| 返回上一步 | Ctrl+Z | 前进一步 | Shift+Ctrl+Z |
| 切换到最终状态 | Alt+Ctrl+Z | 渐隐… | Shift+Ctrl+F |
| 剪切 | Ctrl+X 或 F2 | 拷贝 | Ctrl+C 或 F3 |
| 合并拷贝 | Shift+Ctrl+C | 粘贴 | Ctrl+V 或 F4 |
| 原位粘贴 | Shift+Ctrl+V | 贴入 | Alt+Shift+Ctrl+V |
| 填充… | Shift+F5 | 内容识别比例 | Alt+Shift+Ctrl+C |
| 自由变换 | Ctrl+T | 再次变换 | Alt+Shift+Ctrl+T |
| 颜色设置… | Shift+Ctrl+K | 键盘快捷键… | Alt+Shift+Ctrl+K |
| 菜单… | Alt+Shift+Ctrl+M | 首选项 | Ctrl+K |

## 3.【图像】菜单快捷键

| 图像命令 | 快捷键 | 图像命令 | 快捷键 |
| --- | --- | --- | --- |
| 色阶… | Ctrl+L | 曲线… | Ctrl+M |
| 色相/饱和度… | Ctrl+U | 色彩平衡… | Ctrl+B |
| 黑白… | Alt+Shift+Ctrl+B | 反相 | Ctrl+I |
| 去色 | Shift+Ctrl+U | 自动色调 | Shift+Ctrl+L |

续表

| 图像命令 | 快捷键 | 图像命令 | 快捷键 |
|---|---|---|---|
| 自动对比度 | Alt+Shift+Ctrl+L | 自动颜色 | Shift+Ctrl+B |
| 图像大小… | Alt+Ctrl+I | 画布大小… | Alt+Ctrl+C |

## 4.【图层】菜单快捷键

| 图层命令 | 快捷键 | 图层命令 | 快捷键 |
|---|---|---|---|
| 新建图层 | Shift+Ctrl+N | 新建通过拷贝的图层 | Ctrl+J |
| 新建通过剪切的图层 | Shift+Ctrl+J | 创建/释放剪贴蒙版 | Alt+Ctrl+G |
| 图层编组 | Ctrl+G | 取消图层编组 | Shift+Ctrl+G |
| 置为顶层 | Shift+Ctrl+] | 前移一层 | Ctrl+] |
| 后移一层 | Ctrl+[ | 置为底层 | Shift+Ctrl+[ |
| 合并图层 | Ctrl+E | 合并可见图层 | Shift+Ctrl+E |
| 盖印选择图层 | Alt+Ctrl+E | 盖印可见图层 | Alt+Shift+Ctrl+E |

## 5.【选择】菜单快捷键

| 选择命令 | 快捷键 | 选择命令 | 快捷键 |
|---|---|---|---|
| 全部 | Ctrl+A | 取消选择 | Ctrl+D |
| 重新选择 | Shift+Ctrl+D | 反选 | Shift+Ctrl+I / Shift+F7 |
| 所有图层 | Alt+Ctrl+A | 调整边缘… | Alt+Ctrl+R |
| 羽化… | Shift+F6 | 查找图层 | Alt+Shift+Ctrl+F |

## 6.【滤镜】菜单快捷键

| 滤镜命令 | 快捷键 | 滤镜命令 | 快捷键 |
|---|---|---|---|
| 上次滤镜操作 | Ctrl+F | 镜头校正… | Shift+Ctrl+R |
| 液化… | Shift+Ctrl+X | 消失点… | Alt+Ctrl+V |
| 自适应广角 | Alt+Shift+Ctrl+A | | |

## 7.【视图】菜单快捷键

| 视图命令 | 快捷键 | 视图命令 | 快捷键 |
|---|---|---|---|
| 校样颜色 | Ctrl+Y | 色域警告 | Shift+Ctrl+Y |
| 放大 | Ctrl++ 或 Ctrl+= | 缩小 | Ctrl+- |
| 按屏幕大小缩放 | Ctrl+0 | 实际像素 | Alt+Ctrl+0 |
| 显示额外内容 | Ctrl+H | 显示目标路径 | Shift+Ctrl+H |
| 显示网格 | Ctrl+' | 显示参考线 | Ctrl+; |
| 标尺 | Ctrl+R | 对齐 | Shift+Ctrl+; |
| 锁定参考线 | Alt+Ctrl+; | | |

## 8.【窗口】菜单快捷键

| 窗口命令 | 快捷键 | 窗口命令 | 快捷键 |
| --- | --- | --- | --- |
| 动作面板 | Alt+F9 或 F9 | 画笔面板 | F5 |
| 图层面板 | F7 | 信息面板 | F8 |
| 颜色面板 | F6 | | |

## 9.【帮助】菜单快捷键

| 帮助命令 | 快捷键 |
| --- | --- |
| Photoshop 帮助 | F1 |